高等教育课程改革创新教材
高等教育课程思政立体化教材

线性代数

XIANXING DAISHU

主　编　闫喜红　王川龙
副主编　李胜利　关晋瑞　王佩佩
王燕荣　徐　毅　杨　红
张芬芬

哈爾濱工業大學出版社
HITP HARBIN INSTITUTE OF TECHNOLOGY PRESS

内 容 简 介

本书根据高等院校普通本科线性代数课程及其在各专业中的应用编写而成。本书包含行列式、矩阵、向量组的线性相关性、线性方程组、相似矩阵及二次型、线性空间与线性变换等内容。

本书可作为普通本科院校各专业线性代数课程的教材,建议学时数为 32 ~ 48 学时;同时,也可作为教学参考书。

图书在版编目(CIP)数据

线性代数 / 闫喜红,王川龙主编. -- 哈尔滨 : 哈尔滨工业大学出版社,2025. 2. -- ISBN 978-7-5767-1421-0

Ⅰ. O151.2

中国国家版本馆 CIP 数据核字第 2024UX1264 号

HITPYWGZS@163.COM

艳|文|工|作|室 13936171227

策划编辑 李艳文 范业婷
责任编辑 韩旖桐 周轩毅
出版发行 哈尔滨工业大学出版社
社 址 哈尔滨市南岗区复华四道街 10 号 邮编 150006
传 真 0451-86414749
网 址 http://hitpress.hit.edu.cn
印 刷 三河市海新印务有限公司
开 本 787 mm×1 092 mm 1/16 印张 15.5 字数 374 千字
版 次 2025 年 2 月第 1 版 2025 年 2 月第 1 次印刷
定 价 45.80 元

前　言

“线性代数”是高等院校理工、经管、地理等各专业开设的一门公共基础课程，主要目的是为学生后续专业课程的深入学习及专业发展奠定必要的数学基础，促进学生数学抽象、逻辑推理以及数学运算等素养的发展，同时能提升学生综合运用数学的思想方法分析和解决相关学科问题的能力，进而培养具有创新精神和创新能力的新时代人才。

随着计算机的性能提升和应用范围的扩大，线性代数在理论和实践上的重要性愈发突出，对其内容的选择、编排及呈现方式提出了新的要求。本书遵循教育部非数学类专业数学基础课程指导分委员会颁布的高等学校《工科类本科数学基础课程教学基本要求(修订稿)》，关注《全国硕士研究生招生考试数学考试大纲》，结合地理专业自身学科特点编写而成。

本书整体上以“实际问题—数学事实—数值实验”为主线架构内容体系，力求突出“三性”，即实际性、结构性、操作性。实际性主要体现在每章学习的引言，创设地理专业的实际问题背景，通过对实际问题的分析，学生可以感悟到学习“线性代数”相关知识的必要性和合理性，增强学习的主动性和积极性；结构性主要体现在对每章数学知识构建了知识图谱，使学生明确知识间的纵横联系，有助于形成良好的数学认知结构；操作性主要体现在运用MATLAB、Python语言编程进行数值实验操作，充分感受到现代计算机技术对数学学习的帮助和影响，提高学生实践操作能力。同时本书对习题的处理，充分考虑学生职业发展的实际需求，增设了提升习题栏目，主要选自历年来硕士研究生考试与“线性代数”内容相关的真题，供学生及时对自己的学习情况进行评价。

本书借鉴了国内外现有教材的优点，关注学生的学情，对内容进行了适当的扩充和延展，增强了启发性、可读性和时代性。全书共5章，具体如下：

第1章以地质地貌中的问题为导入，阐述行列式的基本理论，即二阶行列式、三阶行列式、n 阶行列式及其性质、线性方程组与克莱姆法则等；

第2章以矩阵在地理空间单元间关系的量化为切入点，阐述矩阵的基本理论，即矩阵的定义、运算、分块、初等变换、秩以及线性方程组的解等；

第3章从药物配置的实例讲起，引出向量组及向量空间理论，即向量组及其运算、向量组的线性相关性、向量组的秩、向量空间、线性方程组解的结构等；

第4章由特征值在生态模型中的应用，引出特征值及特征向量的概念，从而阐述本章主要内容即方阵的特征值与特征向量、相似矩阵、二次型以及正定二次型等；

第5章在线性空间在北美地质资料和GPS导航中的应用背景下，讲述本章主要内容——线性空间与线性变换的理论，即线性空间的概念、性质、基、维数以及线性变换的性质、矩阵表示等。

本书可作为高等学校地理专业本科“线性代数”课程的教材或教学参考书，虽然所选例子均为地理相关专业，但本书的整体编写体系和内容也同样适合其他理工类、经管类专业的学习，也可作为其他专业的本科“线性代数”课程的教材或教学参考书。

本书由闫喜红、王川龙主持编写，第1章由闫喜红、王燕荣编写，第2章由王川龙、李胜利编写，第3章由张芬芬编写，第4章由杨红编写，第5章由关晋瑞编写。由徐毅、王佩佩负责整理及知识图谱的建立。

本书在编写的过程中，查阅并参考了相关的书籍和文献，在此向有关的作者表示衷心的感谢！

由于编者水平有限，书中难免有疏漏及不足之处，欢迎专家学者和读者对本书给予批评、指正，以便进一步修改完善。

编 者

2024年11月

目　录

第 1 章　行列式 ………………………………………… (1)

介绍性实例:行列式在地质地貌学中的应用 ……………… (2)
1.1　二阶、三阶行列式 ………………………………… (3)
　1.1.1　二阶行列式 …………………………………… (3)
　1.1.2　三阶行列式 …………………………………… (5)
1.2　全排列及其逆序数与对换 ……………………… (7)
　1.2.1　全排列及其逆序数 …………………………… (7)
　1.2.2　对换 …………………………………………… (7)
1.3　n 阶行列式 ……………………………………… (8)
1.4　行列式的性质 ……………………………………… (12)
1.5　行列式按行(列)展开 …………………………… (17)
1.6　线性方程组与克莱姆法则 ……………………… (23)
　1.6.1　线性方程组 …………………………………… (23)
　1.6.2　克莱姆法则 …………………………………… (24)
1.7 习题 ………………………………………………… (27)
　1.7.1　基础习题 ……………………………………… (27)
　1.7.2　提升习题 ……………………………………… (30)
　1.7.3　数值实验:行列式 …………………………… (30)

第 2 章　矩阵 ………………………………………… (33)

介绍性实例:矩阵在地理空间关系中的应用 ……………… (34)
2.1　矩阵 ………………………………………………… (34)
　2.1.1　矩阵的定义 …………………………………… (34)
　2.1.2　矩阵与线性方程组 …………………………… (37)
2.2　矩阵的运算 ………………………………………… (39)
　2.2.1　矩阵的加法 …………………………………… (39)
　2.2.2　数乘矩阵 ……………………………………… (40)
　2.2.3　矩阵的乘法 …………………………………… (41)
　2.2.4　矩阵的转置 …………………………………… (45)
　2.2.5　方阵的行列式 ………………………………… (48)

2.3　逆矩阵 …………………………………………………………………………… (49)
2.4　矩阵的分块 …………………………………………………………………… (56)
2.5　矩阵的初等变换与初等矩阵 ………………………………………………… (61)
2.5.1　矩阵的初等变换 ……………………………………………………… (61)
2.5.2　初等矩阵 ……………………………………………………………… (63)
2.5.3　利用初等变换求逆矩阵 ……………………………………………… (67)
2.6　矩阵的秩 ……………………………………………………………………… (69)
2.7　线性方程组的解 ……………………………………………………………… (74)
2.7.1　齐次线性方程组的求解 ……………………………………………… (76)
2.7.2　非齐次线性方程组的求解 …………………………………………… (79)
2.8　习题 …………………………………………………………………………… (81)
2.8.1　基础习题 ……………………………………………………………… (81)
2.8.2　提升习题 ……………………………………………………………… (84)
2.8.3　数值实验:矩阵及运算 ……………………………………………… (86)

第3章　向量组的线性相关性与线性方程组 ………………………… (92)

介绍性实例:向量组的线性相关性在药物配制中的应用 ……………………… (93)
3.1　向量组及其运算 ……………………………………………………………… (94)
3.1.1　向量组及其线性运算 ………………………………………………… (94)
3.1.2　向量组及其线性组合 ………………………………………………… (95)
3.2　向量组的线性相关性及其判定 ……………………………………………… (101)
3.2.1　向量组的线性相关性 ………………………………………………… (101)
3.2.2　向量组的线性相关性判定 …………………………………………… (102)
3.3　向量组的秩 …………………………………………………………………… (106)
3.3.1　向量组的最大无关组与秩 …………………………………………… (107)
3.3.2　向量组秩的性质 ……………………………………………………… (108)
3.4　向量空间 ……………………………………………………………………… (110)
3.4.1　向量空间的基本概念 ………………………………………………… (110)
3.4.2　向量空间的基与维数 ………………………………………………… (111)
3.4.3　向量在基下的坐标 …………………………………………………… (113)
3.5　线性方程组解的结构 ………………………………………………………… (116)
3.5.1　齐次线性方程组解的结构 …………………………………………… (116)
3.5.2　非齐次线性方程组解的结构 ………………………………………… (122)
3.6　习题 …………………………………………………………………………… (125)
3.6.1　基础习题 ……………………………………………………………… (125)
3.6.2　提升习题 ……………………………………………………………… (129)
3.6.3　数值实验:向量组线性相关性的判定与线性方程组的求解 ……… (131)

第4章　相似矩阵及二次型 …………………………………… (140)

介绍性实例:特征值在生态模型中的应用 …………………………… (141)
4.1　方阵的特征值与特征向量 ………………………………… (142)
4.1.1　向量的内积、长度及正交性……………………………… (142)
4.1.2　特征值与特征向量 ……………………………………… (147)
4.1.3　特征值与特征向量的性质 ……………………………… (148)
4.2　相似矩阵 …………………………………………………… (155)
4.2.1　相似矩阵的概念 ………………………………………… (155)
4.2.2　矩阵与对角矩阵相似的条件 …………………………… (156)
4.2.3　矩阵的相似对角化 ……………………………………… (158)
4.3　实对称矩阵的对角化 ……………………………………… (161)
4.4　二次型及其标准型 ………………………………………… (166)
4.4.1　二次型及其矩阵 ………………………………………… (166)
4.4.2　矩阵的合同 ……………………………………………… (168)
4.4.3　化二次型为标准形 ……………………………………… (170)
4.5　正定二次型 ………………………………………………… (177)
4.5.1　二次型有定性的概念 …………………………………… (177)
4.5.2　正定矩阵的判别法 ……………………………………… (178)
4.6　习题 ………………………………………………………… (181)
4.6.1　基础习题 ………………………………………………… (181)
4.6.2　提升习题 ………………………………………………… (182)
4.6.3　数值实验:矩阵的特征值及特征向量……………………… (183)

第5章　线性空间与线性变换 …………………………………… (186)

介绍性实例:线性空间在北美地质资料和GPS导航中的应用 ……………… (187)
5.1　线性空间 …………………………………………………… (187)
5.1.1　线性空间的概念 ………………………………………… (188)
5.1.2　线性空间的性质 ………………………………………… (190)
5.2　线性空间的基与维数 ……………………………………… (192)
5.2.1　基与维数 ………………………………………………… (192)
5.2.2　元素在基下的坐标 ……………………………………… (192)
5.2.3　线性空间的同构 ………………………………………… (193)
5.3　线性空间的基变换与坐标变换 …………………………… (194)
5.4　线性变换 …………………………………………………… (197)
5.4.1　映射与线性变换 ………………………………………… (197)
5.4.2　线性变换的性质 ………………………………………… (199)
5.4.3　线性变换的矩阵表示 …………………………………… (199)

5.5　习题 ……………………………………………………………………… (204)
5.5.1　基础习题 ………………………………………………………… (204)
5.5.2　提升习题 ………………………………………………………… (205)
5.5.3　数值实验:线性空间与线性变换……………………………… (206)
参考文献 ……………………………………………………………………… (210)
习题答案 ……………………………………………………………………… (211)

第 1 章　行列式

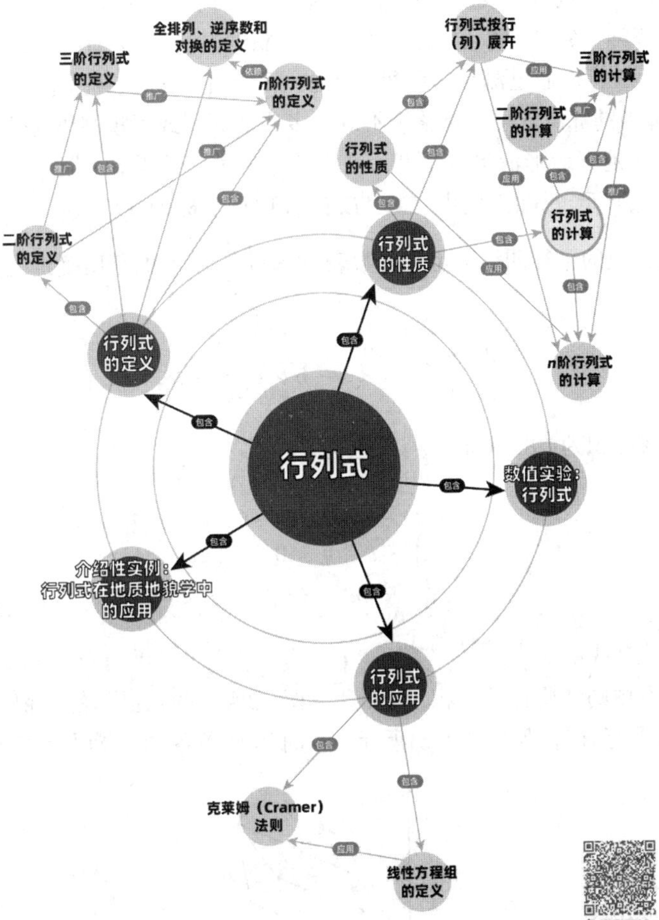

第1章 行列式

介绍性实例: 行列式在地质地貌学中的应用

行列式是一个数, 由一些数字按一定方式排成的方阵所确定. 这个思想早在1683年和1693年就由日本数学家关孝和(Seki Takakazu)与德国数学家莱布尼茨(Leibniz)提出. 在1750年, 瑞士数学家克莱姆(Cramer)提出了著名的通过行列式求解线性方程组的克莱姆法则. 多年以来, 行列式只作为解线性方程组的一种工具使用. 在行列式的发展史上, 法国数学家范德蒙(Vandermonde)是行列式理论的奠基人, 他最先对行列式理论做了连贯的逻辑阐述, 将行列式理论与线性方程组求解相分离. 1815年, 柯西(Cauchy)给出了行列式的第一个系统的代数处理, 进一步完善了行列式理论.

随着科学的不断进步与发展, 行列式逐渐成为一个广泛应用于物理学、地理学、计算机科学、经济学等领域的数学工具. 在地质地貌学中, 常需要计算不规则多边形面积, 如海区面积. 一般可以通过测量等手段得到区域顶点的坐标值, 把这些顶点的坐标组成行列式, 通过适当的算法就可计算整个不规则多边形面积或不规则体的体积.

为计算不规则五边形海区的面积, 可将其分成若干个简单图形(如三角形)进行计算. 如图 1.1(a) 所示, 已知海区内 $\triangle OAB$ 的各顶点坐标为 $O(0,0)$、$A(2,5)$、$B(6,1)$, 则$\overrightarrow{OA}$、$\overrightarrow{OB}$所构成的平行四边形可以由数表 $\boldsymbol{A}=\begin{pmatrix}2 & 5\\ 6 & 1\end{pmatrix}$ 的行所确定, 因为 $\boldsymbol{A}$ 的行列式为

$$\begin{vmatrix}2 & 5\\ 6 & 1\end{vmatrix}=|2\times 1-5\times 6|=-28,$$

所以平行四边形面积为 28, $\boldsymbol{A}$ 的行列式也是方程组

$$\begin{cases}2x+5y=0,\\ 6x+y=0\end{cases}$$

的系数确定的数表 $\begin{pmatrix}2 & 5\\ 6 & 1\end{pmatrix}$ 的行列式.

若要计算不规则地质体的体积, 例如计算图1.2所示的水晶体的体积,可以将其分割为若干四面体进行计算.如图 1.1(b) 所示, 四面体水晶各顶点为原点 $O(0,0,0)$, 以及

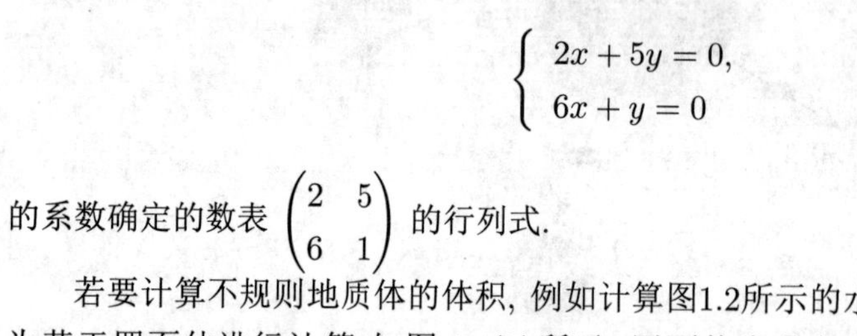

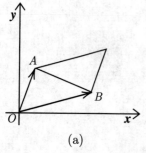

图 1.1 平行四边形与平行六面体

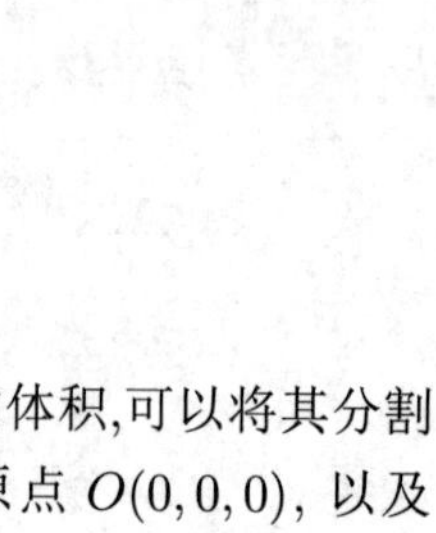

图 1.2 水晶体

$A(1,1,3)$、$B(2,3,2)$、$C(5,3,1)$,则由$\overrightarrow{OA}$、$\overrightarrow{OB}$、$\overrightarrow{OC}$确定的平行六面体可以由数表的行

$$\boldsymbol{B}=\begin{pmatrix}1&1&3\\2&3&2\\5&3&1\end{pmatrix}$$

所确定, 它的体积也是方程组

$$\begin{cases}x+y+3z=0,\\2x+3y+2z=0,\\5x+3y+z=0\end{cases}$$

的系数确定的数表

$$\begin{pmatrix}1&1&3\\2&3&2\\5&3&1\end{pmatrix}$$

的行列式的绝对值.

综上, 行列式是把一个 $n\times n$ 的数表通过特定的算法计算成一个数的映射.

在中学数学中, 用代入消元法或加减消元法求解二元和三元线性方程组,可以看出,线性方程组的解完全由未知量的系数与常数项确定.利用行列式这一工具,不仅可以更清楚地看到一般线性方程组的解也具有这样的特点,而且更能看清其规律性.行列式是一种常用的数学工具,在数学、物理及工程技术等领域都有广泛的应用.本章主要介绍行列式的概念、行列式的基本性质与计算方法和利用行列式求解线性方程组.

1.1 二阶、三阶行列式

1.1.1 二阶行列式

二阶和三阶行列式分别是从研究二元到三元线性方程组的公式解引出来的, 故先讨论解线性方程组的问题.

先考察一般的二元一次方程组

$$\begin{cases}a_{11}x_1+a_{12}x_2=b_1,\\a_{21}x_1+a_{22}x_2=b_2.\end{cases}\tag{1.1}$$

现用加减消元法解方程组(1.1). 为消去未知数 x_2 , 以 a_{22} 与 a_{12} 分别乘方程组(1.1)中两方程两端, 然后两个方程相减, 得

$$(a_{11}a_{22}-a_{12}a_{21})\,x_1=b_1a_{22}-a_{12}b_2.$$

同样消去 x_1 得

$$(a_{11}a_{22}-a_{12}a_{21})\,x_2=a_{11}b_2-b_1a_{21}.$$

当 $a_{11}a_{22}-a_{12}a_{21}\neq 0$ 时, 方程组(1.1)有唯一解

$$x_1=\frac{b_1a_{22}-a_{12}b_2}{a_{11}a_{22}-a_{12}a_{21}},\quad x_2=\frac{a_{11}b_2-b_1a_{21}}{a_{11}a_{22}-a_{12}a_{21}}.\tag{1.2}$$

式(1.2)中的分母是由方程组(1.1)的四个系数决定的, 为了便于记忆, 将这四个数按照在原方程组中的位置排成两行两列的数表所确定的算式, 同时引入记号

$$D=\begin{vmatrix}a_{11} & a_{12}\\ a_{21} & a_{22}\end{vmatrix}=a_{11}a_{22}-a_{12}a_{21}\,, \tag{1.3}$$

称之为**二阶行列式**. 数 a_{ij} $(i=1,2;j=1,2)$ 称为行列式(1.3)的**元素**, a_{ij} 的第一个下标 i 称为**行标**, 表示该元素位于第 i 行, 第二个下标 j 称为**列标**, 表示该元素位于第 j 列.

二阶行列式的定义, 可以用对角线法来记忆, 把 a_{11}、a_{22} 之间的连线(实线)称为**主对角线**, a_{12}、a_{21}之间的连线(虚线)称**副对角线**, 于是二阶行列式便是主对角线上的两元素之积减去副对角线上的两元素之积所得到的差, 参看图 1.3.

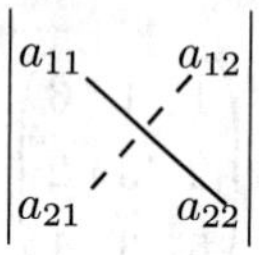

图 1.3　　二阶行列式对角线法则

根据二阶行列式的定义, 当 $D\neq 0$ 时, 方程组(1.1)有唯一解, 即

$$x_1=\frac{D_1}{D}=\frac{\begin{vmatrix}b_1 & a_{12}\\ b_2 & a_{22}\end{vmatrix}}{\begin{vmatrix}a_{11} & a_{12}\\ a_{21} & a_{22}\end{vmatrix}},\ \ x_2=\frac{D_2}{D}=\frac{\begin{vmatrix}a_{11} & b_1\\ a_{21} & b_2\end{vmatrix}}{\begin{vmatrix}a_{11} & a_{12}\\ a_{21} & a_{22}\end{vmatrix}}. \tag{1.4}$$

这种用行列式来表示方程组的解的方法, 称为二元一次线性方程组的**行列式解法**, 这里分母 D 是由方程组(1.1)的系数所决定的二阶行列式, 称之为**系数行列式**, 分子 $D_j(j=1,2)$ 是将 D 中第 j 列元素用方程组右端的常数项代替后得到的二阶行列式.

例 1.1　求解二元线性方程组

$$\begin{cases}3x_1-2x_2=12,\\ 2x_1+x_2=1.\end{cases} \tag{1.5}$$

解 由于

$$D=\begin{vmatrix}3 & -2\\ 2 & 1\end{vmatrix}=3-(-4)=7\neq 0,$$

$$D_1=\begin{vmatrix}12 & -2\\ 1 & 1\end{vmatrix}=12-(-2)=14,$$

$$D_2=\begin{vmatrix}3 & 12\\ 2 & 1\end{vmatrix}=3-24=-21,$$

所以

$$x_1=\frac{D_1}{D}=\frac{14}{7}=2,\ x_2=\frac{D_2}{D}=\frac{-21}{7}=-3.$$

1.1.2 三阶行列式

与二元线性方程组的解一样, 可以通过加减消元求出三元线性方程组

$$\begin{cases} a_{11}x_1 + a_{12}x_2 + a_{13}x_3 = b_1, \\ a_{21}x_1 + a_{22}x_2 + a_{23}x_3 = b_2, \\ a_{31}x_1 + a_{32}x_2 + a_{33}x_3 = b_3 \end{cases} \tag{1.6}$$

的解

$$x_1 = \frac{D_1}{D},\ x_2 = \frac{D_2}{D},\ x_3 = \frac{D_3}{D},$$

其中

$$\begin{aligned} D &= a_{11}a_{22}a_{33} + a_{21}a_{32}a_{13} + a_{12}a_{23}a_{31} - a_{13}a_{22}a_{31} - a_{12}a_{21}a_{33} - a_{23}a_{32}a_{11}, \\ D_1 &= b_1a_{22}a_{33} + b_2a_{32}a_{13} + b_3a_{12}a_{23} - b_3a_{13}a_{22} - b_2a_{12}a_{33} - b_1a_{23}a_{32}, \\ D_2 &= b_2a_{11}a_{33} + b_1a_{23}a_{31} + b_3a_{21}a_{13} - b_2a_{13}a_{31} - b_3a_{11}a_{23} - b_1a_{21}a_{33}, \\ D_3 &= b_3a_{22}a_{11} + b_1a_{32}a_{21} + b_2a_{12}a_{31} - b_1a_{31}a_{22} - b_2a_{32}a_{11} - b_3a_{21}a_{12}. \end{aligned}$$

引入三阶行列式的概念. 由 9 个数 a_{ij} $(i=1,2,3; j=1,2,3)$ 排成的3行3列的数表所确定的算式

$$\begin{vmatrix} a_{11} & a_{12} & a_{13} \\ a_{21} & a_{22} & a_{23} \\ a_{31} & a_{32} & a_{33} \end{vmatrix} \tag{1.7}$$

称为**三阶行列式**, 且规定

$$\begin{vmatrix} a_{11} & a_{12} & a_{13} \\ a_{21} & a_{22} & a_{23} \\ a_{31} & a_{32} & a_{33} \end{vmatrix} = a_{11}a_{22}a_{33} + a_{12}a_{23}a_{31} + a_{13}a_{21}a_{32} \\ -a_{11}a_{23}a_{32} - a_{12}a_{21}a_{33} - a_{13}a_{22}a_{31}. \tag{1.8}$$

在三阶行列式的定义中含有6项, 每项均为3个不同元素的乘积, 然后再冠以正负号. 与二阶行列式类似, 可以用对角线法记忆, 参看图1.4. 图中有3条实线, 可以看作是平行于主对角线的连线, 三条虚线可以看作是平行于副对角线的连线, 位于实线上的元素的乘积冠以正号, 位于虚线上的元素的乘积冠以负号. 这种方法就是三阶行列式的**对角线法则**. 引入三阶行列式的概念后, 当系数行列式

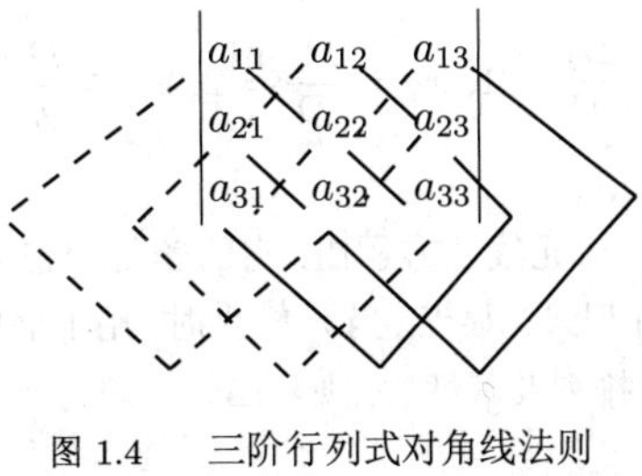

图 1.4　三阶行列式对角线法则

$$D=\begin{vmatrix}a_{11}&a_{12}&a_{13}\\a_{21}&a_{22}&a_{23}\\a_{31}&a_{32}&a_{33}\end{vmatrix}\neq 0$$

时, 三元线性方程组(1.6)有唯一解, 其解为

$$x_1=\frac{D_1}{D},\ x_2=\frac{D_2}{D},\ x_3=\frac{D_3}{D}. \tag{1.9}$$

其中

$$D_1=\begin{vmatrix}b_1&a_{12}&a_{13}\\b_2&a_{22}&a_{23}\\b_3&a_{32}&a_{33}\end{vmatrix},\ D_2=\begin{vmatrix}a_{11}&b_1&a_{13}\\a_{21}&b_2&a_{23}\\a_{31}&b_3&a_{33}\end{vmatrix},\ D_3=\begin{vmatrix}a_{11}&a_{12}&b_1\\a_{21}&a_{22}&b_2\\a_{31}&a_{32}&b_3\end{vmatrix}.$$

这就是三元线性方程组的**行列式解法**. 由式(1.9)可见, 该方法极大地简化了三元线性方程组的求解过程.

例 1.2 用行列式解方程组

$$\begin{cases}x_1-2x_2+x_3=-2,\\2x_1+x_2-3x_3=1,\\-x_1+x_2-x_3=0.\end{cases}$$

解 由于方程组的系数行列式

$$D=\begin{vmatrix}1&-2&1\\2&1&-3\\-1&1&-1\end{vmatrix}=-1-6+2-(-1-3+4)=-5\neq 0\,,$$

因此, 方程组有唯一解. 又

$$D_1=\begin{vmatrix}-2&-2&1\\1&1&-3\\0&1&-1\end{vmatrix}=-5,\quad D_2=\begin{vmatrix}1&-2&1\\2&1&-3\\-1&0&-1\end{vmatrix}=-10,$$

$$D_3=\begin{vmatrix}1&-2&-2\\2&1&1\\-1&1&0\end{vmatrix}=-5,$$

所以方程组的解为

$$x_1=\frac{D_1}{D}=1,\ x_2=\frac{D_2}{D}=2,\ x_3=\frac{D_3}{D}=1.$$

依据上面的讨论, 对于 n 元线性方程组, 它的解是否也可以用 n 阶行列式来表示? 如果可以, 如何定义 n 阶行列式? 显然, 当 n 较大时, 用上面的对角线法是不合适的. 要想解决这个问题, 先要研究排列及其性质, 观察二、三阶行列式的表达式规律, 再按照这个规律定义 n 阶行列式.

1.2 全排列及其逆序数与对换

为了定义 n 阶行列式, 先介绍排列的有关概念.

1.2.1 全排列及其逆序数

定义 1.1 由 n 个自然数 $1,2,\cdots,n$ 组成的一个有序数组, 称为 n个自然数的一个**全排列**, 简称为**排列**或**一个 n 级排列**.

例如，由 1, 2, 3, 4, 5, 6 这 6 个数可以组成一个排列 123456, 也可以组成排列456123. 实际上, 由这 6 个数可以组成 $6! = 720$ 个不同的排列. 在这些排列中, 123456 是按照自然数的顺序排列, 可以规定这个排列是一个**标准次序**, 称为**标准排列**(或**自然排列**).

定义 1.2 在 n 个不同的自然数组成的排列 $p_1p_2\cdots p_n$ 中, 如果某两个元素不是自然顺序, 即前面的数大于后面的数, 则称这两个数构成一个**逆序**, 一个排列中逆序的总数就称这个排列的**逆序数**, 记作 $\tau(p_1p_2\cdots p_n)$.

求排列 $p_1p_2\cdots p_n$ 的逆序数可以从第二个元素开始, 依次观察 $p_i(i=2,3,\cdots,n)$ 与其前面的数构成的逆序的个数, 不妨设为 τ_i (即前面有 τ_i 个比 p_i 大的数), 则排列 $p_1p_2\cdots p_n$ 的逆序数为

$$\tau(p_1p_2\cdots p_n) = \tau_2 + \tau_3 + \cdots + \tau_n.$$

例 1.3 求下列排列的逆序数:

(1) 6372451; (2) 1372456.

解 (1) $\tau(6372451) = 1+0+3+2+2+6 = 14$;

(2) $\tau(1372456) = 0+0+2+1+1+1 = 5$.

例 1.4 求排列 $n(n-1)\cdots 21$ 的逆序数.

解 此排列中第一个数 n 的逆序数为 0, 第二个数 $n-1$ 的逆序数为 1, 第三个数 $n-2$ 的逆序数为 $2,\cdots\cdots$, 以此类推, 第 n 个数 1 的逆序数为 $n-1$, 所以此排列的逆序数为

$$\tau(n(n-1)\cdots 21) = 1+2+\cdots+(n-1) = \frac{n(n-1)}{2}.$$

从上面的例1.3可以看到, 有的排列的逆序数是奇数, 有的是偶数. 为此, 给出下面的定义.

定义 1.3 逆序数为偶数的排列称为**偶排列**; 逆序数为奇数的排列称为**奇排列**.

根据此定义, 例1.3中的排列 (1) 为偶排列, 排列 (2) 为奇排列.

1.2.2 对换

定义 1.4 把一个排列中某两个数的位置互换, 而其余的数不动, 就得到另一个新的排列, 这样一个变换称为一次**对换**.

显然, 如果连续施行两次相同的对换, 那么排列就还原了.

比较例1.3中的两个排列, 排列 (1) 是由排列 (2) 经过 1 和 6 互换得到的, 经过这样一次对换, 排列的奇偶性发生了变化. 一般情况下有下面的结论:

定理 1.1 排列经过一次对换, 其奇偶性发生变化.

证明 先证相邻两个元素对换的情形. 设有一排列为 $a_1a_2\cdots a_labb_1b_2\cdots b_m$, 对换 a 与 b , 得到另一排列 $a_1a_2\cdots\ a_lbab_1b_2\cdots b_m$. 显然 $a_1,a_2,\cdots,a_l$ 和 $b_1,b_2,\cdots,b_m$ 这些元素的逆序数经过对换后没发生改变, 而 a、b 两元素的逆序数改变为: 如果 $a<b$, 经过对换后, a 的逆序数增加 1, b 的逆序数不变; 如果 $a>b$, 经过对换后, a 的逆序数不变, b 的逆序数减少 1. 所以排列 $a_1a_2\cdots a_labb_1b_2\cdots b_m$ 与排列 $a_1a_2\cdots a_lbab_1b_2\cdots b_m$ 的奇偶性不同.

再证一般对换的情形.

设一排列为 $a_1a_2\cdots a_lab_1b_2\cdots b_mbc_1c_2\cdots c_n$, 把它做 m 次相邻的对换, 将该排列变成 $a_1a_2\cdots a_labb_1b_2\cdots b_mc_1c_2\cdots c_n$, 再做 $m+1$ 次对换, 变成

$$a_1a_2\cdots a_lbb_1b_2\cdots b_mac_1c_2\cdots c_n.$$

也就是说, 原来的排列经过 $2m+1$ 次对换, 变成排列

$$a_1a_2\cdots a_lbb_1b_2\cdots b_mac_1c_2\cdots c_n,$$

所以排列的奇偶性发生了变化.

由于标准排列是偶排列, 所以由定理1.1可以得到推论:

推论 1.1 把一个奇排列变成标准排列需要进行奇数次对换, 把一个偶排列变成标准排列需要进行偶数次对换.

1.3 n 阶行列式

本节要把二阶、三阶行列式的结果推广到 n阶行列式.

在给出 n 阶行列式的定义之前, 先来看一下二阶和三阶行列式的定义.

$$\begin{vmatrix} a_{11} & a_{12} \\ a_{21} & a_{22} \end{vmatrix} = a_{11}a_{22}-a_{12}a_{21}, \tag{1.10}$$

$$\begin{vmatrix} a_{11} & a_{12} & a_{13} \\ a_{21} & a_{22} & a_{23} \\ a_{31} & a_{32} & a_{33} \end{vmatrix} = a_{11}a_{22}a_{33}+a_{12}a_{23}a_{31}+a_{13}a_{21}a_{32}-a_{11}a_{23}a_{32}-a_{12}a_{21}a_{33}-a_{13}a_{22}a_{31}. \tag{1.11}$$

从二阶和三阶行列式的定义中可以看出, 它们都是一些乘积的代数和, 而每一项乘积都是由行列式中位于不同行和不同列的元素构成的, 并且展开式就是由所有这种可能的乘积组成, 而且二阶行列式有 2! 项, 三阶行列式有 3! 项. 另外, 每一项前面的符号有所不同, 这些符号是按什么原则决定的呢?

在三阶行列式的展开式中, 项的一般形式可以写成

$$a_{1j_1}a_{2j_2}a_{3j_3}, \tag{1.12}$$

其中列标 $j_1j_2j_3$ 是由 1, 2, 3 构成的排列, 而且式(1.11)右端所有项的列标排列 $j_1j_2j_3$ 取遍了 1, 2, 3 构成的排列, 因此共有 3! 项.还可以看出, 当 $j_1j_2j_3$ 是偶排列时, 对应的项在

式(1.11)中带有正号, 当 $j_1j_2j_3$ 是奇排列时带有负号, 即式(1.11)右端任意一项都可以表示为

$$(-1)^{\tau(j_1j_2j_3)}a_{1j_1}a_{2j_2}a_{3j_3}. \tag{1.13}$$

综合上面的分析, 三阶行列式可以表示为

$$\begin{vmatrix} a_{11} & a_{12} & a_{13} \\ a_{21} & a_{22} & a_{23} \\ a_{31} & a_{32} & a_{33} \end{vmatrix} = \sum_{j_1j_2j_3}(-1)^{\tau(j_1j_2j_3)}a_{1j_1}a_{2j_2}a_{3j_3}, \tag{1.14}$$

其中, $\sum\limits_{j_1j_2j_3}$ 表示对 1, 2, 3 所有的排列求和.

通过三阶行列式分析, 二阶行列式也可以表示为

$$\begin{vmatrix} a_{11} & a_{12} \\ a_{21} & a_{22} \end{vmatrix} = \sum_{j_1j_2}(-1)^{\tau(j_1j_2)}a_{1j_1}a_{2j_2}. \tag{1.15}$$

根据上面的讨论, 可以把行列式的概念推广到一般情形.

定义 1.5 由 n^2个数组成的数表

$$D = \begin{vmatrix} a_{11} & a_{12} & \cdots & a_{1n} \\ a_{21} & a_{22} & \cdots & a_{2n} \\ \vdots & \vdots & & \vdots \\ a_{n1} & a_{n2} & \cdots & a_{nn} \end{vmatrix} \tag{1.16}$$

称为 n **阶行列式**. 它表示代数式 $\sum_{j_1j_2\cdots j_n}(-1)^{\tau(j_1j_2\cdots j_n)}a_{1j_1}a_{2j_2}\cdots a_{nj_n}$, 即

$$\begin{vmatrix} a_{11} & a_{12} & \cdots & a_{1n} \\ a_{21} & a_{22} & \cdots & a_{2n} \\ \vdots & \vdots & & \vdots \\ a_{n1} & a_{n2} & \cdots & a_{nn} \end{vmatrix} = \sum_{j_1j_2\cdots j_n}(-1)^{\tau(j_1j_2\cdots j_n)}a_{1j_1}a_{2j_2}\cdots a_{nj_n}, \tag{1.17}$$

这里, $j_1j_2\cdots j_n$ 是自然数 $1,2,\cdots,n$ 形成的某个排列; $\tau(j_1j_2\cdots j_n)$ 是排列 $j_1j_2\cdots j_n$ 的逆序数; $\sum_{j_1j_2\cdots j_n}$ 表示对 $1,2,\cdots,n$ 所有的排列求和. n 阶行列式可以简记为 $\det(a_{ij})$, 其中数 a_{ij} 是 n 阶行列式 D 的第 i 行、第 j 列的元素.

定义表明, 为了计算 n 阶行列式, 首先做所有可能由位于不同行不同列元素构成的乘积(共有 $n!$ 项), 把构成这些乘积的元素按行标排成标准顺序, 然后由列标所构成的排列的奇偶性来决定这一项的符号, 最后求代数和, 即得行列式的值.

当 $n=2,3$ 时, 由此定义得到的二、三阶行列式与由对角线法则求得的一致. 特别地, 当 $n=1$ 时, 一阶行列式 $|a|=a$, 对角线法则只适用于二、三阶行列式.

通常用 D 或 D_n 表示 n 阶行列式, 在不至于引起混淆的情况下, 也可以把 n 阶行列式记作 $D=\left|a_{ij}\right|$, 或者 $D_n=\left|a_{ij}\right|$.

例 1.5 证明

(1) 上三角行列式:

$$\begin{vmatrix} a_{11} & a_{12} & a_{13} & \cdots & a_{1n} \\ 0 & a_{22} & a_{23} & \cdots & a_{2n} \\ 0 & 0 & a_{33} & \cdots & a_{3n} \\ \vdots & \vdots & \vdots & & \vdots \\ 0 & 0 & 0 & \cdots & a_{nn} \end{vmatrix} = a_{11}a_{22}\cdots a_{nn}; \tag{1.18}$$

(2) 次上三角行列式:

$$\begin{vmatrix} a_{11} & a_{12} & \cdots & a_{1,n-1} & a_{1n} \\ a_{21} & a_{22} & \cdots & a_{2,n-1} & 0 \\ \vdots & \vdots & & \vdots & \vdots \\ a_{n-1,1} & a_{n-1,2} & \cdots & 0 & 0 \\ a_{n1} & 0 & \cdots & 0 & 0 \end{vmatrix} = (-1)^{\frac{n(n-1)}{2}} a_{1n}a_{2,n-1}\cdots a_{n-1,2}a_{n1}. \tag{1.19}$$

证明 (1) 由于行列式中有很多元素是零, 因此展开式中有很多项是零, 现在只需要找出非零项即可. 考察一般项

$$(-1)^{\tau(j_1j_2\cdots j_n)} a_{1j_1}a_{2j_2}\cdots a_{nj_n},$$

因为 $i > j$ 时, $a_{ij} = 0$, 所以要使 $a_{nj_n} \neq 0$, 只有 $j_n = n$. 同样, 要使 $a_{n-1,j_{n-1}} \neq 0$, j_{n-1} 只能取 n 或者 $n-1$, 由于 $j_n = n$, 由行列式的定义知, j_{n-1} 不能取 n, 所以 $j_{n-1} = n-1$. 以此类推, $j_{n-2} = n-2$, $\cdots$, $j_2 = 2$, $j_1 = 1$, 这说明行列式中只有一项是非零项, 即

$$\begin{vmatrix} a_{11} & a_{12} & a_{13} & \cdots & a_{1n} \\ 0 & a_{22} & a_{23} & \cdots & a_{2n} \\ 0 & 0 & a_{33} & \cdots & a_{3n} \\ \vdots & \vdots & \vdots & & \vdots \\ 0 & 0 & 0 & \cdots & a_{nn} \end{vmatrix} = (-1)^{\tau(12\cdots n)} a_{11}a_{22}\cdots a_{nn} = a_{11}a_{22}\cdots a_{nn}.$$

(2) 类似于上三角行列式的推理, 次上三角行列式也只有一项是非零项, 即

$$\begin{aligned} &\begin{vmatrix} a_{11} & a_{12} & \cdots & a_{1,n-1} & a_{1n} \\ a_{21} & a_{22} & \cdots & a_{2,n-1} & 0 \\ \vdots & \vdots & & \vdots & \vdots \\ a_{n-1,1} & a_{n-1,2} & \cdots & 0 & 0 \\ a_{n1} & 0 & \cdots & 0 & 0 \end{vmatrix} \\ &= (-1)^{\tau(n(n-1)\cdots 21)} a_{1n}a_{2,n-1}\cdots a_{n-1,2}a_{n1} \\ &= (-1)^{\frac{n(n-1)}{2}} a_{1n}a_{2,n-1}\cdots a_{n-1,2}a_{n1}. \end{aligned}$$

作为例1.5的特例, 有

(3) 对角行列式:

$$\det(\lambda_1\lambda_2\cdots\lambda_n)=\begin{vmatrix}\lambda_1 & 0 & \cdots & 0\\ 0 & \lambda_2 & \cdots & 0\\ \vdots & \vdots & & \vdots\\ 0 & 0 & \cdots & \lambda_n\end{vmatrix}=\lambda_1\lambda_2\cdots\lambda_n; \tag{1.20}$$

(4) 次对角行列式:

$$\begin{vmatrix}0 & \cdots & 0 & \lambda_1\\ 0 & \cdots & \lambda_2 & 0\\ \vdots & & \vdots & \vdots\\ \lambda_n & \cdots & 0 & 0\end{vmatrix}=(-1)^{\frac{n(n-1)}{2}}\lambda_1\lambda_2\cdots\lambda_n. \tag{1.21}$$

注 1.1 上三角行列式、下三角行列式和对角行列式结果相同, 次上三角行列式、次下三角行列式和次对角行列式结果相同.

例 1.6 试判断 $a_{12}a_{23}a_{31}a_{44}a_{56}a_{65}$ 是否为六阶行列式中的一项?

解 显然, $a_{12}a_{23}a_{31}a_{44}a_{56}a_{65}$ 是六阶行列式中位于不同行不同列的元素的乘积, 且行标是按照自然顺序排列, 因此只要看列标排列是否是偶排列即可. 如果是偶排列, 该项就是六阶行列式中的一项, 否则不是. $\tau(231465)=0+2+0+0+1=3$, 列标排列是奇排列, 故 $a_{12}a_{23}a_{31}a_{44}a_{56}a_{65}$ 不是六阶行列式中的一项.

例 1.7 用行列式的定义计算

$$D_n=\begin{vmatrix}0 & 0 & \cdots & 0 & 1 & 0\\ 0 & 0 & \cdots & 2 & 0 & 0\\ \vdots & \vdots & & \vdots & \vdots & \vdots\\ n-1 & 0 & \cdots & 0 & 0 & 0\\ 0 & 0 & \cdots & 0 & 0 & n\end{vmatrix}.$$

解 由行列式的定义可得

$$D_n=\begin{vmatrix}0 & 0 & \cdots & 0 & 1 & 0\\ 0 & 0 & \cdots & 2 & 0 & 0\\ \vdots & \vdots & & \vdots & \vdots & \vdots\\ n-1 & 0 & \cdots & 0 & 0 & 0\\ 0 & 0 & \cdots & 0 & 0 & n\end{vmatrix}=(-1)^{\tau((n-1)(n-2)\cdots 21)}n!=(-1)^{\frac{(n-1)(n-2)}{2}}n!.$$

例 1.8 已知 $f(x)=\begin{vmatrix}x & 1 & 1 & 2\\ 1 & x & 1 & -1\\ 3 & 2 & x & 1\\ 1 & 1 & 2x & 1\end{vmatrix}$, 求 x^3 的系数.

解 含 x^3 的项有两项, 即

$$(-1)^{\tau(1234)}a_{11}a_{22}a_{33}a_{44}=x^3,(-1)^{\tau(1243)}a_{11}a_{22}a_{34}a_{43}=(-2)\,x^3,$$

所以 x^3 的系数为 -1.

在行列式的定义中, 为了确定每一项的正负号, 把各元素按**行标排成标准顺序**. 可以证明, n 阶行列式也可以把各元素按**列标排成标准顺序**, 然后由其行标构成排列的逆序数确定每一项的符号. 实际上, 有以下定理:

定理 1.2 n 阶行列式

$$\begin{vmatrix}a_{11}&a_{12}&\cdots&a_{1n}\\a_{21}&a_{22}&\cdots&a_{2n}\\\vdots&\vdots&&\vdots\\a_{n1}&a_{n2}&\cdots&a_{nn}\end{vmatrix}=\sum_{i_1i_2\cdots i_n}(-1)^{\tau(i_1i_2\cdots i_n)}a_{i_11}a_{i_22}\cdots a_{i_nn}. \tag{1.22}$$

1.4 行列式的性质

1.3节给出了行列式的定义, 并根据行列式的定义计算了上三角行列式、次上三角行列式、对角行列式、次对角行列式, 这些行列式的共同特点就是零元素多, 而且在展开式中只有一项可能非零. 如果一个行列式中没有零元素（或者零元素很少）, 那么按定义计算就需要计算 $n!$ 项的和. 当 n 较大时, 计算量就相当大, 因而需要研究行列式的计算方法. 本节讨论行列式的性质, 这些性质对于行列式的计算及理论的研究都是十分重要的.

设 n 阶行列式

$$D=\begin{vmatrix}a_{11}&a_{12}&\cdots&a_{1n}\\a_{21}&a_{22}&\cdots&a_{2n}\\\vdots&\vdots&&\vdots\\a_{n1}&a_{n2}&\cdots&a_{nn}\end{vmatrix}.$$

定义 1.6 将行列式 D 的行列互换后得到的行列式称为 D 的**转置行列式**, 记为 D^{T}（或 D'）, 即

$$D^{\mathrm{T}}=\begin{vmatrix}a_{11}&a_{21}&\cdots&a_{n1}\\a_{12}&a_{22}&\cdots&a_{n2}\\\vdots&\vdots&&\vdots\\a_{1n}&a_{2n}&\cdots&a_{nn}\end{vmatrix}.$$

性质 1.1 行列式 D 与其转置行列式 D^{T} 相等, 即 $D=D^{\mathrm{T}}$.

证明 记 $D=\det(a_{ij})$ 的转置行列式为

$$D^{\mathrm{T}}=\begin{vmatrix}b_{11}&b_{12}&\cdots&b_{1n}\\b_{21}&b_{22}&\cdots&b_{2n}\\\vdots&\vdots&&\vdots\\b_{n1}&b_{n2}&\cdots&b_{nn}\end{vmatrix},$$

即 $b_{ij}=a_{ji}\,(i,j=1,2,\cdots,n)$，按定义

$$\begin{aligned}D^{\mathrm{T}} &= \sum_{p_1p_2\cdots p_n}(-1)^{\tau(p_1p_2\cdots p_n)}b_{1p_1}b_{2p_2}\cdots b_{np_n}\\ &= \sum_{p_1p_2\cdots p_n}(-1)^{\tau(p_1p_2\cdots p_n)}a_{p_11}a_{p_22}\cdots a_{p_nn},\end{aligned}$$

又因为行列式 D 可以表示为

$$D=\sum_{p_1p_2\cdots p_n}(-1)^{\tau(p_1p_2\cdots p_n)}a_{p_11}a_{p_22}\cdots a_{p_nn},$$

所以 $D=D^{\mathrm{T}}$.

性质1.1表明, 在行列式中行与列的地位是对称的, 因此凡是有关行的性质, 对于列也同样成立, 例如由1.3节式(1.18)即得**下三角行列式**

$$\begin{vmatrix}a_{11} & 0 & \cdots & 0\\ a_{21} & a_{22} & \cdots & 0\\ \vdots & \vdots & & \vdots\\ a_{n1} & a_{n2} & \cdots & a_{nn}\end{vmatrix}=a_{11}a_{22}\cdots a_{nn}. \tag{1.23}$$

性质 1.2 互换行列式的两行(列), 行列式变号.

证明 互换行列式 D 的第 i 行和第 j 行后得到的行列式为

$$\overline{D}=\begin{vmatrix}a_{11} & a_{12} & \cdots & a_{1n}\\ \vdots & \vdots & & \vdots\\ a_{j1} & a_{j2} & \cdots & a_{jn}\\ \vdots & \vdots & & \vdots\\ a_{i1} & a_{i2} & \cdots & a_{in}\\ \vdots & \vdots & & \vdots\\ a_{n1} & a_{n2} & \cdots & a_{nn}\end{vmatrix},$$

由行列式的定义及排列经过一次对换改变奇偶性, 有

$$\begin{aligned}\overline{D} &= \textstyle\sum_{p_1p_2\cdots p_n}(-1)^{\tau(p_1\cdots p_j\cdots p_i\cdots p_n)}a_{1p_1}\cdots a_{jp_i}\cdots a_{ip_j}\cdots a_{np_n}\\ &= -\textstyle\sum_{p_1p_2\cdots p_n}(-1)^{\tau(p_1\cdots p_i\cdots p_j\cdots p_n)}a_{1p_1}\cdots a_{ip_i}\cdots a_{jp_j}\cdots a_{np_n}=-D.\end{aligned}$$

为了以后叙述和运算方便, 用 r_i 表示行列式的第 i 行, 用 c_j 表示行列式的第 j 列. 于是, 若交换行列式 D 的第 i 行和第 j 行, 就用 $r_i\leftrightarrow r_j$ 表示, 若交换行列式 D 的第 i 列和第 j 列, 就用 $c_i\leftrightarrow c_j$ 表示.

推论 1.2 行列式 D 中有两行或两列元素完全相同, 则 $D=0$.

证明 两行互换就有 $D=-D$, 则 $D=0$.

性质 1.3 行列式的某一行或列中所有元素都乘同一数 k, 等于用数 k 乘此行列式, 即

$$\begin{vmatrix} a_{11} & a_{12} & \cdots & a_{1n} \\ \vdots & \vdots & & \vdots \\ ka_{i1} & ka_{i2} & \cdots & ka_{in} \\ \vdots & \vdots & & \vdots \\ a_{n1} & a_{n2} & \cdots & a_{nn} \end{vmatrix} = k \begin{vmatrix} a_{11} & a_{12} & \cdots & a_{1n} \\ \vdots & \vdots & & \vdots \\ a_{i1} & a_{i2} & \cdots & a_{in} \\ \vdots & \vdots & & \vdots \\ a_{n1} & a_{n2} & \cdots & a_{nn} \end{vmatrix}.$$

推论 1.3 行列式某一行(列)中所有元素的公因子可以提到行列式符号外面.

推论 1.4 若行列式中有两行(列)元素对应成比例, 则 $D=0$.

推论 1.5 若行列式中有一行(列)元素全为零, 则 $D=0$.

以下几个性质利用行列式的定义很容易证明, 在这里只列出有关结论, 请读者自己证明.

性质 1.4 若行列式的某一行(列)的元素都是两数之和, 如

$$D = \begin{vmatrix} a_{11} & a_{12} & \cdots & a_{1i}+a'_{1i} & \cdots & a_{1n} \\ a_{21} & a_{22} & \cdots & a_{2i}+a'_{2i} & \cdots & a_{2n} \\ \vdots & \vdots & & \vdots & & \vdots \\ a_{n1} & a_{n2} & \cdots & a_{ni}+a'_{ni} & \cdots & a_{nn} \end{vmatrix},$$

则 D 等于下列两个行列式之和:

$$D = \begin{vmatrix} a_{11} & \cdots & a_{1i} & \cdots & a_{1n} \\ a_{21} & \cdots & a_{2i} & \cdots & a_{2n} \\ \vdots & & \vdots & & \vdots \\ a_{n1} & \cdots & a_{ni} & \cdots & a_{nn} \end{vmatrix} + \begin{vmatrix} a_{11} & \cdots & a'_{1i} & \cdots & a_{1n} \\ a_{21} & \cdots & a'_{2i} & \cdots & a_{2n} \\ \vdots & & \vdots & & \vdots \\ a_{n1} & \cdots & a'_{ni} & \cdots & a_{nn} \end{vmatrix}.$$

性质 1.5 把行列式的某一行(列)的各元素乘同一数然后加到另一行或列对应的元素上, 行列式不变, 如

$$\begin{vmatrix} a_{11} & \cdots & a_{1i} & \cdots & a_{1j} & \cdots & a_{1n} \\ a_{21} & \cdots & a_{2i} & \cdots & a_{2j} & \cdots & a_{2n} \\ \vdots & & \vdots & & \vdots & & \vdots \\ a_{n1} & \cdots & a_{ni} & \cdots & a_{nj} & \cdots & a_{nn} \end{vmatrix}$$

$$\xlongequal{c_i+kc_j} \begin{vmatrix} a_{11} & \cdots & a_{1i}+ka_{1j} & \cdots & a_{1j} & \cdots & a_{1n} \\ a_{21} & \cdots & a_{2i}+ka_{2j} & \cdots & a_{2j} & \cdots & a_{2n} \\ \vdots & & \vdots & & \vdots & & \vdots \\ a_{n1} & \cdots & a_{ni}+ka_{nj} & \cdots & a_{nj} & \cdots & a_{nn} \end{vmatrix}.$$

利用以上性质可以简化行列式的计算.

由1.3节例1.5可知, 三角行列式容易计算, 因此, 若能利用行列式的性质将所给行列式化为三角行列式, 便可以求出其值.

例 1.9 计算

$$D=\begin{vmatrix}1&-5&3&-3\\2&0&1&-1\\3&1&-1&2\\4&1&3&-1\end{vmatrix}.$$

解 由行列式的性质可得

$$D\xlongequal[r_3-4r_1]{\substack{r_2-2r_1\\r_3-3r_1}}\begin{vmatrix}1&-5&3&-3\\0&10&-5&5\\0&16&-10&11\\0&21&-9&11\end{vmatrix}=5\begin{vmatrix}1&-5&3&-3\\0&2&-1&1\\0&16&-10&11\\0&21&-9&11\end{vmatrix}$$

$$\xlongequal{c_3\leftrightarrow c_2}-5\begin{vmatrix}1&3&-5&-3\\0&-1&2&1\\0&-10&16&11\\0&-9&21&11\end{vmatrix}\xlongequal[r_4-9r_2]{r_3-10r_2}-5\begin{vmatrix}1&3&-5&-3\\0&-1&2&1\\0&0&-4&1\\0&0&3&2\end{vmatrix}$$

$$\xlongequal{c_3\leftrightarrow c_4}5\begin{vmatrix}1&3&-3&-5\\0&-1&1&2\\0&0&1&-4\\0&0&2&3\end{vmatrix}\xlongequal{r_4-2r_3}5\begin{vmatrix}1&3&-3&-5\\0&-1&1&2\\0&0&1&-4\\0&0&0&11\end{vmatrix}=-55.$$

注 1.2 四阶及四阶以上阶行列式没有像二、三阶行列式那样的对角线法.

例 1.10 计算

$$D_n=\begin{vmatrix}x&a&\cdots&a\\a&x&\cdots&a\\\vdots&\vdots&&\vdots\\a&a&\cdots&x\end{vmatrix}.$$

解

$$D_n\xlongequal{r_1+\sum_{i=2}^n r_i}\begin{vmatrix}[x+(n-1)a]&[x+(n-1)a]&\cdots&[x+(n-1)a]\\a&x&\cdots&a\\\vdots&\vdots&&\vdots\\a&a&\cdots&x\end{vmatrix}$$

$$=[x+(n-1)\,a]\begin{vmatrix}1&1&1&1\\a&x&\cdots&a\\\vdots&\vdots&&\vdots\\a&a&\cdots&x\end{vmatrix}$$

$$\xlongequal{r_i-ar_1(i=2,3,\cdots,n)}[x+(n-1)\,a]\begin{vmatrix}1&1&\cdots&1\\0&x-a&\cdots&0\\\vdots&\vdots&&\vdots\\0&0&\cdots&x-a\end{vmatrix}$$

$$=[x+(n-1)\,a]\,(x-a)^{n-1}.$$

例 1.11 计算

$$D_n=\begin{vmatrix}1&2&3&\cdots&n\\2&1&0&\cdots&0\\3&0&1&\cdots&0\\\vdots&\vdots&\vdots&&\vdots\\n&0&0&\cdots&1\end{vmatrix}.$$

解 由行列式的性质可得

$$D_n\xlongequal{c_1-\sum_{j=2}^{n}jc_j}\begin{vmatrix}1-\left(2^2+\cdots+n^2\right)&2&3&\cdots&n\\0&1&0&\cdots&0\\0&0&1&\cdots&0\\\vdots&\vdots&\vdots&&\vdots\\0&0&0&\cdots&1\end{vmatrix}=1-\left(2^2+\cdots+n^2\right).$$

例 1.12 证明矩阵

$$D=\begin{vmatrix}a_{11}&\cdots&a_{1k}&0&\cdots&0\\\vdots&&\vdots&\vdots&&\vdots\\a_{k1}&\cdots&a_{kk}&0&\cdots&0\\c_{11}&\cdots&c_{1k}&b_{11}&\cdots&b_{1n}\\\vdots&&\vdots&\vdots&&\vdots\\c_{n1}&\cdots&c_{nk}&b_{n1}&\cdots&b_{nn}\end{vmatrix},$$

$$D_1=\begin{vmatrix}a_{11}&\cdots&a_{1k}\\\vdots&&\vdots\\a_{k1}&\cdots&a_{kk}\end{vmatrix},\quad D_2=\begin{vmatrix}b_{11}&\cdots&b_{1n}\\\vdots&&\vdots\\b_{n1}&\cdots&b_{nn}\end{vmatrix}$$

满足 $D=D_1D_2$.

证明 对 D_1 做运算 $r_i+\lambda r_j$, 将 D_1 化为下三角行列式, 设为

$$D_1=\begin{vmatrix}p_{11}&&\\\vdots&\ddots&\\p_{k1}&\cdots&p_{kk}\end{vmatrix}=p_{11}\cdots p_{kk},$$

对 D_2 做运算 $c_i+\lambda c_j$, 将 D_2 化为下三角行列式, 设为

$$D_2=\begin{vmatrix}q_{11}&&\\\vdots&\ddots&\\q_{n1}&\cdots&q_{nn}\end{vmatrix}=q_{11}\cdots q_{nn},$$

于是, 对行列式 D 前 k 行做运算 $r_i+\lambda r_j$, 再对后 n 列做运算 $c_i+\lambda c_j$, 把 D 化为下三角行列式

$$D=\begin{vmatrix} p_{11} & & & & & \\ \vdots & \ddots & & & & \\ p_{k1} & \cdots & p_{kk} & & & \\ c_{11} & \cdots & c_{1k} & q_{11} & & \\ \vdots & & \vdots & \vdots & \ddots & \\ c_{n1} & \cdots & c_{nk} & q_{n1} & \cdots & q_{nn} \end{vmatrix}=p_{11}\cdots p_{kk}q_{11}\cdots q_{nn}=D_1D_2.$$

注 1.3 该题的结论可以作为公式用.

1.5 行列式按行(列)展开

一般情况下, 低阶行列式比高阶行列式容易计算, 这样就促使人们思考, 如何降低行列式的阶数, 从而把高阶行列式转化为低阶行列式进行计算.

先来介绍余子式和代数余子式的概念.

定义 1.7 在 n 阶行列式中, 将元素 a_{ij} 所在的行与列上的元素划去, 其余元素按照原来的相对位置构成的 $n-1$ 阶行列式, 称为元素 a_{ij} 的余子式, 记作 M_{ij}. 而把

$$A_{ij}=(-1)^{i+j}M_{ij},$$

称为元素 a_{ij} 的代数余子式.

例如三阶行列式

$$\begin{vmatrix} a_{11} & a_{12} & a_{13} \\ a_{21} & a_{22} & a_{23} \\ a_{31} & a_{32} & a_{33} \end{vmatrix}$$

中, 元素 a_{32} 的余子式为 $M_{32}=\begin{vmatrix} a_{11} & a_{13} \\ a_{21} & a_{23} \end{vmatrix}$, 代数余子式为

$$A_{32}=(-1)^{3+2}\begin{vmatrix} a_{11} & a_{13} \\ a_{21} & a_{23} \end{vmatrix}=-M_{32}.$$

定理 1.3 设

$$D=\begin{vmatrix} a_{11} & a_{12} & \cdots & a_{1n} \\ a_{21} & a_{22} & \cdots & a_{2n} \\ \vdots & \vdots & & \vdots \\ a_{n1} & a_{n2} & \cdots & a_{nn} \end{vmatrix},$$

则

$$D=a_{i1}A_{i1}+a_{i2}A_{i2}+\cdots+a_{in}A_{in}, \tag{1.24}$$

或

$$D=a_{1j}A_{1j}+a_{2j}A_{2j}+\cdots+a_{nj}A_{nj}. \tag{1.25}$$

证明 证明式(1.24), 分以下 3 步.

第1步: 由于行列式D中元素a_{nn}的余子式

$$M_{nn}=\begin{vmatrix} a_{11} & \cdots & a_{1,n-1} \\ \vdots & & \vdots \\ a_{n-1,1} & \cdots & a_{n-1,n-1} \end{vmatrix}=\sum_{j_1j_2\cdots j_{n-1}}(-1)^{\tau(j_1j_2\cdots j_{n-1})}a_{1j_1}\cdots a_{n-1,j_{n-1}}$$

$(1\leqslant j_i\leqslant n-1)$, 且$\tau(j_1\cdots j_{n-1}n)=\tau(j_1\cdots j_{n-1})$，故有

$$\begin{aligned}\begin{vmatrix} a_{11} & \cdots & a_{1,n-1} & a_{1n} \\ \vdots & & \vdots & \vdots \\ a_{n-1,1} & \cdots & a_{n-1,n-1} & a_{n-1,n} \\ 0 & \cdots & 0 & a_{nn} \end{vmatrix} &= a_{nn}\textstyle\sum_{j_1\cdots j_{n-1}}(-1)^{\tau(j_1\cdots j_{n-1}n)}a_{1j_1}\cdots a_{n-1,j_{n-1}} \\ &= a_{nn}M_{nn}=a_{nn}A_{nn}.\end{aligned}$$

第 2 步:

$$\begin{aligned} D(i,j) &= \left|\begin{array}{ccc:c:ccc} & & & a_{1j} & & & \\ & D_1 & & \vdots & & D_2 & \\ & & & a_{i-1,j} & & & \\ \hdashline 0 & \cdots & 0 & a_{ij} & 0 & \cdots & 0 \\ \hdashline & & & a_{i+1,j} & & & \\ & D_3 & & \vdots & & D_4 & \\ & & & a_{nj} & & & \end{array}\right| \\ &= (-1)^{(n-i)+(n-j)}\left|\begin{array}{ccc:ccc:c} & & & & & & a_{1j} \\ & D_1 & & & D_2 & & \vdots \\ & & & & & & a_{i-1,j} \\ \hdashline & & & & & & a_{i+1,j} \\ & D_3 & & & D_4 & & \vdots \\ & & & & & & a_{nj} \\ \hdashline 0 & \cdots & 0 & 0 & \cdots & 0 & a_{ij} \end{array}\right| \\ &= (-1)^{-(i+j)}a_{ij}M_{ij}=a_{ij}A_{ij}, \end{aligned}$$

第 3 步: $D=D(i,1)+D(i,2)+\cdots+D(i,n)=a_{i1}A_{i1}+a_{i2}A_{i2}+\cdots+a_{in}A_{in}$.

这个定理叫作**按行(列)展开法则**. 利用该定理可以把 n 阶行列式降阶为 $n-1$ 阶行列式进行计算.

例 1.13 计算行列式

$$\begin{vmatrix} 5 & 3 & -1 & 2 & 0 \\ 1 & 7 & 2 & 5 & 2 \\ 0 & -2 & 3 & 1 & 0 \\ 0 & -4 & -1 & 4 & 0 \\ 0 & 2 & 3 & 5 & 0 \end{vmatrix}.$$

解

$$\begin{vmatrix}5&3&-1&2&0\\1&7&2&5&2\\0&-2&3&1&0\\0&-4&-1&4&0\\0&2&3&5&0\end{vmatrix}=2\cdot(-1)^{2+5}\begin{vmatrix}5&3&-1&2\\0&-2&3&1\\0&-4&-1&4\\0&2&3&5\end{vmatrix}=-2\cdot5\cdot(-1)^{1+1}\begin{vmatrix}-2&3&1\\-4&-1&4\\2&3&5\end{vmatrix}$$

$$\xlongequal[r_3+r_1]{r_2-2r_1}-10\begin{vmatrix}-2&3&1\\0&-7&2\\0&6&6\end{vmatrix}=(-10)\cdot(-2)\begin{vmatrix}-7&2\\6&6\end{vmatrix}=-1\,080.$$

例 1.14 证明范德蒙(Vandermonde)行列式

$$D_n=\begin{vmatrix}1&1&1&\cdots&1\\x_1&x_2&x_3&\cdots&x_n\\x_1^2&x_2^2&x_3^2&\cdots&x_n^2\\\vdots&\vdots&\vdots&&\vdots\\x_1^{n-1}&x_2^{n-1}&x_3^{n-1}&\cdots&x_n^{n-1}\end{vmatrix}=\prod_{n\geqslant i>j\geqslant1}(x_i-x_j),\tag{1.26}$$

其中“$\prod$”表示连乘.

证明 用数学归纳法. 由于

$$D_2=\begin{vmatrix}1&1\\x_1&x_2\end{vmatrix}=x_2-x_1=\prod_{2\geqslant i>j\geqslant1}(x_i-x_j),$$

所以, 当 $n=2$ 时, 式(1.26)成立. 现假设式(1.26)对于 $n-1$ 阶范德蒙行列式成立, 下面证式(1.26)对于 n 阶范德蒙行列式也成立.

为此, 首先要设法将 D_n 降阶: 从第 n 行开始, 每一行减去前一行的 x_1 倍, 则

$$D_n=\begin{vmatrix}1&1&1&\cdots&1\\0&x_2-x_1&x_3-x_1&\cdots&x_n-x_1\\0&x_2(x_2-x_1)&x_3(x_3-x_1)&\cdots&x_n(x_n-x_1)\\\vdots&\vdots&\vdots&&\vdots\\0&x_2^{n-2}(x_2-x_1)&x_3^{n-2}(x_3-x_1)&\cdots&x_n^{n-2}(x_n-x_1)\end{vmatrix},$$

按第 1 列展开, 并把每列的公因子 $x_i-x_1(i=2,3,\cdots,n)$ 提出, 有

$$D_n=(x_2-x_1)(x_3-x_1)\cdots(x_n-x_1)\begin{vmatrix}1&1&1&\cdots&1\\x_2&x_3&x_4&\cdots&x_n\\x_2^2&x_3^2&x_4^2&\cdots&x_n^2\\\vdots&\vdots&\vdots&&\vdots\\x_2^{n-2}&x_3^{n-2}&x_4^{n-2}&\cdots&x_n^{n-2}\end{vmatrix},$$

上式右端的行列式是 $n-1$ 阶行列式. 由假设知, 它等于所有的 $x_i - x_j$ 因子的乘积, 其中 $n \geqslant i > j \geqslant 2$, 所以

$$D_n = (x_2 - x_1)(x_3 - x_1)\cdots(x_n - x_1)\prod_{n\geqslant i>j\geqslant 2}(x_i - x_j) = \prod_{n\geqslant i>j\geqslant 1}(x_i - x_j).$$

证毕.

利用行列式按行(列)展开成较低阶的同类型行列式(同类型行列式是指阶数不同但结构相同的行列式), 可以得到计算行列式的一种重要方法——递推法, 即找出 D_n 与 D_{n-1} 或 D_n 与 D_{n-1}、D_{n-2} 间的递推关系, 然后利用这个关系计算行列式的值.

例 1.15 计算

$$D_{2n} = \begin{vmatrix} a & & & & & & & b \\ & a & & & & & \iddots & \\ & & \ddots & & & b & & \\ & & & a & b & & & \\ & & & c & d & & & \\ & & \iddots & & & \ddots & & \\ & c & & & & & d & \\ c & & & & & & & d \end{vmatrix}.$$

解 由于

$$D_{2n} = \begin{vmatrix} a & & & & & & & b \\ & a & & & & & \iddots & \\ & & \ddots & & & b & & \\ & & & a & b & & & \\ & & & c & d & & & \\ & & \iddots & & & \ddots & & \\ & c & & & & & d & \\ c & & & & & & & d \end{vmatrix},$$

其中虚线围住的部分为 $D_{2(n-1)}$. 按第一行展开, 得

$$\begin{aligned} D_{2n} &= (-1)^{1+1}a\begin{vmatrix} & & & 0 \\ & D_{2(n-1)} & & \vdots \\ & & & 0 \\ 0 & \cdots & 0 & d \end{vmatrix} + (-1)^{1+2n}b\begin{vmatrix} 0 & & & \\ \vdots & & D_2(n-1) & \\ 0 & & & \\ c & 0 & \cdots & 0 \end{vmatrix}_{(2n-1)} \\ &= (-1)^{(2n-1)+(2n+1)}ad\cdot D_{2(n-1)} + (-1)(-1)^{(2n-1)+1}bc\cdot D_{2(n-1)} \\ &= (ad-bc)D_{2(n-1)} = \cdots = (ad-bc)^{n-1}D_2, \end{aligned}$$

$$D_2 = \begin{vmatrix} a & b \\ c & d \end{vmatrix} = ad - bc,$$

故

$$D_{2n}=(ad-bc)^n.$$

在计算数字行列式时, 直接应用展开式(1.24)或(1.25)不一定能简化计算, 因为把一个 n 阶行列式的计算换成 n 个 $n-1$ 阶行列式的计算并不减少计算量. 因此, 只有在行列式中某一行或某一列含有较多的零时, 应用公式(1.24)或(1.25)才有意义. 但这两个公式在理论上是重要的.

例 1.16 计算

$$D_n=\begin{vmatrix}\alpha+\beta & \alpha\beta & 0 & \cdots & 0 & 0\\ 1 & \alpha+\beta & \alpha\beta & \cdots & 0 & 0\\ 0 & 1 & \alpha+\beta & & 0 & 0\\ \vdots & \vdots & \vdots & & \vdots & \vdots\\ 0 & 0 & 0 & \cdots & \alpha+\beta & \alpha\beta\\ 0 & 0 & 0 & \cdots & 1 & \alpha+\beta\end{vmatrix}.$$

解 按第一列展开得到

$$\begin{aligned}D_n&=(\alpha+\beta)D_{n-1}-\begin{vmatrix}\alpha\beta & 0 & 0 & \cdots & 0 & 0\\ 1 & \alpha+\beta & \alpha\beta & \cdots & 0 & 0\\ 0 & 1 & \alpha+\beta & & 0 & 0\\ \vdots & \vdots & \vdots & & \vdots & \vdots\\ 0 & 0 & 0 & \cdots & \alpha+\beta & \alpha\beta\\ 0 & 0 & 0 & \cdots & 1 & \alpha+\beta\end{vmatrix}\\ &=(\alpha+\beta)D_{n-1}-\alpha\beta D_{n-2},\end{aligned}$$

所以

$$D_n-\alpha D_{n-1}=\beta(D_{n-1}-\alpha D_{n-2})=\beta[\beta(D_{n-2}-\alpha D_{n-3})]=\cdots=\beta^{n-2}(D_2-\alpha D_1)$$

由于 $D_2=\begin{vmatrix}\alpha+\beta & \alpha\beta\\ 1 & \alpha+\beta\end{vmatrix}=\alpha^2+\beta^2+\alpha\beta$, $D_1=\alpha+\beta$, 所以

$$D_n-\alpha D_{n-1}=\beta^{n-2}\beta^2=\beta^n,$$

即

$$\begin{aligned}D_n&=\beta^n+\alpha D_{n-1}=\beta^n+\alpha(\beta^{n-1}+\alpha D_{n-2})\\ &=\beta^n+\alpha\beta^{n-1}+\alpha^2\beta^{n-2}+\cdots+\alpha^{n-1}\beta+\alpha^n\\ &=\frac{\alpha^{n+1}-\beta^{n+1}}{\alpha-\beta}(\alpha\neq\beta)\end{aligned}$$

当 $\alpha=\beta$ 时, $D_n=(n+1)\alpha^n$.

定理 1.4 n 阶行列式 D 的某一行或列的各元素与另一行或列对应元素的代数余子式的乘积之和等于零, 即

$$a_{i1}A_{j1}+a_{i2}A_{j2}+\cdots+a_{in}A_{jn}=\sum_{k=1}^{n}a_{ik}A_{jk}=0(i\neq j), \tag{1.27}$$

$$a_{1i}A_{1j}+a_{2i}A_{2j}+\cdots+a_{ni}A_{nj}=\sum_{k=1}^{n}a_{ki}A_{kj}=0(i\neq j). \tag{1.28}$$

证明 根据行列式的性质, 得到

$$D=\begin{vmatrix} a_{11} & a_{12} & \cdots & a_{1n} \\ \vdots & \vdots & & \vdots \\ a_{i1} & a_{i2} & \cdots & a_{in} \\ \vdots & \vdots & & \vdots \\ a_{j1} & a_{j2} & \cdots & a_{jn} \\ \vdots & \vdots & & \vdots \\ a_{n1} & a_{n2} & \cdots & a_{nn} \end{vmatrix} \xlongequal{r_j+r_i} \begin{vmatrix} a_{11} & a_{12} & \cdots & a_{1n} \\ \vdots & \vdots & & \vdots \\ a_{i1} & a_{i2} & \cdots & a_{in} \\ \vdots & \vdots & & \vdots \\ a_{j1}+a_{i1} & a_{j2}+a_{i2} & \cdots & a_{jn}+a_{in} \\ \vdots & \vdots & & \vdots \\ a_{n1} & a_{n2} & \cdots & a_{nn} \end{vmatrix},$$

根据定理1.3, 进一步得到

$$D=\sum_{k=1}^{n}(a_{jk}+a_{ik})A_{jk}=\sum_{k=1}^{n}a_{jk}A_{jk}+\sum_{k=1}^{n}a_{ik}A_{jk}=D+\sum_{k=1}^{n}a_{ik}A_{jk},$$

从而

$$\sum_{k=1}^{n}a_{ik}A_{jk}=0(i\neq j).$$

类似地, 可证式(1.28)成立.

综合定理 1.3和定理 1.4, 便可得到关于代数余子式的重要性质

$$\sum_{s=1}^{n}a_{ks}A_{is}=a_{k1}A_{i1}+a_{k2}A_{i2}+\cdots+a_{kn}A_{in}=\begin{cases} D(k=i), \\ 0(k\neq i), \end{cases} \tag{1.29}$$

$$\sum_{s=1}^{n}a_{sl}A_{sj}=a_{1l}A_{1j}+a_{2l}A_{2j}+\cdots+a_{nl}A_{nj}=\begin{cases} D(l=j), \\ 0(l\neq j). \end{cases} \tag{1.30}$$

利用定理1.3可以通过构造行列式的方法简单计算(代数)余子式的和.

例 1.17 已知四阶行列式

$$D=\begin{vmatrix} 1 & 1 & -1 & 7 \\ 3 & 1 & 0 & 4 \\ -1 & 1 & 0 & 1 \\ 2 & 1 & 2 & -2 \end{vmatrix},$$

求 $A_{14}+2A_{24}+A_{34}-A_{44}$ 及 $M_{11}+M_{21}+M_{31}+M_{41}$, 其中 A_{ij}、M_{ij} 分别为 D 中元素 a_{ij} 的代数余子式及余子式.

解 由定理1.3 可知,

$$\begin{aligned}A_{14}+2A_{24}+A_{34}-A_{44}&=1\cdot A_{14}+2\cdot A_{24}+1\cdot A_{34}+(-1)\cdot A_{44}\\&=\begin{vmatrix}1&1&-1&1\\3&1&0&2\\-1&1&0&1\\2&1&2&-1\end{vmatrix}\\&=15.\end{aligned}$$

类似地, 根据 $A_{ij}=(-1)^{i+j}M_{ij}$, 可计算得到

$$\begin{aligned}M_{11}+M_{21}+M_{31}+M_{41}&=A_{11}-A_{21}+A_{31}-A_{41}\\&=\begin{vmatrix}1&1&-1&7\\-1&1&0&4\\1&1&0&1\\-1&1&2&-2\end{vmatrix}=12.\end{aligned}$$

1.6 线性方程组与克莱姆法则

本节利用前面几节的理论得出关于一般线性方程组的克莱姆[①]公式, 它具有重要的理论价值.

1.6.1 线性方程组

一般线性方程组是指

$$\begin{cases}a_{11}x_1+a_{12}x_2+\cdots+a_{1n}x_n=b_1,\\a_{21}x_1+a_{22}x_2+\cdots+a_{2n}x_n=b_2,\\\qquad\cdots\cdots\\a_{m1}x_1+a_{m2}x_2+\cdots+a_{mn}x_n=b_m,\end{cases}\tag{1.31}$$

其中, $x_1,x_2,\cdots,x_n$ 是 n 个**未知数**; m 是方程的**个数**; $a_{ij}(i=1,2,\cdots,m;j=1,2,\cdots,n)$ 称为方程组(1.31)的**系数**, a_{ij} 的第一个下标 i 表示它所在的第 i 个方程, 第二个下标 j 表示它是 x_j 的系数; $b_i(i=1,2,\cdots,m)$ 称为**常数项**.

对于方程组(1.31), 若 $b_1,b_2,\cdots,b_m$ 不全为零, 称(1.31)为**非齐次线性方程组**; 如果

① 克莱姆(Cramer, 1704—1752), 瑞士数学家, 其主要著作是《代数曲线的分析引论》(1750), 书中定义了正则、非正则、超越曲线和无理曲线等概念, 第一次正式引入坐标系的纵轴(y 轴). 为了确定经过 5 个点的一般二次曲线的系数, 书中应用了著名的“克莱姆法则”, 即由线性方程组的系数确定方程组解的表达式, 该法则于 1729 年由英国数学家麦克劳林(Maclaurin,1698—1746)提出, 1748 年发表, 但克莱姆的优越符号使之流传.

$b_1 = b_2 = \cdots = b_m = 0$, 即

$$\begin{cases} a_{11}x_1 + a_{12}x_2 + \cdots + a_{1n}x_n = 0, \\ a_{21}x_1 + a_{22}x_2 + \cdots + a_{2n}x_n = 0, \\ \qquad \cdots\cdots \\ a_{m1}x_1 + a_{m2}x_2 + \cdots + a_{mn}x_n = 0 \end{cases} \tag{1.32}$$

称(1.32)为**齐次线性方程组**.

对于方程组(1.31), 如果存在一组数 $k_1, k_2, \cdots, k_n$, 令

$$x_1 = k_1,\ x_2 = k_2,\ \cdots,\ x_n = k_n,$$

代入方程组(1.31)各方程, 等式都成立, 则称 $x_1 = k_1, x_2 = k_2, \cdots, x_n = k_n$ 是方程组(1.31)的**解**. 方程组(1.31)的解的全体称为它的**解集**.

对于齐次线性方程组(1.32), 显然 $x_1 = x_2 = \cdots = x_n = 0$ 是它的解, 这个解称为齐次线性方程组的**零解**; 如果齐次线性方程组(1.32)还有解 $x_1 = k_1, x_2 = k_2, \cdots, x_n = k_n$, 且 $k_1, k_2, \cdots, k_n$ 不全为零, 则称此解为齐次线性方程组(1.32)的**非零解**. 因此, 对于齐次线性方程组, 我们更关心的是它在什么情况下有非零解? 如何求它的非零解? 解之间的关系如何?

对于非齐次线性方程组, 首要的问题就是它是否有解? 如果有解, 有多少解? 解之间的关系如何? 这些问题将在第3章、第4章进行全面详细的讨论.

本节只考虑方程个数和未知数个数相等的方程组解的情况.

1.6.2 克莱姆法则

定理 1.5 (克莱姆法则)如果线性方程组

$$\begin{cases} a_{11}x_1 + a_{12}x_2 + \cdots + a_{1n}x_n = b_1, \\ a_{21}x_1 + a_{22}x_2 + \cdots + a_{2n}x_n = b_2, \\ \qquad \cdots\cdots \\ a_{n1}x_1 + a_{n2}x_2 + \cdots + a_{nn}x_n = b_n \end{cases} \tag{1.33}$$

的系数行列式

$$D = \begin{vmatrix} a_{11} & a_{12} & \cdots & a_{1n} \\ a_{21} & a_{22} & \cdots & a_{2n} \\ \vdots & \vdots & & \vdots \\ a_{n1} & a_{n2} & \cdots & a_{nn} \end{vmatrix} \neq 0,$$

则方程组(1.33)有唯一解

$$x_1 = \frac{D_1}{D}, x_2 = \frac{D_2}{D}, x_3 = \frac{D_3}{D}, \cdots, x_n = \frac{D_n}{D}, \tag{1.34}$$

其中, D_j 是把系数行列式 D 中第 j 列的元素用方程组右端的常数项代替后所得到的 n 阶行列式, 即

$$D_j = \begin{vmatrix} a_{11} & \cdots & a_{1,j-1} & b_1 & a_{1,j+1} & \cdots & a_{1n} \\ \vdots & & \vdots & \vdots & \vdots & & \vdots \\ a_{n1} & \cdots & a_{n,j-1} & b_n & a_{n,j+1} & \cdots & a_{nn} \end{vmatrix}.$$

证明 用 D 中第 j 列元素的代数余子式 $A_{1j}, A_{2j}, \cdots, A_{nj}$ 依次乘方程组(1.33)的 n 个方程, 得

$$\begin{cases} (a_{11}x_1 + a_{12}x_2 + \cdots + a_{1n}x_n)A_{1j} = b_1A_{1j}, \\ (a_{21}x_1 + a_{22}x_2 + \cdots + a_{2n}x_n)A_{2j} = b_2A_{2j}, \\ \qquad\qquad \cdots\cdots \\ (a_{n1}x_1 + a_{n2}x_2 + \cdots + a_{nn}x_n)A_{nj} = b_nA_{nj}. \end{cases} \tag{1.35}$$

把 n 个方程依次相加, 整理得

$$\left(\sum_{k=1}^{n} a_{k1}A_{kj}\right)x_1 + \cdots + \left(\sum_{k=1}^{n} a_{kj}A_{kj}\right)x_j + \cdots + \left(\sum_{k=1}^{n} a_{kn}A_{kj}\right)x_n = \sum_{k=1}^{n} b_kA_{kj}.$$

由代数余子式的性质知, 上式中 x_j 的系数为 D, 而其余的 $x_i(i \neq j)$ 的系数都为 0, 等式右端为 D_j, 于是

$$Dx_j = D_j(j = 1, 2, \cdots, n), \tag{1.36}$$

所以, 当 $D \neq 0$ 时, 方程组(1.36)有唯一解

$$x_1 = \frac{D_1}{D},\ x_2 = \frac{D_2}{D},\ x_3 = \frac{D_3}{D},\ \cdots, x_n = \frac{D_n}{D}.$$

由于方程组(1.36)与方程组(1.33)等价, 所以

$$x_1 = \frac{D_1}{D},\ x_2 = \frac{D_2}{D},\ x_3 = \frac{D_3}{D}, \cdots,\ x_n = \frac{D_n}{D}$$

也是方程组(1.33)的解.

例 1.18 解线性方程组

$$\begin{cases} x_1 - x_2 + x_3 + 2x_4 = 0, \\ 2x_1 + x_2 - x_3 + x_4 = 0, \\ 3x_1 + 2x_2 + x_3 + 5x_4 = 5, \\ -x_1 - x_2 + x_3 + x_4 = -1. \end{cases}$$

解

$$D = \begin{vmatrix} 1 & -1 & 1 & 2 \\ 2 & 1 & -1 & 1 \\ 3 & 2 & 1 & 5 \\ -1 & -1 & 1 & 1 \end{vmatrix} \xlongequal[c_3 - c_4]{\substack{c_1 + c_4 \\ c_2 + c_4}} \begin{vmatrix} 3 & 1 & -1 & 2 \\ 3 & 2 & -2 & 1 \\ 8 & 7 & -4 & 5 \\ 0 & 0 & 0 & 1 \end{vmatrix} = \begin{vmatrix} 3 & 1 & -1 \\ 3 & 2 & -2 \\ 8 & 7 & -4 \end{vmatrix}$$

$$\xlongequal{c_3+c_2}\begin{vmatrix}3&1&0\\3&2&0\\8&7&3\end{vmatrix}=9\neq 0,$$

$$D_1=\begin{vmatrix}0&-1&1&2\\0&1&-1&1\\5&2&1&5\\-1&-1&1&1\end{vmatrix}=9,\ D_2=\begin{vmatrix}1&0&1&2\\2&0&-1&1\\3&5&1&5\\-1&-1&1&1\end{vmatrix}=18,$$

$$D_3=\begin{vmatrix}1&-1&0&2\\2&1&0&1\\3&2&5&5\\-1&-1&-1&1\end{vmatrix}=27,\ D_4=\begin{vmatrix}1&-1&1&0\\2&1&-1&0\\3&2&1&5\\-1&-1&1&-1\end{vmatrix}=-9,$$

则方程组有唯一解

$$x_1=\frac{D_1}{D}=1,\ x_2=\frac{D_2}{D}=2,\ x_3=\frac{D_3}{D}=3,\ x_4=\frac{D_4}{D}=-1.$$

齐次线性方程组可以看成是非齐次线性方程组右端常数都为零时的特殊情况, 故有下面的定理:

定理 1.6 齐次线性方程组

$$\begin{cases}a_{11}x_1+a_{12}x_2+\cdots+a_{1n}x_n=0,\\a_{21}x_1+a_{22}x_2+\cdots+a_{2n}x_n=0,\\\qquad\cdots\cdots\\a_{n1}x_1+a_{n2}x_2+\cdots+a_{nn}x_n=0,\end{cases}\tag{1.37}$$

若系数行列式 $D\neq 0$, 则齐次线性方程组只有零解.

推论 1.6 若齐次线性方程组(1.37)有非零解, 则系数行列式 $D=0$.

该推论说明, 系数行列式 $D=0$ 是齐次线性方程组(1.37)有非零解的必要条件, 在后面的章节中将会知道, 这个条件不仅是必要的, 而且也是充分的.

例 1.19 已知

$$\begin{cases}\lambda x_1+x_2+x_3=0,\\x_1+\lambda x_2+x_3=0,\\x_1+x_2+\lambda x_3=0\end{cases}$$

有非零解, 求 λ.

解

$$D=\begin{vmatrix}\lambda&1&1\\1&\lambda&1\\1&1&\lambda\end{vmatrix}=(\lambda+2)(\lambda-1)^2=0,$$

故 $\lambda=1$ 或 $\lambda=-2$.

例 1.20 求经过点 $A(1,1,2)$、$B(3,-2,0)$、$C(0,5,-5)$三点的平面方程.

解 依据空间解析几何, 可设平面方程为

$$ax+by+cz+d=0.$$

由于点 $A(1,1,2)$、$B(3,-2,0)$、$C(0,5,-5)$在同一平面上, 所以点的坐标满足平面方程, 即

$$\begin{cases} a+b+2c+d=0, \\ 3a-2b+d=0, \\ 5b-5c+d=0. \end{cases}$$

设 (x,y,z) 是平面上任一点, 考察以 a、b、c、d 为未知量的齐次线性方程组

$$\begin{cases} ax+bc+cz+d=0, \\ a+b+2c+d=0, \\ 3a-2b+d=0, \\ 5b-5c+d=0. \end{cases}$$

因为 a、b、c、d 不全为零, 得到方程组有非零解, 根据定理1.6及推论1.6, 系数行列式等于零, 即

$$\begin{vmatrix} x & y & z & 1 \\ 1 & 1 & 2 & 1 \\ 3 & -2 & 0 & 1 \\ 0 & 5 & -5 & 1 \end{vmatrix} = \begin{vmatrix} x & y+z & z+5 & 1 \\ 1 & 3 & 7 & 1 \\ 3 & -2 & 5 & 1 \\ 0 & 0 & 0 & 1 \end{vmatrix} = \begin{vmatrix} x & y+z & z+5 \\ 1 & 3 & 7 \\ 3 & -2 & 5 \end{vmatrix}$$
$$= \begin{vmatrix} x & -3x+y+z & -7x+z+5 \\ 1 & 0 & 0 \\ 3 & -11 & -16 \end{vmatrix} = 0.$$

整理得 $29x+16y+5z-55=0$, 即为所求平面方程.

1.7 习 题

1.7.1 基础习题

1. 利用对角线法则计算下列三阶行列式.

(1) $\begin{vmatrix} 2 & 0 & 1 \\ 1 & -4 & -1 \\ -1 & 8 & 3 \end{vmatrix}$;　　(2) $\begin{vmatrix} 1 & 1 & 1 \\ a & b & c \\ a^2 & b^2 & c^2 \end{vmatrix}$.

2. 按照自然数从小到大的顺序, 求下列排序的逆序数.

(1) 123546;

(2) 7645231;

(3) $135\cdots\ 2n-3\ 2n-1\ 246\cdots\ 2n-2\ 2n$;

(4) $2n\ 2n-2\ \cdots\ 642135\ \cdots\ 2n-3\ 2n-1$.

3. 试确定 i 和 j，使 $-a_{13}a_{2i}a_{31}a_{4j}a_{54}a_{66}$ 为六阶行列式中的一项.

4. 计算下列行列式.

(1) $\begin{vmatrix} 1 & 2 & 3 & 2 \\ 2 & 0 & 1 & 3 \\ 3 & -1 & 0 & -1 \\ 9 & 1 & 5 & -2 \end{vmatrix}$;　　(2) $\begin{vmatrix} 1 & 1 & 1 & 1 \\ a_1 & a & a_2 & a_2 \\ a_2 & a_2 & a & a_3 \\ a_3 & a_3 & a_3 & a \end{vmatrix}$;

(3) $\begin{vmatrix} 1 & 2 & 2 & 2 \\ 2 & 1 & 2 & 2 \\ 2 & 2 & 1 & 2 \\ 2 & 2 & 2 & 1 \end{vmatrix}$;　　(4) $\begin{vmatrix} 1+x & 1 & 1 & 1 \\ 1 & 1-x & 1 & 1 \\ 1 & 1 & 1+y & 1 \\ 1 & 1 & 1 & 1-y \end{vmatrix}$;

(5) $\begin{vmatrix} \lambda & -1 & 0 & 0 \\ 0 & \lambda & -1 & 0 \\ 0 & 0 & \lambda & -1 \\ 4 & 3 & 2 & \lambda+1 \end{vmatrix}$;　　(6) $\begin{vmatrix} 0 & a & b & 0 \\ a & 0 & 0 & b \\ 0 & c & d & 0 \\ c & 0 & 0 & d \end{vmatrix}$.

5. 计算下列 n 阶行列式.

(1) $D_n = \begin{vmatrix} 1 & 2 & 3 & \cdots & n-1 & n \\ 1 & -1 & 0 & \cdots & 0 & 0 \\ 0 & 2 & -2 & \cdots & 0 & 0 \\ 0 & 0 & 3 & \cdots & 0 & 0 \\ \vdots & \vdots & \vdots & & \vdots & \vdots \\ 0 & 0 & 0 & \cdots & n-1 & 1-n \end{vmatrix}$;

(2) $D_n = \begin{vmatrix} 1 & 2 & 2 & \cdots & 2 \\ 2 & 2 & 2 & \cdots & 2 \\ 2 & 2 & 3 & \cdots & 2 \\ \vdots & \vdots & \vdots & & \vdots \\ 2 & 2 & 2 & \cdots & n \end{vmatrix}$;

(3) $D_n = \begin{vmatrix} a_1+b_1 & a_2 & \cdots & a_n \\ a_1 & a_2+b_2 & \cdots & a_n \\ \vdots & \vdots & & \vdots \\ a_1 & a_2 & \cdots & a_n+b_n \end{vmatrix}$, 其中$b_1b_2\cdots b_n \neq 0$;

(4) $D_n = \begin{vmatrix} a_1 & b & b & \cdots & b \\ b & a_2 & b & \cdots & b \\ b & b & a_3 & \cdots & b \\ \vdots & \vdots & \vdots & & \vdots \\ b & b & b & \cdots & a_n \end{vmatrix}$.

6. 利用范德蒙行列式计算下列各题.

(1) $D_n=\begin{vmatrix}1&1&1&1\\a&b&c&d\\a^2&b^2&c^2&d^2\\a^4&b^4&c^4&d^4\end{vmatrix}$;

(2) $D_n=\begin{vmatrix}a^n&(a-1)^n&\cdots&(a-n)^n\\a^{n-1}&(a-1)^{n-1}&\cdots&(a-n)^{n-1}\\\vdots&\vdots&&\vdots\\a&a-1&\cdots&a-n\\1&1&\cdots&1\end{vmatrix}$.

7. 设

$$D=\begin{vmatrix}3&-5&2&1\\1&1&0&-5\\-1&3&1&3\\2&-4&-1&-3\end{vmatrix},$$

求 $A_{11}+A_{12}+A_{13}+A_{14}$ 及 $M_{11}+M_{21}+M_{31}+M_{41}$.

8. 用克莱姆法则求解下列线性方程组.

(1) $\begin{cases}x_1+x_2+x_3+x_4=5,\\x_1+2x_2-x_3+4x_4=-2,\\2x_1-3x_2-x_3-5x_4=-2,\\3x_1+x_2+2x_3+11x_4=0;\end{cases}$

(2) $\begin{cases}3x_1+2x_2=1,\\x_1+3x_2+2x_3=0,\\x_2+3x_3+2x_4=0,\\x_3+3x_4+2x_5=0,\\x_4+3x_5=0.\end{cases}$

9. 已知齐次线性方程组

$$\begin{cases}(5-\lambda)x+2y+2z=0,\\2x+(6-\lambda)y=0,\\2x+(4-\lambda)z=0\end{cases}$$

有非零解, 问 λ 应取何值?

1.7.2 提升习题

1.（2020年数一、数二13题）行列式 $\begin{vmatrix} a & 0 & -1 & 1 \\ 0 & a & 1 & -1 \\ -1 & 1 & a & 0 \\ 1 & -1 & 0 & a \end{vmatrix} =$ ______.

2.（2016年数一13题）行列式 $\begin{vmatrix} \lambda & -1 & 0 & 0 \\ 0 & \lambda & -1 & 0 \\ 0 & 0 & \lambda & -1 \\ 4 & 3 & 2 & \lambda+1 \end{vmatrix} =$ ______.

3.（2015年数一13题）n阶行列式 $\begin{vmatrix} 2 & 0 & \cdots & 0 & 2 \\ -1 & 2 & \cdots & 0 & 2 \\ \vdots & \vdots & & \vdots & \vdots \\ 0 & 0 & \cdots & 2 & 2 \\ 0 & 0 & \cdots & -1 & 2 \end{vmatrix} =$ ______.

1.7.3 数值实验：行列式

一、实验目的

(1) 学习矩阵数据的输入及利用函数定义变量;

(2) 掌握利用 MATLAB 和 Python 计算 n 阶行列式的方法(包括含参数的行列式).

二、实验内容与步骤

【实验内容1：计算不含参数的行列式】

1. 利用 MATLAB 计算不含参数的行列式的常用操作语句

(1) 输入矩阵 $\boldsymbol{A}$ (用中括号[ ]表示一个数组, 同行元素之间用空格或者逗号分隔, 不同行元素之间用分号或者回车间隔);

(2) 计算行列式 $D = \det(\boldsymbol{A})$.

2. 利用 Python 计算不含参数的行列式的常用操作语句

(1) 导入 sympy 库;

(2) 创建矩阵 $\boldsymbol{A}$ (用 Matrix 函数创建矩阵);

(3) 计算行列式 $D = \det(\boldsymbol{A})$;

(4) 利用 print 函数输出结果.

例 1.21 计算行列式

$$D = \begin{vmatrix} 3 & 1 & -1 & 2 \\ -5 & 1 & 3 & 4 \\ 2 & 0 & 1 & -1 \\ 1 & -5 & 3 & -3 \end{vmatrix}.$$

【利用MATLAB求解】

(1)输入矩阵 $\boldsymbol{A}$;

```
>>A=[3 1 -1 2; -5 1 3 4; 2 0 1 -1; 1 -5 3 -3]
```

输出结果:

A=

```
    3     1    -1    2
   -5     1     3    4
    2     0     1   -1
    1    -5     3   -3
```

(2)计算行列式 $D=\det(\boldsymbol{A})$.

```
>>D=det(A)
```

输出结果

```
D=
   200
```

【利用Python求解】

(1)从 sympy 库导入 Matrix, det 函数;

```
>>from sympy import Matrix, det
```

(2)创建矩阵;

```
>>A=Matrix([3,1,-1,2],[-5,1,3,4],[2,0,1,-1],[1,-5,3,-3])
```

(3)计算行列式;

```
>>D=det(A)
```

(4)输出结果.

```
>>print(D)
  200
```

【实验内容2:计算含参数的行列式】

1. 利用 MATLAB 计算含参数的行列式的常用操作语句

(1) 输入矩阵 $\boldsymbol{A}$ (先用 syms 函数定义变量, 然后用中括号[ ]表示数组);

(2) 计算行列式 $D=\det(\boldsymbol{A})$.

2. 利用 Python 计算含参数的行列式的常用操作语句

(1) 导入 sympy 库;

(2) 创建矩阵 $\boldsymbol{A}$ (先用 symbols 函数定义变量, 再用 Matrix 函数创建矩阵);

(3) 计算行列式 $D=\det(\boldsymbol{A})$;

(4) 利用 print 函数输出结果.

例 1.22 计算行列式

$$D=\begin{vmatrix} 3a & a & -a & 2a \\ -5a & a & 3a & 4a \\ 2a & 0 & a & -a \\ a & -5a & 3a & -a \end{vmatrix}.$$

【利用MATLAB求解】

(1)利用 syms 函数定义变量 a;

```
>>syms a
```

(2)输入矩阵 $\boldsymbol{A}$;

```
A=[3*a a -a 2*a; -5*a a 3*a 4*a; 2*a 0 a -a; a -5*a 3*a -3*a]
```

输出结果

A=

[3*a, a, -a, 2*a]

[-5*a, a, 3*a, 4*a]

[2*a, 0, a, -a]

[a, -5*a, 3*a, -3*a]

(3)计算行列式 $D = \det(\boldsymbol{A})$;

>>D=det(A)

输出结果

D=

    200*a^4

(4)赋值 $a = 3$, 计算 D 的值.

>>subs (D, a, 3)

输出结果

ans=

    16200

【利用Python求解】

(1)从 sympy 库导入 symbols, Matrix, det 函数;

>>from sympy import symbols, Matrix, det

(2)定义符号;

a=symbols('a')

(3)创建矩阵;

>>A=Matrix([3*a,a,-a,2*a],[-5*a,a,3*a,4*a],[2*a,0,a,-a],[a,-5*a,3*a,-3*a])

(4)计算行列式;

>>D=det(A)

(5)输出结果;

>>print(D)

    200*a^4

(6)赋值 $a = 3$, 计算 D的值, 输出结果.

>>D_subs=D. subs(a,3)

>>print(D_subs)

    16200

第2章　矩阵

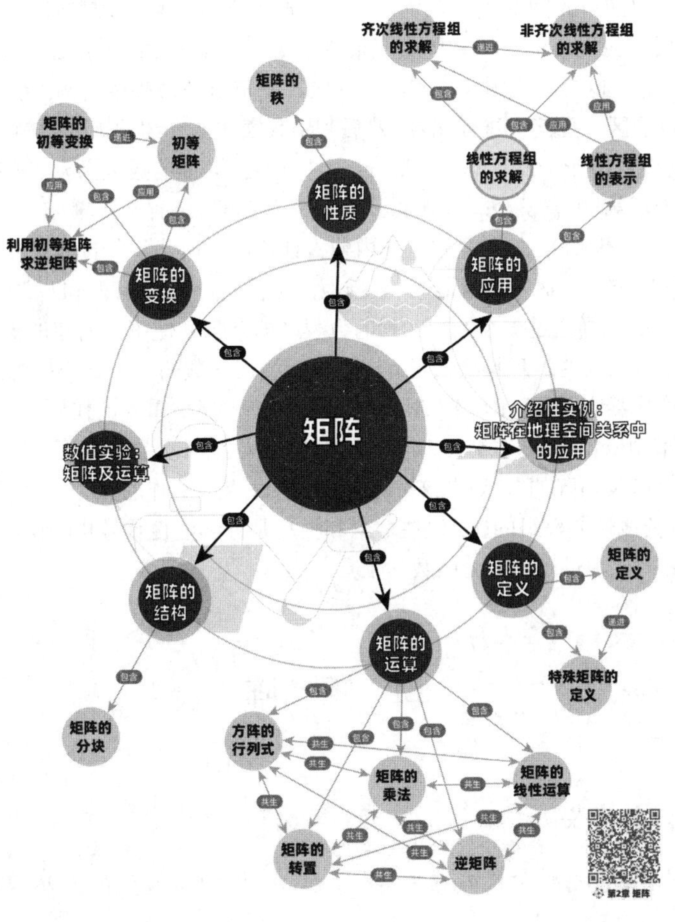

矩阵
矩阵的性质
矩阵的秩
矩阵的变换
矩阵的初等变换
初等矩阵
利用初等矩阵求逆矩阵
矩阵的应用
线性方程组的求解
线性方程组的表示
齐次线性方程组的求解
非齐次线性方程组的求解
介绍性实例：矩阵在地理空间关系中的应用
数值实验：矩阵及运算
矩阵的定义
特殊矩阵的定义
矩阵的结构
矩阵的分块
矩阵的运算
方阵的行列式
矩阵的乘法
矩阵的线性运算
矩阵的转置
逆矩阵
包含
递进
应用
共生
第2章 矩阵

介绍性实例：矩阵在地理空间关系中的应用

矩阵是从生产实践和科学技术问题中抽象出来的一个数学概念，它在线性代数中既是最基本的研究对象，又是最重要的研究工具．最初的矩阵概念可以追溯到古希腊，当时数学家们利用矩阵研究线性方程组的解法．然而，矩阵的现代形式和概念是在17世纪到19世纪间逐步发展起来的．这一概念由19世纪英国数学家凯利(Cayley)首先提出．在我国，东汉前期的《九章算术》中已经使用分离系数法表示线性方程组，它与现有的矩阵在形式上是相同的．矩阵的概念最早在1922年见于中文．1922年，我国混合数学创始人程廷熙在一篇文章中将矩阵译为"纵横阵"．矩阵相关理论发展非常迅速，已发展成为在物理、控制论、生物学、地理学、经济学等学科有大量应用的数学概念．

量化地理空间单元间的关系在资源配置与产业布局、城市规划管理、环境监测等领域具有重要的应用价值．矩阵因其灵活性和强大的表达力，被广泛应用于描述和处理空间数据关系．以刻画我国部分省、自治区、直辖市是否接壤为例，可以首先对选定的28个省、自治区、直辖市进行编号，然后利用数表（要介绍的矩阵）刻画它们之间的关系．根据地图给出一个28行28列的数表，其中第i行第j列的数记为a_{ij}，第i行表示第i个省份，第j列表示第j个省份，$a_{ij}=1$表示第i个省份与第j个省份接壤，$a_{ij}=0$表示第i个省份与第j个省份不接壤．例如辽宁省与内蒙古自治区、河北省、吉林省接壤，在数表中第三行表示辽宁省与其他省接壤情况，根据地图可得$a_{32}=1$、$a_{34}=1$以及$a_{35}=1$，该行其余位置全为0．这样通过一个28行28列的数表（即矩阵）便可以清楚地揭示这28个省、自治区、直辖市之间的地理接壤情况．矩阵作为线性代数的一个核心概念，不仅在理论研究中占据着重要地位，还在众多实际应用领域发挥着至关重要的作用．

本章2.1节中给出了矩阵的详细定义．随后的2.2~2.4节分别介绍了矩阵的基本运算、逆矩阵的概念以及矩阵的分块．在2.5~2.7节分别讨论了矩阵的秩、矩阵的初等变换与初等矩阵，以及线性方程组的解．这些概念和技巧是理解线性代数更深层次理论的关键，并为解决实际问题提供了强有力的数学工具．

2.1 矩　阵

2.1.1 矩阵的定义

定义 2.1 由 $m\times n$ 个数 $a_{ij}(i=1,2,\cdots,m;j=1,2,\cdots,n)$ 排成的 m 行 n 列的数表

$$\begin{pmatrix} a_{11} & a_{12} & \cdots & a_{1n} \\ a_{21} & a_{22} & \cdots & a_{2n} \\ \vdots & \vdots & & \vdots \\ a_{m1} & a_{m2} & \cdots & a_{mn} \end{pmatrix} \tag{2.1}$$

称为 m 行 n 列矩阵，简称 $m\times n$ 矩阵，通常用大写的粗体英文字母 $\boldsymbol{A}$、$\boldsymbol{B}$、$\boldsymbol{C}$ 等表示，记作

$$\boldsymbol{A}=\begin{pmatrix} a_{11} & a_{12} & \cdots & a_{1n} \\ a_{21} & a_{22} & \cdots & a_{2n} \\ \vdots & \vdots & & \vdots \\ a_{m1} & a_{m2} & \cdots & a_{mn} \end{pmatrix},$$

这 $m\times n$ 个数称为矩阵 $\boldsymbol{A}$ 的**元素**，简称元，数 a_{ij} 位于矩阵 $\boldsymbol{A}$ 的第 i 行第 j 列，称为矩阵 $\boldsymbol{A}$ 的 (i,j) 元，其中 i 称为**行标**，j 称为**列标**. 以数 a_{ij} 为 (i,j) 元的矩阵可简记为 (a_{ij}) 或 $(a_{ij})_{m\times n}$. $m\times n$ 矩阵 $\boldsymbol{A}$ 也记作 $\boldsymbol{A}_{m\times n}$.

元素为实数的矩阵称为**实矩阵**，元素是复数的矩阵称为**复矩阵**. 本书中的矩阵除特别说明外，都是指实矩阵.

必须注意：矩阵和行列式是两个完全不同的概念. 行列式的行数和列数必须相等，而矩阵的行数与列数可以不相等；行列式表示的是一个算式，而矩阵是由 $m\times n$ 个数所排成的一个数表.

例 2.1 某公司有 3 个分场销售彩电、冰箱、空调. 2024 年 1 月份各分场的销售金额如表 2.1 所示.

表 2.1 2024 年 1 月份各分场销售金额(万元)

种类	分场		
	第一分场	第二分场	第三分场
彩电	18	16	15
冰箱	14	12	13
空调	30	25	19

也可以将表 2.1 用矩阵表示为

$$\begin{pmatrix} 18 & 16 & 15 \\ 14 & 12 & 13 \\ 30 & 25 & 19 \end{pmatrix},$$

其中表中第 $i(i=1,2,3)$ 行分别表示 3 个分场 1 月份销售彩电、冰箱、空调的销售金额.

例 2.2 在平面上建立直角坐标系，将平面上的点 P 绕原点按逆时针方向旋转角 θ 到点 P' (如图2.1). 设点 P 的坐标为 (x,y)，它在旋转后的像点 P' 的坐标为 (x',y'). 设以 x 轴的正半轴为始边，以射线 OP 为终边的角为 α. 设 $|\overrightarrow{OP}|=r$. 从三角函数的定义得

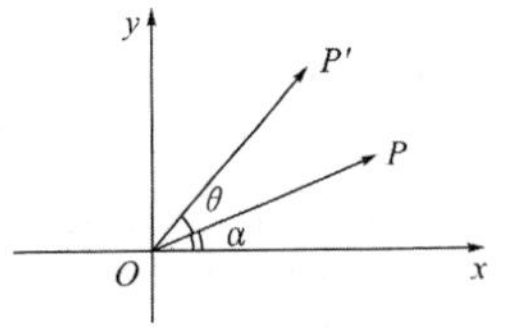

图 2.1 平面直角坐标系

$$x=r\cos\alpha,\qquad y=r\sin\alpha,$$
$$x'=r\cos(\alpha+\theta),\quad y'=r\sin(\alpha+\theta),$$

由此得出

$$\begin{cases} x' = x\cos\theta - y\sin\theta, \\ y' = x\sin\theta + y\cos\theta, \end{cases}$$

此式就是旋转的公式, 而把此公式的系数排成矩阵为

$$\begin{pmatrix} \cos\theta & -\sin\theta \\ \sin\theta & \cos\theta \end{pmatrix},$$

该矩阵就表示转角为 θ 的旋转.

例 2.3 n 个变量 $x_1, x_2, \cdots, x_n$ 与 m 个变量 $y_1, y_2, \cdots, y_m$ 之间的关系式

$$\begin{cases} y_1 = a_{11}x_1 + a_{12}x_2 + \cdots + a_{1n}x_n, \\ y_2 = a_{21}x_1 + a_{22}x_2 + \cdots + a_{2n}x_n, \\ \quad\cdots\cdots \\ y_m = a_{m1}x_1 + a_{m2}x_2 + \cdots + a_{mn}x_n, \end{cases} \tag{2.2}$$

表示从变量 $x_1, x_2, \cdots, x_n$ 到变量 $y_1, y_2, \cdots, y_m$ 的**线性变换**, 其中 a_{ij} 为常数, 它的系数构成的矩阵称为**系数矩阵**, 记作

$$\boldsymbol{A} = \begin{pmatrix} a_{11} & a_{12} & \cdots & a_{1n} \\ a_{21} & a_{22} & \cdots & a_{2n} \\ \vdots & \vdots & & \vdots \\ a_{m1} & a_{m2} & \cdots & a_{mn} \end{pmatrix}.$$

线性变换和系数矩阵之间存在着一一对应的关系, 即给定了线性变换, 它的系数矩阵是唯一确定的; 反之, 如果给定了一个矩阵, 则与之对应的线性变换也就唯一确定了.

下面从矩阵的元素及行数列数出发, 讨论一些特殊矩阵.

零矩阵 元素都是零的矩阵称为**零矩阵**, 记作 $\boldsymbol{O}_{m\times n}$. 在不致引起混淆的情况下, 简记作 $\boldsymbol{O}$.

行矩阵 当 $m=1$ 时, 只有一行元素的矩阵称为**行矩阵**, 又称为**行向量**. 如

$$\boldsymbol{A} = (a_1, a_2, \cdots, a_n).$$

列矩阵 当 $n=1$ 时, 只有一列元素的矩阵称为**列矩阵**, 又称为**列向量**. 如

$$\boldsymbol{B} = \begin{pmatrix} b_1 \\ b_2 \\ \vdots \\ b_m \end{pmatrix}.$$

方阵 当 $m=n$ 时, 即行数和列数都等于 n 的矩阵, 称为 n **阶矩阵**或 n **阶方阵**. n 阶矩阵 $\boldsymbol{A}$ 也记作 $\boldsymbol{A}_n$. 特别地, 一阶方阵 $\boldsymbol{A} = (a) = a$, 就是一个数.

三角矩阵 主对角线下方的元素全为零的方阵称为**上三角矩阵**; 主对角线上方的元素全为零的方阵称为**下三角矩阵**. 如

上三角矩阵

$$\boldsymbol{A}=\begin{pmatrix} a_{11} & a_{12} & \cdots & a_{1n} \\ 0 & a_{22} & \cdots & a_{2n} \\ \vdots & \vdots & & \vdots \\ 0 & 0 & \cdots & a_{nn} \end{pmatrix} (a_{ij}=0, i>j);$$

下三角矩阵

$$\boldsymbol{A}=\begin{pmatrix} a_{11} & 0 & \cdots & 0 \\ a_{21} & a_{22} & \cdots & 0 \\ \vdots & \vdots & & \vdots \\ a_{n1} & a_{n2} & \cdots & a_{nn} \end{pmatrix} (a_{ij}=0, i<j).$$

对角矩阵 主对角线以外的元素都是零的方阵称为**对角矩阵**. 如

$$\boldsymbol{\Lambda}=\begin{pmatrix} \lambda_1 & 0 & \cdots & 0 \\ 0 & \lambda_2 & \cdots & 0 \\ \vdots & \vdots & & \vdots \\ 0 & 0 & \cdots & \lambda_n \end{pmatrix} (a_{ij}=0, i\neq j).$$

对角矩阵也记作

$$\boldsymbol{\Lambda}=\operatorname{diag}(\lambda_1,\lambda_2,\cdots,\lambda_n).$$

显然对角矩阵既是上三角矩阵, 也是下三角矩阵.

单位矩阵 主对角线上的元素都是 1, 其他元素都是零的方阵称为**单位矩阵**, 简称**单位阵**, 如

$$\boldsymbol{E}=\begin{pmatrix} 1 & 0 & \cdots & 0 \\ 0 & 1 & \cdots & 0 \\ \vdots & \vdots & & \vdots \\ 0 & 0 & \cdots & 1 \end{pmatrix}.$$

数量矩阵 主对角线上的元素全部相等, 其余元素全为零的方阵称为**数量矩阵**, 如

$$\lambda\boldsymbol{E}=\begin{pmatrix} \lambda & 0 & \cdots & 0 \\ 0 & \lambda & \cdots & 0 \\ \vdots & \vdots & & \vdots \\ 0 & 0 & \cdots & \lambda \end{pmatrix}.$$

2.1.2 矩阵与线性方程组

对线性方程组

$$\begin{cases} a_{11}x_1+a_{12}x_2+\cdots+a_{1n}x_n=b_1, \\ a_{21}x_1+a_{22}x_2+\cdots+a_{2n}x_n=b_2, \\ \qquad\cdots\cdots \\ a_{m1}x_1+a_{m2}x_2+\cdots+a_{mn}x_n=b_m, \end{cases} \tag{2.3}$$

记

$$
\boldsymbol{A}_{m\times n}=\begin{pmatrix} a_{11} & a_{12} & \cdots & a_{1n} \\ a_{21} & a_{22} & \cdots & a_{2n} \\ \vdots & \vdots & & \vdots \\ a_{m1} & a_{m2} & \cdots & a_{mn} \end{pmatrix},\ \boldsymbol{x}=\begin{pmatrix} x_1 \\ x_2 \\ \vdots \\ x_n \end{pmatrix},\ \boldsymbol{b}=\begin{pmatrix} b_1 \\ b_2 \\ \vdots \\ b_m \end{pmatrix},
$$

$$
\boldsymbol{B}=\begin{pmatrix} a_{11} & a_{12} & \cdots & a_{1n} & b_1 \\ a_{21} & a_{22} & \cdots & a_{2n} & b_2 \\ \vdots & \vdots & & \vdots & \vdots \\ a_{m1} & a_{m2} & \cdots & a_{mn} & b_m \end{pmatrix},
$$

其中, $\boldsymbol{A}$ 称为**系数矩阵**; $\boldsymbol{x}$ 称为**未知数向量**; $\boldsymbol{b}$ 称为**常数项向量**; $\boldsymbol{B}$ 称为**增广矩阵**. 显然, 线性方程组 (2.3) 与增广矩阵 $\boldsymbol{B}$ 之间存在一一对应的关系.

例如,线性方程组

$$
\begin{cases} x_1 & & +3x_3 & -x_4 & =1, \\ & x_2 & +5x_3 & -3x_4 & =2, \\ 2x_1 & +x_2 & +2x_3 & & =3 \end{cases}
$$

的系数矩阵为

$$
\boldsymbol{A}=\begin{pmatrix} 1 & 0 & 3 & -1 \\ 0 & 1 & 5 & -3 \\ 2 & 1 & 2 & 0 \end{pmatrix},
$$

其增广矩阵为

$$
\boldsymbol{B}=\begin{pmatrix} 1 & 0 & 3 & -1 & 1 \\ 0 & 1 & 5 & -3 & 2 \\ 2 & 1 & 2 & 0 & 3 \end{pmatrix}.
$$

写出一个线性方程组对应的矩阵时必须注意: 若一方程中某未知量未出现, 即其系数为 0, 从而系数矩阵与增广矩阵中对应位置上的元素为 0.

给定一个 $m\times(n+1)$ 阶矩阵, 也可写出唯一的以 $\boldsymbol{B}$ 为增广矩阵, 关于未知量 $x_1,x_2,\cdots,x_n$ 且由 m 个方程构成的线性方程组.

例如, 给定矩阵

$$
\boldsymbol{B}=\begin{pmatrix} 3 & 2 & 0 & -1 & 0 \\ 0 & -3 & 7 & 2 & -1 \\ 2 & 4 & 3 & 1 & 2 \end{pmatrix},
$$

则以 $\boldsymbol{B}$ 为增广矩阵对应的线性方程组为

$$
\begin{cases} 3x_1 & +2x_2 & & -x_4 & =0, \\ & -3x_2 & +7x_3 & +2x_4 & =-1, \\ 2x_1 & +4x_2 & +3x_3 & +x_4 & =2. \end{cases}
$$

2.2 矩阵的运算

为了定义矩阵的运算, 首先给出矩阵相等的概念.

定义 2.2 行数相等且列数也相等的两个矩阵称为**同型矩阵**. 如果 $\boldsymbol{A}=(a_{ij})$ 与 $\boldsymbol{B}=(b_{ij})$ 是同型矩阵, 并且它们的对应元素相等, 即

$$a_{ij}=b_{ij}(i=1,2,\cdots,m;j=1,2,\cdots,n),$$

那么就称矩阵 $\boldsymbol{A}$ 与矩阵 $\boldsymbol{B}$ **相等**, 记作

$$\boldsymbol{A}=\boldsymbol{B}.$$

应该注意的是, 只有两个同型矩阵才能相等.

2.2.1 矩阵的加法

2.1 节例 2.1 中的公司 3 个分场 1 月份、 2 月份彩电、冰箱、空调的销售金额分别用矩阵 $\boldsymbol{A}$、$\boldsymbol{B}$ 来表示, 其中

$$\boldsymbol{A}=\begin{pmatrix}18&16&15\\14&12&13\\30&25&19\end{pmatrix},\ \boldsymbol{B}=\begin{pmatrix}20&17&18\\16&12&15\\28&24&20\end{pmatrix},$$

则这两个月的销售金额的和可以用下述矩阵 $\boldsymbol{C}$ 来表示:

$$\boldsymbol{C}=\begin{pmatrix}18+20&16+17&15+18\\14+16&12+12&13+15\\30+28&25+24&19+20\end{pmatrix}=\begin{pmatrix}38&33&33\\30&24&28\\58&49&39\end{pmatrix}.$$

从问题的实际意义很自然地把矩阵 $\boldsymbol{C}$ 称为矩阵 $\boldsymbol{A}$ 与 $\boldsymbol{B}$ 的和.

定义 2.3 设有两个同型矩阵 $\boldsymbol{A}=(a_{ij})$ 与 $\boldsymbol{B}=(b_{ij})$, 矩阵 $\boldsymbol{A}$ 与 $\boldsymbol{B}$ 的加法记作 $\boldsymbol{A}+\boldsymbol{B}$, 规定为

$$\boldsymbol{A}+\boldsymbol{B}=\begin{pmatrix}a_{11}+b_{11}&a_{12}+b_{12}&\cdots&a_{1n}+b_{1n}\\a_{21}+b_{21}&a_{22}+b_{22}&\cdots&a_{2n}+b_{2n}\\\vdots&\vdots&&\vdots\\a_{m1}+b_{m1}&a_{m2}+b_{m2}&\cdots&a_{mn}+b_{mn}\end{pmatrix}.$$

应该注意, 只有当两个矩阵是同型矩阵时, 才能进行加法运算,它们的和矩阵仍是同型矩阵.

矩阵的加法满足以下运算规律 (设 $\boldsymbol{A}$、$\boldsymbol{B}$、$\boldsymbol{C}$ 都是 $m\times n$ 矩阵):

(1) **交换律** $\boldsymbol{A}+\boldsymbol{B}=\boldsymbol{B}+\boldsymbol{A}$;

(2) **结合律** $(\boldsymbol{A}+\boldsymbol{B})+\boldsymbol{C}=\boldsymbol{A}+(\boldsymbol{B}+\boldsymbol{C})$.

矩阵 $\boldsymbol{A}=(a_{ij})_{m\times n}$ 的全部元素都变号后得到一个新矩阵 $(-a_{ij})_{m\times n}$, 称为矩阵 $\boldsymbol{A}$ 的**负矩阵**, 记作 $-\boldsymbol{A}$. 即

$$-\boldsymbol{A}=\begin{pmatrix}-a_{11}&-a_{12}&\cdots&-a_{1n}\\-a_{21}&-a_{22}&\cdots&-a_{2n}\\\vdots&\vdots&&\vdots\\-a_{m1}&-a_{m2}&\cdots&-a_{mn}\end{pmatrix},$$

显然有

$$\boldsymbol{A}+(-\boldsymbol{A})=\boldsymbol{O},\quad \boldsymbol{A}+\boldsymbol{O}=\boldsymbol{A}.$$

由矩阵的加法和负矩阵的概念可以定义矩阵的减法

$$\boldsymbol{A}-\boldsymbol{B}=\boldsymbol{A}+(-\boldsymbol{B}),$$

也就是说, 两个同型矩阵相减, 就是两个矩阵的对应元素相减.

2.2.2 数乘矩阵

如果 2.1 节例 2.1 中公司三个分场 3 月份彩电、冰箱、空调的销售金额都比 2 月份同步增长 10 %, 则 3 月份的销售金额可用矩阵 $\boldsymbol{M}$ 来表示, 即

$$\boldsymbol{M}=\begin{pmatrix}1.1\times20&1.1\times17&1.1\times18\\1.1\times16&1.1\times12&1.1\times15\\1.1\times28&1.1\times24&1.1\times20\end{pmatrix},$$

从问题的实际意义很自然地把矩阵 $\boldsymbol{M}$ 称为数 1.1 与矩阵 $\boldsymbol{A}$ 的数乘矩阵.

定义 2.4 数 λ 与矩阵 $\boldsymbol{A}$ 的乘积记作 $\lambda\boldsymbol{A}$ 或 $\boldsymbol{A}\lambda$, 规定为

$$\lambda\boldsymbol{A}=\boldsymbol{A}\lambda=\begin{pmatrix}\lambda a_{11}&\lambda a_{12}&\cdots&\lambda a_{1n}\\\lambda a_{21}&\lambda a_{22}&\cdots&\lambda a_{2n}\\\vdots&\vdots&&\vdots\\\lambda a_{m1}&\lambda a_{m2}&\cdots&\lambda a_{mn}\end{pmatrix}.$$

数乘矩阵满足下列运算规律(设 $\boldsymbol{A}$、$\boldsymbol{B}$ 都是 $m\times n$ 矩阵, λ、μ 为实数):

(1) **结合律** $(\lambda\mu)\boldsymbol{A}=\lambda(\mu\boldsymbol{A})$;

(2) **分配律** $(\lambda+\mu)\boldsymbol{A}=\lambda\boldsymbol{A}+\mu\boldsymbol{A}$, $\lambda(\boldsymbol{A}+\boldsymbol{B})=\lambda\boldsymbol{A}+\lambda\boldsymbol{B}$;

(3) $1\boldsymbol{A}=\boldsymbol{A}$, $(-1)\boldsymbol{A}=-\boldsymbol{A}$, $\boldsymbol{O}\boldsymbol{A}=\boldsymbol{O}$.

矩阵的加法与数乘运算统称为矩阵的**线性运算**. 可见矩阵的线性运算与数的加法和乘法满足的运算规律完全类似.

例 2.4 设 $\boldsymbol{A}=\begin{pmatrix}-3&2&0\\2&4&1\end{pmatrix}$, $\boldsymbol{B}=\begin{pmatrix}1&-1&0\\5&0&2\end{pmatrix}$, 求 $2\boldsymbol{A}-3\boldsymbol{B}$.

解 由于

$$2\boldsymbol{A}=\begin{pmatrix}-6&4&0\\4&8&2\end{pmatrix},\ 3\boldsymbol{B}=\begin{pmatrix}3&-3&0\\15&0&6\end{pmatrix},$$

所以

$$2\boldsymbol{A}-3\boldsymbol{B}=\begin{pmatrix}-6-3 & 4-(-3) & 0-0\\ 4-15 & 8-0 & 2-6\end{pmatrix}=\begin{pmatrix}-9 & 7 & 0\\ -11 & 8 & -4\end{pmatrix}.$$

2.2.3 矩阵的乘法

引例 设某体育用品厂有 3 个车间生产足球与篮球两种产品, 用矩阵 $\boldsymbol{A}$ 表示 3 个车间一天的产量, 矩阵 $\boldsymbol{B}$ 表示足球和篮球的单价(元/个)和单位利润(元/个), 求该厂 3 个车间一天的总产值和总利润(元). 其中

$$\boldsymbol{A}=\begin{matrix} & \text{足球} & \text{篮球} & \\ & \left(\begin{matrix}100\\150\\120\end{matrix}\right. & \left.\begin{matrix}200\\180\\210\end{matrix}\right) & \begin{matrix}1\text{车间}\\2\text{车间}\\3\text{车间}\end{matrix}\end{matrix},\quad \boldsymbol{B}=\begin{matrix}\text{单价} & \text{单位利润}\\ \left(\begin{matrix}50\\45\end{matrix}\right. & \left.\begin{matrix}20\\15\end{matrix}\right)\end{matrix},$$

则 3 个车间一天的总产值和总利润为

$$\begin{aligned}\boldsymbol{C}&=\begin{matrix}\text{总产值} & \text{总利润} & \\ \left(\begin{matrix}100\times50+200\times45\\150\times50+180\times45\\120\times50+210\times45\end{matrix}\right. & \left.\begin{matrix}100\times20+200\times15\\150\times20+180\times15\\120\times20+210\times15\end{matrix}\right) & \begin{matrix}1\text{车间}\\2\text{车间}\\3\text{车间}\end{matrix}\end{matrix}\\ &=\begin{pmatrix}14\,000 & 5\,000\\ 15\,600 & 5\,700\\ 15\,450 & 5\,550\end{pmatrix},\end{aligned}$$

其中矩阵 $\boldsymbol{C}$ 第 i 行的两个元素分别表示了 i 车间的总产值和总利润 $(i=1,2,3)$.

矩阵 $\boldsymbol{C}$ 可视为矩阵 $\boldsymbol{A}$ 与 $\boldsymbol{B}$ 的乘积. 因此, 矩阵的乘积就是从大量实际需要抽象出来的运算.

定义 2.5 设 $\boldsymbol{A}=(a_{ij})_{m\times s}$ 和 $\boldsymbol{B}=(b_{ij})_{s\times n}$, 那么规定矩阵 $\boldsymbol{A}$ 与 $\boldsymbol{B}$ 的乘积是一个 $m\times n$ 的矩阵 $\boldsymbol{C}=(c_{ij})_{m\times n}$, 其中

$$c_{ij}=a_{i1}b_{1j}+a_{i2}b_{2j}+\cdots+a_{is}b_{sj}=\sum_{k=1}^{s}a_{ik}b_{kj}(i=1,2,\cdots,m;j=1,2,\cdots,n),$$

并把此乘积记作 $\boldsymbol{C}=\boldsymbol{AB}$.

注 2.1 (1) 只有左矩阵 $\boldsymbol{A}$ 的列数与右矩阵 $\boldsymbol{B}$ 的行数相等时, 矩阵 $\boldsymbol{A}$ 与 $\boldsymbol{B}$ 才能相乘.

(2) 乘积 $\boldsymbol{AB}$ 的第 i 行第 j 列元素是矩阵 $\boldsymbol{A}$ 的第 i 行与矩阵 $\boldsymbol{B}$ 的第 j 列各对应元素乘积之和.

(3) $\boldsymbol{AB}$ 仍为矩阵, 它的行数等于左矩阵 $\boldsymbol{A}$ 的行数, 它的列数等于右矩阵 $\boldsymbol{B}$ 的列数.

例 2.5 求矩阵

$$\boldsymbol{A}=\begin{pmatrix}1 & -2\\ 0 & 3\\ -1 & 2\end{pmatrix}\text{ 与 }\boldsymbol{B}=\begin{pmatrix}4 & 5\\ 6 & 7\end{pmatrix}$$

的乘积 $\boldsymbol{AB}$. 矩阵 $\boldsymbol{B}$ 与矩阵 $\boldsymbol{A}$ 是否可以相乘?

解 由于左边矩阵 $\boldsymbol{A}$ 的列数与右边矩阵 $\boldsymbol{B}$ 的行数相等, 所以两个矩阵能够相乘, 按照公式有

$$\boldsymbol{C}=\boldsymbol{AB}=\begin{pmatrix}1&-2\\0&3\\-1&2\end{pmatrix}\begin{pmatrix}4&5\\6&7\end{pmatrix}$$

$$=\begin{pmatrix}1\times4+(-2)\times6&1\times5+(-2)\times7\\0\times4+3\times6&0\times5+3\times7\\(-1)\times4+2\times6&(-1)\times5+2\times7\end{pmatrix}$$

$$=\begin{pmatrix}-8&-9\\18&21\\8&9\end{pmatrix}.$$

由于 $\boldsymbol{B}$ 的列数是 2, $\boldsymbol{A}$ 的行数是 3 , 所以 $\boldsymbol{B}$ 与 $\boldsymbol{A}$ 不能相乘, 即 $\boldsymbol{BA}$ 没有意义.

例 2.6 已知矩阵 $\boldsymbol{A}=(2,3,-1)$, $\boldsymbol{B}=\begin{pmatrix}1\\-1\\1\end{pmatrix}$, 求 $\boldsymbol{AB}$ 及 $\boldsymbol{BA}$.

解 $\boldsymbol{AB}=(2,3,-1)\begin{pmatrix}1\\-1\\1\end{pmatrix}=2\times1+3\times(-1)+(-1)\times1=-2,$

$$\boldsymbol{BA}=\begin{pmatrix}1\\-1\\1\end{pmatrix}(2,3,-1)=\begin{pmatrix}1\times2&1\times3&1\times(-1)\\(-1)\times2&(-1)\times3&(-1)\times(-1)\\1\times2&1\times3&1\times(-1)\end{pmatrix}$$

$$=\begin{pmatrix}2&3&-1\\-2&-3&1\\2&3&-1\end{pmatrix}.$$

例 2.7 已知矩阵

$$\boldsymbol{A}=\begin{pmatrix}1&1\\-1&-1\end{pmatrix},\ \boldsymbol{B}=\begin{pmatrix}-1&1\\1&-1\end{pmatrix},\ \boldsymbol{C}=\begin{pmatrix}1&4\\1&0\end{pmatrix},\ \boldsymbol{D}=\begin{pmatrix}2&3\\0&1\end{pmatrix},$$

求 $\boldsymbol{AB}$, $\boldsymbol{BA}$, $\boldsymbol{AC}$, $\boldsymbol{AD}$.

解

$$\boldsymbol{AB}=\begin{pmatrix}1&1\\-1&-1\end{pmatrix}\begin{pmatrix}-1&1\\1&-1\end{pmatrix}=\begin{pmatrix}0&0\\0&0\end{pmatrix},$$

$$\boldsymbol{BA}=\begin{pmatrix}-1&1\\1&-1\end{pmatrix}\begin{pmatrix}1&1\\-1&-1\end{pmatrix}=\begin{pmatrix}-2&-2\\2&2\end{pmatrix},$$

$$\boldsymbol{AC}=\begin{pmatrix}1&1\\-1&-1\end{pmatrix}\begin{pmatrix}1&4\\1&0\end{pmatrix}=\begin{pmatrix}2&4\\-2&-4\end{pmatrix},$$

$$\boldsymbol{AD}=\begin{pmatrix}1&1\\-1&-1\end{pmatrix}\begin{pmatrix}2&3\\0&1\end{pmatrix}=\begin{pmatrix}2&4\\-2&-4\end{pmatrix}.$$

注 2.2 (1) 若矩阵 $\boldsymbol{A}$ 与 $\boldsymbol{B}$ 都是方阵, 且 $\boldsymbol{AB}=\boldsymbol{BA}$, 则称矩阵 $\boldsymbol{A}$ 与矩阵 $\boldsymbol{B}$ 是**可交换的**.

(2) 矩阵的乘法一般**不满足**交换律. 这是因为, 当 $\boldsymbol{AB}$ 有意义时, $\boldsymbol{B}$ 与 $\boldsymbol{A}$ 可能无法作乘积; 当 $\boldsymbol{AB}$ 和 $\boldsymbol{BA}$ 均有意义时, 其阶数有可能不同; 当 $\boldsymbol{AB}$ 及 $\boldsymbol{BA}$ 均有意义且其阶数也相同时, 仍可能 $\boldsymbol{AB}\neq\boldsymbol{BA}$. 因此矩阵与矩阵作乘积时, 一定要注意先后次序, 这也是矩阵乘法与数的乘法的最根本区别.

(3) 从例 2.7 还可以看到: $\boldsymbol{A}\neq\boldsymbol{O}$, $\boldsymbol{B}\neq\boldsymbol{O}$, 但仍可能 $\boldsymbol{AB}=\boldsymbol{O}$, 因此矩阵的乘法一般不满足消去律, 即由 $\boldsymbol{AB}=\boldsymbol{AC}$, 以及 $\boldsymbol{A}\neq\boldsymbol{O}$, 不一定能得到 $\boldsymbol{B}=\boldsymbol{C}$.

矩阵的乘法不满足交换律与消去律是矩阵乘法区别于数的乘法的两个重要特征, 但在运算可行的情况下, 仍满足下列规律:

(1) **结合律**: $(\boldsymbol{AB})\boldsymbol{C}=\boldsymbol{A}(\boldsymbol{BC})$;

(2) **数乘结合律**: $\lambda(\boldsymbol{AB})=(\lambda\boldsymbol{A})\boldsymbol{B}=\boldsymbol{A}(\lambda\boldsymbol{B})$;

(3) **分配律**: $\boldsymbol{A}(\boldsymbol{B}+\boldsymbol{C})=\boldsymbol{AB}+\boldsymbol{AC}$, $(\boldsymbol{B}+\boldsymbol{C})\boldsymbol{A}=\boldsymbol{BA}+\boldsymbol{CA}$.

对于单位矩阵 $\boldsymbol{E}$, 容易验证

$$\boldsymbol{E}_m\boldsymbol{A}_{m\times n}=\boldsymbol{A}_{m\times n}, \boldsymbol{A}_{m\times n}\boldsymbol{E}_n=\boldsymbol{A}_{m\times n},$$

特别地, 如果 $\boldsymbol{A}$ 是 n 阶方阵, 则

$$\boldsymbol{E}_n\boldsymbol{A}_n=\boldsymbol{A}_n\boldsymbol{E}_n=\boldsymbol{A}_n,$$

简记为 $\boldsymbol{EA}=\boldsymbol{AE}=\boldsymbol{A}$. 可见单位矩阵 $\boldsymbol{E}$ 在矩阵乘法中的作用类似于数 1 在数的乘法中的作用.

对于 n 阶数量矩阵 $\lambda\boldsymbol{E}$ 与 n 阶方阵 $\boldsymbol{A}$, 可以验证二者的乘积等于数 λ 与 $\boldsymbol{A}$ 的乘积, 即

$$(\lambda\boldsymbol{E})\boldsymbol{A}=\lambda\boldsymbol{A}=\boldsymbol{A}(\lambda\boldsymbol{E}),$$

这表明数量矩阵 $\lambda\boldsymbol{E}$ 与任何同阶方阵都是可交换的, 而且

$$\begin{aligned}\lambda\boldsymbol{E}+\mu\boldsymbol{E}&=(\lambda+\mu)\boldsymbol{E},\\(\lambda\boldsymbol{E})(\mu\boldsymbol{E})&=(\lambda\mu)\boldsymbol{E},\end{aligned}$$

因此, 数量矩阵的加法与乘法完全归结为数的加法与乘法.

矩阵的乘法有着广泛的应用, 许多繁杂的问题借助于矩阵的乘法可以表达得很简洁. 例如, 对于 2.1 节中的线性变换 (2.2) 可以简写成

$$\boldsymbol{y}=\boldsymbol{Ax},$$

并称之为线性变换的矩阵形式, 其中

$$\boldsymbol{y}=\begin{pmatrix}y_1\\y_2\\\vdots\\y_m\end{pmatrix},\quad \boldsymbol{x}=\begin{pmatrix}x_1\\x_2\\\vdots\\x_n\end{pmatrix}.$$

同样地, 线性方程组 (2.3) 可以写成矩阵形式

$$\boldsymbol{A}\boldsymbol{x} = \boldsymbol{b}.$$

由于矩阵的乘法满足结合律, 因此可以定义 n 阶方阵 $\boldsymbol{A}$ 的 k **次幂**. 设 $\boldsymbol{A}$ 是 n 阶方阵, 规定

$$\boldsymbol{A}^1 = \boldsymbol{A}, \boldsymbol{A}^2 = \boldsymbol{A}^1\boldsymbol{A}^1, \cdots, \boldsymbol{A}^{k+1} = \boldsymbol{A}^k\boldsymbol{A}^1,$$

同时规定

$$\boldsymbol{A}^0 = \boldsymbol{E}.$$

矩阵的幂满足以下运算规律:

$$\boldsymbol{A}^k\boldsymbol{A}^l = \boldsymbol{A}^{k+l}, \left(\boldsymbol{A}^k\right)^l = \boldsymbol{A}^{kl},$$

其中, k、l 为正整数. 因为矩阵的乘法不满足交换律, 所以对于两个 n 阶方阵 $\boldsymbol{A}$ 和 $\boldsymbol{B}$, 一般来说

$$(\boldsymbol{A}\boldsymbol{B})^k \neq \boldsymbol{A}^k\boldsymbol{B}^k,$$

$$(\boldsymbol{A}+\boldsymbol{B})^k \neq \boldsymbol{A}^k + \mathrm{C}_k^1\boldsymbol{A}^{k-1}\boldsymbol{B} + \mathrm{C}_k^2\boldsymbol{A}^{k-2}\boldsymbol{B}^2 + \cdots + \mathrm{C}_k^{k-1}\boldsymbol{A}\boldsymbol{B}^{k-1} + \boldsymbol{B}^k.$$

只有当 $\boldsymbol{A}$ 与 $\boldsymbol{B}$ 可交换(即 $\boldsymbol{A}\boldsymbol{B} = \boldsymbol{B}\boldsymbol{A}$)时, 上式中的等号才成立.

例 2.8 证明

$$\begin{pmatrix} \cos\theta & -\sin\theta \\ \sin\theta & \cos\theta \end{pmatrix}^n = \begin{pmatrix} \cos n\theta & -\sin n\theta \\ \sin n\theta & \cos n\theta \end{pmatrix}.$$

证明 用数学归纳法. 当 $n = 1$ 时, 等式显然成立. 设 $n = k$ 时, 等式成立, 即

$$\begin{pmatrix} \cos\theta & -\sin\theta \\ \sin\theta & \cos\theta \end{pmatrix}^k = \begin{pmatrix} \cos k\theta & -\sin k\theta \\ \sin k\theta & \cos k\theta \end{pmatrix}.$$

当 $n = k+1$ 时, 有

$$\begin{aligned}
&\begin{pmatrix} \cos\theta & -\sin\theta \\ \sin\theta & \cos\theta \end{pmatrix}^{k+1} \\
=&\begin{pmatrix} \cos\theta & -\sin\theta \\ \sin\theta & \cos\theta \end{pmatrix}^k \begin{pmatrix} \cos\theta & -\sin\theta \\ \sin\theta & \cos\theta \end{pmatrix} \\
=&\begin{pmatrix} \cos k\theta & -\sin k\theta \\ \sin k\theta & \cos k\theta \end{pmatrix} \begin{pmatrix} \cos\theta & -\sin\theta \\ \sin\theta & \cos\theta \end{pmatrix} \\
=&\begin{pmatrix} \cos k\theta\cos\theta - \sin k\theta\sin\theta & -\cos k\theta\sin\theta - \sin k\theta\cos\theta \\ \sin k\theta\cos\theta + \cos k\theta\sin\theta & -\sin k\theta\sin\theta + \cos k\theta\cos\theta \end{pmatrix} \\
=&\begin{pmatrix} \cos(k+1)\theta & -\sin(k+1)\theta \\ \sin(k+1)\theta & \cos(k+1)\theta \end{pmatrix}.
\end{aligned}$$

于是, 等式得证.

例 2.9 设 $\boldsymbol{A}=\begin{pmatrix}\lambda & 1 & 0\\0 & \lambda & 1\\0 & 0 & \lambda\end{pmatrix}$, 求 $\boldsymbol{A}^k$.

解 由于

$$\boldsymbol{A}=\begin{pmatrix}\lambda & 1 & 0\\0 & \lambda & 1\\0 & 0 & \lambda\end{pmatrix}=\lambda\begin{pmatrix}1 & 0 & 0\\0 & 1 & 0\\0 & 0 & 1\end{pmatrix}+\begin{pmatrix}0 & 1 & 0\\0 & 0 & 1\\0 & 0 & 0\end{pmatrix},$$

设

$$\boldsymbol{E}=\begin{pmatrix}1 & 0 & 0\\0 & 1 & 0\\0 & 0 & 1\end{pmatrix},\quad \boldsymbol{B}=\begin{pmatrix}0 & 1 & 0\\0 & 0 & 1\\0 & 0 & 0\end{pmatrix},$$

则 $\boldsymbol{A}=\lambda\boldsymbol{E}+\boldsymbol{B}$. 又

$$\boldsymbol{B}^2=\begin{pmatrix}0 & 1 & 0\\0 & 0 & 1\\0 & 0 & 0\end{pmatrix}\begin{pmatrix}0 & 1 & 0\\0 & 0 & 1\\0 & 0 & 0\end{pmatrix}=\begin{pmatrix}0 & 0 & 1\\0 & 0 & 0\\0 & 0 & 0\end{pmatrix},$$

$$\boldsymbol{B}^3=\begin{pmatrix}0 & 0 & 1\\0 & 0 & 0\\0 & 0 & 0\end{pmatrix}\begin{pmatrix}0 & 1 & 0\\0 & 0 & 1\\0 & 0 & 0\end{pmatrix}=\begin{pmatrix}0 & 0 & 0\\0 & 0 & 0\\0 & 0 & 0\end{pmatrix},$$

则 $\boldsymbol{B}^k=\boldsymbol{O}(k\geqslant 3)$.

注 2.3 对于 n 阶方阵 $\boldsymbol{A}$, 如果存在正整数 k, 使得 $\boldsymbol{A}^k=\boldsymbol{O}$, 则称 $\boldsymbol{A}$ 为幂零阵. 显然 $\boldsymbol{E}^n=\boldsymbol{E}$, 且 $\lambda\boldsymbol{E}$ 与 $\boldsymbol{B}$ 可交换, 故可以利用二项式展开定理得

$$\begin{aligned}\boldsymbol{A}^k&=(\lambda\boldsymbol{E}+\boldsymbol{B})^k=\lambda^k\boldsymbol{E}^k+k\lambda^{k-1}\boldsymbol{E}^{k-1}\boldsymbol{B}+\frac{k(k-1)}{2}\lambda^{k-2}\boldsymbol{E}^{k-2}\boldsymbol{B}^2\\&=\lambda^k\begin{pmatrix}1 & 0 & 0\\0 & 1 & 0\\0 & 0 & 1\end{pmatrix}+k\lambda^{k-1}\begin{pmatrix}0 & 1 & 0\\0 & 0 & 1\\0 & 0 & 0\end{pmatrix}+\frac{k(k-1)}{2}\lambda^{k-2}\begin{pmatrix}0 & 0 & 1\\0 & 0 & 0\\0 & 0 & 0\end{pmatrix}\\&=\begin{pmatrix}\lambda^k & k\lambda^{k-1} & \frac{k(k-1)}{2}\lambda^{k-2}\\0 & \lambda^k & k\lambda^{k-1}\\0 & 0 & \lambda^k\end{pmatrix}.\end{aligned}$$

2.2.4 矩阵的转置

定义 2.6 把 $m\times n$ 矩阵

$$\boldsymbol{A}=\begin{pmatrix}a_{11} & a_{12} & \cdots & a_{1n}\\a_{21} & a_{22} & \cdots & a_{2n}\\\vdots & \vdots & & \vdots\\a_{m1} & a_{m2} & \cdots & a_{mn}\end{pmatrix}$$

的行、列互换得到的 $n\times m$ 矩阵, 叫作 $\boldsymbol{A}$ 的**转置矩阵**, 记作 $\boldsymbol{A}^{\mathrm{T}}$ (或 $\boldsymbol{A}'$). 即

$$\boldsymbol{A}^{\mathrm{T}}=\begin{pmatrix} a_{11} & a_{21} & \cdots & a_{m1}\\ a_{12} & a_{22} & \cdots & a_{m2}\\ \vdots & \vdots & & \vdots\\ a_{1n} & a_{2n} & \cdots & a_{mn}\end{pmatrix}.$$

显然, $\boldsymbol{A}^{\mathrm{T}}$ 的第 i 行第 j 列的元素等于 $\boldsymbol{A}$ 的第 j 行第 i 列的元素.

例如, 矩阵

$$\boldsymbol{A}=\begin{pmatrix} 1 & 4 & -1\\ 2 & 2 & 7\end{pmatrix},\ \boldsymbol{B}=\begin{pmatrix} 1 & 0 & 5\end{pmatrix}$$

的转置矩阵分别为

$$\boldsymbol{A}^{\mathrm{T}}=\begin{pmatrix} 1 & 2\\ 4 & 2\\ -1 & 7\end{pmatrix},\ \boldsymbol{B}^{\mathrm{T}}=\begin{pmatrix} 1\\ 0\\ 5\end{pmatrix}.$$

矩阵的转置满足以下运算规律:

(1) $\left(\boldsymbol{A}^{\mathrm{T}}\right)^{\mathrm{T}}=\boldsymbol{A}$;

(2) $(\boldsymbol{A}+\boldsymbol{B})^{\mathrm{T}}=\boldsymbol{A}^{\mathrm{T}}+\boldsymbol{B}^{\mathrm{T}}$;

(3) $(\lambda\boldsymbol{A})^{\mathrm{T}}=\lambda\boldsymbol{A}^{\mathrm{T}}$;

(4) $(\boldsymbol{A}\boldsymbol{B})^{\mathrm{T}}=\boldsymbol{B}^{\mathrm{T}}\boldsymbol{A}^{\mathrm{T}}$.

这里只证明 (4), 其余请读者自己证明.

证明 设 $\boldsymbol{A}=(a_{ij})_{m\times s}$, $\boldsymbol{B}=(b_{ij})_{s\times n}$, 记 $\boldsymbol{A}\boldsymbol{B}=\boldsymbol{C}=(c_{ij})_{m\times n}$, $\boldsymbol{B}^{\mathrm{T}}\boldsymbol{A}^{\mathrm{T}}=\boldsymbol{D}=(d_{ij})_{n\times m}$. 由乘法公式知, 矩阵 $\boldsymbol{A}\boldsymbol{B}$ 中 (i,j) 的元素为

$$c_{ij}=a_{i1}b_{1j}+a_{i2}b_{2j}+\cdots+a_{is}b_{sj}=\sum_{k=1}^{s}a_{ik}b_{kj}(i=1,2,\cdots,m;j=1,2,\cdots n),$$

所以矩阵 $(\boldsymbol{A}\boldsymbol{B})^{\mathrm{T}}$ 中 (i,j) 的元素即为矩阵 $\boldsymbol{A}\boldsymbol{B}$ 中 (j,i) 的元素,为

$$c_{ji}=a_{j1}b_{1i}+a_{j2}b_{2i}+\cdots+a_{js}b_{si}=\sum_{k=1}^{s}a_{jk}b_{ki}.$$

又 $\boldsymbol{B}^{\mathrm{T}}$ 第 i 行的元素为矩阵 $\boldsymbol{B}$ 第 i 列的元素, $\boldsymbol{A}^{\mathrm{T}}$ 第 j 列的元素为矩阵 $\boldsymbol{A}$ 第 j 行的元素, 故

$$d_{ij}=b_{1i}a_{j1}+b_{2i}a_{j2}+\cdots+b_{si}a_{js}=\sum_{k=1}^{s}b_{ki}a_{jk}=\sum_{k=1}^{s}a_{jk}b_{ki},$$

所以 $d_{ij}=c_{ji}(i=1,2,\cdots,n;j=1,2,\cdots,m)$, 即

$$\boldsymbol{D}=\boldsymbol{C}^{\mathrm{T}},$$

亦即

$$\boldsymbol{B}^{\mathrm{T}}\boldsymbol{A}^{\mathrm{T}}=(\boldsymbol{A}\boldsymbol{B})^{\mathrm{T}}.$$

例 2.10 设

$$\boldsymbol{A}=\begin{pmatrix}1&-1&2\\0&1&-3\end{pmatrix},\ \boldsymbol{B}=\begin{pmatrix}2&-1&0\\1&1&3\\4&2&1\end{pmatrix},$$

求 $(\boldsymbol{AB})^{\mathrm{T}}$.

解 方法 1: 因为

$$\boldsymbol{AB}=\begin{pmatrix}1&-1&2\\0&1&-3\end{pmatrix}\begin{pmatrix}2&-1&0\\1&1&3\\4&2&1\end{pmatrix}=\begin{pmatrix}9&2&-1\\-11&-5&0\end{pmatrix},$$

所以

$$(\boldsymbol{AB})^{\mathrm{T}}=\begin{pmatrix}9&-11\\2&-5\\-1&0\end{pmatrix}.$$

方法 2:

$$(\boldsymbol{AB})^{\mathrm{T}}=\boldsymbol{B}^{\mathrm{T}}\boldsymbol{A}^{\mathrm{T}}=\begin{pmatrix}2&1&4\\-1&1&2\\0&3&1\end{pmatrix}\begin{pmatrix}1&0\\-1&1\\2&-3\end{pmatrix}=\begin{pmatrix}9&-11\\2&-5\\-1&0\end{pmatrix}.$$

设 $\boldsymbol{A}$ 为 n 阶方阵, 如果满足 $\boldsymbol{A}^{\mathrm{T}}=\boldsymbol{A}$, 即 $a_{ij}=a_{ji}(i,j=1,2,\cdots,n)$, 那么称 $\boldsymbol{A}$ 为**对称矩阵**. 对称矩阵的特点是: 其元素以主对角线为对称轴对应相等.

设 $\boldsymbol{A}$ 为 n 阶方阵, 如果满足 $\boldsymbol{A}^{\mathrm{T}}=-\boldsymbol{A}$, 即 $a_{ij}=-a_{ji}(i,j=1,2,\cdots,n)$, 那么称 $\boldsymbol{A}$ 为**反对称矩阵**. 反对称矩阵的特点是: 以主对角线为对称轴的对应元素绝对值相等, 符号相反, 且主对角线上的各元素均为零.

例如 $\begin{pmatrix}1&2&-3\\2&0&4\\-3&4&5\end{pmatrix}$ 是对称矩阵, $\begin{pmatrix}0&3&-2\\-3&0&1\\2&-1&0\end{pmatrix}$ 是反对称矩阵.

例 2.11 设列矩阵 $\boldsymbol{X}=(x_1,x_2,\cdots,x_n)^{\mathrm{T}}$, 满足 $\boldsymbol{X}^{\mathrm{T}}\boldsymbol{X}=1$, $\boldsymbol{E}$ 为 n 阶单位矩阵, 其中 $\boldsymbol{H}=\boldsymbol{E}-2\boldsymbol{X}\boldsymbol{X}^{\mathrm{T}}$, 证明 $\boldsymbol{H}$ 是对称矩阵, 且 $\boldsymbol{H}\boldsymbol{H}^{\mathrm{T}}=\boldsymbol{E}$.

解 因为

$$\boldsymbol{H}^{\mathrm{T}}=\left(\boldsymbol{E}-2\boldsymbol{X}\boldsymbol{X}^{\mathrm{T}}\right)^{\mathrm{T}}=\boldsymbol{E}^{\mathrm{T}}-2\left(\boldsymbol{X}\boldsymbol{X}^{\mathrm{T}}\right)^{\mathrm{T}}=\boldsymbol{E}-2\boldsymbol{X}\boldsymbol{X}^{\mathrm{T}}=\boldsymbol{H},$$

所以 $\boldsymbol{H}$ 是对称矩阵.

$$\begin{aligned}\boldsymbol{H}\boldsymbol{H}^{\mathrm{T}}=\boldsymbol{H}^2&=\left(\boldsymbol{E}-2\boldsymbol{X}\boldsymbol{X}^{\mathrm{T}}\right)\left(\boldsymbol{E}-2\boldsymbol{X}\boldsymbol{X}^{\mathrm{T}}\right)\\&=\boldsymbol{E}-4\boldsymbol{X}\boldsymbol{X}^{\mathrm{T}}+4\left(\boldsymbol{X}\boldsymbol{X}^{\mathrm{T}}\right)\left(\boldsymbol{X}\boldsymbol{X}^{\mathrm{T}}\right)\\&=\boldsymbol{E}-4\boldsymbol{X}\boldsymbol{X}^{\mathrm{T}}+4\boldsymbol{X}\left(\boldsymbol{X}^{\mathrm{T}}\boldsymbol{X}\right)\boldsymbol{X}^{\mathrm{T}}\\&=\boldsymbol{E}-4\boldsymbol{X}\boldsymbol{X}^{\mathrm{T}}+4\boldsymbol{X}\boldsymbol{X}^{\mathrm{T}}\\&=\boldsymbol{E}.\end{aligned}$$

2.2.5 方阵的行列式

定义 2.7 由 n 阶方阵 $\boldsymbol{A}$ 的元素所构成的行列式（各元素的位置不变），称为方阵 $\boldsymbol{A}$ 的行列式，记作 $|\boldsymbol{A}|$ 或 $\det \boldsymbol{A}$.

应该注意，方阵 $\boldsymbol{A}$ 和方阵 $\boldsymbol{A}$ 的行列式是两个不同的概念. n 阶方阵是由 n^2 个元素形成的数表，而方阵 $\boldsymbol{A}$ 的行列式则是方阵 $\boldsymbol{A}$ 的元素按一定运算法则所确定的一个数.

由 $\boldsymbol{A}$ 确定的 $|\boldsymbol{A}|$ 满足下列规律(设 $\boldsymbol{A}$、$\boldsymbol{B}$ 为 n 阶方阵，λ 为数):

(1) $\left|\boldsymbol{A}^{\mathrm{T}}\right| = |\boldsymbol{A}|$;

(2) $|\lambda \boldsymbol{A}| = \lambda^n |\boldsymbol{A}|$;

(3) $|\boldsymbol{A}\boldsymbol{B}| = |\boldsymbol{A}||\boldsymbol{B}|$.

这里只证明 (3).

证明 设 $\boldsymbol{A} = (a_{ij})_{n\times n}$, $\boldsymbol{B} = (b_{ij})_{n\times n}$, 记 $2n$ 阶行列式

$$D = \begin{vmatrix} a_{11} & a_{12} & \cdots & a_{1n} & 0 & 0 & \cdots & 0 \\ a_{21} & a_{22} & \cdots & a_{2n} & 0 & 0 & \cdots & 0 \\ \vdots & \vdots & & \vdots & \vdots & \vdots & & \vdots \\ a_{n1} & a_{n2} & \cdots & a_{nn} & 0 & 0 & \cdots & 0 \\ -1 & 0 & \cdots & 0 & b_{11} & b_{12} & \cdots & b_{1n} \\ 0 & -1 & \cdots & 0 & b_{21} & b_{22} & \cdots & b_{2n} \\ \vdots & \vdots & & \vdots & \vdots & \vdots & & \vdots \\ 0 & 0 & \cdots & -1 & b_{n1} & b_{n2} & \cdots & b_{nn} \end{vmatrix}.$$

由第 1 章例 1.12 可知, $D = |\boldsymbol{A}||\boldsymbol{B}|$.

在 D 中, 以 a_{i1} 乘第 $n+1$ 行, 以 a_{i2} 乘第 $n+2$ 行, $\cdots\cdots$, 以 a_{in} 乘第 $2n$ 行, 都加到第 i 行上, 其中 $i = 1, 2, \cdots, n$, 得

$$D = \begin{vmatrix} 0 & 0 & \cdots & 0 & c_{11} & c_{12} & \cdots & c_{1n} \\ 0 & 0 & \cdots & 0 & c_{21} & c_{22} & \cdots & c_{2n} \\ \vdots & \vdots & & \vdots & \vdots & \vdots & & \vdots \\ 0 & 0 & \cdots & 0 & c_{n1} & c_{n2} & \cdots & c_{nn} \\ -1 & 0 & \cdots & 0 & b_{11} & b_{12} & \cdots & b_{1n} \\ 0 & -1 & \cdots & 0 & b_{21} & b_{22} & \cdots & b_{2n} \\ \vdots & \vdots & & \vdots & \vdots & \vdots & & \vdots \\ 0 & 0 & \cdots & -1 & b_{n1} & b_{n2} & \cdots & b_{nn} \end{vmatrix}.$$

然后将第 $n+1$ 列与第 1 列交换, 第 $n+2$ 列与第 2 列交换, $\cdots\cdots$, 第 $2n$ 列与第 n

列交换, 这样一共交换了 n 次. 故

$$D=(-1)^n\begin{vmatrix} c_{11} & c_{12} & \cdots & c_{1n} & 0 & 0 & \cdots & 0\\ c_{21} & c_{22} & \cdots & c_{2n} & 0 & 0 & \cdots & 0\\ \vdots & \vdots & & \vdots & \vdots & \vdots & & \vdots\\ c_{n1} & c_{n2} & \cdots & c_{nn} & 0 & 0 & \cdots & 0\\ b_{11} & b_{12} & \cdots & b_{1n} & -1 & 0 & \cdots & 0\\ b_{21} & b_{22} & \cdots & b_{2n} & 0 & -1 & \cdots & 0\\ \vdots & \vdots & & \vdots & \vdots & \vdots & & \vdots\\ b_{n1} & b_{n2} & \cdots & b_{nn} & 0 & 0 & \cdots & -1 \end{vmatrix}$$

$$=(-1)^n\begin{vmatrix} c_{11} & c_{12} & \cdots & c_{1n}\\ c_{21} & c_{22} & \cdots & c_{2n}\\ \vdots & \vdots & & \vdots\\ c_{n1} & c_{n2} & \cdots & c_{nn} \end{vmatrix}\begin{vmatrix} -1 & 0 & \cdots & 0\\ 0 & -1 & \cdots & 0\\ \vdots & \vdots & & \vdots\\ 0 & 0 & \cdots & -1 \end{vmatrix}$$

$$=(-1)^n(-1)^n|\boldsymbol{C}|=|\boldsymbol{C}|.$$

从而

$$|\boldsymbol{AB}|=|\boldsymbol{A}||\boldsymbol{B}|.$$

注 2.4 (1) 一般地, $|\boldsymbol{A}+\boldsymbol{B}|\neq|\boldsymbol{A}|+|\boldsymbol{B}|$, $|k\boldsymbol{A}|\neq|k||\boldsymbol{A}|$.

(2) 对于 n 阶方阵 $\boldsymbol{A}$、$\boldsymbol{B}$, $\boldsymbol{AB}=\boldsymbol{BA}$ 不一定成立, 但

$$|\boldsymbol{AB}|=|\boldsymbol{A}||\boldsymbol{B}|=|\boldsymbol{B}||\boldsymbol{A}|=|\boldsymbol{BA}|.$$

例 2.12 设 $\boldsymbol{A}$ 为 n 阶方阵, 满足 $\boldsymbol{AA}^{\mathrm{T}}=\boldsymbol{E}$, 且 $|\boldsymbol{A}|=-1$, 求 $|\boldsymbol{A}+\boldsymbol{E}|$.

解 因为

$$\begin{aligned}|\boldsymbol{A}+\boldsymbol{E}|&=\left|\boldsymbol{A}+\boldsymbol{AA}^{\mathrm{T}}\right|=\left|\boldsymbol{A}\left(\boldsymbol{E}+\boldsymbol{A}^{\mathrm{T}}\right)\right|\\&=|\boldsymbol{A}|\left|\boldsymbol{E}+\boldsymbol{A}^{\mathrm{T}}\right|=-\left|\boldsymbol{E}+\boldsymbol{A}^{\mathrm{T}}\right|\\&=-|\boldsymbol{E}+\boldsymbol{A}|=-|\boldsymbol{A}+\boldsymbol{E}|,\end{aligned}$$

所以

$$2|\boldsymbol{A}+\boldsymbol{E}|=0,$$

即

$$|\boldsymbol{A}+\boldsymbol{E}|=0.$$

2.3 逆矩阵

我们知道, 对于一元一次方程 $ax=b$, 当 $a\neq0$ 时, 两边乘 a^{-1}, 得 $x=\dfrac{b}{a}=a^{-1}b$, 那么对于矩阵方程 $\boldsymbol{AX}=\boldsymbol{C}$, 能不能像解一元一次方程那样来求出矩阵 $\boldsymbol{X}$ 呢? 如果能找

到一个矩阵 $\boldsymbol{B}$, 使得 $\boldsymbol{BA}=\boldsymbol{E}$, $\boldsymbol{E}$ 为 n 阶单位矩阵, 用矩阵 $\boldsymbol{B}$ 左乘等式 $\boldsymbol{AX}=\boldsymbol{C}$ 两边, 便得到等式 $\boldsymbol{BAX}=\boldsymbol{BC}$, 则 $\boldsymbol{X}=\boldsymbol{BC}$. 如何找到这个矩阵 $\boldsymbol{B}$ 是求出矩阵 $\boldsymbol{X}$ 的关键. 为此先讨论一个简单的问题, 即如果已知方阵 $\boldsymbol{A}$, 是否存在一个矩阵 $\boldsymbol{B}$, 使得 $\boldsymbol{BA}=\boldsymbol{E}$? 本节就来探讨这个问题.

定义 2.8 设 $\boldsymbol{A}$ 为 n 阶方阵, 如果存在 n 阶方阵 $\boldsymbol{B}$, 使得

$$\boldsymbol{AB}=\boldsymbol{BA}=\boldsymbol{E},$$

则称 $\boldsymbol{A}$ 是可逆的, 并称 $\boldsymbol{B}$ 是 $\boldsymbol{A}$ 的逆矩阵. 记作 $\boldsymbol{A}^{-1}=\boldsymbol{B}$, 即若 $\boldsymbol{AB}=\boldsymbol{BA}=\boldsymbol{E}$, 则 $\boldsymbol{B}=\boldsymbol{A}^{-1}$.

于是, 若矩阵 $\boldsymbol{A}$ 是可逆矩阵, 则存在矩阵 $\boldsymbol{A}^{-1}$, 满足

$$\boldsymbol{AA}^{-1}=\boldsymbol{A}^{-1}\boldsymbol{A}=\boldsymbol{E},$$

显然, 若 $\boldsymbol{B}$ 是 $\boldsymbol{A}$ 的逆矩阵, 则 $\boldsymbol{A}$ 也是 $\boldsymbol{B}$ 的逆矩阵.

注 2.5 如果 $\boldsymbol{A}$ 是可逆的, 则 $\boldsymbol{A}$ 的逆矩阵唯一.

事实上, 设 $\boldsymbol{B}$、$\boldsymbol{C}$ 都是 $\boldsymbol{A}$ 的逆矩阵, 即 $\boldsymbol{AB}=\boldsymbol{BA}=\boldsymbol{E},\boldsymbol{AC}=\boldsymbol{CA}=\boldsymbol{E}$, 则有

$$\boldsymbol{B}=\boldsymbol{BE}=\boldsymbol{B}(\boldsymbol{AC})=(\boldsymbol{BA})\boldsymbol{C}=\boldsymbol{EC}=\boldsymbol{C}.$$

下面要解决的问题是: 在什么条件下矩阵 $\boldsymbol{A}$ 是可逆的? 如果 $\boldsymbol{A}$ 可逆, 那么如何求 $\boldsymbol{A}^{-1}$? 为此, 先介绍伴随矩阵的概念.

定义 2.9 设 $A_{ij}(i,j=1,2,\cdots,n)$ 是矩阵

$$\boldsymbol{A}=\begin{pmatrix} a_{11} & a_{12} & \cdots & a_{1n} \\ a_{21} & a_{22} & \cdots & a_{2n} \\ \vdots & \vdots & & \vdots \\ a_{n1} & a_{n2} & \cdots & a_{nn} \end{pmatrix}$$

中元素 a_{ij} 的代数余子式, 矩阵

$$\boldsymbol{A}^*=\begin{pmatrix} A_{11} & A_{21} & \cdots & A_{n1} \\ A_{12} & A_{22} & \cdots & A_{n2} \\ \vdots & \vdots & & \vdots \\ A_{1n} & A_{2n} & \cdots & A_{nn} \end{pmatrix}$$

称 $\boldsymbol{A}^*$ 为 $\boldsymbol{A}$ 的伴随矩阵.

显然 $\boldsymbol{A}^*$ 的各列元素是矩阵 $\boldsymbol{A}$ 中相应各行元素的代数余子式, 即 $\boldsymbol{A}_{ij}$ 位于 $\boldsymbol{A}^*$ 中第 j 行第 i 列的位置.

容易得到, 二阶方阵 $\boldsymbol{A}=\begin{pmatrix} a & b \\ c & d \end{pmatrix}$ 的伴随矩阵为 $\boldsymbol{A}^*=\begin{pmatrix} d & -b \\ -c & a \end{pmatrix}$.

对于伴随矩阵, 有下面重要结论.

定理 2.1 设 $\boldsymbol{A}$ 是 n 阶方阵, 则 $\boldsymbol{AA}^*=\boldsymbol{A}^*\boldsymbol{A}=|\boldsymbol{A}|\boldsymbol{E}$.

证明 利用行列式的按行(列)展开定理

$$a_{i1}A_{j1}+a_{i2}A_{j2}+\cdots+a_{in}A_{jn}=\begin{cases}|\boldsymbol{A}| & (i=j)\\ 0 & (i\neq j)\end{cases},$$

可得

$$\boldsymbol{A}\boldsymbol{A}^*=\begin{pmatrix}a_{11} & a_{12} & \cdots & a_{1n}\\ a_{21} & a_{22} & \cdots & a_{2n}\\ \vdots & \vdots & & \vdots\\ a_{n1} & a_{n2} & \cdots & a_{nn}\end{pmatrix}\begin{pmatrix}A_{11} & A_{21} & \cdots & A_{n1}\\ A_{12} & A_{22} & \cdots & A_{n2}\\ \vdots & \vdots & & \vdots\\ A_{1n} & A_{2n} & \cdots & A_{nn}\end{pmatrix}$$

$$=\begin{pmatrix}|\boldsymbol{A}| & 0 & \cdots & 0\\ 0 & |\boldsymbol{A}| & \cdots & 0\\ \vdots & \vdots & & \vdots\\ 0 & 0 & \cdots & |\boldsymbol{A}|\end{pmatrix}=|\boldsymbol{A}|\boldsymbol{E}.$$

同理可得

$$\boldsymbol{A}^*\boldsymbol{A}=|\boldsymbol{A}|\boldsymbol{E}.$$

定理 2.2 若矩阵 $\boldsymbol{A}$ 可逆, 则 $|\boldsymbol{A}|\neq 0$.

证明 若 $\boldsymbol{A}$ 可逆, 即有 $\boldsymbol{A}^{-1}$ 使 $\boldsymbol{A}\boldsymbol{A}^{-1}=\boldsymbol{E}$, 故 $|\boldsymbol{A}||\boldsymbol{A}^{-1}|=|\boldsymbol{E}|=1$, 所以 $|\boldsymbol{A}|\neq 0$.

定理 2.3 若 $|\boldsymbol{A}|\neq 0$, 则矩阵 $\boldsymbol{A}$ 可逆, 且 $\boldsymbol{A}^{-1}=\dfrac{1}{|\boldsymbol{A}|}\boldsymbol{A}^*$.

证明 由定理2.1知 $\boldsymbol{A}\boldsymbol{A}^*=\boldsymbol{A}^*\boldsymbol{A}=|\boldsymbol{A}|\boldsymbol{E}$, 又因为$|\boldsymbol{A}|\neq 0$, 所以

$$\boldsymbol{A}\left(\frac{1}{|\boldsymbol{A}|}\boldsymbol{A}^*\right)=\left(\frac{1}{|\boldsymbol{A}|}\boldsymbol{A}^*\right)\boldsymbol{A}=\frac{1}{|\boldsymbol{A}|}|\boldsymbol{A}|\boldsymbol{E}=\boldsymbol{E},$$

再由逆矩阵的定义知矩阵 $\boldsymbol{A}$ 可逆, 且有

$$\boldsymbol{A}^{-1}=\frac{1}{|\boldsymbol{A}|}\boldsymbol{A}^*.$$

定理2.3不但给出了一个方阵可逆的判定准则, 而且给出了用伴随矩阵求逆矩阵的方法, 称之为**伴随矩阵法**. 当方阵的阶数比较小时, 这种方法是可行的.但当矩阵的阶数较高时, 计算量一般非常大. 在本章2.5节中, 将会介绍另外一种简便实用的求逆矩阵的方法.

注 2.6 (1) 对于一阶方阵 $\boldsymbol{A}=(a)$, 如果 $a\neq 0$, 则 $\boldsymbol{A}$ 可逆, 且 $\boldsymbol{A}^{-1}=\left(\dfrac{1}{a}\right)$.

(2) 对于二阶方阵 $\boldsymbol{A}=\begin{pmatrix}a & b\\ c & d\end{pmatrix}$, 如果 $|\boldsymbol{A}|=ad-bc\neq 0$, 则 $\boldsymbol{A}$ 可逆, 且

$$\boldsymbol{A}^{-1}=\frac{\boldsymbol{A}^*}{|\boldsymbol{A}|}=\frac{1}{ad-bc}\begin{pmatrix}d & -b\\ -c & a\end{pmatrix}.$$

定义 2.10 设 $\boldsymbol{A}$ 是 n 阶方阵, 若 $|\boldsymbol{A}|=0$, 则称 $\boldsymbol{A}$ 为**奇异矩阵**; 否则, 称 $\boldsymbol{A}$ 为**非奇异矩阵**.

根据定理可得, n 阶方阵 $\boldsymbol{A}$ 可逆的充分必要条件是 $\boldsymbol{A}$ 为非奇异矩阵.

推论 2.1 若 $\boldsymbol{AB}=\boldsymbol{E}$（或 $\boldsymbol{BA}=\boldsymbol{E}$）, 则 $\boldsymbol{B}=\boldsymbol{A}^{-1}$.

证明 因为 $|\boldsymbol{A}||\boldsymbol{B}|=|\boldsymbol{E}|=1$, 所以 $|\boldsymbol{A}|\neq 0$, 因而 $\boldsymbol{A}^{-1}$ 存在, 于是

$$\boldsymbol{B}=\boldsymbol{EB}=(\boldsymbol{A}^{-1}\boldsymbol{A})\boldsymbol{B}=\boldsymbol{A}^{-1}(\boldsymbol{AB})=\boldsymbol{A}^{-1}\boldsymbol{E}=\boldsymbol{A}^{-1}.$$

因此, 要证明方阵 $\boldsymbol{B}$ 是否为 $\boldsymbol{A}$ 的逆矩阵, 只需要验证 $\boldsymbol{AB}=\boldsymbol{E}$ 或 $\boldsymbol{BA}=\boldsymbol{E}$ 中的一个式子成立即可.

例 2.13 求矩阵 $\boldsymbol{A}=\begin{pmatrix}2&3&3\\1&-1&0\\-1&2&1\end{pmatrix}$ 的逆矩阵.

解 因为 $|\boldsymbol{A}|=\begin{vmatrix}2&3&3\\1&-1&0\\-1&2&1\end{vmatrix}=-2\neq 0$, 所以 $\boldsymbol{A}^{-1}$ 存在. 先求 $\boldsymbol{A}$ 的伴随矩阵 $\boldsymbol{A}^*$,

$$A_{11}=(-1)^{1+1}\begin{vmatrix}-1&0\\2&1\end{vmatrix}=-1, A_{12}=(-1)^{1+2}\begin{vmatrix}1&0\\-1&1\end{vmatrix}=-1,$$

$$A_{13}=(-1)^{1+3}\begin{vmatrix}1&-1\\-1&2\end{vmatrix}=1, A_{21}=(-1)^{2+1}\begin{vmatrix}3&3\\2&1\end{vmatrix}=3,$$

$$A_{31}=(-1)^{3+1}\begin{vmatrix}3&3\\-1&0\end{vmatrix}=3, A_{32}=(-1)^{3+2}\begin{vmatrix}2&3\\1&0\end{vmatrix}=3,$$

$$A_{33}=(-1)^{3+3}\begin{vmatrix}2&3\\1&-1\end{vmatrix}=-5,$$

所以

$$\boldsymbol{A}^*=\begin{pmatrix}-1&3&3\\-1&5&3\\1&-7&-5\end{pmatrix},$$

故

$$\boldsymbol{A}^{-1}=\frac{1}{|\boldsymbol{A}|}\boldsymbol{A}^*=-\frac{1}{2}\begin{pmatrix}-1&3&3\\-1&5&3\\1&-7&-5\end{pmatrix}=\begin{pmatrix}\frac{1}{2}&-\frac{3}{2}&-\frac{3}{2}\\\frac{1}{2}&-\frac{5}{2}&-\frac{3}{2}\\-\frac{1}{2}&\frac{7}{2}&\frac{5}{2}\end{pmatrix}.$$

例 2.14 矩阵 $\boldsymbol{A}=\begin{pmatrix} a & 0 & 0 \\ 0 & b & 0 \\ 0 & 0 & c \end{pmatrix}$ 是否可逆? 若可逆, 求 $\boldsymbol{A}^{-1}$.

解 因为 $|\boldsymbol{A}|=abc$, 所以当 $abc\neq 0$ 时, $\boldsymbol{A}$ 可逆. 又

$$\boldsymbol{A}^*=\begin{pmatrix} bc & 0 & 0 \\ 0 & ac & 0 \\ 0 & 0 & ab \end{pmatrix},$$

故

$$\boldsymbol{A}^{-1}=\frac{\boldsymbol{A}^*}{|\boldsymbol{A}|}=\begin{pmatrix} \frac{1}{a} & 0 & 0 \\ 0 & \frac{1}{b} & 0 \\ 0 & 0 & \frac{1}{c} \end{pmatrix}.$$

类似可证, 当 $abc\neq 0$ 时,

$$\begin{pmatrix} 0 & 0 & a \\ 0 & b & 0 \\ c & 0 & 0 \end{pmatrix}^{-1}=\begin{pmatrix} 0 & 0 & \frac{1}{c} \\ 0 & \frac{1}{b} & 0 \\ \frac{1}{a} & 0 & 0 \end{pmatrix}.$$

有了逆矩阵的概念, 本节开始提出的问题就可以得到解决了. 只要方阵 $\boldsymbol{A}$ 可逆,且矩阵 $\boldsymbol{C}$ 的行数等于方阵 $\boldsymbol{A}$ 的列数, 则一定存在矩阵 $\boldsymbol{X}$, 使 $\boldsymbol{AX}=\boldsymbol{C}$. 事实上, 若 $\boldsymbol{A}$ 可逆, 则 $\boldsymbol{A}^{-1}$ 存在. 用 $\boldsymbol{A}^{-1}$ 左乘等式得

$$\boldsymbol{A}^{-1}\boldsymbol{AX}=\boldsymbol{A}^{-1}\boldsymbol{C},$$

故

$$\boldsymbol{X}=\boldsymbol{A}^{-1}\boldsymbol{C}.$$

利用逆矩阵的概念, 第 1 章解线性方程组的克莱姆法则可表述如下:

设有线性方程组 $\boldsymbol{Ax}=\boldsymbol{b}$, 其中

$$\boldsymbol{A}_{n\times n}=\begin{pmatrix} a_{11} & a_{12} & \cdots & a_{1n} \\ a_{21} & a_{22} & \cdots & a_{2n} \\ \vdots & \vdots & & \vdots \\ a_{n1} & a_{n2} & \cdots & a_{nn} \end{pmatrix}, \boldsymbol{x}=\begin{pmatrix} x_1 \\ x_2 \\ \vdots \\ x_n \end{pmatrix}, \boldsymbol{b}=\begin{pmatrix} b_1 \\ b_2 \\ \vdots \\ b_n \end{pmatrix},$$

若方程组的系数矩阵 $\boldsymbol{A}$ 可逆, 则方程组 $\boldsymbol{Ax}=\boldsymbol{b}$ 有唯一的一组解

$$\boldsymbol{x}=\boldsymbol{A}^{-1}\boldsymbol{b}.$$

例 2.15 设 $\boldsymbol{A}=\begin{pmatrix} 2 & 3 & 3 \\ 1 & -1 & 0 \\ -1 & 2 & 1 \end{pmatrix}$, $\boldsymbol{B}=\begin{pmatrix} 2 & 1 \\ 5 & 3 \end{pmatrix}$, $\boldsymbol{C}=\begin{pmatrix} 1 & 3 \\ 2 & 0 \\ 3 & 1 \end{pmatrix}$, 求矩阵 $\boldsymbol{X}$, 使其满足 $\boldsymbol{AXB}=\boldsymbol{C}$.

解 因为 $|\boldsymbol{A}|=-2\neq 0$, $|\boldsymbol{B}|=1\neq 0$, 故知 $\boldsymbol{A}$、$\boldsymbol{B}$ 均可逆, 则用 $\boldsymbol{A}^{-1}$ 和 $\boldsymbol{B}^{-1}$ 分别左乘、右乘上式两侧, 得

$$\boldsymbol{A}^{-1}\boldsymbol{A}\boldsymbol{X}\boldsymbol{B}\boldsymbol{B}^{-1}=\boldsymbol{A}^{-1}\boldsymbol{C}\boldsymbol{B}^{-1},$$

即

$$\boldsymbol{X}=\boldsymbol{A}^{-1}\boldsymbol{C}\boldsymbol{B}^{-1}.$$

由例2.13知

$$\boldsymbol{A}^{-1}=\begin{pmatrix}\frac{1}{2} & -\frac{3}{2} & -\frac{3}{2}\\ \frac{1}{2} & -\frac{5}{2} & -\frac{3}{2}\\ -\frac{1}{2} & \frac{7}{2} & \frac{5}{2}\end{pmatrix},\boldsymbol{B}^{-1}=\frac{\boldsymbol{B}^*}{|\boldsymbol{B}|}=\boldsymbol{B}^*=\begin{pmatrix}3 & -1\\ -5 & 2\end{pmatrix},$$

于是

$$\boldsymbol{X}=\boldsymbol{A}^{-1}\boldsymbol{C}\boldsymbol{B}^{-1}=\begin{pmatrix}\frac{1}{2} & -\frac{3}{2} & -\frac{3}{2}\\ \frac{1}{2} & -\frac{5}{2} & -\frac{3}{2}\\ -\frac{1}{2} & \frac{7}{2} & \frac{5}{2}\end{pmatrix}\begin{pmatrix}1 & 3\\ 2 & 0\\ 3 & 1\end{pmatrix}\begin{pmatrix}3 & -1\\ -5 & 2\end{pmatrix}=\begin{pmatrix}-21 & 7\\ -27 & 9\\ 37 & -12\end{pmatrix}.$$

注 2.7 *解矩阵方程时, 要区分矩阵的左乘和右乘.因为矩阵的乘法一般不满足交换律, 所以不能混淆左乘和右乘.*

方阵的逆矩阵满足下述运算规律:

(1) 若 $\boldsymbol{A}$ 可逆, 则 $\boldsymbol{A}^{-1}$ 也可逆, 且 $(\boldsymbol{A}^{-1})^{-1}=\boldsymbol{A}$;

(2) 若 $\boldsymbol{A}$ 可逆, 数 $\lambda\neq 0$, 则 $\lambda\boldsymbol{A}$ 可逆, 且 $(\lambda\boldsymbol{A})^{-1}=\frac{1}{\lambda}\boldsymbol{A}^{-1}$;

(3) 若 $\boldsymbol{A}$、$\boldsymbol{B}$ 为同阶矩阵且均可逆, 则 $\boldsymbol{AB}$ 也可逆, 且

$$(\boldsymbol{AB})^{-1}=\boldsymbol{B}^{-1}\boldsymbol{A}^{-1};$$

(4) 若 $\boldsymbol{A}$ 可逆, 则 $\boldsymbol{A}^{\mathrm{T}}$ 也可逆, 且 $(\boldsymbol{A}^{\mathrm{T}})^{-1}=(\boldsymbol{A}^{-1})^{\mathrm{T}}$;

(5) $|\boldsymbol{A}^{-1}|=\frac{1}{|\boldsymbol{A}|}$.

这里只给出(3)和(4)的证明, (1)(2)和(5)请读者自己证明.

证明 (3)因为

$$(\boldsymbol{AB})(\boldsymbol{B}^{-1}\boldsymbol{A}^{-1})=\boldsymbol{A}(\boldsymbol{B}\boldsymbol{B}^{-1})\boldsymbol{A}^{-1}=\boldsymbol{A}\boldsymbol{E}\boldsymbol{A}^{-1}=\boldsymbol{A}\boldsymbol{A}^{-1}=\boldsymbol{E},$$

所以

$$(\boldsymbol{AB})^{-1}=\boldsymbol{B}^{-1}\boldsymbol{A}^{-1}.$$

(4)因为

$$\boldsymbol{A}^{\mathrm{T}}(\boldsymbol{A}^{-1})^{\mathrm{T}}=(\boldsymbol{A}^{-1}\boldsymbol{A})^{\mathrm{T}}=\boldsymbol{E}^{\mathrm{T}}=\boldsymbol{E},$$

所以

$$(\boldsymbol{A}^{\mathrm{T}})^{-1}=(\boldsymbol{A}^{-1})^{\mathrm{T}}.$$

注 2.8 若矩阵 $\boldsymbol{A}$ 和 $\boldsymbol{B}$ 都可逆, $\boldsymbol{A}+\boldsymbol{B}$ 不一定可逆; 即使 $\boldsymbol{A}+\boldsymbol{B}$可逆, 一般来说, $(\boldsymbol{A}+\boldsymbol{B})^{-1}\neq\boldsymbol{A}^{-1}+\boldsymbol{B}^{-1}$.

例如,

$$\boldsymbol{A}=\begin{pmatrix}1&0\\0&-1\end{pmatrix},\boldsymbol{B}=\begin{pmatrix}1&0\\0&1\end{pmatrix},\boldsymbol{C}=\begin{pmatrix}1&0\\0&2\end{pmatrix},$$

$\boldsymbol{A}$ 和 $\boldsymbol{B}$ 都可逆, 但 $\boldsymbol{A}+\boldsymbol{B}=\begin{pmatrix}2&0\\0&0\end{pmatrix}$不可逆; 而 $\boldsymbol{C}$ 可逆, $\boldsymbol{A}+\boldsymbol{C}=\begin{pmatrix}2&0\\0&1\end{pmatrix}$也可逆, 但 $(\boldsymbol{A}+\boldsymbol{C})^{-1}\neq\boldsymbol{A}^{-1}+\boldsymbol{C}^{-1}$.

例 2.16 设方阵 $\boldsymbol{A}$ 满足 $\boldsymbol{A}^2-3\boldsymbol{A}-10\boldsymbol{E}=\boldsymbol{O}$, $\boldsymbol{E}$ 为 n 阶单位矩阵, 证明 $\boldsymbol{A}-4\boldsymbol{E}$ 可逆, 并求 $(\boldsymbol{A}-4\boldsymbol{E})^{-1}$.

解 因为

$$\boldsymbol{A}^2-3\boldsymbol{A}-4\boldsymbol{E}-6\boldsymbol{E}=\boldsymbol{O},$$

即

$$(\boldsymbol{A}+\boldsymbol{E})(\boldsymbol{A}-4\boldsymbol{E})=6\boldsymbol{E}.$$

所以

$$\left[\frac{1}{6}(\boldsymbol{A}+\boldsymbol{E})\right](\boldsymbol{A}-4\boldsymbol{E})=\boldsymbol{E},$$

故而 $\boldsymbol{A}-4\boldsymbol{E}$ 可逆, 且 $(\boldsymbol{A}-4\boldsymbol{E})^{-1}=\dfrac{1}{6}(\boldsymbol{A}+\boldsymbol{E})$.

例 2.17 设对角矩阵 $\boldsymbol{A}=\mathrm{diag}(1,-2,1)$, $\boldsymbol{A}^*\boldsymbol{B}\boldsymbol{A}=2\boldsymbol{B}\boldsymbol{A}-8\boldsymbol{E}$, 求 $\boldsymbol{B}$.

解 由于 $|\boldsymbol{A}|=-2\neq0$, 所以矩阵 $\boldsymbol{A}$ 可逆. 将所给矩阵方程两边同时左乘 $\boldsymbol{A}$、右乘 $\boldsymbol{A}^{-1}$, 得

$$\boldsymbol{A}\boldsymbol{A}^*\boldsymbol{B}\boldsymbol{A}\boldsymbol{A}^{-1}=2\boldsymbol{A}\boldsymbol{B}\boldsymbol{A}\boldsymbol{A}^{-1}-8\boldsymbol{A}\boldsymbol{E}\boldsymbol{A}^{-1},$$

即

$$|\boldsymbol{A}|\boldsymbol{B}=2\boldsymbol{A}\boldsymbol{B}-8\boldsymbol{E},$$

由此可得

$$(2\boldsymbol{A}+2\boldsymbol{E})\boldsymbol{B}=8\boldsymbol{E},$$

故

$$(\boldsymbol{A}+\boldsymbol{E})\boldsymbol{B}=4\boldsymbol{E},$$

又 $\boldsymbol{A}+\boldsymbol{E}=\mathrm{diag}(1,-2,1)+\mathrm{diag}(1,1,1)=\mathrm{diag}(2,-1,2)$ 是可逆矩阵, 且

$$(\boldsymbol{A}+\boldsymbol{E})^{-1}=\mathrm{diag}\left(\frac{1}{2},-1,\frac{1}{2}\right),$$

于是

$$B = 4(A+E)^{-1} = \text{diag}(2,-4,2).$$

例 2.18 已知矩阵

$$A=\begin{pmatrix}4&0&0\\0&1&-1\\0&1&4\end{pmatrix}, B=\begin{pmatrix}3&6\\1&1\\2&-3\end{pmatrix},$$

且满足 $AX = 2X + B$, 求矩阵 X.

解 由 $AX = 2X + B$ 得 $AX - 2X = B$, 即

$$(A-2E)X = B,$$

由于矩阵

$$A-2E=\begin{pmatrix}2&0&0\\0&-1&-1\\0&1&2\end{pmatrix}$$

的行列式为 $|A-2E| = -2 \neq 0$, 故 $A-2E$ 可逆. 用 $(A-2E)^{-1}$ 左乘等式的两端, 得

$$X = (A-2E)^{-1}B.$$

而

$$(A-2E)^{-1} = \frac{1}{|A-2E|}(A-2E)^* = -\frac{1}{2}\begin{pmatrix}-1&0&0\\0&4&2\\0&-2&-2\end{pmatrix}$$

$$=\begin{pmatrix}\frac{1}{2}&0&0\\0&-2&-1\\0&1&1\end{pmatrix}.$$

于是

$$X=(A-2E)^{-1}B=\begin{pmatrix}\frac{1}{2}&0&0\\0&-2&-1\\0&1&1\end{pmatrix}\begin{pmatrix}3&6\\1&1\\2&-3\end{pmatrix}=\begin{pmatrix}\frac{3}{2}&3\\-4&1\\3&-2\end{pmatrix}.$$

对于矩阵方程的求解问题, 一般先将关系式变形, 解出 X 的表达式, 然后再代入具体矩阵进行计算.

2.4 矩阵的分块

在理论研究及一些实际问题中, 经常遇到行数和列数较高的矩阵, 为了便于分析计算, 经常采用分块法, 使大矩阵的运算化成若干小矩阵间的运算, 同时也使原矩阵的结构显得简单而清晰.

定义 2.11 将大矩阵 $\boldsymbol{A}$ 用若干条纵线和横线分成多个小矩阵，每个小矩阵称为 $\boldsymbol{A}$ 的**子块**，以子块为元素的形式上的矩阵称为**分块矩阵**.

矩阵分块方式是任意的，同一个矩阵可以根据需要划分成不同的子块，构成不同的分块矩阵.

例如将3×4矩阵 $\boldsymbol{A}=\begin{pmatrix}1&2&3&0\\0&4&0&5\\2&6&1&1\end{pmatrix}$ 分块. 下面举出 3 种分块方法:

$$(1)\left(\begin{array}{cc:cc}1&2&3&0\\0&4&0&5\\ \hdashline 2&6&1&1\end{array}\right);\qquad(2)\left(\begin{array}{c:cc:c}1&2&3&0\\ \hdashline 0&4&0&5\\2&6&1&1\end{array}\right);\qquad(3)\left(\begin{array}{c:c:c:c}1&2&3&0\\0&4&0&5\\2&6&1&1\end{array}\right).$$

分法(1)可记为 $\boldsymbol{A}=\begin{pmatrix}\boldsymbol{A}_{11}&\boldsymbol{A}_{12}\\\boldsymbol{A}_{21}&\boldsymbol{A}_{22}\end{pmatrix}$，其中

$$\boldsymbol{A}_{11}=\begin{pmatrix}1&2\\0&4\end{pmatrix},\ \boldsymbol{A}_{12}=\begin{pmatrix}3&0\\0&5\end{pmatrix},$$

$$\boldsymbol{A}_{21}=\begin{pmatrix}2&6\end{pmatrix},\boldsymbol{A}_{22}=\begin{pmatrix}1&1\end{pmatrix},$$

即 $\boldsymbol{A}_{11}$、$\boldsymbol{A}_{12}$、$\boldsymbol{A}_{21}$、$\boldsymbol{A}_{22}$ 为 $\boldsymbol{A}$ 的子块，而 $\boldsymbol{A}$ 称为以 $\boldsymbol{A}_{11}$、$\boldsymbol{A}_{12}$、$\boldsymbol{A}_{21}$、$\boldsymbol{A}_{22}$ 为元素的分块矩阵.至于(2)(3)的分块矩阵请读者自己写出来.当然，对于矩阵 $\boldsymbol{A}$ 的分块不仅仅这 3 种情况.

分块矩阵的运算与普通矩阵的运算规则相似.分块时要注意，运算的两个矩阵按块可以进行计算，并且参与运算的子块也能进行运算，即内外都能运算.

(1)分块矩阵的加法.

设矩阵 $\boldsymbol{A}$ 与 $\boldsymbol{B}$ 的行数相同、列数相同，采用相同的分块法，若

$$\boldsymbol{A}=\begin{pmatrix}\boldsymbol{A}_{11}&\cdots&\boldsymbol{A}_{1r}\\\vdots&&\vdots\\\boldsymbol{A}_{s1}&\cdots&\boldsymbol{A}_{sr}\end{pmatrix},\boldsymbol{B}=\begin{pmatrix}\boldsymbol{B}_{11}&\cdots&\boldsymbol{B}_{1r}\\\vdots&&\vdots\\\boldsymbol{B}_{s1}&\cdots&\boldsymbol{B}_{sr}\end{pmatrix},$$

其中 $\boldsymbol{A}_{ij}$ 与 $\boldsymbol{B}_{ij}$ 的行数相同、列数相同，则

$$\boldsymbol{A}+\boldsymbol{B}=\begin{pmatrix}\boldsymbol{A}_{11}+\boldsymbol{B}_{11}&\cdots&\boldsymbol{A}_{1r}+\boldsymbol{B}_{1r}\\\vdots&&\vdots\\\boldsymbol{A}_{s1}+\boldsymbol{B}_{s1}&\cdots&\boldsymbol{A}_{sr}+\boldsymbol{B}_{sr}\end{pmatrix}.$$

分块矩阵的加法只需要把对应的子块相加即可，因此需要具有相同的分块结构.

(2)数乘分块矩阵.

设 $\boldsymbol{A}=\begin{pmatrix}\boldsymbol{A}_{11}&\cdots&\boldsymbol{A}_{1r}\\\vdots&&\vdots\\\boldsymbol{A}_{s1}&\cdots&\boldsymbol{A}_{sr}\end{pmatrix}$，$\lambda$为数，则

$$\lambda\boldsymbol{A}=\begin{pmatrix}\lambda\boldsymbol{A}_{11}&\cdots&\lambda\boldsymbol{A}_{1r}\\\vdots&&\vdots\\\lambda\boldsymbol{A}_{s1}&\cdots&\lambda\boldsymbol{A}_{sr}\end{pmatrix}.$$

(3)分块矩阵的乘法.

设 $\boldsymbol{A}$ 为 $m\times l$ 矩阵, $\boldsymbol{B}$ 为 $l\times n$ 矩阵, 分块成

$$\boldsymbol{A}=\begin{pmatrix}\boldsymbol{A}_{11} & \cdots & \boldsymbol{A}_{1t}\\ \vdots & & \vdots\\ \boldsymbol{A}_{s1} & \cdots & \boldsymbol{A}_{st}\end{pmatrix},\ \boldsymbol{B}=\begin{pmatrix}\boldsymbol{B}_{11} & \cdots & \boldsymbol{B}_{1r}\\ \vdots & & \vdots\\ \boldsymbol{B}_{t1} & \cdots & \boldsymbol{B}_{tr}\end{pmatrix},$$

这里 $\boldsymbol{A}_{ik}$ 是 $m_i\times l_k$ 子矩阵, $\boldsymbol{B}_{kj}$ 是 $l_k\times n_j$ 子矩阵 $(i=1,2,\cdots,s;k=1,2,\cdots,t;j=1,2,\cdots,r)$, 因此 $\boldsymbol{A}_{ik}$ 与 $\boldsymbol{B}_{kj}$ 的乘积有意义, 则有

$$\boldsymbol{AB}=\begin{pmatrix}\boldsymbol{C}_{11} & \cdots & \boldsymbol{C}_{1r}\\ \vdots & & \vdots\\ \boldsymbol{C}_{s1} & \cdots & \boldsymbol{C}_{sr}\end{pmatrix},$$

其中 $\boldsymbol{C}_{ij}=\sum\limits_{k=1}^{t}\boldsymbol{A}_{ik}\boldsymbol{B}_{kj}(i=1,\cdots,s;j=1,\cdots,r)$.

在分块矩阵进行乘法运算时, 必须要求左矩阵的列分块法与右矩阵的行分块法一致.

例 2.19 已知矩阵 $\boldsymbol{A}=\begin{pmatrix}1&0&0&0\\0&1&0&0\\-1&2&1&0\\1&1&0&1\end{pmatrix}$, $\boldsymbol{B}=\begin{pmatrix}1&0&1&0\\-1&2&0&1\\1&0&4&1\\-1&-1&2&0\end{pmatrix}$, 求 $\boldsymbol{AB}$.

解 将矩阵 $\boldsymbol{A}$、$\boldsymbol{B}$ 分块成

$$\boldsymbol{A}=\left(\begin{array}{cc|cc}1&0&0&0\\0&1&0&0\\\hline -1&2&1&0\\1&1&0&1\end{array}\right)=\begin{pmatrix}\boldsymbol{E}&\boldsymbol{O}\\\boldsymbol{A}_1&\boldsymbol{E}\end{pmatrix},$$

$$\boldsymbol{B}=\left(\begin{array}{cc|cc}1&0&1&0\\-1&2&0&1\\\hline 1&0&4&1\\-1&-1&2&0\end{array}\right)=\begin{pmatrix}\boldsymbol{B}_{11}&\boldsymbol{E}\\\boldsymbol{B}_{21}&\boldsymbol{B}_{22}\end{pmatrix},$$

则

$$\boldsymbol{AB}=\begin{pmatrix}\boldsymbol{E}&\boldsymbol{O}\\\boldsymbol{A}_1&\boldsymbol{E}\end{pmatrix}\begin{pmatrix}\boldsymbol{B}_{11}&\boldsymbol{E}\\\boldsymbol{B}_{21}&\boldsymbol{B}_{22}\end{pmatrix}=\begin{pmatrix}\boldsymbol{B}_{11}&\boldsymbol{E}\\\boldsymbol{A}_1\boldsymbol{B}_{11}+\boldsymbol{B}_{21}&\boldsymbol{A}_1+\boldsymbol{B}_{22}\end{pmatrix},$$

而

$$\begin{aligned}\boldsymbol{A}_1\boldsymbol{B}_{11}+\boldsymbol{B}_{21}&=\begin{pmatrix}-1&2\\1&1\end{pmatrix}\begin{pmatrix}1&0\\-1&2\end{pmatrix}+\begin{pmatrix}1&0\\-1&-1\end{pmatrix}\\&=\begin{pmatrix}-3&4\\0&2\end{pmatrix}+\begin{pmatrix}1&0\\-1&-1\end{pmatrix}=\begin{pmatrix}-2&4\\-1&1\end{pmatrix},\end{aligned}$$

$$\boldsymbol{A}_1+\boldsymbol{B}_{22}=\begin{pmatrix}-1&2\\1&1\end{pmatrix}+\begin{pmatrix}4&1\\2&0\end{pmatrix}=\begin{pmatrix}3&3\\3&1\end{pmatrix},$$

于是

$$\boldsymbol{AB}=\left(\begin{array}{cc|cc}1&0&1&0\\-1&2&0&1\\\hline-2&4&3&3\\-1&1&3&1\end{array}\right).$$

当考虑一个矩阵的分块时, 一个重要的原则是使分块后的子矩阵中含有便于计算的特殊矩阵, 如单位矩阵、零矩阵、对角矩阵、三角矩阵等.

(4)分块矩阵的转置.

设 $\boldsymbol{A}=\begin{pmatrix}\boldsymbol{A}_{11}&\cdots&\boldsymbol{A}_{1r}\\\vdots&&\vdots\\\boldsymbol{A}_{s1}&\cdots&\boldsymbol{A}_{sr}\end{pmatrix}$, 则 $\boldsymbol{A}^{\mathrm{T}}=\begin{pmatrix}\boldsymbol{A}_{11}^{\mathrm{T}}&\cdots&\boldsymbol{A}_{s1}^{\mathrm{T}}\\\vdots&&\vdots\\\boldsymbol{A}_{1r}^{\mathrm{T}}&\cdots&\boldsymbol{A}_{sr}^{\mathrm{T}}\end{pmatrix}$.

例如, 对于分块矩阵

$$\boldsymbol{A}=\left(\begin{array}{cc|c}1&2&3\\4&5&6\\\hline7&8&9\end{array}\right)=\begin{pmatrix}\boldsymbol{A}_{11}&\boldsymbol{A}_{12}\\\boldsymbol{A}_{21}&\boldsymbol{A}_{22}\end{pmatrix},$$

其中

$$\boldsymbol{A}_{11}=\begin{pmatrix}1&2\\4&5\end{pmatrix},\boldsymbol{A}_{12}=\begin{pmatrix}3\\6\end{pmatrix},\boldsymbol{A}_{21}=\begin{pmatrix}7&8\end{pmatrix},\boldsymbol{A}_{22}=\begin{pmatrix}9\end{pmatrix},$$

则

$$\boldsymbol{A}^{\mathrm{T}}=\left(\begin{array}{cc|c}1&4&7\\2&5&8\\\hline3&6&9\end{array}\right)=\begin{pmatrix}\boldsymbol{A}_{11}^{\mathrm{T}}&\boldsymbol{A}_{21}^{\mathrm{T}}\\\boldsymbol{A}_{12}^{\mathrm{T}}&\boldsymbol{A}_{22}^{\mathrm{T}}\end{pmatrix}.$$

注 2.9 分块矩阵的转置, 不仅需将对应的行顺次变成列, 还需将每个子块进行转置.

(5)分块对角矩阵.

设 $\boldsymbol{A}$ 为 n 阶矩阵, 若 $\boldsymbol{A}$ 的分块矩阵只有在对角线上有非零子块, 其余子块都为零矩阵, 且在对角线上的子块都是方阵, 即

$$\boldsymbol{A}=\begin{pmatrix}\boldsymbol{A}_1&&&\boldsymbol{O}\\&\boldsymbol{A}_2&&\\&&\ddots&\\\boldsymbol{O}&&&\boldsymbol{A}_s\end{pmatrix},$$

其中, $\boldsymbol{A}_i(i=1,2,\cdots,s)$ 都是方阵, 则称 $\boldsymbol{A}$ 为**分块对角矩阵**, 也称**准对角矩阵**.

分块对角矩阵的运算与对角矩阵的运算是类似的. 例如, 对于两个有相同分块的分块对角矩阵

$$\boldsymbol{A}=\begin{pmatrix}\boldsymbol{A}_1&&&\boldsymbol{O}\\&\boldsymbol{A}_2&&\\&&\ddots&\\\boldsymbol{O}&&&\boldsymbol{A}_s\end{pmatrix},\boldsymbol{B}=\begin{pmatrix}\boldsymbol{B}_1&&&\boldsymbol{O}\\&\boldsymbol{B}_2&&\\&&\ddots&\\\boldsymbol{O}&&&\boldsymbol{B}_s\end{pmatrix},$$

如果它们相应的分块是同阶的, 那么显然有

$$\boldsymbol{A}+\boldsymbol{B}=\begin{pmatrix}\boldsymbol{A}_1+\boldsymbol{B}_1 & & & \boldsymbol{O}\\ & \boldsymbol{A}_2+\boldsymbol{B}_2 & & \\ & & \ddots & \\ \boldsymbol{O} & & & \boldsymbol{A}_s+\boldsymbol{B}_s\end{pmatrix},$$

$$\boldsymbol{A}\boldsymbol{B}=\begin{pmatrix}\boldsymbol{A}_1\boldsymbol{B}_1 & & & \boldsymbol{O}\\ & \boldsymbol{A}_2\boldsymbol{B}_2 & & \\ & & \ddots & \\ \boldsymbol{O} & & & \boldsymbol{A}_s\boldsymbol{B}_s\end{pmatrix},$$

它们还是分块对角矩阵.

此外, 分块对角矩阵具有以下性质:

性质 2.1 (1) $|\boldsymbol{A}|=|\boldsymbol{A}_1||\boldsymbol{A}_2|\cdots|\boldsymbol{A}_s|$, 若 $|\boldsymbol{A}_i|\neq 0(i=1,2,\cdots,s)$, 则 $|\boldsymbol{A}|\neq 0$;

(2) 若 $\boldsymbol{A}_1,\boldsymbol{A}_2,\cdots,\boldsymbol{A}_s$ 都可逆, 则 $\boldsymbol{A}^{-1}=\begin{pmatrix}\boldsymbol{A}_1^{-1} & & & \boldsymbol{O}\\ & \boldsymbol{A}_2^{-1} & & \\ & & \ddots & \\ \boldsymbol{O} & & & \boldsymbol{A}_s^{-1}\end{pmatrix}$.

例 2.20 设 $\boldsymbol{A}=\begin{pmatrix}4&0&0\\0&2&5\\0&1&3\end{pmatrix}$, 求 $\boldsymbol{A}^{-1}$.

解 对 $\boldsymbol{A}$ 进行分块,得

$$\boldsymbol{A}=\left(\begin{array}{c:cc}4&0&0\\ \hdashline 0&2&5\\0&1&3\end{array}\right)=\begin{pmatrix}\boldsymbol{A}_1&\boldsymbol{O}\\ \boldsymbol{O}&\boldsymbol{A}_2\end{pmatrix},$$

$$\boldsymbol{A}_1=\left(4\right),\boldsymbol{A}_1^{-1}=\left(\frac{1}{4}\right),$$

$$\boldsymbol{A}_2=\begin{pmatrix}2&5\\1&3\end{pmatrix}=1,|\boldsymbol{A}_2|=\begin{vmatrix}2&5\\1&3\end{vmatrix},\boldsymbol{A}_2^{-1}=\frac{1}{|\boldsymbol{A}_2|}\boldsymbol{A}_2^*=\begin{pmatrix}3&-5\\-1&2\end{pmatrix},$$

所以

$$\boldsymbol{A}^{-1}=\left(\begin{array}{c:cc}\frac{1}{4}&0&0\\ \hdashline 0&3&-5\\0&-1&2\end{array}\right).$$

对矩阵分块时, 有两种分块法应注意, 即按行分块和按列分块.

矩阵 $\boldsymbol{A}_{m\times n}$ 有 m 行, 将矩阵 $\boldsymbol{A}$ 的每行作为一个子块进行分块, 记第 i 行为 $\boldsymbol{a}_i^{\mathrm{T}}=(a_{i1},a_{i2},\cdots,a_{in})(i=1,2,\cdots,m)$, 矩阵 $\boldsymbol{A}$ 便记为

$$\boldsymbol{A}=\begin{pmatrix}\boldsymbol{a}_1^{\mathrm{T}}\\ \boldsymbol{a}_2^{\mathrm{T}}\\ \vdots\\ \boldsymbol{a}_m^{\mathrm{T}}\end{pmatrix}.$$

矩阵 $\boldsymbol{A}_{m\times n}$ 有 n 列, 将矩阵 $\boldsymbol{A}$ 的每列作为一个子块, 记第 j 列为 $\boldsymbol{a}_j=\begin{pmatrix}a_{1j}\\ a_{2j}\\ \vdots\\ a_{mj}\end{pmatrix}(j=1,2,\cdots,n)$, 则矩阵 $\boldsymbol{A}$ 便记为

$$\boldsymbol{A}=\begin{pmatrix}\boldsymbol{a}_1,\boldsymbol{a}_2,\cdots,\boldsymbol{a}_n\end{pmatrix}.$$

对于线性方程组 $\boldsymbol{Ax}=\boldsymbol{b}$, 如果把系数矩阵 $\boldsymbol{A}$ 按行分成 m 块, 则可记为

$$\begin{pmatrix}\boldsymbol{a}_1^{\mathrm{T}}\\ \boldsymbol{a}_2^{\mathrm{T}}\\ \vdots\\ \boldsymbol{a}_m^{\mathrm{T}}\end{pmatrix}\boldsymbol{x}=\begin{pmatrix}\boldsymbol{b}_1\\ \boldsymbol{b}_2\\ \vdots\\ \boldsymbol{b}_m\end{pmatrix},$$

相当于把每个方程 $a_{i1}\boldsymbol{x}_1+a_{i2}\boldsymbol{x}_2+\cdots+a_{in}\boldsymbol{x}_n=\boldsymbol{b}_i$, 记作:$\boldsymbol{a}_i^{\mathrm{T}}\boldsymbol{x}=\boldsymbol{b}_i(i=1,2,\cdots,m)$.

如果把系数矩阵 $\boldsymbol{A}$ 按列分成 n 块, 则线性方程组 $\boldsymbol{Ax}=\boldsymbol{b}$ 可记为

$$\begin{pmatrix}\boldsymbol{a}_1,\boldsymbol{a}_2,\cdots,\boldsymbol{a}_n\end{pmatrix}\begin{pmatrix}\boldsymbol{x}_1\\ \boldsymbol{x}_2\\ \vdots\\ \boldsymbol{x}_n\end{pmatrix}=\boldsymbol{b},$$

即 $\boldsymbol{x}_1\boldsymbol{a}_1+\boldsymbol{x}_2\boldsymbol{a}_2+\cdots+\boldsymbol{x}_n\boldsymbol{a}_n=\boldsymbol{b}$.

上述线性方程组的表示方法为研究线性方程组解的结构与性质提供了方便.

2.5 矩阵的初等变换与初等矩阵

2.5.1 矩阵的初等变换

矩阵的初等变换是矩阵的一种十分重要的运算, 它是处理矩阵问题常用的基本方法之一, 矩阵的初等变换是受线性方程组的消元法启发而来的.

定义 2.12 矩阵的下列 3 种变换称为矩阵的初等行变换:

(1)交换矩阵的两行(交换 i, j 两行, 记作 $r_i\longleftrightarrow r_j$);

(2)以一个非零的数 k 乘矩阵的某一行(第 i 行乘数 k, 记作 $r_i\times k$);

(3)把矩阵的某一行的 k 倍加到另一行(第 j 行乘 k 加到第 i 行, 记为 r_i+kr_j).

把定义中的"行"换成"列", 即得矩阵的**初等列变换**(相应地把记号 r 换成 c), 矩阵的初等行变换与初等列变换统称为矩阵的**初等变换**.

例如, 对矩阵

$$\boldsymbol{M}=\begin{pmatrix}2&-4&6&-8\\-3&2&-1&4\\1&-2&3&-4\end{pmatrix}\xrightarrow{r_1\leftrightarrow r_3}\begin{pmatrix}1&-2&3&-4\\-3&2&-1&4\\2&-4&6&-8\end{pmatrix}$$

$$\xrightarrow[r_3-2r_1]{r_2+3r_1}\begin{pmatrix}1&-2&3&-4\\0&-4&8&-8\\0&0&0&0\end{pmatrix}\xrightarrow{-\frac{1}{4}r_2}\begin{pmatrix}1&-2&3&-4\\0&1&-2&2\\0&0&0&0\end{pmatrix}=\boldsymbol{N},$$

显然, 以上每一步变换都是可逆回的, 具体如下:

$$\boldsymbol{N}=\begin{pmatrix}1&-2&3&-4\\0&1&-2&2\\0&0&0&0\end{pmatrix}\xrightarrow{(-4)r_2}\begin{pmatrix}1&-2&3&-4\\0&-4&8&-8\\0&0&0&0\end{pmatrix}$$

$$\xrightarrow[r_3+2r_1]{r_2-3r_1}\begin{pmatrix}1&-2&3&-4\\-3&2&-1&4\\2&-4&6&-8\end{pmatrix}\xrightarrow{r_1\leftrightarrow r_3}\begin{pmatrix}2&-4&6&-8\\-3&2&-1&4\\1&-2&3&-4\end{pmatrix}=\boldsymbol{M}.$$

注 2.10 初等变换的逆变换仍是初等变换, 且逆变换是同一类型的初等变换, 即

(1) $r_i\longrightarrow r_j$ 的逆变换为 $r_j\longrightarrow r_i$;

(2) $r_i\times k$ 的逆变换为 $r_i\times\dfrac{1}{k}$;

(3) r_i+kr_j 的逆变换为 $r_i+(-k)r_j$ 或 r_i-kr_j.

定义 2.13 若矩阵 $\boldsymbol{A}$ 经过有限次初等变换变成矩阵 $\boldsymbol{B}$, 则称矩阵 $\boldsymbol{A}$ 与 $\boldsymbol{B}$ 等价, 记为 $\boldsymbol{A}\sim\boldsymbol{B}$.

性质 2.2 等价是矩阵之间的一种关系, 不难证明, 它具有下列基本性质:

(1) 反身性: $\boldsymbol{A}\sim\boldsymbol{A}$;

(2) 对称性: 若 $\boldsymbol{A}\sim\boldsymbol{B}$, 则 $\boldsymbol{B}\sim\boldsymbol{A}$;

(3) 传递性: 若 $\boldsymbol{A}\sim\boldsymbol{B}$, $\boldsymbol{B}\sim\boldsymbol{C}$, 则 $\boldsymbol{A}\sim\boldsymbol{C}$.

例如, 对矩阵 $\boldsymbol{A}=\begin{pmatrix}1&-1&3&0\\-2&1&-2&1\\-1&-1&5&2\end{pmatrix}$, 做如下初等变换:

$$\boldsymbol{A}=\begin{pmatrix}1&-1&3&0\\-2&1&-2&1\\-1&-1&5&2\end{pmatrix}\xrightarrow[r_3+r_1]{r_2+2r_1}\begin{pmatrix}1&-1&3&0\\0&-1&4&1\\0&-2&8&2\end{pmatrix}\xrightarrow{r_3-2r_2}\begin{pmatrix}1&-1&3&0\\0&-1&4&1\\0&0&0&0\end{pmatrix}=\boldsymbol{B},$$

则 $\boldsymbol{A}\sim\boldsymbol{B}$.

称上例中的矩阵 $\boldsymbol{B}$ 为一个**行阶梯形矩阵**, 它具有下列特征:

(1) 零行(元素全为零的行)位于非零行的下方;

(2) 各非零行的首非零元(从左至右的第一个不为零的元素)的下方均为零.

对矩阵 $\boldsymbol{B}$ 再做初等行变换:

$$\boldsymbol{B}=\begin{pmatrix}1&-1&3&0\\0&-1&4&1\\0&0&0&0\end{pmatrix}\xrightarrow{-r_2}\begin{pmatrix}1&-1&3&0\\0&1&-4&-1\\0&0&0&0\end{pmatrix}\xrightarrow{r_1+r_2}\begin{pmatrix}1&0&-1&-1\\0&1&-4&-1\\0&0&0&0\end{pmatrix}=\boldsymbol{C}.$$

称矩阵 $\boldsymbol{C}$ 为一个**行最简形矩阵**, 行最简形矩阵首先是行阶梯形矩阵, 同时具有下列特征:

(1) 各非零行的首非零元都是1;

(2) 每个首非零元所在列的其余元素都是零.

进一步, 如果对矩阵 $\boldsymbol{C}$ 再做初等列变换:

$$\boldsymbol{C}=\begin{pmatrix}1&0&-1&-1\\0&1&-4&-1\\0&0&0&0\end{pmatrix}\xrightarrow[c_4+c_1]{c_3+c_1}\begin{pmatrix}1&0&0&0\\0&1&-4&-1\\0&0&0&0\end{pmatrix}\xrightarrow[c_4+c_2]{c_3+4c_2}\begin{pmatrix}1&0&0&0\\0&1&0&0\\0&0&0&0\end{pmatrix}$$
$$=\begin{pmatrix}\boldsymbol{E}_2&\boldsymbol{O}\\\boldsymbol{O}&\boldsymbol{O}\end{pmatrix}=\boldsymbol{F}.$$

矩阵 $\boldsymbol{F}$ 的左上角是一个单位矩阵, 其余分块全为零矩阵, 称矩阵 $\boldsymbol{F}$ 为矩阵 $\boldsymbol{A}$ 的**标准形**.

事实上, 有如下结论:

定理 2.4 任意一个矩阵 $\boldsymbol{A}$ 经过有限次初等行变换, 都可以化为行阶梯形矩阵和行最简形矩阵.

即任何矩阵 $\boldsymbol{A}$ 都等价于一个行最简形矩阵.

定理 2.5 任意一个矩阵 $\boldsymbol{A}$ 经过有限次初等变换, 都可以化为下列标准型矩阵, 即

$$\boldsymbol{A}\sim\begin{pmatrix}\boldsymbol{E}_r&\boldsymbol{O}\\\boldsymbol{O}&\boldsymbol{O}\end{pmatrix}$$

其中, r 为行阶梯形矩阵中非零行的行数.

注 2.11 解线性方程组的过程其实就是将其对应的增广矩阵化为行最简形矩阵的过程.

2.5.2 初等矩阵

定义 2.14 对单位矩阵 $\boldsymbol{E}$ 施以一次初等变换得到的矩阵称为初等矩阵.

显然, 初等矩阵都是方阵, 每次初等变换都有一个与之对应的初等矩阵.于是, 对应3种初等行(列)变换, 有 3 种类型的初等矩阵,

（1）$\boldsymbol{E}$ 的第 i, j 行(列)互换得到的矩阵, 记作 $\boldsymbol{E}(i,j)$.

$$\boldsymbol{E}_n \xrightarrow[\text{行}r_i\longleftrightarrow\text{行}r_j]{} \begin{pmatrix} 1 & & & & & & & & \\ & \ddots & & & & & & & \\ & & 1 & & & & & & \\ & & & 0 & \cdots & 1 & & & \\ & & & & 1 & & & & \\ & & & \vdots & \ddots & \vdots & & & \\ & & & & & 1 & & & \\ & & & 1 & \cdots & 0 & & & \\ & & & & & & 1 & & \\ & & & & & & & \ddots & \\ & & & & & & & & 1 \end{pmatrix} \begin{matrix} \\ \\ \\ \longleftarrow \text{第}i\text{行} \\ \\ \\ \\ \longleftarrow \text{第}j\text{行} \\ \\ \\ \\ \end{matrix} = \boldsymbol{E}(i,j).$$

↑ 第i列　↑ 第j列

（2）$\boldsymbol{E}$ 的第 i 行(列)乘非零数 k 得到的矩阵, 记作 $\boldsymbol{E}(i(k))$.

$$\boldsymbol{E}_n \xrightarrow{r_i\times k} \begin{pmatrix} 1 & & & & & \\ & \ddots & & & & \\ & & 1 & & & \\ & & & k & & & \\ & & & & 1 & & \\ & & & & & \ddots & \\ & & & & & & 1 \end{pmatrix} \longleftarrow \text{第}i\text{行} = \boldsymbol{E}(i(k)).$$

↑ 第i列

（3）$\boldsymbol{E}$ 的第 j 行乘数 k 加到第 i 行上, 或 $\boldsymbol{E}$ 的第 i 行乘数 k 加到第 j 行上得到的矩阵, 记作 $\boldsymbol{E}(ij(k))$.

$$\boldsymbol{E}_n \xrightarrow{r_i+kr_j} \begin{pmatrix} 1 & & & & & & \\ & \ddots & & & & & \\ & & 1 & \cdots & k & & \\ & & & \ddots & \vdots & & \\ & & & & 1 & & \\ & & & & & \ddots & \\ & & & & & & 1 \end{pmatrix} \begin{matrix} \\ \\ \longleftarrow \text{第}i\text{行} \\ \\ \longleftarrow \text{第}j\text{行} \\ \\ \\ \end{matrix} = \boldsymbol{E}(ij(k)).$$

↑ 第i列　↑ 第j列

这 3 类矩阵就是全部的初等矩阵. 初等矩阵都是可逆的, 它们的逆矩阵仍是同类型的初等矩阵, 而且有

$$\boldsymbol{E}(i,j)^{-1}=\boldsymbol{E}(i,j),\boldsymbol{E}^{-1}(i(k))=\boldsymbol{E}\left(i\left(\frac{1}{k}\right)\right),\boldsymbol{E}^{-1}(ij(k))=\boldsymbol{E}(ij(-k)).$$

观察初等矩阵与下列矩阵的乘积.

$$\begin{pmatrix}1&0&0\\0&k&0\\0&0&1\end{pmatrix}\begin{pmatrix}a_{11}&a_{12}&\cdots&a_{1n}\\a_{21}&a_{22}&\cdots&a_{2n}\\a_{31}&a_{32}&\cdots&a_{3n}\end{pmatrix}=\begin{pmatrix}a_{11}&a_{12}&\cdots&a_{1n}\\ka_{21}&ka_{22}&\cdots&ka_{2n}\\a_{31}&a_{32}&\cdots&a_{3n}\end{pmatrix},$$

$$\begin{pmatrix}1&0&k\\0&1&0\\0&0&1\end{pmatrix}\begin{pmatrix}a_{11}&a_{12}\\a_{21}&a_{22}\\a_{31}&a_{32}\end{pmatrix}=\begin{pmatrix}a_{11}+ka_{31}&a_{12}+ka_{32}\\a_{21}&a_{22}\\a_{31}&a_{32}\end{pmatrix},$$

$$\begin{pmatrix}a_{11}&a_{12}&a_{13}\\a_{21}&a_{22}&a_{23}\\a_{31}&a_{32}&a_{33}\end{pmatrix}\begin{pmatrix}1&0&0\\0&0&1\\0&1&0\end{pmatrix}=\begin{pmatrix}a_{11}&a_{13}&a_{12}\\a_{21}&a_{23}&a_{22}\\a_{31}&a_{33}&a_{32}\end{pmatrix}.$$

由此可以看到, 用初等矩阵左(右)乘一个矩阵, 就相当于对这个矩阵进行了一次相应的初等行(列)变换, 即由单位矩阵变为初等矩阵的行(列)变换. 一般地, 有如下结论.

定理 2.6 设 $\boldsymbol{A}$ 是一个 $m\times n$ 矩阵, 对 $\boldsymbol{A}$ 施行一次初等行变换, 相当于在 $\boldsymbol{A}$ 的左边乘相应的 m 阶初等矩阵; 对 $\boldsymbol{A}$ 施行一次初等列变换, 相当于在 $\boldsymbol{A}$ 的右边乘相应的 n 阶初等矩阵.

证明 只对初等行变换的情况给出证明, 初等变换的情况请读者自己给出证明. 设

$$\boldsymbol{A}=\begin{pmatrix}a_{11}&a_{12}&\cdots&a_{1n}\\a_{21}&a_{22}&\cdots&a_{2n}\\\vdots&\vdots&&\vdots\\a_{m1}&a_{m2}&\cdots&a_{mn}\end{pmatrix}=\begin{pmatrix}\boldsymbol{A}_1\\\boldsymbol{A}_2\\\vdots\\\boldsymbol{A}_m\end{pmatrix},$$

其中 $\boldsymbol{A}_1,\boldsymbol{A}_2,\cdots,\boldsymbol{A}_m$ 分别代表着矩阵 $\boldsymbol{A}$ 的第 1 行, 第 2 行, ……, 第 m 行.

用 m 阶初等矩阵 $\boldsymbol{E}(i,j)$ 左乘 $\boldsymbol{A}$ 得

$$\boldsymbol{E}(i,j)\boldsymbol{A}=\begin{pmatrix}\boldsymbol{A}_1\\\vdots\\\boldsymbol{A}_j\\\vdots\\\boldsymbol{A}_i\\\vdots\\\boldsymbol{A}_m\end{pmatrix}\begin{matrix}\\\\\longleftarrow \text{第}i\text{行}\\\\\longleftarrow \text{第}j\text{行}\\\\\\\end{matrix},$$

这相当于把 $\boldsymbol{A}$ 的第 i 行与第 j 行交换;

用 m 阶初等矩阵 $\boldsymbol{E}(i(k))$ 左乘 $\boldsymbol{A}$ 得

$$\boldsymbol{E}(i(k))\boldsymbol{A}=\begin{pmatrix}\boldsymbol{A}_1\\ \vdots\\ k\boldsymbol{A}_i\\ \vdots\\ \boldsymbol{A}_m\end{pmatrix}\begin{matrix}\\ \\ \longleftarrow \text{第 } i \text{ 行},\\ \\ \\ \end{matrix}$$

这相当于用 k 乘 $\boldsymbol{A}$ 的第 i 行;

用 m 阶初等矩阵 $\boldsymbol{E}(ij(k))$ 左乘 $\boldsymbol{A}$ 得

$$\boldsymbol{E}(ij(k))\boldsymbol{A}=\begin{pmatrix}\boldsymbol{A}_1\\ \vdots\\ \boldsymbol{A}_i+k\boldsymbol{A}_j\\ \vdots\\ \boldsymbol{A}_j\\ \vdots\\ \boldsymbol{A}_m\end{pmatrix}\begin{matrix}\\ \\ \longleftarrow \text{第 } i \text{ 行}\\ \\ \longleftarrow \text{第 } j \text{ 行}\\ \\ \\ \end{matrix},$$

这相当于把 $\boldsymbol{A}$ 的第 j 行乘数 k 加到第 i 行相应的元素上.

定理 2.7 方阵 $\boldsymbol{A}$ 可逆的充分必要条件是, 存在有限个初等矩阵 $\boldsymbol{P}_1, \boldsymbol{P}_2, \cdots, \boldsymbol{P}_t$, 使得

$$\boldsymbol{A}=\boldsymbol{P}_1\boldsymbol{P}_2\cdots\boldsymbol{P}_t.$$

证明 先证充分性. 设 $\boldsymbol{A}=\boldsymbol{P}_1\boldsymbol{P}_2\cdots\boldsymbol{P}_t$ 也可逆, 因初等矩阵可逆, 有限个初等矩阵的乘积仍可逆, 故 $\boldsymbol{A}$ 可逆.

再证必要性. 设方阵 $\boldsymbol{A}$ 可逆, 且 $\boldsymbol{A}$ 的标准形矩阵为 $\boldsymbol{F}$, 由于 $\boldsymbol{F}\sim\boldsymbol{A}$, 知 $\boldsymbol{F}$ 经有限次初等变换可化为 $\boldsymbol{A}$, 即有初等矩阵 $\boldsymbol{P}_1, \boldsymbol{P}_2, \cdots, \boldsymbol{P}_t$, 使

$$\boldsymbol{A}=\boldsymbol{P}_1\boldsymbol{P}_2\cdots\boldsymbol{P}_s\boldsymbol{F}\boldsymbol{P}_{s+1}\cdots\boldsymbol{P}_t.$$

因为 $\boldsymbol{A}$ 可逆, $\boldsymbol{P}_1, \boldsymbol{P}_2, \cdots, \boldsymbol{P}_t$, 故标准形矩阵 $\boldsymbol{F}$可逆, 假设

$$\boldsymbol{F}=\begin{pmatrix}\boldsymbol{E}_r & \boldsymbol{O}\\ \boldsymbol{O} & \boldsymbol{O}\end{pmatrix}_{n\times n}$$

中的 $r<n$,则 $|\boldsymbol{F}|=0$, 与 $\boldsymbol{F}$ 可逆矛盾, 因此必有 $r=n$, 即 $\boldsymbol{F}=\boldsymbol{E}$, 从而

$$\boldsymbol{A}=\boldsymbol{P}_1\boldsymbol{P}_2\cdots\boldsymbol{P}_t.$$

推论 2.2 方阵 $\boldsymbol{A}$ 可逆的充分必要条件是 $\boldsymbol{A}\sim\boldsymbol{E}$.

推论 2.3 设 $\boldsymbol{A}$ 和 $\boldsymbol{B}$ 都是 $m\times n$ 矩阵, $\boldsymbol{A}$ 与 $\boldsymbol{B}$ 等价的充分必要条件是存在 m 阶可逆矩阵 $\boldsymbol{P}$ 和 n 阶可逆矩阵 $\boldsymbol{Q}$, 使得 $\boldsymbol{A}=\boldsymbol{PBQ}$.

2.5.3 利用初等变换求逆矩阵

下面介绍用初等变换求逆矩阵的方法.

当 $\boldsymbol{A}$ 可逆时, $\boldsymbol{A}^{-1}$ 也可逆, 即存在有限个初等矩阵 $\boldsymbol{P}_1, \boldsymbol{P}_2, \cdots, \boldsymbol{P}_t$, 使得

$$\boldsymbol{A}^{-1}=\boldsymbol{P}_1\boldsymbol{P}_2\cdots\boldsymbol{P}_t,$$

又

$$\boldsymbol{A}^{-1}\boldsymbol{A}=\boldsymbol{P}_1\boldsymbol{P}_2\cdots\boldsymbol{P}_t\boldsymbol{A}=\boldsymbol{E},$$

则有

$$\boldsymbol{P}_1\boldsymbol{P}_2\cdots\boldsymbol{P}_t\left(\boldsymbol{A} \,\vdots\, \boldsymbol{E}\right)=\left(\boldsymbol{P}_1\boldsymbol{P}_2\cdots\boldsymbol{P}_t\boldsymbol{A} \,\vdots\, \boldsymbol{P}_1\boldsymbol{P}_2\cdots\boldsymbol{P}_t\boldsymbol{E}\right)=\left(\boldsymbol{E} \,\vdots\, \boldsymbol{A}^{-1}\right),$$

即对

$$\left(\boldsymbol{A} \,\vdots\, \boldsymbol{E}\right)_{n\times 2n}$$

进行有限次初等行变换, 当把矩阵 $\left(\boldsymbol{A} \,\vdots\, \boldsymbol{E}\right)$ 中的 $\boldsymbol{A}$ 化为 $\boldsymbol{E}$ 时, 原来的矩阵 $\boldsymbol{E}$ 就化为 $\boldsymbol{A}^{-1}$ 了.

例 2.21 设 $\boldsymbol{A}=\begin{pmatrix}1&2&3\\2&2&1\\3&4&3\end{pmatrix}$, 求 $\boldsymbol{A}^{-1}$.

解 对 $\left(\boldsymbol{A} \,\vdots\, \boldsymbol{E}\right)$ 做初等行变换

$$\left(\boldsymbol{A} \,\vdots\, \boldsymbol{E}\right)=\left(\begin{array}{ccc:ccc}1&2&3&1&0&0\\2&2&1&0&1&0\\3&4&3&0&0&1\end{array}\right)$$

$$\xrightarrow[r_3-3r_1]{r_2-2r_1}\left(\begin{array}{ccc:ccc}1&2&3&1&0&0\\0&-2&-5&-2&1&0\\0&-2&-6&-3&0&1\end{array}\right)\xrightarrow[r_1+r_2]{r_3-r_2}\left(\begin{array}{ccc:ccc}1&0&-2&-1&1&0\\0&-2&-5&-2&1&0\\0&0&-1&-1&-1&1\end{array}\right)$$

$$\xrightarrow[r_2-5r_3]{r_1-2r_3}\left(\begin{array}{ccc:ccc}1&0&0&1&3&-2\\0&-2&0&3&6&-5\\0&0&-1&-1&-1&1\end{array}\right)\xrightarrow[(-1)r_3]{\left(-\frac{1}{2}\right)r_2}\left(\begin{array}{ccc:ccc}1&0&0&1&3&-2\\0&1&0&-\frac{3}{2}&-3&\frac{5}{2}\\0&0&1&1&1&-1\end{array}\right),$$

所以

$$\boldsymbol{A}^{-1}=\begin{pmatrix}1&3&-2\\-\frac{2}{3}&-3&\frac{5}{2}\\1&1&-1\end{pmatrix}.$$

利用初等行变换法也可以解一些形如 $\boldsymbol{AX}=\boldsymbol{B}$ 的矩阵方程. 当 $\boldsymbol{A}$ 可逆时有 $\boldsymbol{X}=\boldsymbol{A}^{-1}\boldsymbol{B}$, 在前面的计算中是先计算 $\boldsymbol{A}^{-1}$, 再求出 $\boldsymbol{A}^{-1}\boldsymbol{B}$. 因此, 可以构造矩阵 $\left(\boldsymbol{A} \,\vdots\, \boldsymbol{B}\right)$, 并对矩阵 $\left(\boldsymbol{A} \,\vdots\, \boldsymbol{B}\right)$ 进行一系列的初等行变换, 将 $\boldsymbol{A}$ 化为单位矩阵 $\boldsymbol{E}$, 这时矩阵 $\boldsymbol{B}$ 就化为 $\boldsymbol{A}^{-1}\boldsymbol{B}$, 即

$$\left(\boldsymbol{A} \,\vdots\, \boldsymbol{B}\right)\xrightarrow{\text{初等行变换}}\left(\boldsymbol{E} \,\vdots\, \boldsymbol{A}^{-1}\boldsymbol{B}\right).$$

在此, 以本章 2.3 节的例 2.18 进行说明, 读者可以比较一下二者在计算上的优越性.

例 2.22 已知矩阵

$$\boldsymbol{A}=\begin{pmatrix}4&0&0\\0&1&-1\\0&1&4\end{pmatrix},\boldsymbol{B}=\begin{pmatrix}3&6\\1&1\\2&-3\end{pmatrix},$$

且满足 $\boldsymbol{AX}=2\boldsymbol{X}+\boldsymbol{B}$, 求矩阵 $\boldsymbol{X}$.

解 由 $\boldsymbol{AX}=2\boldsymbol{X}+\boldsymbol{B}$ 得 $\boldsymbol{AX}-2\boldsymbol{X}=\boldsymbol{B}$, 即

$$(\boldsymbol{A}-2\boldsymbol{E})\boldsymbol{X}=\boldsymbol{B},$$

又 $\boldsymbol{A}-2\boldsymbol{E}$ 可逆, 用 $(\boldsymbol{A}-2\boldsymbol{E})^{-1}$ 左乘等式的两端, 得

$$\boldsymbol{X}=(\boldsymbol{A}-2\boldsymbol{E})^{-1}\boldsymbol{B},$$

$$\left(\boldsymbol{A}-2\boldsymbol{E}\,\vdots\,\boldsymbol{B}\right)=\left(\begin{array}{ccc:cc}2&0&0&3&6\\0&-1&-1&1&1\\0&1&2&2&-3\end{array}\right)\xrightarrow[r_3+r_2]{r_2+r_3}\left(\begin{array}{ccc:cc}2&0&0&3&6\\0&-1&0&4&-1\\0&0&1&3&-2\end{array}\right)$$
$$\xrightarrow[(-1)r_2]{\frac{1}{2}r_1}\left(\begin{array}{ccc:cc}1&0&0&\frac{3}{2}&3\\0&1&0&-4&1\\0&0&1&3&-2\end{array}\right),$$

则

$$\boldsymbol{X}=\begin{pmatrix}\frac{3}{2}&3\\-4&1\\3&-2\end{pmatrix}.$$

当然, 利用初等列变换也可求出矩阵的逆. 由于

$$\begin{pmatrix}\boldsymbol{A}\\\boldsymbol{E}\end{pmatrix}\boldsymbol{P}_1\boldsymbol{P}_2\cdots\boldsymbol{P}_t=\begin{pmatrix}\boldsymbol{A}\\\boldsymbol{E}\end{pmatrix}\boldsymbol{A}^{-1}=\begin{pmatrix}\boldsymbol{E}\\\boldsymbol{A}^{-1}\end{pmatrix},$$

即对矩阵 $\begin{pmatrix}\boldsymbol{A}\\\boldsymbol{E}\end{pmatrix}$ 施行初等列变换, 当把矩阵 $\begin{pmatrix}\boldsymbol{A}\\\boldsymbol{E}\end{pmatrix}$ 中的 $\boldsymbol{A}$ 化为 $\boldsymbol{E}$ 时, 原来的矩阵 $\boldsymbol{E}$ 就化为 $\boldsymbol{A}^{-1}$. 而对于 $\boldsymbol{AX}=\boldsymbol{B}$, 当 $\boldsymbol{A}$ 可逆时有 $\boldsymbol{X}=\boldsymbol{BA}^{-1}$. 可以构造矩阵 $\begin{pmatrix}\boldsymbol{A}\\\boldsymbol{B}\end{pmatrix}$, 并对矩阵 $\begin{pmatrix}\boldsymbol{A}\\\boldsymbol{B}\end{pmatrix}$ 进行一系列的初等列变换, 将 $\boldsymbol{A}$ 化为单位矩阵 $\boldsymbol{E}$, 这时矩阵 $\boldsymbol{B}$ 就化为 $\boldsymbol{BA}^{-1}$, 即

$$\begin{pmatrix}\boldsymbol{A}\\\boldsymbol{B}\end{pmatrix}\xrightarrow{\text{初等列变换}}\begin{pmatrix}\boldsymbol{E}\\\boldsymbol{BA}^{-1}\end{pmatrix}.$$

2.6 矩阵的秩

矩阵的秩是矩阵的一个数值特征, 是反映矩阵本质的一个不变量. 它是研究向量组的线性相关性、线性方程组理论等问题的重要工具, 从 2.5 节的讨论已知, 矩阵可经初等行变换化为行阶梯形矩阵, 且行阶梯形矩阵所含非零行的行数是唯一确定的, 这个数实质上就是矩阵的"秩". 鉴于这个数的唯一性尚未证明, 本节首先利用行列式来定义矩阵的秩, 然后给出用初等变换求矩阵的秩的方法.

定义 2.15 在 $\boldsymbol{A}_{m\times n}$ 中, 任取 k 行 k 列$(1\leqslant k\leqslant m, 1\leqslant k\leqslant n)$, 位于这些行列交叉处的 k^2 个元素, 不改变它们在 $\boldsymbol{A}$ 中所处的位置次序而得到的 k 阶行列式, 称为矩阵 $\boldsymbol{A}$ 的 k 阶**子式**.

设矩阵 $\boldsymbol{A}=\begin{pmatrix}1&0&3&2\\3&6&3&1\\-1&0&2&1\end{pmatrix}$, 从矩阵 $\boldsymbol{A}$ 取两行两列,

$$\begin{pmatrix}1&0&3&2\\3&6&3&1\\-1&0&2&1\end{pmatrix}$$

位于行列交叉处的4个元素构成了二阶行列式 $\begin{vmatrix}0&2\\6&1\end{vmatrix}$, 它是 $\boldsymbol{A}$ 的一个二阶子式. 再如矩阵 $\boldsymbol{A}$ 取三行三列,

$$\begin{pmatrix}1&0&3&2\\3&6&3&1\\-1&0&2&1\end{pmatrix}$$

位于行列交叉处的元素构成了三阶行列式 $\begin{vmatrix}1&0&2\\3&6&1\\-1&0&1\end{vmatrix}$, 它是 $\boldsymbol{A}$ 的一个三阶子式.

显然, 对于 $m\times n(m\geqslant k,n\geqslant k)$ 矩阵 $\boldsymbol{A}$ 来说, 它共有 $\mathrm{C}_m^k\mathrm{C}_n^k$ 个 k 阶子式.

设 $\boldsymbol{A}$ 为 $m\times n$ 矩阵, 当 $\boldsymbol{A}=\boldsymbol{O}$ 时, 它的任何子式都为零.当 $\boldsymbol{A}\neq\boldsymbol{O}$ 时, 它至少有一个元素不为零, 即它至少有一个一阶子式不为零. 对于非零矩阵 $\boldsymbol{A}$, 可以再考察它的二阶子式, 若 $\boldsymbol{A}$ 中有一个二阶子式不为零, 则继续考察其三阶子式.如此进行下去, 最后必能得到 $\boldsymbol{A}$ 中有一个 r 阶子式不为零, 但 $\boldsymbol{A}$ 的所有高于 r 阶的子式都为零, 即矩阵 $\boldsymbol{A}$ 的不为零子式的最高阶数是 r. 实际上矩阵 $\boldsymbol{A}$ 的不为零的子式的最高阶数 r 反映了矩阵 $\boldsymbol{A}$ 内在的重要特征. 对于矩阵的这个特征, 有下面的定义:

定义 2.16 设 $\boldsymbol{A}$ 为 $m\times n$ 矩阵, 如果矩阵 $\boldsymbol{A}$ 有一个 r 阶子式 D 不为零, 而其任何 $r+1$ 阶子式(如果存在的话)皆为零, D 的阶数 r 称为矩阵 $\boldsymbol{A}$ 的**秩**, $R(\boldsymbol{A})$.

规定: 零矩阵的秩等于零, 即 $R(\mathbf{0})=0$.

若 $R(\boldsymbol{A})=r$, 则 $\boldsymbol{A}$ 一定存在一个 r 阶非零子式 D, 而 $\boldsymbol{A}$ 的所有 $r+1$ 阶子式都为零. 由行列式的性质可知, 当矩阵 $\boldsymbol{A}$ 的 $r+1$ 阶子式都为零时, 高于 $r+1$ 阶的子式也都全为零. 因此, D 就是矩阵 $\boldsymbol{A}$ 的一个**最高阶非零子式**. 也就是说, 矩阵 $\boldsymbol{A}$ 的秩就是它的最高阶非零子式的阶数. 一般情况下, 矩阵 $\boldsymbol{A}$ 的最高阶非零子式可能不止一个.

性质 2.3 显然, 矩阵的秩具有下列性质:

(1)若矩阵 $\boldsymbol{A}$ 中有某个 s 阶子式不为 0 , 则 $R(\boldsymbol{A})\geqslant s$;

(2)若 $\boldsymbol{A}$ 中所有 t 阶子式全为 0, 则 $R(\boldsymbol{A})<t$.

例 2.23 求矩阵 $\boldsymbol{A}=\begin{pmatrix}1&-2&3\\0&1&2\\1&-1&5\end{pmatrix}$ 的秩.

解 因为 $\boldsymbol{A}$ 的三阶子式, 即 $|\boldsymbol{A}|=\begin{vmatrix}1&-2&3\\0&1&2\\1&-1&5\end{vmatrix}=0$, 而 $\boldsymbol{A}$ 的一个二阶子式, 即 $\begin{vmatrix}1&-2\\0&1\end{vmatrix}=1\neq0$, 所以 $R(\boldsymbol{A})=2$.

例 2.24 求矩阵 $\boldsymbol{A}=\begin{pmatrix}6&1&4&-3&7\\0&-1&3&3&5\\0&0&0&2&-4\\0&0&0&0&0\end{pmatrix}$ 的秩.

解 显然, 矩阵 $\boldsymbol{A}$ 的所有四阶子式都为0, 给出 $\boldsymbol{A}$ 的一个三阶子式有

$$\begin{vmatrix}6&1&-3\\0&-1&3\\0&0&2\end{vmatrix}=-12\neq0,$$

所以 $R(\boldsymbol{A})=3$.

由例 2.23、例 2.24 可知, 行阶梯形矩阵的秩等于它的非零行的行数.

利用定义计算矩阵的秩, 需要从矩阵的最高阶子式入手, 逐步找到矩阵的最高阶不为零子式. 当矩阵的行数和列数较多, 而且也不是行阶梯形矩阵时, 利用定义求秩是非常麻烦的. 从例 2.24 看到, 行阶梯形矩阵的秩很容易求出, 而任何矩阵都与一个行阶梯形矩阵等价. 因此, 如果能找出等价矩阵的秩之间的联系, 那么矩阵的秩就容易求了.

定理 2.8 若 $\boldsymbol{A}\sim\boldsymbol{B}$, 则

$$R(\boldsymbol{A})=R(\boldsymbol{B}).$$

证明 若 $\boldsymbol{A}$ 经一次初等行变换变为 $\boldsymbol{B}$, 则 $R(\boldsymbol{A})\geqslant R(\boldsymbol{B})$. 设 $R(\boldsymbol{A})=r$, 且 $\boldsymbol{A}$ 的任意 $r+1$ 阶子式 D 均为零.

当 $\boldsymbol{A}\xrightarrow{r_i\longleftrightarrow r_j}\boldsymbol{B}$ 或 $\boldsymbol{A}\xrightarrow{r_i\times k}\boldsymbol{B}$ 时, 在 $\boldsymbol{B}$ 中总能找到与 D 相应的 $r+1$ 阶子式 D_1,由于 $D_1=D$ 或 $D_1=-D$ 或 $D_1=kD$, 因此 $D_1=0$, 从而 $R(\boldsymbol{B})\leqslant r$.

当 $\boldsymbol{A}\xrightarrow{r_i+kr_j}\boldsymbol{B}$ 时, 考察 $\boldsymbol{B}$ 的任意 $r+1$ 阶子式 D_1, 讨论如下:

(1)若 D_1 不含 $\boldsymbol{B}$ 的第 j 行，则 D_1 也是 $\boldsymbol{A}$ 的 $r+1$ 阶子式, 从而 $D_1=0$;

(2)若 D_1 既含 $\boldsymbol{B}$ 的第 j 行也含 $\boldsymbol{B}$ 的第 i 行, 由行列式的性质知, D_1 与 $\boldsymbol{A}$ 的一个 $r+1$ 阶子式相等, 从而 $D_1=0$;

(3)若 D_1 含有 $\boldsymbol{B}$ 的第 j 行但不含 $\boldsymbol{B}$ 的第 i 行, 由行列式的性质知, $D_1=|\boldsymbol{A}_1|+k|\boldsymbol{A}_2|$, 这里 $|\boldsymbol{A}_1|$ 和 $|\boldsymbol{A}_2|$ 都是 $\boldsymbol{A}$ 的 $r+1$ 阶子式, 从而 $D_1=0$, 从而 $R(\boldsymbol{B})\leqslant r$.

综上所述, $R(\boldsymbol{A})\geqslant R(\boldsymbol{B})$.

由于初等变换都是可逆的, 因此 $\boldsymbol{B}$ 亦可经一次初等行变换变为 $\boldsymbol{A}$, 故也有 $R(\boldsymbol{B})\geqslant R(\boldsymbol{A})$.故有 $R(\boldsymbol{A})=R(\boldsymbol{B})$.

因此, 矩阵经过一次初等行变换, 其秩不变. 由定理的证明可知, 经过有限次初等行变换, 矩阵的秩也不变.

由于等价的矩阵秩相等, 这样就可以利用初等行变换先把矩阵变成行阶梯形矩阵, 此行阶梯形矩阵与原矩阵等价, 所以该行阶梯形矩阵非零行的行数就是原矩阵的秩.

例 2.25 求矩阵

$$\boldsymbol{A}=\begin{pmatrix}1&-2&-1&0&2\\-2&4&2&6&-6\\2&-1&0&2&3\\3&3&3&3&4\end{pmatrix}$$

的秩, 并求 $\boldsymbol{A}$ 的一个最高阶非零子式.

解 对 $\boldsymbol{A}$ 做初等行变换化为行阶梯形矩阵

$$\boldsymbol{A}=\begin{pmatrix}1&-2&-1&0&2\\-2&4&2&6&-6\\2&-1&0&2&3\\3&3&3&3&4\end{pmatrix}\xrightarrow[r_4-3r_1]{\substack{r_2+2r_1\\r_3-2r_1}}\begin{pmatrix}1&-2&-1&0&2\\0&0&0&6&-2\\0&3&2&2&-1\\0&9&6&3&-2\end{pmatrix}$$

$$\xrightarrow[r_3\longleftrightarrow r_4]{r_2\longleftrightarrow r_3}\begin{pmatrix}1&-2&-1&0&2\\0&3&2&2&-1\\0&9&6&3&-2\\0&0&0&6&-2\end{pmatrix}\xrightarrow[r_4+2r_3]{r_3-3r_2}\begin{pmatrix}1&-2&-1&0&2\\0&3&2&2&-1\\0&0&0&-3&1\\0&0&0&0&0\end{pmatrix},$$

所以

$$R(\boldsymbol{A})=3,$$

又因为

$$\begin{vmatrix}1&-2&0\\-2&4&6\\2&-1&2\end{vmatrix}=-18\neq 0,$$

所以 $\boldsymbol{A}$ 的一个最高阶非零子式为 $\begin{vmatrix}1&-2&0\\-2&4&6\\2&-1&2\end{vmatrix}$.

性质 2.4 下面进一步讨论矩阵秩的性质. 由上面的讨论可以得到以下结果:

(1) 若 $\boldsymbol{A}$ 为 $m\times n$ 矩阵, 则 $0\leqslant R(\boldsymbol{A})\leqslant \min\{m,n\}$.

(2) $R(\boldsymbol{A})=R(\boldsymbol{A}^{\mathrm{T}})$.

(3) 若 $\boldsymbol{A}$ 为 n 阶可逆矩阵, 则 $R(\boldsymbol{A})=R(\boldsymbol{A}^{-1})=n$.

故可逆矩阵又称**满秩矩阵**, 也称**非奇异矩阵**; 不可逆矩阵称为**降秩矩阵**, 也称**奇异矩阵**.

(4) 若 $\boldsymbol{A}\sim\boldsymbol{B}$, 则 $R(\boldsymbol{A})=R(\boldsymbol{B})$, 即: 初等变换不改变矩阵的秩; 若 $\boldsymbol{P}$、$\boldsymbol{Q}$ 可逆, 则 $R(\boldsymbol{PA})=R(\boldsymbol{PAQ})=R(\boldsymbol{AQ})=R(\boldsymbol{A})$.

(5) $\max\{R(\boldsymbol{A}),R(\boldsymbol{B})\}\leqslant R(\boldsymbol{A},\boldsymbol{B})\leqslant R(\boldsymbol{A})+R(\boldsymbol{B})$; 特别地, 当 $\boldsymbol{B}=\boldsymbol{b}$ 为列矩阵时, 有 $R(\boldsymbol{A})\leqslant R(\boldsymbol{A},\boldsymbol{b})\leqslant R(\boldsymbol{A})+1$.

(6) $R(\boldsymbol{A}\pm\boldsymbol{B})\leqslant R(\boldsymbol{A})+R(\boldsymbol{B})$.

(7) 设 $\boldsymbol{A}$ 为 $m\times n$ 矩阵, $\boldsymbol{B}$ 为 $n\times s$ 矩阵, 则有

$$R(\boldsymbol{AB})\leqslant \min\{R(\boldsymbol{A}),R(\boldsymbol{B})\},$$

$$R(\boldsymbol{AB})\geqslant R(\boldsymbol{A})+R(\boldsymbol{B})-n,$$

特别地, 当 $\boldsymbol{AB}=\boldsymbol{O}$ 时, 有 $R(\boldsymbol{A})+R(\boldsymbol{B})\leqslant n$.

这里只证明(5)、(6)和(7),其余请读者自行证明.

证明 (5) 因为 $\boldsymbol{A}$ 的最高阶非零子式总是 $(\boldsymbol{A},\boldsymbol{B})$ 的非零子式, 所以 $R(\boldsymbol{A})\leqslant R(\boldsymbol{A},\boldsymbol{B})$, 同理 $R(\boldsymbol{B})\leqslant R(\boldsymbol{A},\boldsymbol{B})$. 所以

$$\max\{R(\boldsymbol{A}),R(\boldsymbol{B})\}\leqslant R(\boldsymbol{A},\boldsymbol{B}).$$

设 $R(\boldsymbol{A})=r$, $R(\boldsymbol{B})=s$. 把矩阵 $\boldsymbol{A}$ 和 $\boldsymbol{B}$ 分别施行初等列变换, 化为列阶梯形矩阵 $\widetilde{\boldsymbol{A}}$ 和 $\widetilde{\boldsymbol{B}}$, 则 $\widetilde{\boldsymbol{A}}$ 和 $\widetilde{\boldsymbol{B}}$ 中分别含有 r 个和 s 个非零列. 设

$$\boldsymbol{A}\sim\widetilde{\boldsymbol{A}}=(\widetilde{\boldsymbol{a}_1},\widetilde{\boldsymbol{a}_2},\cdots,\widetilde{\boldsymbol{a}_r},\boldsymbol{0},\cdots,\boldsymbol{0}),\boldsymbol{B}\sim\widetilde{\boldsymbol{B}}=(\widetilde{\boldsymbol{b}_1},\widetilde{\boldsymbol{b}_2},\cdots,\widetilde{\boldsymbol{b}_s},\boldsymbol{0},\cdots,\boldsymbol{0}),$$

从而 $(\boldsymbol{A},\boldsymbol{B})\sim(\widetilde{\boldsymbol{A}},\ \widetilde{\boldsymbol{B}})$, 即 $R(\boldsymbol{A},\boldsymbol{B})=R(\widetilde{\boldsymbol{A}},\widetilde{\boldsymbol{B}})$.

由于 $(\widetilde{\boldsymbol{A}},\widetilde{\boldsymbol{B}})$ 中只有 $r+s$ 个非零列, 则 $R(\widetilde{\boldsymbol{A}},\widetilde{\boldsymbol{B}})\leqslant r+s$, 从而 $R(\boldsymbol{A},\boldsymbol{B})\leqslant r+s$, 即

$$R(\boldsymbol{A},\boldsymbol{B})\leqslant R(\boldsymbol{A})+R(\boldsymbol{B}).$$

(6) 设 $\boldsymbol{A}$ 和 $\boldsymbol{B}$ 都是 $m\times n$ 矩阵, 对矩阵 $(\boldsymbol{A}+\boldsymbol{B},\boldsymbol{B})$ 施行初等列变换 $c_i-c_{n+i}(i=1,2,\cdots,n)$, 则

$$(\boldsymbol{A}+\boldsymbol{B},\boldsymbol{B})\xrightarrow{c_i-c_{n+i}(i=1,2,\cdots,n)}(\boldsymbol{A},\boldsymbol{B}),$$

所以有 $R(\boldsymbol{A}+\boldsymbol{B})\leqslant R(\boldsymbol{A}+\boldsymbol{B},\boldsymbol{B})=R(\boldsymbol{A},\boldsymbol{B})\leqslant R(\boldsymbol{A})+R(\boldsymbol{B})$.

(7) 设 $\boldsymbol{A}=(a_{ij})_{s\times n}$, $\boldsymbol{B}=(b_{ij})_{n\times m}$, 且 $R(\boldsymbol{A})=r$, $R(\boldsymbol{B})=t$, 则存在可逆矩阵 $\boldsymbol{P}$、$\boldsymbol{Q}$, 使得

$$\boldsymbol{PAQ}=\begin{pmatrix}\boldsymbol{E}_r & \boldsymbol{O}\\ \boldsymbol{O} & \boldsymbol{O}\end{pmatrix},$$

令 $\boldsymbol{Q}^{-1}\boldsymbol{B}=\boldsymbol{C}$, 于是

$$\boldsymbol{PAB}=\boldsymbol{PAQQ}^{-1}\boldsymbol{B}=\begin{pmatrix}\boldsymbol{E}_r & \boldsymbol{O}\\ \boldsymbol{O} & \boldsymbol{O}\end{pmatrix}\boldsymbol{Q}^{-1}\boldsymbol{B}=\begin{pmatrix}\boldsymbol{E}_r & \boldsymbol{O}\\ \boldsymbol{O} & \boldsymbol{O}\end{pmatrix}\boldsymbol{C}$$

$$=\begin{pmatrix}\boldsymbol{E}_r & \boldsymbol{O}\\ \boldsymbol{O} & \boldsymbol{O}\end{pmatrix}\begin{pmatrix}\boldsymbol{C}_1\\ \boldsymbol{C}_2\end{pmatrix}=\begin{pmatrix}\boldsymbol{C}_1\\ \boldsymbol{O}\end{pmatrix}.$$

显然, $R(\boldsymbol{C}_2)\leqslant n-r$. 由性质(5)得 $R(\boldsymbol{C})\leqslant R(\boldsymbol{C}_1)+R(\boldsymbol{C}_2)$, 再由性质(4)得

$$\begin{aligned}R(\boldsymbol{AB})=R(\boldsymbol{PAB})=R\begin{pmatrix}\boldsymbol{C}_1\\ \boldsymbol{O}\end{pmatrix}&=R(\boldsymbol{C}_1)\\ &\geqslant R(\boldsymbol{C})-(n-r)\\ &=R(\boldsymbol{C})+r-n\\ &=R(\boldsymbol{A})+R(\boldsymbol{B})-n.\end{aligned}$$

特别地, 当 $\boldsymbol{AB}=\boldsymbol{O}$ 时,有 $R(\boldsymbol{AB})=0$, 故 $R(\boldsymbol{A})+R(\boldsymbol{B})\leqslant n$.

性质(7)中的另一不等式, 将在第 3 章中给出证明.

例 2.26 已知 $\boldsymbol{A}=\boldsymbol{\alpha\alpha}^{\mathrm{T}}+\boldsymbol{\beta\beta}^{\mathrm{T}}$, $\boldsymbol{\alpha}$、$\boldsymbol{\beta}$ 均为列矩阵, $\boldsymbol{\alpha}^{\mathrm{T}}$ 为 $\boldsymbol{\alpha}$ 的转置, $\boldsymbol{\beta}^{\mathrm{T}}$ 为 $\boldsymbol{\beta}$ 的转置, 证明 $R(\boldsymbol{A})\leqslant 2$.

证明 因为

$$\begin{aligned}R(\boldsymbol{A})=R(\boldsymbol{\alpha\alpha}^{\mathrm{T}}+\boldsymbol{\beta\beta}^{\mathrm{T}})&\leqslant R(\boldsymbol{\alpha\alpha}^{\mathrm{T}})+R(\boldsymbol{\beta\beta}^{\mathrm{T}})\\ &\leqslant R(\boldsymbol{\alpha})+R(\boldsymbol{\beta})\leqslant 2,\end{aligned}$$

所以 $R(\boldsymbol{A})\leqslant 2$.

例 2.27 设 $\boldsymbol{A}$ 和 $\boldsymbol{B}$ 都是 n 阶方阵, 满足 $\boldsymbol{ABA}=\boldsymbol{B}^{-1}$, 证明

$$R(\boldsymbol{E}+\boldsymbol{AB})+R(\boldsymbol{E}-\boldsymbol{AB})=n.$$

证明 由条件 $\boldsymbol{ABA}=\boldsymbol{B}^{-1}$, 两边右乘矩阵 $\boldsymbol{B}$ 可得 $\boldsymbol{ABAB}=\boldsymbol{E}$, 即

$$(\boldsymbol{E}+\boldsymbol{AB})(\boldsymbol{E}-\boldsymbol{AB})=\boldsymbol{E}-\boldsymbol{ABAB}=\boldsymbol{O},$$

则

$$R(\boldsymbol{E}+\boldsymbol{AB})+R(\boldsymbol{E}-\boldsymbol{AB})\leqslant n,$$

又

$$(\boldsymbol{E}+\boldsymbol{AB})+(\boldsymbol{E}-\boldsymbol{AB})=2\boldsymbol{E},$$

从而

$$R(\boldsymbol{E}+\boldsymbol{AB})+R(\boldsymbol{E}-\boldsymbol{AB})\geqslant R((\boldsymbol{E}+\boldsymbol{AB})+(\boldsymbol{E}-\boldsymbol{AB}))=R(2\boldsymbol{E})=n.$$

故

$$R(\boldsymbol{E}+\boldsymbol{AB})+R(\boldsymbol{E}-\boldsymbol{AB})=n.$$

例 2.28 证明：若 $\boldsymbol{A}_{m\times n}\boldsymbol{B}_{n\times l}=\boldsymbol{C}$, 且 $R(\boldsymbol{A})=n$, 则 $R(\boldsymbol{B})=R(\boldsymbol{C})$.

证明 因为 $R(\boldsymbol{A})=n$, 所以 $R(\boldsymbol{A})$ 的行最简形矩阵为 $\begin{pmatrix}\boldsymbol{E}_n\\ \boldsymbol{O}\end{pmatrix}_{m\times n}$, 并有 m 阶可逆矩阵 $\boldsymbol{P}$, 使 $\boldsymbol{PA}=\begin{pmatrix}\boldsymbol{E}_n\\ \boldsymbol{O}\end{pmatrix}_{m\times n}$, 于是有

$$\boldsymbol{PC}=\boldsymbol{PAB}=\begin{pmatrix}\boldsymbol{E}_n\\ \boldsymbol{O}\end{pmatrix}\boldsymbol{B}=\begin{pmatrix}\boldsymbol{B}\\ \boldsymbol{O}\end{pmatrix},$$

由矩阵的性质(4)知 $R(\boldsymbol{C})=R(\boldsymbol{PC})$, $R\begin{pmatrix}\boldsymbol{B}\\ \boldsymbol{O}\end{pmatrix}=R(\boldsymbol{B})$, 故

$$R(\boldsymbol{B})=R(\boldsymbol{C}).$$

在 例2.28 中, 矩阵 $\boldsymbol{A}$ 的秩等于它的列数, 这样的矩阵称为列满秩矩阵. 当 $\boldsymbol{A}$ 为方阵时, 列满秩矩阵就是满秩矩阵, 也就是可逆矩阵. 因此, 性质(4)实际上是本例的特殊情况.

例 2.28 的另一特殊情况是 $\boldsymbol{C}=\boldsymbol{O}$, 这时的结论为: 设 $\boldsymbol{AB}=\boldsymbol{O}$, 若 $\boldsymbol{A}$ 为列满秩矩阵, 则 $\boldsymbol{B}=\boldsymbol{O}$. 事实上, 由例2.28知, $R(\boldsymbol{B})=R(\boldsymbol{C})=\boldsymbol{0}$, 只有零矩阵的秩才等于零, 因此$\boldsymbol{B}=\boldsymbol{O}$.这一结论称为**矩阵的乘法消去律**.

特别地, 若 $\boldsymbol{A}$ 是列满秩矩阵, 且 $\boldsymbol{AB}=\boldsymbol{AC}$, 则必有 $\boldsymbol{B}=\boldsymbol{C}$.

2.7 线性方程组的解

在中学代数课程中, 曾经介绍过用加减消元法解二元、三元线性方程组, 这种方法同样适用于一般线性方程组, 本节介绍的利用矩阵的初等行变换解线性方程组的方法, 实质上就是加减消元法的另一种表现形式.下面先通过例子来回顾一下用消元法解线性方程组的解法.

例 2.29 解方程组

$$\begin{cases}2x_1-x_2-x_3+x_4=2 & ①,\\ x_1+x_2-2x_3+x_4=4 & ②,\\ 4x_1-6x_2+2x_3-2x_4=4 & ③,\\ 3x_1+6x_2-9x_3+7x_4=9 & ④.\end{cases}$$

解 交换方程①和 ②, 方程 ③÷2 得

$$\begin{cases}x_1+x_2-2x_3+x_4=4 & ①,\\ 2x_1-x_2-x_3+x_4=2 & ②,\\ 2x_1-3x_2+x_3-x_4=2 & ③,\\ 3x_1+6x_2-9x_3+7x_4=9 & ④,\end{cases}$$

方程②−③, 方程③−2×①, 方程④−3×①, 分别消去后 3 个方程中的 x_1 得

$$\begin{cases} x_1+x_2-2x_3+x_4=4 & ①, \\ 2x_2-2x_3+2x_4=0 & ②, \\ -5x_2+5x_3-3x_4=-6 & ③, \\ 3x_2-3x_3+4x_4=-3 & ④, \end{cases}$$

方程②÷2, 方程③+5×②, 方程④−3×②, 分别消去方程③④中的 x_2 得

$$\begin{cases} x_1+x_2-2x_3+x_4=4 & ①, \\ x_2-x_3+x_4=0 & ②, \\ 2x_4=-6 & ③, \\ x_4=-3 & ④, \end{cases}$$

方程③÷2, 方程④−③, 消去方程④中的 x_4 得

$$\begin{cases} x_1+x_2-2x_3+x_4=4 & ①, \\ x_2-x_3+x_4=0 & ②, \\ x_4=-3 & ③, \\ 0=0 & ④, \end{cases}$$

方程①−②, ②−③, 分别消去方程①中的x_2和方程②中的x_4得

$$\begin{cases} x_1-x_3=4 & ①, \\ x_2-x_3=3 & ②, \\ x_4=-3 & ③, \\ 0=0 & ④, \end{cases} \tag{2.4}$$

至此消元完毕. 方程组 (2.4) 是含有 4 个未知数、3 个有效方程的方程组, 应该有一个自由未知量, 由于方程组呈阶梯形, 有 3 个台阶, 所以可把每个台阶的第一个未知数, 即 x_1、x_2、x_4, 选为非自由未知量, 剩下的 x_3 选为自由未知量, 可任意取值. 这样, 可通过“回代”的方法求出解, 即有

$$\begin{cases} x_1=x_3+4, \\ x_2=x_3+3, \\ x_4=-3, \end{cases}$$

其中, x_3 可取任意值.对于 x_3 的每一取定的值, 可唯一确定 x_1、x_2 的值, 从而得到原方程组的一个解, 因此原方程组有无穷多解.令$x_3=c$,得方程组的全部解(通解)为

$$\begin{cases} x_1=c+4, \\ x_2=c+3, \\ x_3=c, \\ x_4=-3, \end{cases}$$

其中, c 为任意常数.

在上面方程组的求解过程中，始终把方程组看作一个整体，对线性方程组施行了以下 3 种变换:

(1) 交换两个方程的位置;

(2) 用一个非零常数乘某一个方程;

(3) 将一个方程乘某一常数加到另一个方程上.

它们统称为线性方程组的初等变换. 显然经过上面的任何一种变换所得到的方程组均与原方程组同解，而解方程组的过程就是利用 3 种变换逐次"消元"得到一个能直接给出结果的同解方程组，这种解方程组的方法称为高斯消元法.

在上述变换过程中，实际上只对方程组的系数和常数项进行运算，未知数并未参与运算. 也就是说，前述对方程组进行的同解变形，实际上是将原方程组的增广矩阵

$$\boldsymbol{B}=\begin{pmatrix}2 & -1 & -1 & 1 & 2\\ 1 & 1 & -2 & 1 & 4\\ 4 & -6 & 2 & -2 & 4\\ 3 & 6 & -9 & 7 & 9\end{pmatrix}$$

施行相应的 3 种初等行变换化为同解方程组的增广矩阵

$$\begin{pmatrix}1 & 0 & -1 & 0 & 4\\ 0 & 1 & -1 & 0 & 3\\ 0 & 0 & 0 & 1 & -3\\ 0 & 0 & 0 & 0 & 0\end{pmatrix}.$$

因此，上面对线性方程组进行的初等变换，就可由对方程组的增广矩阵进行初等行变换代替，利用矩阵的初等行变换解线性方程组的方法称为矩阵消元法或矩阵法.

线性方程组如果有解，就称它是**相容**的，如果无解，就称它**不相容**.

2.7.1 齐次线性方程组的求解

对于齐次线性方程组

$$\begin{cases}a_{11}x_1+a_{12}x_2+\cdots+a_{1n}x_n=0,\\ a_{21}x_1+a_{22}x_2+\cdots+a_{2n}x_n=0,\\ \qquad\cdots\cdots\\ a_{m1}x_1+a_{m2}x_2+\cdots+a_{mn}x_n=0,\end{cases}\tag{2.5}$$

设

$$\boldsymbol{A}=\begin{pmatrix}a_{11} & a_{12} & \dots & a_{1n}\\ a_{21} & a_{22} & \cdots & a_{2n}\\ \vdots & \vdots & & \vdots\\ a_{m1} & a_{m2} & \dots & a_{mn}\end{pmatrix},\boldsymbol{x}=\begin{pmatrix}x_1\\ x_2\\ \vdots\\ x_n\end{pmatrix},$$

则方程组 (2.5) 可以写成以向量 $\boldsymbol{x}$ 为未知元的向量方程

$$\boldsymbol{Ax}=\boldsymbol{0}.\tag{2.6}$$

由于 $\boldsymbol{x}=\mathbf{0}$ 总是方程 (2.6) 的解, 所以对于齐次线性方程组需要研究在什么情况下有非零解, 以及在有非零解的情况下, 如何求出其所有解.

齐次线性方程组解的相关定理如下:

定理 2.9 n元齐次线性方程组 $\boldsymbol{A}\boldsymbol{x}=\mathbf{0}$ 有非零解的充分必要系件是 $R(\boldsymbol{A})<n$.

证明 先证必要性:

设方程组 $\boldsymbol{A}\boldsymbol{x}=\mathbf{0}$ 有非零解, 要证 $R(\boldsymbol{A})<n$.

用反证法.假设 $R(\boldsymbol{A})<n$, 即 $\boldsymbol{A}$ 中必存在一个 n 阶子式 $D\neq 0$, 由克莱姆法则, 这个 n 阶子式 D 所对应的 n 个方程只有零解, 于是方程组只有零解. 这与已知条件矛盾, 故 $R(\boldsymbol{A})<n$.

再证充分性:

假设 $R(\boldsymbol{A})<n$, 要证方程组 $\boldsymbol{A}\boldsymbol{x}=\mathbf{0}$有非零解.

因为 $R(\boldsymbol{A})=r<n$, 所以将系数矩阵 $\boldsymbol{A}$ 化为行阶梯形矩阵后, 这个行阶梯形矩阵只有 r 个非零行, 每个非零行的第一个非零元对应的未知量称为非自由未知量, 其余的称为自由未知量. 由于 $r<n$, 所以一定有自由未知量.将其中的一个自由未知量取 1, 而其余自由未知量取 0, 就可以得到方程组的一个非零解.故得证.

推论 2.4 n 元齐次线性方程组 $\boldsymbol{A}\boldsymbol{x}=\mathbf{0}$ 中, 若方程的个数 m 小于未知数的个数 n, 则必有非零解.

推论 2.5 当 $R(\boldsymbol{A})=n$ 时, n 元齐次线性方程组 $\boldsymbol{A}\boldsymbol{x}=\mathbf{0}$ 只有唯一的零解. 由上面的讨论可知, 齐次线性方程组解的情况可以归纳为:

(1)当 $R(\boldsymbol{A})=n$ 时, 齐次线性方程组有唯一零解;

(2)当 $R(\boldsymbol{A})<n$ 时, 齐次线性方程组有非零解.

求解齐次线性方程组的方法与步骤如下:

(1)用初等行变换将系数矩阵 $\boldsymbol{A}$ 化为行阶梯形矩阵, 不妨设 $R(\boldsymbol{A})=r$, 则这个行阶梯形矩阵有 r 个非零行;

(2)对这个行阶梯形矩阵继续施行初等行变换, 将其化为一个行最简形矩阵, 把行最简形矩阵的 r 个非零行的首个非零元对应的未知量取为非自由未知量, 其余 $n-r$ 个未知量取为自由未知量;

(3)写出行最简形矩阵所对应的齐次线性方程组, 该方程组与原方程组同解. 将$n-r$ 个自由未知量移至方程的右端, 并令其取任意常数, 即可得方程组的通解.

例 2.30 解方程组

$$\begin{cases} x_1+2x_2+x_3+2x_4=0, \\ 3x_1+6x_2-x_3-x_4=0, \\ 5x_1+10x_2+x_3+3x_4=0. \end{cases}$$

解 对系数矩阵 $\boldsymbol{A}$ 进行初等行变换化为行最简形矩阵

$$\boldsymbol{A}=\begin{pmatrix} 1 & 2 & 1 & 2 \\ 3 & 6 & -1 & -1 \\ 5 & 10 & 1 & 3 \end{pmatrix} \xrightarrow[r_3-5r_1]{r_2-3r_1} \begin{pmatrix} 1 & 2 & 1 & 2 \\ 0 & 0 & -4 & -7 \\ 0 & 0 & -4 & -7 \end{pmatrix}$$

$$\xrightarrow[r_2\div(-4)]{r_3-r_2}\begin{pmatrix}1&2&1&2\\0&0&1&\frac{7}{4}\\0&0&0&0\end{pmatrix}\xrightarrow{r_1-r_2}\begin{pmatrix}1&2&0&\frac{1}{4}\\0&0&1&\frac{7}{4}\\0&0&0&0\end{pmatrix},$$

于是得原方程组的同解方程组

$$\begin{cases}x_1=-2x_2-\frac{1}{4}x_4,\\x_3=-\frac{7}{4}x_4,\end{cases}$$

令$x_2=k_1$,$x_4=k_2$,得原方程组的通解为

$$\begin{cases}x_1=-2k_1-\frac{1}{4}k_2,\\x_2=k_1,\\x_3=-\frac{7}{4}k_2,\\x_4=k_2,\end{cases}\quad(k_1,k_2\text{为任意常数}),$$

将方程组的通解写成向量的形式:

$$\begin{pmatrix}x_1\\x_2\\x_3\\x_4\end{pmatrix}=k_1\begin{pmatrix}-2\\1\\0\\0\end{pmatrix}+k_2\begin{pmatrix}-\frac{1}{4}\\0\\-\frac{7}{4}\\1\end{pmatrix}(k_1,k_2\text{为任意常数}).$$

例 2.31 已知齐次线性方程组

$$\begin{cases}x_1+2x_2-2x_3=0,\\2x_1+5x_2-4x_3=0,\\3x_1+6x_2+\lambda x_3=0,\end{cases}$$

有非零解, 求 λ 的值.

解 方法1: 对方程组的系数矩阵 $\boldsymbol{A}$ 进行初等行变换, 有

$$\boldsymbol{A}=\begin{pmatrix}1&2&-2\\2&5&-4\\3&6&\lambda\end{pmatrix}\xrightarrow[r_3-3r_1]{r_2-2r_1}\begin{pmatrix}1&2&-2\\0&1&0\\0&0&\lambda+6\end{pmatrix}.$$

因为齐次线性方程组有非零解当且仅当 $R(\boldsymbol{A})<3$, 由 $\boldsymbol{A}$ 的行阶梯形矩阵可以看出, 只有当 $\lambda+6=0$ 时, $R(\boldsymbol{A})<3$. 即当 $\lambda=-6$ 时, 方程组有非零解.

方法2: 由克莱姆法则, 当齐次线性方程组有非零解时, 其系数行列式等于零, 即

$$\left|\boldsymbol{A}\right|=\begin{vmatrix}1&2&-2\\2&5&-4\\3&6&\lambda\end{vmatrix}=\lambda+6,$$

所以当 $\lambda+6=0$, 即 $\lambda=-6$ 时, 方程组有非零解.

2.7.2 非齐次线性方程组的求解

对于非齐次线性方程组

$$
\begin{cases}
a_{11}x_1 + a_{12}x_2 + \cdots + a_{1n}x_n = b_1, \\
a_{21}x_1 + a_{22}x_2 + \cdots + a_{2n}x_n = b_2, \\
\cdots\cdots \\
a_{m1}x_1 + a_{m2}x_2 + \cdots + a_{mn}x_n = b_m,
\end{cases}
\tag{2.7}
$$

设

$$
\boldsymbol{A} = \begin{pmatrix} a_{11} & a_{12} & \cdots & a_{1n} \\ a_{21} & a_{22} & \cdots & a_{2n} \\ \vdots & \vdots & & \vdots \\ a_{m1} & a_{m2} & \cdots & a_{mn} \end{pmatrix}, \boldsymbol{x} = \begin{pmatrix} x_1 \\ x_2 \\ \vdots \\ x_n \end{pmatrix}, \boldsymbol{b} = \begin{pmatrix} b_1 \\ b_2 \\ \vdots \\ b_m \end{pmatrix},
$$

则线性方程组 (2.7) 可以写成以向量 $\boldsymbol{x}$ 为未知元的向量方程

$$
\boldsymbol{Ax} = \boldsymbol{b} \tag{2.8}
$$

其中矩阵

$$
\boldsymbol{B} = (\boldsymbol{A}, \boldsymbol{b}) = \begin{pmatrix} a_{11} & a_{12} & \cdots & a_{1n} & b_1 \\ a_{21} & a_{22} & \cdots & a_{2n} & b_2 \\ \vdots & \vdots & & \vdots & \vdots \\ a_{m1} & a_{m2} & \cdots & a_{mn} & b_m \end{pmatrix}
$$

是方程组 (2.7) 的增广矩阵. 对于非齐次线性方程组 (2.7), 利用系数矩阵 $\boldsymbol{A}$ 和增广矩阵 $\boldsymbol{B}$ 的秩, 可以方便地判定线性方程组是否有解以及有解时解是否唯一等问题, 其结论是:

定理 2.10 n元非齐次线性方程组 $\boldsymbol{Ax} = \boldsymbol{b}$ 有解的充分必要条件是 $R(\boldsymbol{A}) = R(\boldsymbol{B})$.

推论 2.6 n 元非齐次线性方程组 $\boldsymbol{Ax} = \boldsymbol{b}$,若 $R(\boldsymbol{A}) \neq R(\boldsymbol{B})$, 则方程组无解.

推论 2.7 若 n 元非齐次线性方程组 $\boldsymbol{Ax} = \boldsymbol{b}$ 有解, 则

$$
\begin{cases}
R(\boldsymbol{A}) = R(\boldsymbol{B}) = n \text{时, 有唯一解;} \\
R(\boldsymbol{A}) = R(\boldsymbol{B}) < n \text{时,有无穷多解.}
\end{cases}
$$

求解非齐次线性方程组 (2.7) 的方法与步骤如下:

(1) 用初等行变换将增广矩阵 $\boldsymbol{B}$ 化为行阶梯形矩阵, 从 $\boldsymbol{B}$ 的行阶梯形矩阵可同时看出 $R(\boldsymbol{A})$ 和 $R(\boldsymbol{B})$, 若 $R(\boldsymbol{A}) < R(\boldsymbol{B})$, 则方程组无解;

(2) 若 $R(\boldsymbol{A}) = R(\boldsymbol{B}) = r$, 则进一步将其化为一个行最简形矩阵, 把行最简形矩阵中 r 个非零行的首非零元对应的未知量取为非自由未知量, 其余 $n-r$ 个未知量取为自由未知量;

(3) 写出行最简形矩阵所对应的非齐次线性方程组, 该方程组与原方程组同解. 将 $n-r$ 个自由未知量移至方程的右端, 并令其取任意常数, 即可得方程组的通解.

例 2.32 解方程组

$$
\begin{cases}
4x_1 + 2x_2 - x_3 = 2, \\
3x_1 - x_2 + 2x_3 = 10, \\
11x_1 + 3x_2 = 8.
\end{cases}
$$

解 对增广矩阵 $\boldsymbol{B}$ 进行初等行变换化为行阶梯形矩阵

$$\boldsymbol{B}=\begin{pmatrix}4&2&-1&2\\3&-1&2&10\\11&3&0&8\end{pmatrix}\xrightarrow[r_3\times 4]{r_2\times 4}\begin{pmatrix}4&2&-1&2\\12&-4&8&40\\44&12&0&32\end{pmatrix} \tag{2.9}$$

$$\xrightarrow[r_3-r_2]{\substack{r_2-3r_1\\r_3-11r_1}}\begin{pmatrix}4&2&-1&2\\0&-10&11&34\\0&0&0&-24\end{pmatrix}, \tag{2.10}$$

此时 $R(\boldsymbol{A})=2\neq R(\boldsymbol{B})=3$, 所以方程组无解.

例 2.33 解方程组

$$\begin{cases}2x_1+3x_2-x_3+2x_4=2,\\3x_1+2x_2+x_3+x_4=6,\\x_1+4x_2-3x_3+3x_4=-2.\end{cases}$$

解 对增广矩阵 $\boldsymbol{B}$ 进行初等行变换, 有

$$\boldsymbol{B}=\begin{pmatrix}2&3&-1&2&2\\3&2&1&1&6\\1&4&-3&3&-2\end{pmatrix}\xrightarrow[r_3-2r_1]{\substack{r_1\leftrightarrow r_3\\r_2-3r_1}}\begin{pmatrix}1&4&-3&3&-2\\0&-10&10&-8&12\\0&-5&5&-4&6\end{pmatrix}$$

$$\xrightarrow[r_2\div(-5)]{\substack{r_2\leftrightarrow r_3\\r_3-2r_2}}\begin{pmatrix}1&4&-3&3&-2\\0&1&-1&\frac{4}{5}&-\frac{6}{5}\\0&0&0&0&0\end{pmatrix}\xrightarrow{r_1-4r_2}\begin{pmatrix}1&0&1&-\frac{1}{5}&\frac{14}{5}\\0&1&-1&\frac{4}{5}&-\frac{6}{5}\\0&0&0&0&0\end{pmatrix},$$

此时系数矩阵的秩和增广矩阵的秩相等, 但小于未知数的个数, 即 $R(\boldsymbol{A})=R(\boldsymbol{B})=2<4$. 于是原方程组有无穷多组解, 且原方程组的同解方程组为

$$\begin{cases}x_1=-x_3+\frac{1}{5}x_4+\frac{14}{5},\\x_2=x_3-\frac{4}{5}x_4-\frac{6}{5}.\end{cases}$$

令 $x_3=k_1,x_4=k_2$, 得原方程组的通解为

$$\begin{cases}x_1=-k_1+\frac{1}{5}k_2+\frac{14}{5},\\x_2=k_1-\frac{4}{5}k_2-\frac{6}{5},\\x_3=k_1,\\x_4=k_2,\end{cases}\quad \text{(其中}k_1,k_2\text{ 为任意常数)},$$

或写成向量的形式

$$\begin{pmatrix}x_1\\x_2\\x_3\\x_4\end{pmatrix}=k_1\begin{pmatrix}-1\\1\\1\\0\end{pmatrix}+k_2\begin{pmatrix}\frac{1}{5}\\-\frac{4}{5}\\0\\1\end{pmatrix}+\begin{pmatrix}\frac{14}{5}\\-\frac{6}{5}\\0\\0\end{pmatrix}\quad (k_1,k_2\text{为任意常数}).$$

例 2.34 设线性方程组

$$\begin{cases} (1+\lambda)x_1+x_2+x_3=0, \\ x_1+(1+\lambda)x_2+x_3=6+\lambda, \\ x_1+x_2+(1+\lambda)x_3=\lambda, \end{cases}$$

问 λ 取何值时, 此方程组(1)有唯一解? (2)无解? (3)有无穷多个解? 并在有无穷多个解时, 求其通解.

解 对增广矩阵进行初等行变换把它变为行阶梯形矩阵, 有

$$\boldsymbol{B}=\begin{pmatrix} 1+\lambda & 1 & 1 & 0 \\ 1 & 1+\lambda & 1 & 6+\lambda \\ 1 & 1 & 1+\lambda & \lambda \end{pmatrix} \xrightarrow{r_1 \leftrightarrow r_3} \begin{pmatrix} 1 & 1 & 1+\lambda & \lambda \\ 1 & 1+\lambda & 1 & 6+\lambda \\ 1+\lambda & 1 & 1 & 0 \end{pmatrix}$$

$$\xrightarrow[r_3-(1+\lambda)r_1]{r_2-r_1} \begin{pmatrix} 1 & 1 & 1+\lambda & \lambda \\ 0 & \lambda & -\lambda & 6 \\ 0 & -\lambda & -\lambda(2+\lambda) & -\lambda(1+\lambda) \end{pmatrix}$$

$$\xrightarrow{r_3+r_2} \begin{pmatrix} 1 & 1 & 1+\lambda & \lambda \\ 0 & \lambda & -\lambda & 6 \\ 0 & 0 & -\lambda(\lambda+3) & -(\lambda-2)(\lambda+3) \end{pmatrix},$$

则:

(1) 当 $\lambda \neq 0$ 且 $\lambda \neq -3$ 时, $R(\boldsymbol{A})=R(\boldsymbol{B})=3$, 方程组有唯一解;

(2) 当 $\lambda=0$ 时, $R(\boldsymbol{A})=1<R(\boldsymbol{B})=2$, 方程组无解;

(3) 当 $\lambda=-3$ 时, $R(\boldsymbol{A})=R(\boldsymbol{B})=2$, 方程组有无穷多解,

这时

$$\boldsymbol{B}=\begin{pmatrix} 1 & 1 & -2 & -3 \\ 0 & -3 & 3 & 6 \\ 0 & 0 & 0 & 0 \end{pmatrix} \xrightarrow[r_1-r_2]{r_2\div(-3)} \begin{pmatrix} 1 & 0 & -1 & -1 \\ 0 & 1 & -1 & -2 \\ 0 & 0 & 0 & 0 \end{pmatrix},$$

则原方程组的同解方程组为$\begin{cases} x_1=x_3-1 \\ x_2=x_3-2 \end{cases}$, 令$x_3=c$, 得方程组的通解为

$$\begin{pmatrix} x_1 \\ x_2 \\ x_3 \end{pmatrix}=c\begin{pmatrix} 1 \\ 1 \\ 1 \end{pmatrix}+\begin{pmatrix} -1 \\ -2 \\ 0 \end{pmatrix} \ (c\text{为任意常数}).$$

2.8 习 题

2.8.1 基础习题

1. 计算下列乘积.

(1) $\begin{pmatrix} 4 & 3 & 1 \\ 1 & -2 & 3 \\ 5 & 7 & 0 \end{pmatrix}\begin{pmatrix} 7 \\ 2 \\ 1 \end{pmatrix}$; (2) $(1,2,3)\begin{pmatrix} 3 \\ 2 \\ 1 \end{pmatrix}$; (3) $\begin{pmatrix} 2 \\ 1 \\ 3 \end{pmatrix}(-1,2)$;

(4) $\begin{pmatrix}2 & 1 & 4 & 0\\1 & -1 & 3 & 4\end{pmatrix}\begin{pmatrix}1 & 3 & 1\\0 & -1 & 2\\1 & -3 & 1\\4 & 0 & -2\end{pmatrix}$; (5) $(x_1,x_2,x_3)\begin{pmatrix}a_{11} & a_{12} & a_{13}\\a_{21} & a_{22} & a_{23}\\a_{31} & a_{32} & a_{33}\end{pmatrix}\begin{pmatrix}x_1\\x_2\\x_3\end{pmatrix}$.

2. 设 $\boldsymbol{A}=\begin{pmatrix}1 & 1 & 1\\1 & 1 & -1\\1 & -1 & 1\end{pmatrix}$, $\boldsymbol{B}=\begin{pmatrix}1 & 2 & 3\\-1 & -2 & 4\\0 & 5 & 1\end{pmatrix}$,计算 $3\boldsymbol{AB}-2\boldsymbol{A}$ 及 $\boldsymbol{A}^{\mathrm{T}}\boldsymbol{B}$.

3. 举反例说明下列命题是错误的.

(1) 若 $\boldsymbol{A}^2=\boldsymbol{O}$, 则 $\boldsymbol{A}=\boldsymbol{O}$;

(2) 若 $\boldsymbol{A}^2=\boldsymbol{A}$, 则 $\boldsymbol{A}=\boldsymbol{O}$ 或 $\boldsymbol{A}=\boldsymbol{E}$;

(3) 若 $\boldsymbol{AX}=\boldsymbol{AY}$, 且 $\boldsymbol{A}\neq\boldsymbol{O}$, 则 $\boldsymbol{X}=\boldsymbol{Y}$.

4. 已知两个线性变换

$$\begin{cases}x_1=2y_1+y_3,\\x_2=-2y_1+3y_2+2y_3,\\x_3=4y_1+y_2+5y_3,\end{cases}\qquad\begin{cases}y_1=-3z_1+z_2,\\y_2=2z_1+z_3,\\y_3=-z_2+3z_3,\end{cases}$$

求从变量 z_1, z_2, z_3 到变量x_1, x_2, x_3 的线性变换.

5. 设 $\boldsymbol{A}=\begin{pmatrix}1 & 0\\\lambda & 1\end{pmatrix}$, 求 $\boldsymbol{A}^2,\boldsymbol{A}^3,\boldsymbol{A}^k$.

6. 设 $\boldsymbol{\alpha}=(1,-1,-1,1)$, $\boldsymbol{\beta}=(-1,1,1,-1)$, 而 $\boldsymbol{A}=\boldsymbol{\alpha}^{\mathrm{T}}\boldsymbol{\beta}$, 求 $\boldsymbol{A}^n$ (n 为正整数, 结果写成矩阵形式).

7. 求下列矩阵的逆.

(1) $\begin{pmatrix}1 & 2\\2 & 5\end{pmatrix}$; (2) $\begin{pmatrix}1 & 2 & -1\\3 & 4 & -2\\5 & -4 & 1\end{pmatrix}$; (3) $\begin{pmatrix}1 & 1 & -1\\2 & 1 & 0\\1 & -1 & 0\end{pmatrix}$.

8. 解下列矩阵方程.

(1) $\begin{pmatrix}2 & 5\\1 & 3\end{pmatrix}\boldsymbol{X}=\begin{pmatrix}4 & -6\\2 & 1\end{pmatrix}$; (2) $\boldsymbol{X}\begin{pmatrix}1 & 1 & -1\\0 & 2 & 2\\1 & -1 & 0\end{pmatrix}=\begin{pmatrix}1 & -1 & 1\\1 & 1 & 0\\2 & 1 & 1\end{pmatrix}$;

(3) $\begin{pmatrix}0 & 1 & 0\\1 & 0 & 0\\0 & 0 & 1\end{pmatrix}\boldsymbol{X}\begin{pmatrix}1 & 0 & 0\\0 & 0 & 1\\0 & 1 & 0\end{pmatrix}=\begin{pmatrix}1 & -4 & 3\\2 & 0 & -1\\1 & -2 & 0\end{pmatrix}$.

9. 利用逆矩阵解下列线性方程组.

(1) $\begin{cases}x_1+2x_2+3x_3=1\\2x_1+2x_2+5x_3=2\\3x_1+5x_2+x_3=3\end{cases}$; (2) $\begin{cases}x_1-x_2-x_3=2\\2x_1-x_2-3x_3=1\\3x_1+2x_2-5x_3=0\end{cases}$.

10. 已知矩阵 $\boldsymbol{A}=\begin{pmatrix}3 & 0 & 1\\1 & 1 & 0\\0 & 1 & 4\end{pmatrix}$ 满足$\boldsymbol{AX}=\boldsymbol{A}+2\boldsymbol{X}$, 求矩阵$\boldsymbol{X}$.

11. 设$\boldsymbol{A}-\boldsymbol{A}\boldsymbol{B}=\boldsymbol{x}\boldsymbol{x}^{\mathrm{T}}$, 其中 $\boldsymbol{B}=\begin{pmatrix}1&-1&1\\-1&1&-1\\1&-1&1\end{pmatrix}$,$\boldsymbol{x}=\begin{pmatrix}1\\-1\\1\end{pmatrix}$, 求$\boldsymbol{A}$.

12. 设矩阵 $\boldsymbol{A}=\begin{pmatrix}3&0&0\\1&4&1\\2&0&3\end{pmatrix}$, 已知 $\boldsymbol{A}\boldsymbol{B}=\boldsymbol{A}+2\boldsymbol{B}$, 求 $\boldsymbol{B}$.

13. 设 $\boldsymbol{A}$ 和 $\boldsymbol{B}$ 都是三阶方阵, 且满足 $\boldsymbol{A}\boldsymbol{B}+\boldsymbol{E}=\boldsymbol{A}^2+\boldsymbol{B}$, 若 $\boldsymbol{A}=\begin{pmatrix}1&0&1\\0&2&0\\1&0&1\end{pmatrix}$, 求 $\boldsymbol{B}$.

14. 已知 $\boldsymbol{P}^{-1}\boldsymbol{A}\boldsymbol{P}=\boldsymbol{\Lambda}$, 其中 $\boldsymbol{P}=\begin{pmatrix}-1&-4\\1&1\end{pmatrix}$, $\boldsymbol{\Lambda}=\begin{pmatrix}-1&0\\0&2\end{pmatrix}$, 求 $\boldsymbol{A}^{11}$.

15. 设 $\boldsymbol{A}=\begin{pmatrix}3&4&0&0\\4&-3&0&0\\0&0&2&0\\0&0&2&2\end{pmatrix}$, 求 $|\boldsymbol{A}^8|$、$\boldsymbol{A}^4$ 及 $\boldsymbol{A}^{-1}$.

16. 求下列矩阵的逆.

(1) $\begin{pmatrix}5&2&0&0\\2&1&0&0\\0&0&8&3\\0&0&5&2\end{pmatrix}$; (2) $\begin{pmatrix}1&0&0&0\\1&2&0&0\\2&1&3&0\\1&2&1&4\end{pmatrix}$.

17. 已 n 阶矩阵满足关系式 $2\boldsymbol{A}(\boldsymbol{A}-\boldsymbol{E})=\boldsymbol{A}^3$,证明:$\boldsymbol{E}-\boldsymbol{A}$ 可逆,并求 $(\boldsymbol{E}-\boldsymbol{A})^{-1}$.

18. 已知 n 阶矩阵满足关系式 $\boldsymbol{A}^2+2\boldsymbol{A}-3\boldsymbol{E}=\boldsymbol{O}$, 证明:$\boldsymbol{A}+4\boldsymbol{E}$ 可逆,并求 $(\boldsymbol{A}+4\boldsymbol{E})^{-1}$.

19. 证明:

(1) 如果 $\boldsymbol{A}$ 可逆对称(反对称),那么 $\boldsymbol{A}^{-1}$ 也对称(反对称);

(2) 不存在奇数阶的可逆反对称矩阵.

20. 求下列矩阵的秩,并求一个最高阶非零子式.

(1) $\begin{pmatrix}3&1&0&2\\1&-1&2&-1\\1&3&-4&4\end{pmatrix}$; (2) $\begin{pmatrix}3&2&-1&-3&-1\\2&-1&3&1&-3\\7&0&5&-1&-8\end{pmatrix}$.

21. 设 $\boldsymbol{A}=\begin{pmatrix}1&-2&3k\\-1&2k&-3\\k&-2&3\end{pmatrix}$, 问 k 取何值时有:

(1) $R(\boldsymbol{A})=3$; (2) $R(\boldsymbol{A})=2$; (3) $R(\boldsymbol{A})=1$?

22. 设 $\boldsymbol{A}$ 为三阶矩阵, $|\boldsymbol{A}|=\frac{1}{2}$, 求 $\left|(2\boldsymbol{A})^{-1}-3\boldsymbol{A}^*\right|$.

23. 设矩阵 $\boldsymbol{A}=\begin{pmatrix}2&1&0\\1&2&0\\0&0&1\end{pmatrix}$, 矩阵 $\boldsymbol{B}$ 满足 $\boldsymbol{A}\boldsymbol{B}\boldsymbol{A}^*=2\boldsymbol{B}\boldsymbol{A}^*+\boldsymbol{E}$, 其中 $\boldsymbol{A}^*$ 为 $\boldsymbol{A}$ 的伴随矩阵, $\boldsymbol{E}$ 是单位矩阵,求 $|\boldsymbol{B}|$.

24. 解下列齐次线性方程组.

(1) $\begin{cases} x_1+2x_2+x_3-x_4=0, \\ 3x_1+6x_2-x_3-3x_4=0, \\ 5x_1+10x_2+x_3-5x_4=0; \end{cases}$ (2) $\begin{cases} 3x_1+4x_2-5x_3+7x_4=0, \\ 2x_1-3x_2+3x_3-2x_4=0, \\ 4x_1+11x_2-13x_3+16x_4=0, \\ 7x_1-2x_2+x_3+3x_4=0. \end{cases}$

25. 解下列非齐次线性方程组.

(1) $\begin{cases} 2x_1+x_2-x_3+x_4=1, \\ 4x_1+2x_2-2x_3+x_4=2, \\ 2x_1+x_2-x_3-x_4=1; \end{cases}$ (2) $\begin{cases} 2x_1+x_2-x_3+x_4=1, \\ 3x_1-2x_2+x_3-3x_4=4, \\ x_1+4x_2-3x_3+5x_4=-2. \end{cases}$

26. 设有非齐次线性方程组

$$\begin{cases} -2x_1+x_2+x_3=-2, \\ x_1-2x_2+x_3=\lambda, \\ x_1+x_2-2x_3=\lambda^2, \end{cases}$$

试问当 λ 取何值时有解? 并求出它的解.

27. 设有齐次线性方程组

$$\begin{cases} (1+a)x_1+x_2+x_3+x_4=0, \\ 2x_1+(2+a)x_2+2x_3+2x_4=0, \\ 3x_1+3x_2+(3+a)x_3+3x_4=0, \\ 4x_1+4x_2+4x_3+(4+a)x_4=0, \end{cases}$$

试问 a 取何值时, 该方程组有非零解? 并求其通解.

28. 当 λ 为何值时,非齐次线性方程组

$$\begin{cases} \lambda x_1+x_2+x_3=1 \\ x_1+\lambda x_2+x_3=\lambda \\ x_1+x_2+\lambda x_3=\lambda^2 \end{cases}$$

(1) 有唯一解; (2) 无解; (3) 有无穷多解? 并求其通解.

29. 设

$$\begin{cases} (2-\lambda)x_1+2x_2-2x_3=1, \\ 2x_1+(5-\lambda)x_2-4x_4=2, \\ -2x_1-4x_2+(5-\lambda)x_3=-\lambda-1, \end{cases}$$

问 λ 为何值时, 此方程组有唯一解、无解或无穷多解? 并在有无穷多解时求解.

2.8.2 提升习题

1. (2023年数一5题) 已知 n 阶矩阵 $\boldsymbol{A}$、$\boldsymbol{B}$、$\boldsymbol{C}$ 满足 $\boldsymbol{ABC}=\boldsymbol{O}$, $\boldsymbol{E}$ 为 n 阶单位矩阵. 记矩阵 $\begin{pmatrix} \boldsymbol{O} & \boldsymbol{A} \\ \boldsymbol{BC} & \boldsymbol{E} \end{pmatrix}$、$\begin{pmatrix} \boldsymbol{AB} & \boldsymbol{C} \\ \boldsymbol{O} & \boldsymbol{E} \end{pmatrix}$、$\begin{pmatrix} \boldsymbol{E} & \boldsymbol{AB} \\ \boldsymbol{AB} & \boldsymbol{O} \end{pmatrix}$ 的秩分别为 r_1、r_2、r_3, 则______.

(A) $r_1 \leqslant r_2 \leqslant r_3$ (B) $r_1 \leqslant r_3 \leqslant r_2$ (C) $r_3 \leqslant r_2 \leqslant r_1$ (D) $r_2 \leqslant r_1 \leqslant r_3$

2. (2023年数二、数三8题) 设 $\boldsymbol{A}$、$\boldsymbol{B}$ 为 n 阶可逆矩阵, $\boldsymbol{E}$ 为 n 阶单位矩阵, $\boldsymbol{M}^*$ 为 $\boldsymbol{M}$ 的伴随矩阵, 则 $\begin{pmatrix} \boldsymbol{A} & \boldsymbol{E} \\ \boldsymbol{O} & \boldsymbol{B} \end{pmatrix}^* =$______.

(A) $\begin{pmatrix} |\boldsymbol{A}|\boldsymbol{B}^* & -\boldsymbol{B}^*\boldsymbol{A}^* \\ \boldsymbol{O} & |\boldsymbol{B}|\boldsymbol{A}^* \end{pmatrix}$ (B) $\begin{pmatrix} |\boldsymbol{A}|\boldsymbol{B}^* & -\boldsymbol{A}^*\boldsymbol{B}^* \\ \boldsymbol{O} & |\boldsymbol{B}|\boldsymbol{A}^* \end{pmatrix}$

(C) $\begin{pmatrix} |\boldsymbol{B}|\boldsymbol{A}^* & -\boldsymbol{B}^*\boldsymbol{A}^* \\ \boldsymbol{O} & |\boldsymbol{A}|\boldsymbol{B}^* \end{pmatrix}$ (D) $\begin{pmatrix} |\boldsymbol{B}|\boldsymbol{A}^* & -\boldsymbol{A}^*\boldsymbol{B}^* \\ \boldsymbol{O} & |\boldsymbol{A}|\boldsymbol{B}^* \end{pmatrix}$

3. (2022年数一6题) 设 $\boldsymbol{A}$、$\boldsymbol{B}$ 均为 n 阶矩阵, 如果方程组 $\boldsymbol{Ax}=\boldsymbol{0}$ 和 $\boldsymbol{Bx}=\boldsymbol{0}$ 同解, 则______.

(A) 方程组 $\begin{pmatrix} \boldsymbol{A} & \boldsymbol{O} \\ \boldsymbol{E} & \boldsymbol{B} \end{pmatrix}\boldsymbol{y}=\boldsymbol{0}$ 只有零解

(B) 方程组 $\begin{pmatrix} \boldsymbol{E} & \boldsymbol{A} \\ \boldsymbol{O} & \boldsymbol{AB} \end{pmatrix}\boldsymbol{y}=\boldsymbol{0}$ 只有零解

(C) 方程组 $\begin{pmatrix} \boldsymbol{A} & \boldsymbol{B} \\ \boldsymbol{O} & \boldsymbol{B} \end{pmatrix}\boldsymbol{y}=\boldsymbol{0}$ 与 $\begin{pmatrix} \boldsymbol{B} & \boldsymbol{A} \\ \boldsymbol{O} & \boldsymbol{A} \end{pmatrix}\boldsymbol{y}=\boldsymbol{0}$ 同解

(D) 方程组 $\begin{pmatrix} \boldsymbol{AB} & \boldsymbol{B} \\ \boldsymbol{O} & \boldsymbol{A} \end{pmatrix}\boldsymbol{y}=\boldsymbol{0}$ 与 $\begin{pmatrix} \boldsymbol{BA} & \boldsymbol{A} \\ \boldsymbol{O} & \boldsymbol{B} \end{pmatrix}\boldsymbol{y}=\boldsymbol{0}$ 同解

4. (2022年数二、数三16题) 设 $\boldsymbol{A}$ 为三阶矩阵, 交换 $\boldsymbol{A}$ 的第二行和第三行, 再将第二列的–1倍加到第一列, 得到矩阵 $\begin{pmatrix} -2 & 1 & -1 \\ 1 & -1 & 0 \\ -1 & 0 & 0 \end{pmatrix}$, 则 $\boldsymbol{A}^{-1}$ 的迹 $\mathrm{tr}(\boldsymbol{A}^{-1})=$______.

5. (2020年数一5题) 若矩阵 $\boldsymbol{A}$ 经过初等列变换化成矩阵$\boldsymbol{B}$, 则______.

(A) 存在矩阵 $\boldsymbol{P}$, 使得 $\boldsymbol{PA}=\boldsymbol{B}$

(B) 存在矩阵 $\boldsymbol{P}$, 使得 $\boldsymbol{BP}=\boldsymbol{A}$

(C) 存在矩阵 $\boldsymbol{P}$, 使得 $\boldsymbol{PB}=\boldsymbol{A}$

(D) 方程组 $\boldsymbol{Ax}=\boldsymbol{0}$ 与 $\boldsymbol{Bx}=\boldsymbol{0}$ 同解

6. (2021年数二、数三10题) 已知矩阵 $\boldsymbol{A}=\begin{pmatrix} 1 & 0 & -1 \\ 2 & -1 & 1 \\ -1 & 2 & -5 \end{pmatrix}$,若下三角可逆矩阵 $\boldsymbol{P}$ 和上三角可逆矩阵 $\boldsymbol{Q}$ 使 $\boldsymbol{PAQ}$ 为对角矩阵, 则 $\boldsymbol{P}$、$\boldsymbol{Q}$ 可分别取为______.

(A) $\begin{pmatrix} 1 & 0 & 0 \\ 0 & 1 & 0 \\ 0 & 0 & 1 \end{pmatrix}$, $\begin{pmatrix} 1 & 0 & 1 \\ 0 & 1 & 3 \\ 0 & 0 & 1 \end{pmatrix}$

(B) $\begin{pmatrix} 1 & 0 & 0 \\ 2 & -1 & 0 \\ -3 & 2 & 1 \end{pmatrix}$, $\begin{pmatrix} 1 & 0 & 0 \\ 0 & 1 & 0 \\ 0 & 0 & 1 \end{pmatrix}$

(C) $\begin{pmatrix} 1 & 0 & 0 \\ 2 & -1 & 0 \\ -3 & 2 & 1 \end{pmatrix}, \begin{pmatrix} 1 & 0 & 1 \\ 0 & 1 & 3 \\ 0 & 0 & 1 \end{pmatrix}$

(D) $\begin{pmatrix} 1 & 0 & 0 \\ 0 & 1 & 0 \\ 1 & 3 & 1 \end{pmatrix}, \begin{pmatrix} 1 & 2 & -3 \\ 0 & -1 & 2 \\ 0 & 0 & 1 \end{pmatrix}$

7. (2021年数一7题) 设 $\boldsymbol{A}$、$\boldsymbol{B}$ 为 n 阶实矩阵, 下列不成立的是______.

(A) $R\begin{pmatrix} \boldsymbol{A} & \boldsymbol{O} \\ \boldsymbol{O} & \boldsymbol{A}^{\mathrm{T}}\boldsymbol{A} \end{pmatrix} = 2R(\boldsymbol{A})$

(B) $R\begin{pmatrix} \boldsymbol{A} & \boldsymbol{AB} \\ \boldsymbol{O} & \boldsymbol{A}^{\mathrm{T}} \end{pmatrix} = 2R(\boldsymbol{A})$

(C) $R\begin{pmatrix} \boldsymbol{A} & \boldsymbol{BA} \\ \boldsymbol{O} & \boldsymbol{AA}^{\mathrm{T}} \end{pmatrix} = 2R(\boldsymbol{A})$

(D) $R\begin{pmatrix} \boldsymbol{A} & \boldsymbol{O} \\ \boldsymbol{BA} & \boldsymbol{A}^{\mathrm{T}} \end{pmatrix} = 2R(\boldsymbol{A})$

8. (2022年数一15题) 已知矩阵 $\boldsymbol{A}$ 与 $\boldsymbol{E}-\boldsymbol{A}$ 可逆, 其中 $\boldsymbol{E}$ 为单位矩阵, 若矩阵 $\boldsymbol{B}$ 满足 $(\boldsymbol{E}-(\boldsymbol{E}-\boldsymbol{A})^{-1})\boldsymbol{B}=\boldsymbol{A}$, 则 $\boldsymbol{B}-\boldsymbol{A}=$______.

9. (2023年数二、数三22题) 设矩阵 $\boldsymbol{A}$ 满足: 对任意 x_1、x_2、x_3 均有

$$\boldsymbol{A}\begin{pmatrix} x_1 \\ x_2 \\ x_3 \end{pmatrix} = \begin{pmatrix} x_1+x_2+x_3 \\ 2x_1-x_2+x_3 \\ x_2-x_3 \end{pmatrix},$$

求矩阵 $\boldsymbol{A}$.

10. (2019年数一、数三21题) 已知矩阵 $\boldsymbol{A}=\begin{pmatrix} -2 & -2 & 1 \\ 2 & x & -2 \\ 0 & 0 & -2 \end{pmatrix}$ 与 $\boldsymbol{B}=\begin{pmatrix} 2 & 1 & 0 \\ 0 & -1 & 0 \\ 0 & 0 & y \end{pmatrix}$ 相似, 求 x、y.

2.8.3 数值实验: 矩阵及运算

一、实验目的

掌握利用MATLAB软件和Python软件计算矩阵加法、减法、乘方、转置、逆、秩和行列式的相关运算以及线性方程组的求解.矩阵运算符如表 2.2 所示.

二、实验内容与步骤

1. 利用MATLAB软件计算矩阵加法、减法以及乘方运算

(1) 输入矩阵$\boldsymbol{A}$和$\boldsymbol{B}$;

(2) 根据表2.2中相关的运算命令进行操作.

2. 利用Python软件计算矩阵加法、减法以及乘方运算

(1) 导入numpy库;

表 2.2　矩阵运算符

运算	MATLAB符号	Python符号
转置	A′	A.T
加与减	A + B与A − B	A + B与A − B
数与矩阵加减	k + A与k − A	k + A与k − A
数乘矩阵	k ∗ A与A ∗ k	k ∗ A与A ∗ k
矩阵乘法	A ∗ B	A@B
矩阵乘方	A^{k}	A ∗ ∗k
生成元素全为0的$m \times n$阶矩阵	zeros(m, n)	np.zeros((m, n))
生成元素全为1的$m \times n$阶矩阵	ones(m, n)	np.ones((m, n))
生成n阶单位矩阵	eye(n)	np.eye((n))
由向量$\boldsymbol{a}$的元素为对角线的对角矩阵	diag(a)	np.diagonal(a)
矩阵$\boldsymbol{A}$的秩	rank(A)	np.linalg.matrix_rank(A)
方阵$\boldsymbol{A}$的行列式	det(A)	numpy.linalg.det(A)
方阵$\boldsymbol{A}$的逆	inv(A)	np.linalg.inv(A)

(2) 根据表2.2中相关的运算命令进行操作.

3. 利用MATLAB软件计算矩阵的逆和秩的常用操作语句

(1) 输入矩阵$\boldsymbol{A}$;

(2) 根据表2.2中相关的运算命令进行操作.

4. 利用Python软件计算矩阵的逆和秩的常用操作语句

(1) 导入numpy库;

(2) 根据表2.2中相关的运算命令进行操作.

5. 利用MATLAB软件计算线性方程组的解，矩阵转置的行列式的常用操作语句

(1) 输入矩阵$\boldsymbol{A}$和$\boldsymbol{B}$;

(2) 求解线性方程组$\boldsymbol{Ax} = \boldsymbol{B}$的值$\boldsymbol{x} = \boldsymbol{A} \setminus \boldsymbol{B}$;

(3) 计算矩阵$\boldsymbol{A}$的转置$\boldsymbol{A}'$;

(4) 计算矩阵$\boldsymbol{A}$转置的行列式$a = \det(\boldsymbol{A}')$.

6. 利用Python软件计算线性方程组的解, 矩阵转置的行列式的常用操作语句

(1) 导入numpy库;

(2) 利用array函数创建矩阵$\boldsymbol{A}$;

(3) 计算线性方程组$\boldsymbol{Ax} = \boldsymbol{B}$的解x = np.linalg.inv(A)@B;

(4) 计算矩阵$\boldsymbol{A}$的转置B = [A[j][i] for j in range(len(A[0]))];

(5) 输出矩阵$\boldsymbol{B}$的行列式print(np.linalg.det(B)).

例 2.35　已知矩阵$\boldsymbol{A} = [1, 2; 3, 4]; \boldsymbol{B} = [4, 3; 2, 1]$,求$\boldsymbol{A} + \boldsymbol{B}$、$\boldsymbol{A} - \boldsymbol{B}$与$\boldsymbol{A}^3$.

【利用MATLAB求解】

(1) 输入矩阵$\boldsymbol{A}$.

```
>>A = [1  2 ;  3  4]
```

输出结果:

A=

1 2

3 4

(2) 输入矩阵$\boldsymbol{B}$.

>>B = [4 3 ; 2 1]

输出结果:

B=

4 3

2 1

(3) 求矩阵$\boldsymbol{A}+\boldsymbol{B}$的结果.

>>C = A + B

输出结果:

C=

5 5

5 5

(4) 求矩阵$\boldsymbol{A}-\boldsymbol{B}$的结果.

>>D = A − B

输出结果:

D=

−3 −1

1 3 (5) 求矩阵$\boldsymbol{A}^3$的结果.

>>E = A^3 输出结果:

E=

37 54

81 118

【利用Python求解】

(1) 导入numpy库.

>>import numpy as np

(2) 输入矩阵$\boldsymbol{A}$.

>>A = np.array([1, 2], [3, 4])

(3) 输入矩阵$\boldsymbol{B}$.

>>B = np.array([4, 3], [2, 1])

(4) 计算矩阵$\boldsymbol{A}+\boldsymbol{B}$.

>>C = def_add_(A, B)

(5) 计算矩阵$\boldsymbol{A}-\boldsymbol{B}$.

>>D = def_sub_(A, B)

(6) 计算矩阵$\boldsymbol{A}^3$.

>>E = A ∗ ∗3.

(7) 输出相关结果.

>>print(C)

5 5

5 5

```
>>print(D)
-3  -1
 1   3
>>print(E)
37  54
81  118
```

例 2.36 设矩阵$\boldsymbol{A}=\begin{bmatrix}1 & 2\\3 & 4\end{bmatrix}$，求矩阵$\boldsymbol{A}$的逆和秩.

【利用MATLAB求解】

(1) 输入矩阵$\boldsymbol{A}$.

```
>>A = [1  2 ; 3  4]
```

输出结果:

```
A=
1 2
3 4
```

(2) 计算矩阵$\boldsymbol{A}$的逆.

```
>>B = inv(A)
```

输出结果:

```
B=
-2    1
1.5  -0.5
```

(3) 计算矩阵$\boldsymbol{A}$的秩.

```
>>C = rank(A)
```

输出结果:

```
C=
2
```

【利用Python求解】

(1) 导入numpy库.

```
>>import numpy as np
```

(2) 输入矩阵$\boldsymbol{A}$.

```
>>A = np.array([1, 2], [3, 4])
```

(3) 计算矩阵$\boldsymbol{A}$的逆.

```
>>B = np.linalg.inv(A)
```

(4) 计算矩阵$\boldsymbol{A}$的秩.

```
>>C = np.linalg.matrix_rank(A)
```

(5) 输出相关结果.

```
>>print(B)
[[-2.   1.]
 [1.5  -0.5]]
>>print(C)
2
```

例 2.37 用矩阵求线性方程组$\begin{cases} x+2y=1 \\ 3x-2y=4 \end{cases}$的解.

【利用MATLAB求解】

(1) 输入矩阵$\boldsymbol{A}$.

>>A = [1 2 ; 3 −2]

输出结果:

A=

1 2

3 −2

(2) 输入矩阵$\boldsymbol{B}$.

>>B = [1 ; 4]

输出结果:

B=

1

4

(3) 求解线性方程组$\boldsymbol{Ax}=\boldsymbol{B}$的值.

>>x = A \ B

输出结果:

x=

1.2500

−0.1250

【利用Python求解】

(1) 导入numpy库.

>>import numpy as np

(2) 输入矩阵$\boldsymbol{A}$.

>>A = np.array([1, 2], [3, −2])

(3) 输入矩阵$\boldsymbol{B}$.

>>B = np.array([1, 4])

(4) 计算线性方程组$\boldsymbol{Ax}=\boldsymbol{B}$的解.

>>x = np.linalg.inv(A)@B

(5) 输出相关结果.

>>print('x=',x[0],'y=',x[1])

1.2500

−0.1250

例 2.38 求矩阵$\boldsymbol{A}=\begin{pmatrix}1 & 2\\3 & 4\end{pmatrix}$转置的行列式.

【利用MATLAB求解】

(1) 输入矩阵$\boldsymbol{A}$.

>>A = [1 2; 3 4]

输出结果:

A= 1 2 3 4

(2) 计算矩阵$\boldsymbol{A}$的转置.

>>A'.

输出结果:

A'=

1 3

2 4

(3) 计算矩阵$\boldsymbol{A}$转置的行列式.

>>a = det(A')

输出结果:

a=

−2

【利用Python求解】

(1) 导入numpy库.

>>import numpy as np

(2) 输入矩阵$\boldsymbol{A}$.

>>A = np.array([1, 2], [3, 4])

(3) 求矩阵$\boldsymbol{A}$的转置$\boldsymbol{B}$.

>>B = [A[j][i] for j in range(len(A[0]))]

(4) 求矩阵$\boldsymbol{B}$的行列式.

>>print(np.linalg.det(B))

(5) 输出相关结果.

>>print(a)

−2

第3章　向量组的线性相关性与线性方程组

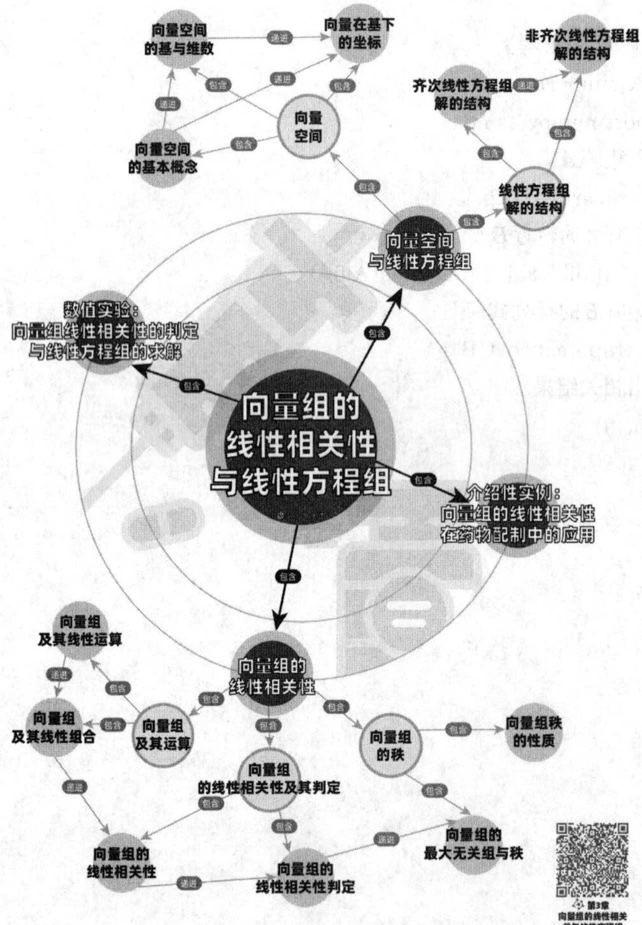

介绍性实例: 向量组的线性相关性在药物配制中的应用

中医药文化是中华优秀传统文化的重要组成部分, 有着数千年的悠久历史, 其底蕴十分丰富. 随着人类的进化, 人们开始有目的地寻找防治疾病的药物和方法, “神农尝百草”就是当时情景的真实写照. 秦汉时代的中药典籍《黄帝内经》标志着中医药从单纯的经验积累发展到了系统理论总结阶段, 形成了中医药理论体系框架. 汉代的《神农本草经》系统地总结了大量的草药信息, 是我国最早的一部中药学专著. 明代李时珍的《本草纲目》首次对药用动、植、矿物进行了科学分类, 并对它们的性味、功效、用法等进行了详细描述, 是我国历史上最为权威的药物学著作之一. 经过数千年的发展, 当代中医药在传统理论和实践的基础上不断创新发展, 已形成具有中国特色的医疗体系, 其理念和方法在全球范围内受到越来越多的关注和研究.

在中药研制过程中, 稀缺或脱销药材的配置是一个关键问题, 可以利用向量组的线性相关性来解决. 现将问题简化如下: 某中药厂用4种中草药 (A, B, C, D), 根据不同的比例配置成4种治疗发烧的中成药. 这些中成药的成分和具体用量见表 3.1 . 武汉市的一家医院打算购置这4种中成药, 然而药厂的3号和4号中成药已售罄. 现在的问题是能否用1号和2号中成药配制出这两种脱销的药品?

表3.1 中成药的成分以及用量表 (单位: g)

中草药	1号中成药	2号中成药	3号中成药	4号中成药
中草药A	10	30	20	40
中草药B	20	40	30	50
中草药C	50	30	40	50
中草药D	10	50	30	100

把每一种中成药所包含的各中草药的量看成一个四维列向量$\boldsymbol{\alpha}_i(i=1,2,3,4)$, 问题转化为分析4个列向量

$$\boldsymbol{\alpha}_1=\begin{pmatrix}10\\20\\50\\10\end{pmatrix},\ \boldsymbol{\alpha}_2=\begin{pmatrix}30\\40\\30\\50\end{pmatrix},\ \boldsymbol{\alpha}_3=\begin{pmatrix}20\\30\\40\\30\end{pmatrix},\ \boldsymbol{\alpha}_4=\begin{pmatrix}40\\50\\50\\100\end{pmatrix}$$

构成的向量组的线性相关性. 若向量组线性相关并且能找到不含$\boldsymbol{\alpha}_3(\boldsymbol{\alpha}_4)$的最大线性无关组, 那么就可以配制3号(4号)中成药, 否则不能配制.

通过本章的学习, 可得$\boldsymbol{\alpha}_1,\boldsymbol{\alpha}_2$为向量组$\boldsymbol{\alpha}_1,\boldsymbol{\alpha}_2,\boldsymbol{\alpha}_3$的一个极大线性无关组, 并且$\boldsymbol{\alpha}_3=\dfrac{1}{2}\boldsymbol{\alpha}_1+\dfrac{1}{2}\boldsymbol{\alpha}_2$, 于是可以配制脱销的3号中成药. $\boldsymbol{\alpha}_1$, $\boldsymbol{\alpha}_2$, $\boldsymbol{\alpha}_4$线性无关, 因此, 不能配制4号中成药.

通过上述药物配置的实例, 可以清楚地看到向量组的线性相关性在日常生活中的重要应用. 不仅如此, 在众多科学领域, 诸如飞机制造、桥梁构建规划、城市交通设计、石油资源勘探及经济管理等方面, 其应用都极为广泛. 本章内容主要包括向量组的基本概念以及线性表示, 向量组的线性相关性, 向量组秩的定义及其重要性质，以及向量空间的概念. 同时, 对线性方程组解的结构进行了全面深入的讨论.

3.1 向量组及其运算

3.1.1 向量组及其线性运算

n维向量的概念是一般意义上的平面与空间中向量的自然推广.在平面和空间中, 如力、速度、加速度等都是既有大小又有方向的量, 称之为向量. 在平面直角坐标系中, 以原点O为起点, 点$P(x,y)$为终点的向量$\overrightarrow{OP}$(图3.1)可以用二元有序数组(x,y)表示, 称为二维向量,记为$\boldsymbol{\alpha}=(x,y)$. 在空间直角坐标系中, 以原点$O$ 为起点, 点$P(x,y,z)$ 为终点的向量$\overrightarrow{OP}$ 可以用三元有序数组(x,y,z)表示, 称为三维向量, 记为$\boldsymbol{\alpha}=(x,y,z)$(图3.2).

相应地, 可以把向量的概念推广到基于任何数域F内的n元有序数组, 具体介绍如下.

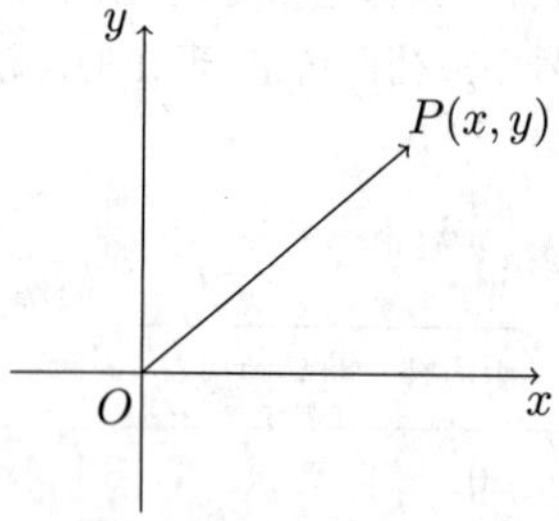

图 3.1 二维向量

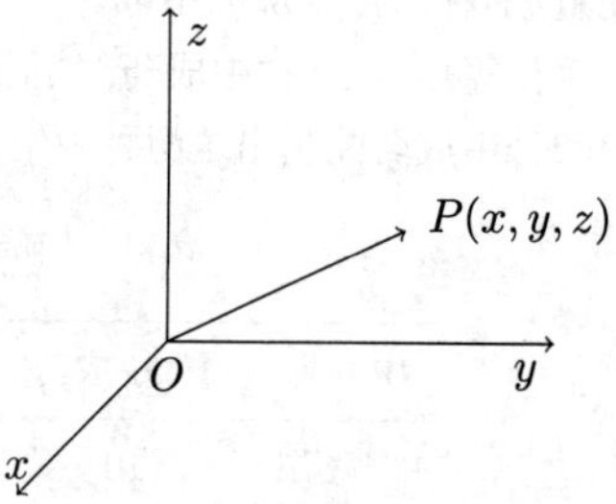

图 3.2 三维向量

定义 3.1 数域F内的n个数$a_1,a_2,\cdots,a_n$组成的有序数组称为数域F内的n维向量, 这n个数$a_1,a_2,\cdots,a_n$ 称为该向量的n个分量, 第i个数 a_i称为向量的第i个分量.

分量全是实数的向量称为**实向量**, 分量为复数的向量称为**复向量**, 本书除特别指明外, 一般只讨论实向量.

n维向量可以写成一行, 记作$\boldsymbol{\alpha}=(a_1,a_2,\cdots,a_n)$, 称为**行向量**, 也就是行矩阵, 通常用$\boldsymbol{a}^{\mathrm{T}}$、$\boldsymbol{b}^{\mathrm{T}}$、$\boldsymbol{\alpha}^{\mathrm{T}}$、$\boldsymbol{\beta}^{\mathrm{T}}$来表示; n维向量也可写成一列, 记作 $\boldsymbol{\alpha}=\begin{pmatrix}a_1\\a_2\\\vdots\\a_n\end{pmatrix}$, 称为**列向量**, 也就是列矩阵, 通常用$\boldsymbol{a}$、$\boldsymbol{b}$、$\boldsymbol{\alpha}$、$\boldsymbol{\beta}$来表示.

本书中用小写的黑体字母$\boldsymbol{a}$、$\boldsymbol{b}$、$\boldsymbol{\alpha}$、$\boldsymbol{\beta}$等来表示列向量, 用$\boldsymbol{a}^{\mathrm{T}}$、$\boldsymbol{b}^{\mathrm{T}}$、$\boldsymbol{\alpha}^{\mathrm{T}}$、$\boldsymbol{\beta}^{\mathrm{T}}$等来表示行向量. 所讨论的向量在没有指明是行向量还是列向量时, 都当作列向量.

定义 3.2 如果n维向量$\boldsymbol{\alpha}=(a_1,a_2,\cdots,a_n)$, $\boldsymbol{\beta}=(b_1,b_2,\cdots,b_n)$ 的对应分量都相等, 即$a_i=b_i(i=1,2,\cdots,n)$, 就称这两个向量是相等的, 记作$\boldsymbol{\alpha}=\boldsymbol{\beta}$.

由于n维行向量和n维列向量就是行矩阵和列矩阵, 因此规定行向量和列向量都按矩阵的运算规则进行运算. 设$\boldsymbol{\alpha}^{\mathrm{T}}=(a_1,a_2,\cdots,a_n)$,$\boldsymbol{\beta}^{\mathrm{T}}=(b_1,b_2,\cdots,b_n)$,$\lambda$是实数, 则有:

向量加法

$$\boldsymbol{\gamma}=\boldsymbol{\alpha}+\boldsymbol{\beta}=\begin{pmatrix}a_1+b_1\\a_2+b_2\\\vdots\\a_n+b_n\end{pmatrix},\tag{3.1}$$

或者

$$\boldsymbol{\alpha}^{\mathrm{T}}+\boldsymbol{\beta}^{\mathrm{T}}=(a_1+b_1,a_2+b_2,\cdots,a_n+b_n).\tag{3.2}$$

数乘向量

$$\lambda\boldsymbol{\alpha}=\begin{pmatrix}\lambda a_1\\\lambda a_2\\\vdots\\\lambda a_n\end{pmatrix},$$

或者

$$\lambda\boldsymbol{\alpha}^{\mathrm{T}}=(\lambda a_1,\lambda a_2,\cdots,\lambda a_n).$$

向量的加法和数乘运算统称为向量的**线性运算**.

3.1.2 向量组及其线性组合

定义 3.3 若干个同维数的列向量 (或同维数的行向量)所组成的集合称为向量组.

例如

$$\boldsymbol{\alpha}_1=\begin{pmatrix}1\\1\\0\end{pmatrix},\ \boldsymbol{\alpha}_2=\begin{pmatrix}2\\1\\3\end{pmatrix},\ \boldsymbol{\alpha}_3=\begin{pmatrix}-1\\2\\1\end{pmatrix}$$

是3个三维列向量, 可以构成一个向量组, 但

$$\boldsymbol{\alpha}_1=\begin{pmatrix}1\\1\\0\end{pmatrix},\ \boldsymbol{\alpha}_2=\begin{pmatrix}2\\1\\3\end{pmatrix},\ \boldsymbol{\alpha}_3=\begin{pmatrix}-1\\2\end{pmatrix}$$

就不能构成向量组, 因为3个向量的维数不相同.

再如矩阵

$$\boldsymbol{A}=\begin{pmatrix}a_{11}&a_{12}&\cdots&a_{1n}\\a_{21}&a_{22}&\cdots&a_{2n}\\\vdots&\vdots&&\vdots\\a_{m1}&a_{m2}&\cdots&a_{mn}\end{pmatrix}$$

按列分块,可得到n个m 维列向量

$$\boldsymbol{\alpha}_1=\begin{pmatrix}a_{11}\\a_{21}\\\vdots\\a_{m1}\end{pmatrix},\ \boldsymbol{\alpha}_2=\begin{pmatrix}a_{12}\\a_{22}\\\vdots\\a_{m2}\end{pmatrix},\cdots,\ \boldsymbol{\alpha}_n=\begin{pmatrix}a_{1n}\\a_{2n}\\\vdots\\a_{mn}\end{pmatrix},$$

它们组成的向量组$\boldsymbol{\alpha}_1,\boldsymbol{\alpha}_2,\cdots,\boldsymbol{\alpha}_n$称为矩阵$\boldsymbol{A}$的**列向量组**，同样矩阵$\boldsymbol{A}$按行分块,可得到$m$个$n$维行向量

$$\begin{aligned}\boldsymbol{\alpha}_1^{\mathrm{T}}&=\left(a_{11},a_{12},\cdots,a_{1n}\right),\\\boldsymbol{\alpha}_2^{\mathrm{T}}&=\left(a_{21},a_{22},\cdots,a_{2n}\right),\\&\cdots\cdots,\\\boldsymbol{\alpha}_m^{\mathrm{T}}&=\left(a_{m1},a_{m2},\cdots,a_{mn}\right),\end{aligned}$$

它们组成的向量组$\boldsymbol{\alpha}_1^{\mathrm{T}},\boldsymbol{\alpha}_2^{\mathrm{T}},\cdots,\boldsymbol{\alpha}_m^{\mathrm{T}}$ 称为矩阵$\boldsymbol{A}$的**行向量组**.

反之,由有限个向量所组成的向量组可以构成一个矩阵. 例如, 由m个n维列向量所组成的向量组$\boldsymbol{\alpha}_1,\boldsymbol{\alpha}_2,\cdots,\boldsymbol{\alpha}_m$构成一个$n\times m$矩阵 $\boldsymbol{A}=\left(\boldsymbol{\alpha}_1,\boldsymbol{\alpha}_2,\cdots,\boldsymbol{\alpha}_m\right)$; 由$m$个$n$维行向量所组成的向量组$\boldsymbol{\beta}_1^{\mathrm{T}},\boldsymbol{\beta}_2^{\mathrm{T}},\cdots,\boldsymbol{\beta}_m^{\mathrm{T}}$ 构成一个$m\times n$矩阵 $\boldsymbol{B}=\begin{pmatrix}\boldsymbol{\beta}_1^{\mathrm{T}}\\\boldsymbol{\beta}_2^{\mathrm{T}}\\\vdots\\\boldsymbol{\beta}_m^{\mathrm{T}}\end{pmatrix}$.

一般说来,一个矩阵可以构成一个有序的向量组, 而一个有序的向量组也可以构成一个矩阵. 因此,矩阵与含有有限个向量的有序向量组存在一一对应关系.

下面先讨论只含有有限个向量的向量组, 以后再把讨论的结果推广到含无限多个向量的向量组.

定义 3.4 给定向量组$\boldsymbol{A}:\boldsymbol{\alpha}_1,\boldsymbol{\alpha}_2,\cdots,\boldsymbol{\alpha}_m$, 对于任何一组实数$k_1,k_2,\cdots,k_m$, 向量$k_1\boldsymbol{\alpha}_1+k_2\boldsymbol{\alpha}_2+\cdots+k_m\boldsymbol{\alpha}_m$ 称为向量组$\boldsymbol{A}$ 的一个**线性组合**,系数$k_1,k_2,\cdots,k_m$ 称为这个线性组合的**系数**.

定义 3.5 给定n维向量组$\boldsymbol{A}:\boldsymbol{\alpha}_1,\boldsymbol{\alpha}_2,\cdots,\boldsymbol{\alpha}_m$和$n$维向量$\boldsymbol{\beta}$, 如果存在一组数 k_1, $k_2,\cdots,k_m$, 使得$\boldsymbol{\beta}=k_1\boldsymbol{\alpha}_1+k_2\boldsymbol{\alpha}_2+\cdots+k_m\boldsymbol{\alpha}_m$, 则向量$\boldsymbol{\beta}$是**向量组$\boldsymbol{A}$ 的线性组合**, 也称向量$\boldsymbol{\beta}$能由**向量组$\boldsymbol{A}$ 线性表示**.

例如, 有三维向量组$\boldsymbol{e}_1=\begin{pmatrix}1\\0\\0\end{pmatrix}$, $\boldsymbol{e}_2=\begin{pmatrix}0\\1\\0\end{pmatrix}$, $\boldsymbol{e}_3=\begin{pmatrix}0\\0\\1\end{pmatrix}$及向量$\boldsymbol{\alpha}=\begin{pmatrix}2\\-1\\3\end{pmatrix}$,则

$$\boldsymbol{\alpha}=\begin{pmatrix}2\\-1\\3\end{pmatrix}=2\begin{pmatrix}1\\0\\0\end{pmatrix}-\begin{pmatrix}0\\1\\0\end{pmatrix}+3\begin{pmatrix}0\\0\\1\end{pmatrix}=2\boldsymbol{e}_1-\boldsymbol{e}_2+3\boldsymbol{e}_3,$$

即$\boldsymbol{\alpha}$ 能由向量组$\boldsymbol{e}_1,\boldsymbol{e}_2,\boldsymbol{e}_3$线性表示.

那么, 对于一般的n维向量组$\boldsymbol{A}:\boldsymbol{\alpha}_1,\boldsymbol{\alpha}_2,\cdots,\boldsymbol{\alpha}_m$和$n$维向量$\boldsymbol{\beta}$, 如何判断向量$\boldsymbol{\beta}$ 是否能由向量组$\boldsymbol{A}$线性表示?

前面已经介绍过,对于非齐次线性方程组

$$\begin{cases}a_{11}x_1+a_{12}x_2+\cdots+a_{1m}x_m=b_1,\\a_{21}x_1+a_{22}x_2+\cdots+a_{2m}x_m=b_2,\\\qquad\cdots\cdots\\a_{n1}x_1+a_{n2}x_2+\cdots+a_{nm}x_m=b_n,\end{cases}$$

可以写成矩阵的形式

$$\boldsymbol{A}\boldsymbol{x}=\boldsymbol{\beta}$$

即

$$\begin{pmatrix} a_{11} & a_{12} & \cdots & a_{1m} \\ a_{21} & a_{22} & \cdots & a_{2m} \\ \vdots & \vdots & & \vdots \\ a_{n1} & a_{n2} & \cdots & a_{nm} \end{pmatrix}\begin{pmatrix} x_1 \\ x_2 \\ \vdots \\ x_m \end{pmatrix}=\begin{pmatrix} b_1 \\ b_2 \\ \vdots \\ b_n \end{pmatrix},$$

其中

$$\boldsymbol{A}=\begin{pmatrix} a_{11} & a_{12} & \cdots & a_{1m} \\ a_{21} & a_{22} & \cdots & a_{2m} \\ \vdots & \vdots & & \vdots \\ a_{n1} & a_{n2} & \cdots & a_{nm} \end{pmatrix},\boldsymbol{x}=\begin{pmatrix} x_1 \\ x_2 \\ \vdots \\ x_m \end{pmatrix},\boldsymbol{\beta}=\begin{pmatrix} b_1 \\ b_2 \\ \vdots \\ b_n \end{pmatrix}.$$

如果把系数矩阵$\boldsymbol{A}$按列分块, 即$\boldsymbol{A}=(\boldsymbol{\alpha}_1,\boldsymbol{\alpha}_2,\cdots,\boldsymbol{\alpha}_m)$,则方程组可以进一步用向量组的形式表示为

$$(\boldsymbol{\alpha}_1,\boldsymbol{\alpha}_2,\cdots,\boldsymbol{\alpha}_m)\begin{pmatrix} x_1 \\ x_2 \\ \vdots \\ x_m \end{pmatrix}=\boldsymbol{\beta},$$

即

$$x_1\boldsymbol{\alpha}_1+x_2\boldsymbol{\alpha}_2+\cdots+x_m\boldsymbol{\alpha}_m=\boldsymbol{\beta}. \tag{3.3}$$

如果方程 (3.3) 有解, 设$x_1=k_1,x_2=k_2,\cdots,x_m=k_m$是它的一个解, 则

$$k_1\boldsymbol{\alpha}_1+k_2\boldsymbol{\alpha}_2+\cdots+k_m\boldsymbol{\alpha}_m=\boldsymbol{\beta}.$$

也就是说向量$\boldsymbol{\beta}$可由向量组$\boldsymbol{A}:\boldsymbol{\alpha}_1,\boldsymbol{\alpha}_2,\cdots,\boldsymbol{\alpha}_m$ 线性表示;反之,若向量$\boldsymbol{\beta}$ 可由向量组$\boldsymbol{A}:\boldsymbol{\alpha}_1,\boldsymbol{\alpha}_2,\cdots,\boldsymbol{\alpha}_m$ 线性表示, 则表示的系数就是线性方程组 (3.3) 的解. 因此, 根据线性方程组(3.3) 是否有解就可以判断$\boldsymbol{\beta}$可否由向量组$\boldsymbol{A}:\boldsymbol{\alpha}_1,\boldsymbol{\alpha}_2,\cdots,\boldsymbol{\alpha}_m$ 线性表示. 而方程组$x_1\boldsymbol{\alpha}_1+x_2\boldsymbol{\alpha}_2+\cdots+x_m\boldsymbol{\alpha}_m=\boldsymbol{\beta}$有解的充分必要条件为

$$R(\boldsymbol{A})=R(\boldsymbol{\alpha}_1,\boldsymbol{\alpha}_2,\cdots,\boldsymbol{\alpha}_m)=R(\boldsymbol{B})=R(\boldsymbol{\alpha}_1,\boldsymbol{\alpha}_2,\cdots,\boldsymbol{\alpha}_m,\boldsymbol{\beta}).$$

从而有下面的重要结论:

定理 3.1 向量$\boldsymbol{\beta}$ 能由向量组$\boldsymbol{A}:\boldsymbol{\alpha}_1,\boldsymbol{\alpha}_2,\cdots,\boldsymbol{\alpha}_m$ 线性表示的充分必要条件是矩阵$\boldsymbol{A}=(\boldsymbol{\alpha}_1,\boldsymbol{\alpha}_2,\cdots,\boldsymbol{\alpha}_m)$的秩等于矩阵$\boldsymbol{B}=(\boldsymbol{\alpha}_1,\boldsymbol{\alpha}_2,\cdots,\boldsymbol{\alpha}_m,\boldsymbol{\beta})$的秩, 即$R(\boldsymbol{A})=R(\boldsymbol{B})$.

例 3.1 设 $\boldsymbol{\alpha}_1=(1,2,-1,3)^{\mathrm{T}},\boldsymbol{\alpha}_2=(2,4,-2,6)^{\mathrm{T}},\boldsymbol{\alpha}_3=(2,-1,1,-3)^{\mathrm{T}},\boldsymbol{\beta}_1=(4,3,0,3)^{\mathrm{T}},\boldsymbol{\beta}_2=(4,3,-1,3)^{\mathrm{T}}$, 试判断向量$\boldsymbol{\beta}_1$与$\boldsymbol{\beta}_2$能否由向量组$\boldsymbol{\alpha}_1,\boldsymbol{\alpha}_2,\boldsymbol{\alpha}_3$线性表示? 如果能, 写出线性表示式.

解 因为

$$(\boldsymbol{\alpha}_1,\boldsymbol{\alpha}_2,\boldsymbol{\alpha}_3,\boldsymbol{\beta}_1)=\begin{pmatrix}1&2&2&4\\2&4&-1&3\\-1&-2&1&0\\3&6&-3&3\end{pmatrix}\xrightarrow[r_4-3r_1]{\substack{r_2-2r_1\\r_3+r_1}}\begin{pmatrix}1&2&2&4\\0&0&-5&-5\\0&0&3&4\\0&0&-9&-9\end{pmatrix}$$

$$\xrightarrow[r_4-\frac{9}{5}r_2]{r_3+\frac{3}{5}r_2}\begin{pmatrix}1&2&2&4\\0&0&-5&-5\\0&0&0&1\\0&0&0&0\end{pmatrix},$$

所以$R(\boldsymbol{\alpha}_1,\boldsymbol{\alpha}_2,\boldsymbol{\alpha}_3,\boldsymbol{\beta}_1)=3$, 又最后一个矩阵的前3列是由矩阵$(\boldsymbol{\alpha}_1,\boldsymbol{\alpha}_2,\boldsymbol{\alpha}_3)$经初等行变换变来的, 所以

$$R(\boldsymbol{\alpha}_1,\boldsymbol{\alpha}_2,\boldsymbol{\alpha}_3)=R\begin{pmatrix}1&2&2\\0&0&-5\\0&0&0\\0&0&0\end{pmatrix}=2,$$

因此$R(\boldsymbol{\alpha}_1,\boldsymbol{\alpha}_2,\boldsymbol{\alpha}_3,\boldsymbol{\beta}_1)\neq R(\boldsymbol{\alpha}_1,\boldsymbol{\alpha}_2,\boldsymbol{\alpha}_3)$, 故$\boldsymbol{\beta}_1$不能由向量组$\boldsymbol{\alpha}_1,\boldsymbol{\alpha}_2,\boldsymbol{\alpha}_3$ 线性表示.

因为

$$(\boldsymbol{\alpha}_1,\boldsymbol{\alpha}_2,\boldsymbol{\alpha}_3,\boldsymbol{\beta}_2)\ =\begin{pmatrix}1&2&2&4\\2&4&-1&3\\-1&-2&1&-1\\3&6&-3&3\end{pmatrix}$$

$$\xrightarrow[r_4-3r_1]{\substack{r_2-2r_1\\r_3+r_1}}\begin{pmatrix}1&2&2&4\\0&0&-5&-5\\0&0&3&3\\0&0&-9&-9\end{pmatrix}$$

$$\xrightarrow[\substack{r_4+9r_2\\r_1-2r_2}]{\substack{r_2\div(-5)\\r_3-3r_2}}\begin{pmatrix}1&2&0&2\\0&0&1&1\\0&0&0&0\\0&0&0&0\end{pmatrix}$$

所以$R(\boldsymbol{\alpha}_1,\boldsymbol{\alpha}_2,\boldsymbol{\alpha}_3,\boldsymbol{\beta}_1)=R(\boldsymbol{\alpha}_1,\boldsymbol{\alpha}_2,\boldsymbol{\alpha}_3)=2$, 故$\boldsymbol{\beta}_2$能由向量组$\boldsymbol{\alpha}_1,\boldsymbol{\alpha}_2,\boldsymbol{\alpha}_3$ 线性表示, 且对应的方程组为

$$\begin{cases}x_1=-2x_2+2,\\x_3=1.\end{cases}$$

令$x_2=1$, 得方程组的一个解为

$$\begin{cases}x_1=0,\\x_2=1,\\x_3=1,\end{cases}$$

则$\boldsymbol{\beta}_2$可由向量组$\boldsymbol{\alpha}_1,\boldsymbol{\alpha}_2,\boldsymbol{\alpha}_3$线性表示为$\boldsymbol{\beta}_2=\boldsymbol{\alpha}_2+\boldsymbol{\alpha}_3$. 令$x_2=2$, 得方程组的一个解为

$$\begin{cases}x_1=-2,\\x_2=2,\\x_3=1,\end{cases}$$

则$\boldsymbol{\beta}_2$可由向量组$\boldsymbol{\alpha}_1,\boldsymbol{\alpha}_2,\boldsymbol{\alpha}_3$线性表示为$\boldsymbol{\beta}_2=-2\boldsymbol{\alpha}_1+2\boldsymbol{\alpha}_2+\boldsymbol{\alpha}_3$. 显然$\boldsymbol{\beta}_2$由向量组$\boldsymbol{\alpha}_1,\boldsymbol{\alpha}_2,\boldsymbol{\alpha}_3$线性表示且表示不唯一.

定义 3.6 设有两个向量组$\boldsymbol{A}:\boldsymbol{\alpha}_1,\boldsymbol{\alpha}_2,\cdots,\boldsymbol{\alpha}_m$及$\boldsymbol{B}:\boldsymbol{\beta}_1,\boldsymbol{\beta}_2,\cdots,\boldsymbol{\beta}_s$, 若$\boldsymbol{B}$组中的每个向量都能由向量组$\boldsymbol{A}$线性表示, 则称向量组$\boldsymbol{B}$能由向量组$\boldsymbol{A}$线性表示.

设向量组$\boldsymbol{A}$与$\boldsymbol{B}$所构成的矩阵依次记为$\boldsymbol{A}=(\boldsymbol{\alpha}_1,\boldsymbol{\alpha}_2,\cdots,\boldsymbol{\alpha}_m)$和$\boldsymbol{B}=(\boldsymbol{\beta}_1,\boldsymbol{\beta}_2,\cdots,\boldsymbol{\beta}_s)$, 如果$\boldsymbol{B}$ 组能由$\boldsymbol{A}$ 组线性表示, 根据定义3.6, 对于$\boldsymbol{B}$ 组每个向量$\boldsymbol{\beta}_j(j=1,2,\cdots,s)$, 都存在一组数$k_{1j},k_{2j},\cdots,k_{mj}$, 使得

$$\boldsymbol{\beta}_j=k_{1j}\boldsymbol{\alpha}_1+k_{2j}\boldsymbol{\alpha}_2+\cdots+k_{mj}\boldsymbol{\alpha}_m=(\boldsymbol{\alpha}_1,\boldsymbol{\alpha}_2,\cdots,\boldsymbol{\alpha}_m)\begin{pmatrix}k_{1j}\\k_{2j}\\\vdots\\k_{mj}\end{pmatrix},$$

从而

$$(\boldsymbol{\beta}_1,\boldsymbol{\beta}_2,\cdots,\boldsymbol{\beta}_s)=(\boldsymbol{\alpha}_1,\boldsymbol{\alpha}_2,\cdots,\boldsymbol{\alpha}_m)\begin{pmatrix}k_{11}&k_{12}&\cdots&k_{1s}\\k_{21}&k_{22}&\cdots&k_{2s}\\\vdots&\vdots&&\vdots\\k_{m1}&k_{m2}&\cdots&k_{ms}\end{pmatrix},$$

这里$\boldsymbol{K}=(k_{ij})_{m\times s}$称为这一线性表示的系数矩阵. 即向量组$\boldsymbol{B}:\boldsymbol{\beta}_1,\boldsymbol{\beta}_2,\cdots,\boldsymbol{\beta}_s$能由向量组$\boldsymbol{A}:\boldsymbol{\alpha}_1,\boldsymbol{\alpha}_2,\cdots,\boldsymbol{\alpha}_m$线性表示的充分必要条件为, 存在矩阵$\boldsymbol{K}=(k_{ij})_{m\times s}$使得$\boldsymbol{B}=\boldsymbol{AK}$.

定义 3.7 如果向量组$\boldsymbol{\alpha}_1,\boldsymbol{\alpha}_2,\cdots,\boldsymbol{\alpha}_t$和向量组$\boldsymbol{\beta}_1,\boldsymbol{\beta}_2,\cdots,\boldsymbol{\beta}_s$可以相互线性表示, 就称它们等价.

由定义知, 每一个向量组都可以由它自身线性表示. 同时, 如果向量组 $\boldsymbol{\alpha}_1,\boldsymbol{\alpha}_2,\cdots,\boldsymbol{\alpha}_t$可以由向量组$\boldsymbol{\beta}_1,\boldsymbol{\beta}_2,\cdots,\boldsymbol{\beta}_s$线性表示, 向量组$\boldsymbol{\beta}_1,\boldsymbol{\beta}_2,\cdots,\boldsymbol{\beta}_s$可以由向量组$\gamma_1,\gamma_2,\cdots,\gamma_p$ 线性表示, 那么向量组$\boldsymbol{\alpha}_1,\boldsymbol{\alpha}_2,\cdots,\boldsymbol{\alpha}_t$可以由向量组$\gamma_1,\gamma_2,\cdots,\gamma_p$线性表示. 所以, 向量组之间的等价具有以下性质:

(1) 反身性: 每一个向量组都与它自身等价.

(2) 对称性: 如果向量组$\boldsymbol{\alpha}_1,\boldsymbol{\alpha}_2,\cdots,\boldsymbol{\alpha}_t$与$\boldsymbol{\beta}_1,\boldsymbol{\beta}_2,\cdots,\boldsymbol{\beta}_s$等价, 那么向量组 $\boldsymbol{\beta}_1,\boldsymbol{\beta}_2,\cdots,\boldsymbol{\beta}_s$与 $\boldsymbol{\alpha}_1,\boldsymbol{\alpha}_2,\cdots,\boldsymbol{\alpha}_t$等价.

(3) 传递性: 如果向量组$\boldsymbol{\alpha}_1,\boldsymbol{\alpha}_2,\cdots,\boldsymbol{\alpha}_t$与$\boldsymbol{\beta}_1,\boldsymbol{\beta}_2,\cdots,\boldsymbol{\beta}_s$ 等价, $\boldsymbol{\beta}_1,\boldsymbol{\beta}_2,\cdots,\boldsymbol{\beta}_s$与 $\gamma_1,\gamma_2,\cdots,\gamma_p$等价, 那么向量组$\boldsymbol{\alpha}_1,\boldsymbol{\alpha}_2,\cdots,\boldsymbol{\alpha}_t$与$\gamma_1,\gamma_2,\cdots,\gamma_p$等价.

因为向量组$B:\boldsymbol{\beta}_1,\boldsymbol{\beta}_2,\cdots,\boldsymbol{\beta}_t$能由向量组$A:\boldsymbol{\alpha}_1,\boldsymbol{\alpha}_2,\cdots,\boldsymbol{\alpha}_s$线性表示的充分必要条件为, 存在矩阵$\boldsymbol{K}_{m\times s}=(k_{ij})$使得$\boldsymbol{B}=\boldsymbol{AK}$, 即矩阵方程$\boldsymbol{B}=\boldsymbol{AK}$有解. 因此有下面重要结论:

定理 3.2 向量组$\boldsymbol{\beta}_1,\boldsymbol{\beta}_2,\cdots,\boldsymbol{\beta}_t$能由向量组$\boldsymbol{\alpha}_1,\boldsymbol{\alpha}_2,\cdots,\boldsymbol{\alpha}_s$线性表示的充分必要条件是矩阵$\boldsymbol{A}=(\boldsymbol{\alpha}_1,\boldsymbol{\alpha}_2,\cdots,\boldsymbol{\alpha}_s)$的秩等于矩阵 $(\boldsymbol{A},\boldsymbol{B})=(\boldsymbol{\alpha}_1,\boldsymbol{\alpha}_2,\cdots,\boldsymbol{\alpha}_s,\boldsymbol{\beta}_1,\boldsymbol{\beta}_2,\cdots,\boldsymbol{\beta}_t)$的秩, 即$R(\boldsymbol{A})=R(\boldsymbol{A},\boldsymbol{B})$.

证明 向量$\boldsymbol{\beta}_1$可由向量组$\boldsymbol{\alpha}_1,\boldsymbol{\alpha}_2,\cdots,\boldsymbol{\alpha}_s$ 线性表示, 则存在一组数$k_1,k_2,\cdots,k_s$ 使

得$\boldsymbol{\beta}_1 = k_1\boldsymbol{\alpha}_1 + k_2\boldsymbol{\alpha}_2 + \cdots + k_s\boldsymbol{\alpha}_s$, 其充分必要条件为

$$R(\boldsymbol{\alpha}_1, \boldsymbol{\alpha}_2, \cdots, \boldsymbol{\alpha}_s) = R(\boldsymbol{\alpha}_1, \boldsymbol{\alpha}_2, \cdots, \boldsymbol{\alpha}_s, \boldsymbol{\beta}_1). \tag{3.4}$$

向量$\boldsymbol{\beta}_2$可由向量组$\boldsymbol{\alpha}_1, \boldsymbol{\alpha}_2, \cdots, \boldsymbol{\alpha}_s$线性表示, 则存在一组数$l_1, l_2, \cdots, l_s$使得

$$\boldsymbol{\beta}_2 = l_1\boldsymbol{\alpha}_1 + l_2\boldsymbol{\alpha}_2 + \cdots + l_s\boldsymbol{\alpha}_s = l_1\boldsymbol{\alpha}_1 + l_2\boldsymbol{\alpha}_2 + \cdots + l_s\boldsymbol{\alpha}_s + 0\boldsymbol{\beta}_1,$$

因此向量$\boldsymbol{\beta}_2$可由向量组 $\boldsymbol{\alpha}_1, \boldsymbol{\alpha}_2, \cdots, \boldsymbol{\alpha}_s, \boldsymbol{\beta}_1$线性表示, 其充分必要条件为

$$R(\boldsymbol{\alpha}_1, \boldsymbol{\alpha}_2, \cdots, \boldsymbol{\alpha}_s, \boldsymbol{\beta}_1) = R(\boldsymbol{\alpha}_1, \boldsymbol{\alpha}_2, \cdots, \boldsymbol{\alpha}_s, \boldsymbol{\beta}_1, \boldsymbol{\beta}_2). \tag{3.5}$$

由式(3.4)和式(3.5)得向量$\boldsymbol{\beta}_1, \boldsymbol{\beta}_2$可由向量组$\boldsymbol{\alpha}_1, \boldsymbol{\alpha}_2, \cdots, \boldsymbol{\alpha}_s, \boldsymbol{\beta}_1$ 线性表示的充分必要条件为

$$R(\boldsymbol{\alpha}_1, \boldsymbol{\alpha}_2, \cdots, \boldsymbol{\alpha}_s) = R(\boldsymbol{\alpha}_1, \boldsymbol{\alpha}_2, \cdots, \boldsymbol{\alpha}_s, \boldsymbol{\beta}_1, \boldsymbol{\beta}_2),$$

以此类推, 可以得到: 向量组$\boldsymbol{\beta}_1, \boldsymbol{\beta}_2, \cdots, \boldsymbol{\beta}_t$能由向量组 $\boldsymbol{\alpha}_1, \boldsymbol{\alpha}_2, \cdots, \boldsymbol{\alpha}_s$线性表示的充分必要条件为

$$R(\boldsymbol{\alpha}_1, \boldsymbol{\alpha}_2, \cdots, \boldsymbol{\alpha}_s) = R(\boldsymbol{\alpha}_1, \boldsymbol{\alpha}_2, \cdots, \boldsymbol{\alpha}_s, \boldsymbol{\beta}_1, \boldsymbol{\beta}_2, \cdots, \boldsymbol{\beta}_t).$$

推论 3.1 向量组$\boldsymbol{\alpha}_1, \boldsymbol{\alpha}_2, \cdots, \boldsymbol{\alpha}_s$与向量组$\boldsymbol{\beta}_1, \boldsymbol{\beta}_2, \cdots, \boldsymbol{\beta}_t$ 等价的充分必要条件是

$$R(\boldsymbol{A}) = R(\boldsymbol{B}) = R(\boldsymbol{A}, \boldsymbol{B}).$$

定理 3.3 若向量组$\boldsymbol{B}$: $\boldsymbol{\beta}_1, \boldsymbol{\beta}_2, \cdots, \boldsymbol{\beta}_s$能由向量组$\boldsymbol{A}$: $\boldsymbol{\alpha}_1, \boldsymbol{\alpha}_2, \cdots, \boldsymbol{\alpha}_m$线性表示, 则$R(\boldsymbol{\beta}_1, \boldsymbol{\beta}_2, \cdots, \boldsymbol{\beta}_s) \leqslant R(\boldsymbol{\alpha}_1, \boldsymbol{\alpha}_2, \cdots, \boldsymbol{\alpha}_m)$.

证明 记$\boldsymbol{A} = (\boldsymbol{\alpha}_1, \boldsymbol{\alpha}_2, \cdots, \boldsymbol{\alpha}_m), \boldsymbol{B} = (\boldsymbol{\beta}_1, \boldsymbol{\beta}_2, \cdots, \boldsymbol{\beta}_s)$, 由已知条件得, $R(\boldsymbol{A}) = R(\boldsymbol{A}, \boldsymbol{B})$, 而$R(\boldsymbol{B}) \leqslant R(\boldsymbol{A}, \boldsymbol{B})$, 故有$R(\boldsymbol{B}) \leqslant R(\boldsymbol{A})$, 即

$$R(\boldsymbol{\beta}_1, \boldsymbol{\beta}_2, \cdots, \boldsymbol{\beta}_s) \leqslant R(\boldsymbol{\alpha}_1, \boldsymbol{\alpha}_2, \cdots, \boldsymbol{\alpha}_m).$$

定理 3.4 设矩阵$\boldsymbol{A}$经过有限次初等行变换变成矩阵$\boldsymbol{B}$, 则两矩阵的行向量组等价.

证明 设矩阵$\boldsymbol{A}$经初等行变换变成矩阵$\boldsymbol{B}$,则矩阵$\boldsymbol{B}$的每个行向量都是$\boldsymbol{A}$ 的行向量的线性组合, 即$\boldsymbol{B}$的行向量组能由$\boldsymbol{A}$的行向量组线性表示. 由于初等变换可逆, $\boldsymbol{A}$ 的行向量组也能由$\boldsymbol{B}$的行向量组线性表示. 于是$\boldsymbol{A}$的行向量组与$\boldsymbol{B}$的行向量组等价.

同理,对于矩阵$\boldsymbol{A}$和$\boldsymbol{B}$的列向量组也有同样的结论.

向量组的线性组合、线性表示及等价概念, 也可移用于线性方程组: 对方程组$\boldsymbol{A}$的各个方程做线性运算所得到的一个方程就称为方程组$\boldsymbol{A}$的一个线性组合;若方程组$\boldsymbol{B}$的每个方程都是方程组$\boldsymbol{A}$的线性组合, 就称方程组$\boldsymbol{B}$能由方程组$\boldsymbol{A}$线性表示,这时方程组$\boldsymbol{A}$的解一定就是方程组$\boldsymbol{B}$的解;若方程组$\boldsymbol{A}$与方程组$\boldsymbol{B}$能相互线性表示, 就称这两个方程组等价, 等价的线性方程组一定同解.

3.2 向量组的线性相关性及其判定

3.2.1 向量组的线性相关性

定义 3.8 设$\boldsymbol{\alpha}_1,\boldsymbol{\alpha}_2,\cdots,\boldsymbol{\alpha}_m$是一个$n$维向量组, 若存在不全为零的数$k_1,k_2,\cdots,k_m$使得

$$k_1\boldsymbol{\alpha}_1+k_2\boldsymbol{\alpha}_2+\cdots+k_m\boldsymbol{\alpha}_m=\mathbf{0}, \tag{3.6}$$

则称向量组$\boldsymbol{\alpha}_1,\boldsymbol{\alpha}_2,\cdots,\boldsymbol{\alpha}_m$**线性相关**. 否则称$\boldsymbol{\alpha}_1,\boldsymbol{\alpha}_2,\cdots,\boldsymbol{\alpha}_m$**线性无关**. 换句话说, 当且仅当$k_1=k_2=\cdots=k_m=0$时, 式(3.6)才成立, 则向量组$\boldsymbol{\alpha}_1,\boldsymbol{\alpha}_2,\cdots,\boldsymbol{\alpha}_m$ 线性无关.

注 3.1 一个向量组或者线性相关，或者线性无关.

向量组的线性相关, 通常是指当$m>1$时, 但定义3.8也适合$m=1$时的情形, 当$m=1$时, 向量组只含有一个向量$\boldsymbol{\alpha}$, 向量组线性相关的充分必要条件为$\boldsymbol{\alpha}=\mathbf{0}$; 当$\boldsymbol{\alpha}\neq\mathbf{0}$时, 线性无关. 当$m=2$时, 即向量组含有两个向量 $\boldsymbol{\alpha}_1,\boldsymbol{\alpha}_2$, 则向量组线性相关的充分必要条件为$\boldsymbol{\alpha}_1,\boldsymbol{\alpha}_2$的对应分量成比例, 其几何意义是两向量共线, 当$m=3$时, 向量组线性相关的几何意义是三向量共面.

注 3.2 含有零向量的向量组一定线性相关.

例如,设向量组$\mathbf{0},\boldsymbol{\alpha}_1,\boldsymbol{\alpha}_2,\cdots,\boldsymbol{\alpha}_m$, 因为$1\cdot\mathbf{0}+0\cdot\boldsymbol{\alpha}_1+0\cdot\boldsymbol{\alpha}_2+\cdots+0\cdot\boldsymbol{\alpha}_m=\mathbf{0}$, 而$1,0,0,\cdots,0$这组数不全为零, 所以向量组$\mathbf{0},\boldsymbol{\alpha}_1,\boldsymbol{\alpha}_2,\cdots,\boldsymbol{\alpha}_m$线性相关.

例 3.2 判断向量组

$$\boldsymbol{e}_1=\begin{pmatrix}1\\0\\\vdots\\0\end{pmatrix},\boldsymbol{e}_2=\begin{pmatrix}0\\1\\\vdots\\0\end{pmatrix},\cdots,\boldsymbol{e}_n=\begin{pmatrix}0\\0\\\vdots\\1\end{pmatrix}$$

的线性相关性($\boldsymbol{e}_1,\boldsymbol{e}_2,\cdots,\boldsymbol{e}_n$ 称为**基本单位向量组**).

解 设$k_1,k_2,\cdots,k_n$是一组常数, 使得$k_1\boldsymbol{e}_1+k_2\boldsymbol{e}_2+\cdots+k_n\boldsymbol{e}_n=\mathbf{0}$, 则

$$k_1\begin{pmatrix}1\\0\\\vdots\\0\end{pmatrix}+k_2\begin{pmatrix}0\\1\\\vdots\\0\end{pmatrix}+\cdots+k_n\begin{pmatrix}0\\0\\\vdots\\1\end{pmatrix}=\begin{pmatrix}0\\0\\\vdots\\0\end{pmatrix},$$

整理可得

$$\begin{pmatrix}k_1\\k_2\\\vdots\\k_n\end{pmatrix}=\begin{pmatrix}0\\0\\\vdots\\0\end{pmatrix},$$

从而可得$k_1=k_2=\cdots=k_n=0$, 即当且仅当所有系数为0时, 才有$k_1\boldsymbol{e}_1+k_2\boldsymbol{e}_2+\cdots+k_n\boldsymbol{e}_n=\mathbf{0}$, 因此$\boldsymbol{e}_1,\boldsymbol{e}_2,\cdots,\boldsymbol{e}_n$ 线性无关.

用定义判断向量组的线性相关性是最基本的方法. 下面来讨论线性相关与线性无关向量组的向量之间的内在关系,从而给出判断向量组线性相关性的判定定理.

3.2.2 向量组的线性相关性判定

定理 3.5 任一组向量$\boldsymbol{\alpha}_1,\boldsymbol{\alpha}_2,\cdots,\boldsymbol{\alpha}_m$线性相关的充分必要条件是, 其中至少有一个向量可由其余$m-1$个向量线性表示.

证明 必要性: 设$\boldsymbol{\alpha}_1,\boldsymbol{\alpha}_2,\cdots,\boldsymbol{\alpha}_m$线性相关, 则存在不全为零的一组数$k_1,k_2,\cdots,k_m$, 使得

$$k_1\boldsymbol{\alpha}_1+k_2\boldsymbol{\alpha}_2+\cdots+k_m\boldsymbol{\alpha}_m=\mathbf{0}.$$

不妨设$k_1\neq 0$, 则有

$$\boldsymbol{\alpha}_1=\left(-\frac{k_2}{k_1}\right)\boldsymbol{\alpha}_2+\cdots+\left(-\frac{k_m}{k_1}\right)\boldsymbol{\alpha}_m,$$

即$\boldsymbol{\alpha}_1$ 可由$\boldsymbol{\alpha}_2,\cdots,\boldsymbol{\alpha}_m$线性表示.

充分性: 设$\boldsymbol{\alpha}_1,\boldsymbol{\alpha}_2,\cdots,\boldsymbol{\alpha}_m$中至少有一个向量可由其余$m-1$ 个向量线性表示, 不妨设

$$\boldsymbol{\alpha}_1=k_2\boldsymbol{\alpha}_2+k_3\boldsymbol{\alpha}_3+\cdots+k_m\boldsymbol{\alpha}_m,$$

则有

$$(-1)\boldsymbol{\alpha}_1+k_2\boldsymbol{\alpha}_2+k_3\boldsymbol{\alpha}_3+\cdots+k_m\boldsymbol{\alpha}_m=\mathbf{0},$$

因为$-1,k_2,\cdots,k_m$不全为零, 所以$\boldsymbol{\alpha}_1,\boldsymbol{\alpha}_2,\cdots,\boldsymbol{\alpha}_m$ 线性相关.

由线性相关性的定义,不难得到下面的定理.

定理 3.6 向量组$\boldsymbol{\alpha}_1,\boldsymbol{\alpha}_2,\cdots,\boldsymbol{\alpha}_m$线性相关的充分必要条件是, 齐次线性方程组$x_1\boldsymbol{\alpha}_1+x_2\boldsymbol{\alpha}_2+\cdots+x_m\boldsymbol{\alpha}_m=\mathbf{0}$, 即$\boldsymbol{A}\boldsymbol{x}=\mathbf{0}$有非零解.

推论 3.2 当齐次线性方程组$x_1\boldsymbol{\alpha}_1+x_2\boldsymbol{\alpha}_2+\cdots+x_m\boldsymbol{\alpha}_m=\mathbf{0}$只有零解时, 向量组$\boldsymbol{\alpha}_1,\boldsymbol{\alpha}_2,\cdots,\boldsymbol{\alpha}_m$线性无关.

推论 3.3 n个n维向量组成的向量组$\boldsymbol{\alpha}_1,\boldsymbol{\alpha}_2,\cdots,\boldsymbol{\alpha}_n$线性相关的充分必要条件是, $|\boldsymbol{A}|=0$, 其中$\boldsymbol{A}=(\boldsymbol{\alpha}_1,\boldsymbol{\alpha}_2,\cdots,\boldsymbol{\alpha}_n)$.

由2.7节对线性方程组的解的讨论得下面的结论.

定理 3.7 向量组$\boldsymbol{\alpha}_1,\boldsymbol{\alpha}_2,\cdots,\boldsymbol{\alpha}_m$线性相关的充分必要条件是, 矩阵$\boldsymbol{A}=(\boldsymbol{\alpha}_1,\boldsymbol{\alpha}_2,\cdots,\boldsymbol{\alpha}_m)$的秩小于向量个数$m$;向量组线性无关的充分必要条件是, 矩阵$\boldsymbol{A}=(\boldsymbol{\alpha}_1,\boldsymbol{\alpha}_2,\cdots,\boldsymbol{\alpha}_m)$的秩等于向量个数$m$.

例 3.3 求t的值,使得

$$\boldsymbol{\alpha}_1=(1,0,5,2)^{\mathrm{T}},\quad \boldsymbol{\alpha}_2=(3,-2,3,-4)^{\mathrm{T}},\quad \boldsymbol{\alpha}_3=(-1,1,t,3)^{\mathrm{T}}$$

线性相关.

解 对矩阵$\boldsymbol{A}=(\boldsymbol{\alpha}_1,\boldsymbol{\alpha}_2,\boldsymbol{\alpha}_3)$施行初等行变换化为行阶梯形矩阵, 有

$$(\boldsymbol{\alpha}_1,\boldsymbol{\alpha}_2,\boldsymbol{\alpha}_3)=\begin{pmatrix}1&3&-1\\0&-2&1\\5&3&t\\2&-4&3\end{pmatrix}\xrightarrow[r_4-2r_1]{r_3-5r_1}\begin{pmatrix}1&3&-1\\0&-2&1\\0&-12&t+5\\0&-10&5\end{pmatrix}\xrightarrow[r_4-5r_2]{r_3-6r_2}\begin{pmatrix}1&3&-1\\0&-2&1\\0&0&t-1\\0&0&0\end{pmatrix}.$$

因为$\boldsymbol{\alpha}_1,\boldsymbol{\alpha}_2,\boldsymbol{\alpha}_3$线性相关, 当且仅当矩阵$\boldsymbol{A}=(\boldsymbol{\alpha}_1,\boldsymbol{\alpha}_2,\boldsymbol{\alpha}_3)$的秩小于向量个数 3, 而只有当$t=1$时, $R(\boldsymbol{A})=2<3$.

例 3.4 已知

$$\boldsymbol{\alpha}_1=\begin{pmatrix}1\\1\\1\end{pmatrix},\ \boldsymbol{\alpha}_2=\begin{pmatrix}0\\2\\5\end{pmatrix},\ \boldsymbol{\alpha}_3=\begin{pmatrix}1\\3\\6\end{pmatrix},$$

试讨论向量组$\boldsymbol{\alpha}_1,\boldsymbol{\alpha}_2,\boldsymbol{\alpha}_3$及向量$\boldsymbol{\alpha}_1,\boldsymbol{\alpha}_2$的线性相关性.

解 对矩阵$\boldsymbol{\alpha}_1,\boldsymbol{\alpha}_2,\boldsymbol{\alpha}_3$施行初等行变换化为行阶梯形矩阵, 即可同时看出矩阵$\boldsymbol{\alpha}_1,\boldsymbol{\alpha}_2,\boldsymbol{\alpha}_3$及$\boldsymbol{\alpha}_1,\boldsymbol{\alpha}_2$的秩, 再利用定理3.7便可得出结论.

$$(\boldsymbol{\alpha}_1,\boldsymbol{\alpha}_2,\boldsymbol{\alpha}_3)=\begin{pmatrix}1&0&1\\1&2&3\\1&5&6\end{pmatrix}\xrightarrow[r_3-r_1]{r_2-r_1}\begin{pmatrix}1&0&1\\0&2&2\\0&5&5\end{pmatrix}\xrightarrow{r_3-\frac{5}{2}r_2}\begin{pmatrix}1&0&1\\0&2&2\\0&0&0\end{pmatrix}.$$

因为$R(\boldsymbol{\alpha}_1,\boldsymbol{\alpha}_2,\boldsymbol{\alpha}_3)=2<3$, 所以$\boldsymbol{\alpha}_1,\boldsymbol{\alpha}_2,\boldsymbol{\alpha}_3$线性相关; 而$R(\boldsymbol{\alpha}_1,\boldsymbol{\alpha}_2)=2$, 所以向量组 $\boldsymbol{\alpha}_1,\boldsymbol{\alpha}_2$线性无关.

例 3.5 设向量组$\boldsymbol{\alpha}_1,\boldsymbol{\alpha}_2,\boldsymbol{\alpha}_3$线性无关, 且

$$\boldsymbol{\beta}_1=4\boldsymbol{\alpha}_1-4\boldsymbol{\alpha}_2,\boldsymbol{\beta}_2=\boldsymbol{\alpha}_1-2\boldsymbol{\alpha}_2+\boldsymbol{\alpha}_3,\boldsymbol{\beta}_3=\boldsymbol{\alpha}_2-\boldsymbol{\alpha}_3,$$

证明$\boldsymbol{\beta}_1,\boldsymbol{\beta}_2,\boldsymbol{\beta}_3$ 线性相关.

证明 方法1: 设存在一组数x_1,x_2,x_3使得

$$x_1\boldsymbol{\beta}_1+x_2\boldsymbol{\beta}_2+x_3\boldsymbol{\beta}_3=\boldsymbol{0},\tag{3.7}$$

整理得

$$(4x_1+x_2)\boldsymbol{\alpha}_1+(-4x_1-2x_2+x_3)\boldsymbol{\alpha}_2+(x_2-x_3)\boldsymbol{\alpha}_3=\boldsymbol{0},$$

因为向量组$\boldsymbol{\alpha}_1,\boldsymbol{\alpha}_2,\boldsymbol{\alpha}_3$线性无关, 则有

$$\begin{cases}4x_1+x_2=0,\\-4x_1-2x_2+x_3=0,\\x_2-x_3=0.\end{cases}\tag{3.8}$$

对齐次线性方程组(3.8)的系数矩阵

$$\boldsymbol{K}=\begin{pmatrix}4&1&0\\-4&-2&1\\0&1&-1\end{pmatrix}$$

施行初等行变换, 化为行阶梯形矩阵

$$\begin{pmatrix}4&1&0\\0&-1&1\\0&0&0\end{pmatrix},$$

则得$R(\boldsymbol{K})=2<3$, 所以齐次线性方程组(3.8)有非零解, 即有不全为零的数x_1,x_2,x_3使式(3.7)成立, 所以$\boldsymbol{\beta}_1,\boldsymbol{\beta}_2,\boldsymbol{\beta}_3$线性相关.

方法2: 因为

$$\begin{aligned}(\boldsymbol{\beta}_1,\boldsymbol{\beta}_2,\boldsymbol{\beta}_3) &=(4\boldsymbol{\alpha}_1-4\boldsymbol{\alpha}_2,\boldsymbol{\alpha}_1-2\boldsymbol{\alpha}_2+\boldsymbol{\alpha}_3,\boldsymbol{\alpha}_2-\boldsymbol{\alpha}_3)\\ &=(\boldsymbol{\alpha}_1,\boldsymbol{\alpha}_2,\boldsymbol{\alpha}_3)\begin{pmatrix}4&1&0\\-4&-2&1\\0&1&-1\end{pmatrix}\\ &=(\boldsymbol{\alpha}_1,\boldsymbol{\alpha}_2,\boldsymbol{\alpha}_3)\boldsymbol{K},\end{aligned}$$

而

$$|\boldsymbol{K}|=\begin{vmatrix}4&1&0\\-4&-2&1\\0&1&-1\end{vmatrix}=0,$$

所以$R(\boldsymbol{K})<3$,从而由矩阵秩的性质可得

$$R(\boldsymbol{\beta}_1,\boldsymbol{\beta}_2,\boldsymbol{\beta}_3)=R((\boldsymbol{\alpha}_1,\boldsymbol{\alpha}_2,\boldsymbol{\alpha}_3)\boldsymbol{K})\leqslant R(\boldsymbol{K})<3,$$

所以$\boldsymbol{\beta}_1,\boldsymbol{\beta}_2,\boldsymbol{\beta}_3$线性相关.

本例给出的两种证法都是常用的方法. 方法1是定义法, 将向量组的线性相关性问题转化为求齐次方程组存在非零解的问题. 方法2利用了矩阵秩的性质及向量组线性相关的判定定理.

例 3.6 设向量组$\boldsymbol{\alpha}_1,\boldsymbol{\alpha}_2,\boldsymbol{\alpha}_3,\boldsymbol{\alpha}_4$线性无关, 则下列4个向量组线性无关的是哪个?

$$(1)\boldsymbol{\alpha}_1+\boldsymbol{\alpha}_2,\boldsymbol{\alpha}_2+\boldsymbol{\alpha}_3,\boldsymbol{\alpha}_3+\boldsymbol{\alpha}_4,\boldsymbol{\alpha}_4+\boldsymbol{\alpha}_1;$$

$$(2)\boldsymbol{\alpha}_1-\boldsymbol{\alpha}_2,\boldsymbol{\alpha}_2-\boldsymbol{\alpha}_3,\boldsymbol{\alpha}_3-\boldsymbol{\alpha}_4,\boldsymbol{\alpha}_4-\boldsymbol{\alpha}_1;$$

$$(3)\boldsymbol{\alpha}_1+\boldsymbol{\alpha}_2,\boldsymbol{\alpha}_2+\boldsymbol{\alpha}_3,\boldsymbol{\alpha}_3+\boldsymbol{\alpha}_4,\boldsymbol{\alpha}_4-\boldsymbol{\alpha}_1;$$

$$(4)\boldsymbol{\alpha}_1+\boldsymbol{\alpha}_2,\boldsymbol{\alpha}_2+\boldsymbol{\alpha}_3,\boldsymbol{\alpha}_3-\boldsymbol{\alpha}_4,\boldsymbol{\alpha}_4-\boldsymbol{\alpha}_1.$$

解 首先推导一个关于线性相关性的结论.

若向量组$\boldsymbol{\beta}_1,\cdots,\boldsymbol{\beta}_m$可由线性无关的向量组$\boldsymbol{\alpha}_1,\cdots,\boldsymbol{\alpha}_r$线性表示, 即存在矩阵$\boldsymbol{P}_{r\times m}=(p_{ij})_{r\times m}$, 使得$(\boldsymbol{\beta}_1,\cdots,\boldsymbol{\beta}_m)=(\boldsymbol{\alpha}_1,\cdots,\boldsymbol{\alpha}_r)\boldsymbol{P}_{r\times m}$,其中$\boldsymbol{P}_{r\times m}=(p_{ij})_{r\times m}$为这一线性表示的系数矩阵, 即

$$\begin{aligned}(\boldsymbol{\beta}_1,\cdots,\boldsymbol{\beta}_m) &=(\boldsymbol{\alpha}_1,\cdots,\boldsymbol{\alpha}_r)\boldsymbol{P}_{r\times m}\\ &=(\boldsymbol{\alpha}_1,\cdots,\boldsymbol{\alpha}_r)\begin{pmatrix}p_{11}&p_{12}&\cdots&p_{1m}\\p_{21}&p_{22}&\cdots&p_{2m}\\\vdots&\vdots&&\vdots\\p_{r1}&p_{r2}&\cdots&p_{rm}\end{pmatrix}\\ &=(p_{11}\boldsymbol{\alpha}_1+\cdots+p_{r1}\boldsymbol{\alpha}_r,\cdots,p_{1m}\boldsymbol{\alpha}_1+\cdots+p_{rm}\boldsymbol{\alpha}_r).\end{aligned}\tag{3.9}$$

因为$\boldsymbol{\beta}_1,\cdots,\boldsymbol{\beta}_m$线性无关，当且仅当线性方程组$x_1\boldsymbol{\beta}_1+\cdots+x_m\boldsymbol{\beta}_m=\mathbf{0}$只有零解，由式(3.9)即有

$$x_1(p_{11}\boldsymbol{\alpha}_1+\cdots+p_{r1}\boldsymbol{\alpha}_r)+\cdots+x_m(p_{1m}\boldsymbol{\alpha}_1+\cdots+p_{rm}\boldsymbol{\alpha}_r)=\mathbf{0},$$

整理得

$$(p_{11}x_1+p_{12}x_2+\cdots+p_{1m}x_m)\boldsymbol{\alpha}_1+\cdots+(p_{r1}x_1+p_{r2}x_2+\cdots+p_{rm}x_m)\boldsymbol{\alpha}_r=\mathbf{0},$$

因为$\boldsymbol{\alpha}_1,\cdots,\boldsymbol{\alpha}_r$线性无关，所以

$$\begin{cases}p_{11}x_1+p_{12}x_2+\cdots+p_{1m}x_m=0,\\p_{21}x_1+p_{22}x_2+\cdots+p_{2m}x_m=0,\\\qquad\cdots\cdots\\p_{r1}x_1+p_{r2}x_2+\cdots+p_{rm}x_m=0.\end{cases}\tag{3.10}$$

方程组(3.10)只有零解，当且仅当系数矩阵的秩$R(\boldsymbol{P})=m$. 因此，$\boldsymbol{\beta}_1,\cdots,\boldsymbol{\beta}_m$线性无关，当且仅当系数矩阵的秩$R(\boldsymbol{P})=m$，即$\boldsymbol{\beta}_1,\cdots,\boldsymbol{\beta}_m$的线性相关性可根据矩阵$\boldsymbol{P}$的秩来判断．由已知可得，(1)(2)(3)(4)4个向量组中线性表示的系数矩阵$\boldsymbol{P}$分别为

$$\boldsymbol{P}_1=\begin{pmatrix}1&0&0&1\\1&1&0&0\\0&1&1&0\\0&0&1&1\end{pmatrix},\boldsymbol{P}_2=\begin{pmatrix}1&0&0&-1\\-1&1&0&0\\0&-1&1&0\\0&0&-1&1\end{pmatrix},$$

$$\boldsymbol{P}_3=\begin{pmatrix}1&0&0&-1\\1&1&0&0\\0&1&1&0\\0&0&1&1\end{pmatrix},\boldsymbol{P}_4=\begin{pmatrix}1&0&0&-1\\1&1&0&0\\0&1&1&0\\0&0&-1&1\end{pmatrix}.$$

经计算可得，只有$|\boldsymbol{P}_3|\neq0$，即$R(\boldsymbol{P}_3)=4$，列满秩，故(3)中向量组线性无关.

线性相关性是向量组的一个重要性质，下面介绍几个判断向量组线性相关和线性无关常用而又方便的结论.

定理 3.8 (1)若向量组$\boldsymbol{A}:\boldsymbol{\alpha}_1,\boldsymbol{\alpha}_2,\cdots,\boldsymbol{\alpha}_m$线性相关，则向量组$\boldsymbol{B}:\boldsymbol{\alpha}_1,\boldsymbol{\alpha}_2,\cdots,\boldsymbol{\alpha}_m,\boldsymbol{\alpha}_{m+1}$也线性相关；反言之，若向量组$\boldsymbol{B}$线性无关，则向量组$\boldsymbol{A}$也线性无关.

(2)设

$$\boldsymbol{\alpha}_j=\begin{pmatrix}a_{1j}\\\vdots\\a_{rj}\end{pmatrix},\boldsymbol{\beta}_j=\begin{pmatrix}a_{1j}\\\vdots\\a_{rj}\\a_{r+1,j}\end{pmatrix}(j=1,2,\cdots,m),$$

即向量$\boldsymbol{\alpha}_j$添上一个分量后得向量$\boldsymbol{\beta}_j$. 若向量组$\boldsymbol{A}:\boldsymbol{\alpha}_1,\boldsymbol{\alpha}_2,\cdots,\boldsymbol{\alpha}_m$线性无关，则向量组$\boldsymbol{B}:\boldsymbol{\beta}_1,\boldsymbol{\beta}_2,\cdots,\boldsymbol{\beta}_m$也线性无关；反言之，若向量组$\boldsymbol{B}$线性相关，则向量组$\boldsymbol{A}$也线性相关.

(3)m个n维向量组成的向量组，当维数n小于向量个数m时一定线性相关.

(4)若向量组$\boldsymbol{A}:\boldsymbol{\alpha}_1,\boldsymbol{\alpha}_2,\cdots,\boldsymbol{\alpha}_m$线性无关，而向量组$\boldsymbol{B}:\boldsymbol{\alpha}_1,\boldsymbol{\alpha}_2,\cdots,\boldsymbol{\alpha}_m,\boldsymbol{\beta}$线性相关，则向量$\boldsymbol{\beta}$必能由向量组$\boldsymbol{A}$线性表示，且表示式唯一.

证明 (1) 记$\boldsymbol{A}=(\boldsymbol{\alpha}_1,\boldsymbol{\alpha}_2,\cdots,\boldsymbol{\alpha}_m),\boldsymbol{B}=(\boldsymbol{\alpha}_1,\boldsymbol{\alpha}_2,\cdots,\boldsymbol{\alpha}_m,\boldsymbol{\alpha}_{m+1})$. 则有$R(\boldsymbol{B})\leqslant R(\boldsymbol{A})+1$. 若向量组$\boldsymbol{A}$线性相关, 则根据定理3.7，有$R(\boldsymbol{A})<m$, 从而$R(\boldsymbol{B})<m+1$, 由定理3.7知, 向量组$\boldsymbol{B}$线性相关.

注 3.3 以上结论对于向量组增加多个向量也是成立的, 显然向量组$\boldsymbol{A}$是向量组$\boldsymbol{B}$的一部分,称$\boldsymbol{A}$组是$\boldsymbol{B}$组的部分组, 则有下面结论成立:

①一个向量组若有部分组线性相关,则该向量组线性相关.

②含零向量的向量组必线性相关.

③一个向量组若线性无关,则它的任何部分组都线性无关.

(2)记$\boldsymbol{A}_{r\times m}=(\boldsymbol{\alpha}_1,\boldsymbol{\alpha}_2,\cdots,\boldsymbol{\alpha}_m),\boldsymbol{B}_{(r+1)\times m}=(\boldsymbol{\beta}_1,\boldsymbol{\beta}_2,\cdots,\boldsymbol{\beta}_m)$,则有$R(\boldsymbol{A})\leqslant R(\boldsymbol{B})$. 若向量组$\boldsymbol{A}$线性无关, 则$R(\boldsymbol{A})=m$, 从而$R(\boldsymbol{B})\geqslant m$. 但因为向量组$\boldsymbol{B}$只有$m$列, 从而$R(\boldsymbol{B})\leqslant m$, 故$R(\boldsymbol{B})=m$. 因此, 向量组$\boldsymbol{B}$线性无关.

注 3.4 如果增加多个分量, 上述结论仍然成立.

(3)设m个n维向量$\boldsymbol{\alpha}_1,\boldsymbol{\alpha}_2,\cdots,\boldsymbol{\alpha}_m$构成的矩阵$\boldsymbol{A}_{n\times m}=(\boldsymbol{\alpha}_1,\boldsymbol{\alpha}_2,\cdots,\boldsymbol{\alpha}_m)$, 则有$R(\boldsymbol{A})\leqslant n$, 又$n<m$, 故有$R(\boldsymbol{A})<m$, 所以$m$个向量线性相关.

(4)记$\boldsymbol{A}_{n\times m}=(\boldsymbol{\alpha}_1,\boldsymbol{\alpha}_2,\cdots,\boldsymbol{\alpha}_m),\boldsymbol{B}=(\boldsymbol{\alpha}_1,\boldsymbol{\alpha}_2,\cdots,\boldsymbol{\alpha}_m,\boldsymbol{\beta})$, 则有$R(\boldsymbol{A})\leqslant R(\boldsymbol{B})$. 又向量组$\boldsymbol{A}:\boldsymbol{\alpha}_1,\boldsymbol{\alpha}_2,\cdots,\boldsymbol{\alpha}_m$线性无关, 由定理3.7有$R(\boldsymbol{A})=m$. 又已知$\boldsymbol{B}$组线性相关, 则有$R(\boldsymbol{B})<m+1$. 所以$m\leqslant R(\boldsymbol{B})<m+1$, 即有$R(\boldsymbol{B})=m$. 于是$R(\boldsymbol{A})=R(\boldsymbol{B})=m$, 则方程组$x_1\boldsymbol{\alpha}_1+x_2\boldsymbol{\alpha}_2+\cdots+x_m\boldsymbol{\alpha}_m=\boldsymbol{\beta}$有唯一解, 即向量$\boldsymbol{\beta}$能由向量组$\boldsymbol{A}$线性表示, 且表示唯一.

例 3.7 设向量组$\boldsymbol{\alpha}_1,\boldsymbol{\alpha}_2,\boldsymbol{\alpha}_3$线性相关, $\boldsymbol{\alpha}_2,\boldsymbol{\alpha}_3,\boldsymbol{\alpha}_4$线性无关, 问

(1) $\boldsymbol{\alpha}_1$能否由$\boldsymbol{\alpha}_2,\boldsymbol{\alpha}_3$线性表示?

(2) $\boldsymbol{\alpha}_4$能否由$\boldsymbol{\alpha}_1,\boldsymbol{\alpha}_2,\boldsymbol{\alpha}_3$线性表示?

解 (1)由于$\boldsymbol{\alpha}_2,\boldsymbol{\alpha}_3,\boldsymbol{\alpha}_4$线性无关, 由定理3.8的第(1)个结论, $\boldsymbol{\alpha}_2,\boldsymbol{\alpha}_3$必线性无关. 又因为$\boldsymbol{\alpha}_1,\boldsymbol{\alpha}_2,\boldsymbol{\alpha}_3$线性相关, 由定理 3.8的第(4)个结论, $\boldsymbol{\alpha}_1$能由$\boldsymbol{\alpha}_2,\boldsymbol{\alpha}_3$ 线性表示, 且表示唯一.

(2)反证法. 假设$\boldsymbol{\alpha}_4$能由$\boldsymbol{\alpha}_1,\boldsymbol{\alpha}_2,\boldsymbol{\alpha}_3$线性表示. 由(1)知,$\boldsymbol{\alpha}_1$能由$\boldsymbol{\alpha}_2,\boldsymbol{\alpha}_3$线性表示, 则$\boldsymbol{\alpha}_4$能由$\boldsymbol{\alpha}_2,\boldsymbol{\alpha}_3$线性表示, 从而$\boldsymbol{\alpha}_2,\boldsymbol{\alpha}_3,\boldsymbol{\alpha}_4$ 线性相关, 这与$\boldsymbol{\alpha}_2,\boldsymbol{\alpha}_3,\boldsymbol{\alpha}_4$无关矛盾, 因此, 假设不成立, 即$\boldsymbol{\alpha}_4$不能由$\boldsymbol{\alpha}_1,\boldsymbol{\alpha}_2,\boldsymbol{\alpha}_3$线性表示.

向量组的线性相关与线性无关的概念也可以用于线性方程组. 当方程组中某个方程是其余几个方程的线性组合时, 这个方程就是多余的, 这时方程组 (各个方程) 是线性相关的;当方程组中没有多余的方程, 就称该方程组 (各个方程) 线性无关 (或线性独立).

3.3 向量组的秩

一个向量组可能包含很多向量, 甚至无穷多个向量, 一般而言, 很难甚至不可能对每一个向量进行研究, 为此就必须选出一些代表, 它们能够表示向量组中的所有向量, 说明向量组的性质, 它就是向量组的最大线性无关组.

3.3.1 向量组的最大无关组与秩

定义 3.9 设向量组$\boldsymbol{A}$的部分向量组$\boldsymbol{A}_0$: $\boldsymbol{\alpha}_1,\boldsymbol{\alpha}_2,\cdots,\boldsymbol{\alpha}_r$ 满足如下条件:

(1)$\boldsymbol{A}_0:\boldsymbol{\alpha}_1,\boldsymbol{\alpha}_2,\cdots,\boldsymbol{\alpha}_r$ 线性无关;

(2)向量组$\boldsymbol{A}$中任意$r+1$个向量 (如果存在的话)线性相关, 则称$\boldsymbol{A}_0:\boldsymbol{\alpha}_1,\boldsymbol{\alpha}_2,\cdots,\boldsymbol{\alpha}_r$是向量组$\boldsymbol{A}$的**最大线性无关组**, 简称最 (或极)大无关组. 向量组$\boldsymbol{A}$的最大无关组所含向量个数称为向量组$\boldsymbol{A}$ 的秩, 记作$R(\boldsymbol{A})$.

注 3.5 ①一般情况下,向量组的最大线性无关组不唯一.例如,向量

$$\boldsymbol{\alpha}_1=\begin{pmatrix}1\\2\end{pmatrix},\ \boldsymbol{\alpha}_2=\begin{pmatrix}1\\-1\end{pmatrix},\ \boldsymbol{\alpha}_3=\begin{pmatrix}0\\-1\end{pmatrix},$$

显然向量组$\boldsymbol{\alpha}_1$, $\boldsymbol{\alpha}_2$, $\boldsymbol{\alpha}_3$线性相关, 因为向量的个数大于向量的维数. 进一步,可以看出任意两个向量对应分量都不成比例. 因此向量组中的任意两个向量组成的向量组$\boldsymbol{\alpha}_1,\boldsymbol{\alpha}_2$; $\boldsymbol{\alpha}_2,\boldsymbol{\alpha}_3$;$\boldsymbol{\alpha}_1,\boldsymbol{\alpha}_3$都线性无关, 由最大无关组及向量组的秩的定义,$\boldsymbol{\alpha}_1,\boldsymbol{\alpha}_2$;$\boldsymbol{\alpha}_2$, $\boldsymbol{\alpha}_3$;$\boldsymbol{\alpha}_1,\boldsymbol{\alpha}_3$都是该向量组的最大无关组, 且向量组的秩为2.

②如果向量组中只含有零向量,称向量组没有最大无关组,规定它的秩为0.

③一个线性无关向量组的最大无关组就是这个向量组本身.

实际上这一条件也是向量组线性无关的充分条件.因为如果该向量组线性相关,那么它的最大无关组所包含的向量个数一定小于原向量组所含向量的个数.由此得到以下定理.

定理 3.9 一个向量组线性无关的充分必要条件是, 它的最大无关组就是其本身.

定理 3.10 设向量组$\boldsymbol{A}_0$: $\boldsymbol{\alpha}_1,\boldsymbol{\alpha}_2,\cdots,\boldsymbol{\alpha}_r$是向量组$\boldsymbol{A}$的最大无关组,则向量组$\boldsymbol{A}$ 中的任一向量$\boldsymbol{\alpha}$都能由向量组$\boldsymbol{A}_0$: $\boldsymbol{\alpha}_1,\boldsymbol{\alpha}_2,\cdots,\boldsymbol{\alpha}_r$线性表示, 并且表示式唯一.

证明 根据最大无关组的定义, 对$\boldsymbol{A}$中的任一向量$\boldsymbol{\alpha}$, 由$r+1$个向量组成的向量组$\boldsymbol{\alpha}_1,\boldsymbol{\alpha}_2,\cdots,\boldsymbol{\alpha}_r$, $\boldsymbol{\alpha}$线性相关,又$\boldsymbol{\alpha}_1,\boldsymbol{\alpha}_2,\cdots,\boldsymbol{\alpha}_r$线性无关, 则由3.2节定理3.8的第(4)个结论可得向量$\boldsymbol{\alpha}$必能由向量组$\boldsymbol{A}_0$: $\boldsymbol{\alpha}_1,\boldsymbol{\alpha}_2,\cdots,\boldsymbol{\alpha}_r$线性表示, 并且表示式是唯一的.

由定理3.10的结论可得最大无关组的等价定义.

定义 3.10 **(最大无关组的等价定义)** 设向量组$\boldsymbol{A}$的部分组$\boldsymbol{A}_0$:$\boldsymbol{\alpha}_1,\boldsymbol{\alpha}_2,\ldots,\boldsymbol{\alpha}_r$满足如下条件:

(1)$\boldsymbol{A}_0:\boldsymbol{\alpha}_1,\boldsymbol{\alpha}_2,\cdots,\boldsymbol{\alpha}_r$线性无关;

(2)向量组$\boldsymbol{A}$中的任一向量$\boldsymbol{\alpha}$都能由向量组$\boldsymbol{A}_0:\boldsymbol{\alpha}_1,\boldsymbol{\alpha}_2,\cdots,\boldsymbol{\alpha}_r$唯一地线性表示, 则称$\boldsymbol{A}_0:\boldsymbol{\alpha}_1,\boldsymbol{\alpha}_2,\cdots,\boldsymbol{\alpha}_r$是向量组$\boldsymbol{A}$的最大线性无关组, 简称最(或极)大无关组.

定理 3.11 向量组$\boldsymbol{A}$和它的最大无关组$\boldsymbol{A}_0:\boldsymbol{\alpha}_1,\boldsymbol{\alpha}_2,\cdots,\boldsymbol{\alpha}_r$ 等价.

证明 因为$\boldsymbol{A}_0$: $\boldsymbol{\alpha}_1,\boldsymbol{\alpha}_2,\ldots,\boldsymbol{\alpha}_r$是向量组$\boldsymbol{A}$ 的部分组,从而向量组$\boldsymbol{A}_0$ 一定可由向量组$\boldsymbol{A}$ 线性表示;反过来, 由定理3.10知,向量组$\boldsymbol{A}$中的任一向量$\boldsymbol{\alpha}$都能由向量组$\boldsymbol{A}_0$线性表示,则向量组$\boldsymbol{A}$能由向量组$\boldsymbol{A}_0$线性表示. 所以, 向量组$\boldsymbol{A}$和它的最大无关组$\boldsymbol{A}_0$等价.

由定理3.11和等价关系的对称性、传递性知下面的两个推论是成立的.

推论 3.4 向量组的任意两个最大无关组是等价的.

推论 3.5 向量组$\boldsymbol{A}$和$\boldsymbol{B}$等价当且仅当向量组$\boldsymbol{A}$和$\boldsymbol{B}$的最大无关组等价.

综上所述,一个向量组的最大无关组$\boldsymbol{A}_0$: $\boldsymbol{\alpha}_1,\boldsymbol{\alpha}_2,\cdots,\boldsymbol{\alpha}_r$有如下特点:

(1)无关性. $\boldsymbol{A}_0$: $\boldsymbol{\alpha}_1,\boldsymbol{\alpha}_2,\cdots,\boldsymbol{\alpha}_r$及其部分组线性无关.

(2)极大性. 在这r个向量中再增加任一向量得到的$r+1$个向量的部分组必线性相关.

(3)极小性. 从这r个向量中减去任一向量得到的部分组不能表示该向量组的全部向量, 从而与原向量组不再等价. 比如, 从$\boldsymbol{\alpha}_1,\boldsymbol{\alpha}_2,\cdots,\boldsymbol{\alpha}_r$中去掉$\boldsymbol{\alpha}_1$, 因为$\boldsymbol{\alpha}_1$, $\boldsymbol{\alpha}_2,\cdots,\boldsymbol{\alpha}_r$线性无关, 故$\boldsymbol{\alpha}_1$不能由$\boldsymbol{\alpha}_2,\cdots,\boldsymbol{\alpha}_r$线性表示, 即得$\boldsymbol{\alpha}_2,\cdots,\boldsymbol{\alpha}_r$ 与向量组$\boldsymbol{\alpha}_1$, $\boldsymbol{\alpha}_2,\cdots$, $\boldsymbol{\alpha}_r$不等价.

(4)不唯一性. 任意n维非零向量组的最大无关组一定存在, 但最大无关组的组数一般不唯一.

3.3.2 向量组秩的性质

定理 3.12 若向量组$\boldsymbol{A}$可由向量组$\boldsymbol{B}$线性表示, 则$R(\boldsymbol{A})\leqslant R(\boldsymbol{B})$.

证明 设$R(\boldsymbol{A})=r$, 且$\boldsymbol{A}$的最大无关组为$\boldsymbol{\alpha}_1$, $\boldsymbol{\alpha}_2,\cdots,\boldsymbol{\alpha}_r$; $R(\boldsymbol{B})=s$, 且$\boldsymbol{B}$的最大无关组为$\boldsymbol{\beta}_1,\boldsymbol{\beta}_2,\cdots,\boldsymbol{\beta}_s$, 则由向量组$\boldsymbol{A}$可由向量组$\boldsymbol{B}$线性表示及向量组$\boldsymbol{A}$和$\boldsymbol{\alpha}_1,\boldsymbol{\alpha}_2,\cdots,\boldsymbol{\alpha}_r$等价, 得$\boldsymbol{\alpha}_1$, $\boldsymbol{\alpha}_2,\cdots,\boldsymbol{\alpha}_r$可由$\boldsymbol{B}$线性表示, 而向量组$\boldsymbol{B}$和$\boldsymbol{\beta}_1,\boldsymbol{\beta}_2,\cdots,\boldsymbol{\beta}_s$是等价的, 从而得$\boldsymbol{\alpha}_1$, $\boldsymbol{\alpha}_2,\cdots,\boldsymbol{\alpha}_r$可由$\boldsymbol{\beta}_1,\boldsymbol{\beta}_2,\cdots,\boldsymbol{\beta}_s$线性表示, 由3.1节定理3.3可得$r\leqslant s$, 即$R(\boldsymbol{A})\leqslant R(\boldsymbol{B})$.

推论 3.6 等价的向量组其秩相等.

证明 设向量组$\boldsymbol{A}$与向量组$\boldsymbol{B}$等价, 则由向量组$\boldsymbol{A}$可由向量组$\boldsymbol{B}$线性表示, 得$R(\boldsymbol{A})\leqslant R(\boldsymbol{B})$, 又向量组$\boldsymbol{B}$ 也可由向量组$\boldsymbol{A}$线性表示, 得$R(\boldsymbol{B})\leqslant R(\boldsymbol{A})$. 因此, $R(\boldsymbol{A})=R(\boldsymbol{B})$.

定理 3.13 矩阵的秩等于它的列向量组的秩, 也等于它的行向量组的秩.

证明 设$\boldsymbol{A}=(\boldsymbol{\alpha}_1,\boldsymbol{\alpha}_2,\ldots,\boldsymbol{\alpha}_m)$, $R(\boldsymbol{A})=r$, 并设r 阶子式$D_r\neq 0$. 由3.2节推论3.3知D_r所在的r列线性无关; 又由$\boldsymbol{A}$中所有$r+1$阶子式全为零, 得$\boldsymbol{A}$中任意$r+1$个列向量组成的矩阵的所有$r+1$阶子式都为零, 从而知$\boldsymbol{A}$中任意$r+1$个列向量组成的矩阵的秩都小于$r+1$, 因此$\boldsymbol{A}$中任意$r+1$个列向量都线性相关, 这样D_r所在的r列是$\boldsymbol{A}$ 的列向量组的一个最大无关组, 并且列向量组的秩等于r. 类似可证$\boldsymbol{A}$的行向量组的秩也是r.

注 3.6 若D_r是矩阵$\boldsymbol{A}$的一个最高阶非零子式, 则D_r所在的r列是$\boldsymbol{A}$的列向量组的一个最大无关组, D_r所在的r行是行向量组的一个最大无关组.

(1)以向量组各向量为列构成矩阵$\boldsymbol{A}$;

(2)对矩阵$\boldsymbol{A}$施以初等行变换, 把$\boldsymbol{A}$化为行阶梯形矩阵;

(3)行阶梯形矩阵非零行的行数就是向量组的秩, 再根据最大无关组线性无关原则, 确定一个最大无关组.

推论 3.7 若$\boldsymbol{C}=\boldsymbol{AB}$, 则$R(\boldsymbol{C})\leqslant\min\{R(\boldsymbol{A}),R(\boldsymbol{B})\}$.

证明 由于$C = AB$，即C的列向量组可以由A的列向量组线性表示，则由3.1节定理3.3得$R(C) \leqslant R(A)$；又$C^T = B^T A^T$，即C^T的列向量组可以由B^T的列向量组线性表示，则由定理3.3得$R(C^T) \leqslant R(B^T)$，又$R(C^T) = R(C)$，$R(B^T) = R(B)$，从而有$R(C) \leqslant R(B)$，所以$R(A) \leqslant \min\{R(A), R(B)\}$.

例 3.8 利用初等变换求矩阵$A = \begin{pmatrix} 1 & 2 & 1 & 3 \\ 4 & 9 & 0 & 10 \\ 1 & -1 & -3 & -7 \\ 0 & -3 & -1 & -7 \end{pmatrix}$的列向量组的一个最大无关组,并把不属于最大无关组的列向量用最大无关组线性表示.

解 对矩阵A施行初等行变换化为行阶梯形矩阵，

$$A = \begin{pmatrix} 1 & 2 & 1 & 3 \\ 4 & 9 & 0 & 10 \\ 1 & -1 & -3 & -7 \\ 0 & -3 & -1 & -7 \end{pmatrix} \xrightarrow[r_3 - r_1]{r_2 - 4r_1} \begin{pmatrix} 1 & 2 & 1 & 3 \\ 0 & 1 & -4 & -2 \\ 0 & -3 & -4 & -10 \\ 0 & -3 & -1 & -7 \end{pmatrix}$$

$$\xrightarrow[r_3 + 3r_2]{r_4 - r_3} \begin{pmatrix} 1 & 2 & 1 & 3 \\ 0 & 1 & -4 & -2 \\ 0 & 0 & -16 & -16 \\ 0 & 0 & 3 & 3 \end{pmatrix} \xrightarrow[r_4 - r_3]{\substack{r_3 \div (-16) \\ r_4 \div 3}} \begin{pmatrix} 1 & 2 & 1 & 3 \\ 0 & 1 & -4 & -2 \\ 0 & 0 & 1 & 1 \\ 0 & 0 & 0 & 0 \end{pmatrix},$$

则$R(A) = 3$，故列向量组的最大无关组含3个向量，而3个非零行的第一个非零元分别在1,2,3 列，故$\alpha_1, \alpha_2, \alpha_3$构成列向量组的一个最大无关组.

为了用$\alpha_1, \alpha_2, \alpha_3$线性表示$\alpha_4$，继续将矩阵$A$施行初等行变换化为行最简形矩阵，

$$A \xrightarrow[r_1 - 4r_2]{\substack{r_1 - 3r_3 \\ r_2 + 4r_3}} \begin{pmatrix} 1 & 0 & 0 & -2 \\ 0 & 1 & 0 & 2 \\ 0 & 0 & 1 & 1 \\ 0 & 0 & 0 & 0 \end{pmatrix}.$$

因为矩阵的初等行变换并不改变列向量之同的线性关系，所以可得

$$\alpha_4 = -2\alpha_1 + 2\alpha_2 + \alpha_3.$$

例 3.9 求向量组$\alpha_1 = \begin{pmatrix} 1 \\ -1 \\ 1 \\ 3 \end{pmatrix}$,$\alpha_2 = \begin{pmatrix} -1 \\ 3 \\ 5 \\ 1 \end{pmatrix}$,$\alpha_3 = \begin{pmatrix} -2 \\ 6 \\ 10 \\ a \end{pmatrix}$,$\alpha_4 = \begin{pmatrix} 4 \\ -1 \\ 6 \\ 10 \end{pmatrix}$,$\alpha_5 = \begin{pmatrix} 3 \\ -2 \\ -1 \\ b \end{pmatrix}$的秩和一个最大无关组.

解 设$A = (\alpha_1, \alpha_2, \alpha_3, \alpha_4, \alpha_5)$，对矩阵$A$施行初等行变换化为行阶梯形矩阵，有

$$\boldsymbol{A}=\begin{pmatrix}1&-1&-2&4&3\\-1&3&6&-1&-2\\1&5&10&6&-1\\3&1&a&10&b\end{pmatrix}\xrightarrow[\substack{r_3-r_1\\r_4-3r_1}]{r_1+r_2}\begin{pmatrix}1&-1&-2&4&3\\0&2&4&3&1\\0&6&12&2&-4\\0&4&a+6&-2&b-9\end{pmatrix}$$

$$\xrightarrow[r_4-2r_2]{r_3-3r_2}\begin{pmatrix}1&-1&-2&4&3\\0&2&4&3&1\\0&0&0&-7&-7\\0&0&a-2&-8&b-11\end{pmatrix}\xrightarrow[r_4+8r_3]{r_3\div(-7)}\begin{pmatrix}1&-1&-2&4&3\\0&2&4&3&1\\0&0&0&1&1\\0&0&a-2&0&b-3\end{pmatrix}=\boldsymbol{B}.$$

因此可得:

(1)当$a=2,b=3$时, $R(\boldsymbol{A})=R(\boldsymbol{B})=3$, 且$\boldsymbol{B}$中第1, 2, 4 (或1, 2, 5) 列线性无关, 故所给向量组的秩为3, 且对应的$\boldsymbol{\alpha}_1,\boldsymbol{\alpha}_2,\boldsymbol{\alpha}_4$(或$\boldsymbol{\alpha}_1,\boldsymbol{\alpha}_2,\boldsymbol{\alpha}_5$)为其一个最大无关组;

(2)当$a=2,b\neq 3$时, $R(\boldsymbol{A})=R(\boldsymbol{B})=4$, 且$\boldsymbol{B}$中第1,2,4,5(1,2,3,4不一定)列线性无关, 故所给向量组的秩为4, 且对应的$\boldsymbol{\alpha}_1,\boldsymbol{\alpha}_2,\boldsymbol{\alpha}_4,\boldsymbol{\alpha}_5$为其一个最大无关组.

(3)当$a\neq 2$时, $R(\boldsymbol{A})=R(\boldsymbol{B})=4$, 且$\boldsymbol{B}$中第1,2,3,4列线性无关, 故所给向量组的秩为4, 且对应的$\boldsymbol{\alpha}_1,\boldsymbol{\alpha}_2,\boldsymbol{\alpha}_3,\boldsymbol{\alpha}_4$为其一个最大线性无关组.

3.4 向量空间

3.4.1 向量空间的基本概念

设V是由n维向量组成的非空集合,若对V中任意的向量$\boldsymbol{\alpha},\boldsymbol{\beta}$及任意数$k$,有

$$\boldsymbol{\alpha}+\boldsymbol{\beta}\in V,\quad k\boldsymbol{\alpha}\in V,$$

则称V对于加法和数乘两种运算封闭.

定义 3.11 设V是由n维向量组成的非空集合,若V对于向量的加法和数乘两种运算封闭,则V称为n维向量空间.

所有n维向量的集合$\mathbf{R}^n$是一个向量空间, 这个向量空间也叫作n维向量空间. 当$n=1$时, 一维向量空间 $\mathbf{R}^1$的几何意义是数轴; 当$n=2$时, 二维向量空间 $\mathbf{R}^2$的几何意义是平面; 当$n=3$时, 三维向量空间 $\mathbf{R}^3$的几何意义是几何空间; 当$n>3$时, n维向量空间 $\mathbf{R}^n$没有直观的几何意义, 单个 n 维零向量组成的集合也是一个向量空间, 叫作**零向量**, 记作$\{0\}$. 若向量空间$V\neq\{0\}$, 则存在$\boldsymbol{\alpha}\in V$, $\boldsymbol{\alpha}\neq 0$, 于是当$k$取不同的数时就得到$V$中的不同向量$k\boldsymbol{\alpha}$, 所以$V$ 含有无穷多个向量.

例 3.10 判别下列集合

$$V_1=\{(x_1,\cdots,x_{n-1},0\}^{\mathrm{T}}|x_1,\cdots,x_{n-1}\in\mathbf{R}\},$$

$$V_2=\{(x_1,\cdots,x_{n-1},1\}^{\mathrm{T}}|x_1,\cdots,x_{n-1}\in\mathbf{R}\},$$

是否是向量空间?

解 因为对于V_1中的任意两个向量$\boldsymbol{\alpha}=(x_1,\cdots,x_{n-1},0)^{\mathrm{T}}$, $\boldsymbol{\beta}=(y_1,\cdots,y_{n-1},0)^{\mathrm{T}}$, 及任意数$k$, 有$\boldsymbol{\alpha}+\boldsymbol{\beta}=(x_1+y_1,\cdots,x_{n-1}+y_{n-1},0)^{\mathrm{T}}\in V_1$, $k\boldsymbol{\alpha}=(kx_1,\cdots,kx_{n-1},0)^{\mathrm{T}}\in V_1$, 即$V_1$ 对向量的加法与数乘两种运算封闭, 所以V_1是向量空间. 因为$\xi=(x_1,\cdots,x_{n-1},1)^{\mathrm{T}}\in V_2$, 而$2\xi=(2x_1,\cdots,2x_{n-1},2)^{\mathrm{T}}\notin V_2$, 所以$V_2$不是向量空间.

例 3.11 设$\boldsymbol{\alpha}_1,\boldsymbol{\alpha}_2,\cdots,\boldsymbol{\alpha}_m$是$n$维向量组,则集合

$$V=\{\boldsymbol{\alpha}=k_1\boldsymbol{\alpha}_1+k_2\boldsymbol{\alpha}_2+\cdots k_m\boldsymbol{\alpha}_m,k_1,k_2,\cdots,k_m\in\mathbf{R}\}$$

是一个向量空间.

证明 设$\boldsymbol{\alpha},\boldsymbol{\beta}\in V$, 则 $\boldsymbol{\alpha}=k_1\boldsymbol{\alpha}_1+k_2\boldsymbol{\alpha}_2+\cdots+k_m\boldsymbol{\alpha}_m$, $\boldsymbol{\beta}=l_1\boldsymbol{\alpha}_1+l_2\boldsymbol{\alpha}_2+\cdots+l_m\boldsymbol{\alpha}_m$, 于是对任意两个数$k$、$l$, 有$k\boldsymbol{\alpha}+l\boldsymbol{\beta}=(kk_1+ll_1)\boldsymbol{\alpha}_1+(kk_2+ll_2)\boldsymbol{\alpha}_2+\cdots+(kk_m+ll_m)\boldsymbol{\alpha}_m\in V$, 故$V$是向量空间, 称为由向量$\boldsymbol{\alpha}_1,\boldsymbol{\alpha}_2,\cdots,\boldsymbol{\alpha}_m$所**生成的向量空间**, 记作$L(\boldsymbol{\alpha}_1,\boldsymbol{\alpha}_2,\cdots,\boldsymbol{\alpha}_m)$.

例 3.12 设向量组$\boldsymbol{\alpha}_1,\boldsymbol{\alpha}_2,\cdots,\boldsymbol{\alpha}_m$与向量组$\boldsymbol{\beta}_1,\boldsymbol{\beta}_2,\cdots,\boldsymbol{\beta}_s$等价,记

$$V_1=\{X=\lambda_1\boldsymbol{\alpha}_1+\lambda_2\boldsymbol{\alpha}_2+\cdots+\lambda_m\boldsymbol{\alpha}_m|\lambda_1,\lambda_2,\cdots,\lambda_m\in\mathbf{R}\},$$

$$V_2=\{X=\mu_1\boldsymbol{\beta}_1+\mu_2\boldsymbol{\beta}_2+\cdots+\mu_s\boldsymbol{\beta}_s|\mu_1,\mu_2,\cdots,\mu_s\in\mathbf{R}\},$$

试证 : $V_1=V_2$.

证明 设$x\in V_1$, 则x可由$\boldsymbol{\alpha}_1,\boldsymbol{\alpha}_2,\cdots,\boldsymbol{\alpha}_m$线性表示. 因$\boldsymbol{\alpha}_1,\boldsymbol{\alpha}_2,\cdots,\boldsymbol{\alpha}_m$可由$\boldsymbol{\beta}_1,\boldsymbol{\beta}_2,\cdots,\boldsymbol{\beta}_s$线性表示, 故$x$可由$\boldsymbol{\beta}_1,\boldsymbol{\beta}_2,\cdots,\boldsymbol{\beta}_s$线性表示, 所以$x\in V_2$. 这就是说, 若 $x\in V_1$, 则$x\in V_2$, 因此$V_1\subset V_2$. 类似可证, 若$x\in V_2$, 则$x\in V_1$, 因此$V_2\subset V_1$, 所以$V_2=V_1$.

定义 3.12 设V_1、V_2 是两个向量空间, 若$V_1\subset V_2$, 则称V_1是V_2 的子空间.

显然, 由n维向量组成的向量空间都是$\mathbf{R}^n$的子空间. 每一个向量空间V都至少有两个子空间: 零空间$\{0\}$和V本身, 这两个子空间称为V的**平凡子空间**.

例 3.13 若向量组$\boldsymbol{\beta}_1,\boldsymbol{\beta}_2,\cdots,\boldsymbol{\beta}_s$可由向量组$\boldsymbol{\alpha}_1,\boldsymbol{\alpha}_2,\cdots,\boldsymbol{\alpha}_m$线性表示, 则$L(\boldsymbol{\beta}_1,\boldsymbol{\beta}_2,\cdots,\boldsymbol{\beta}_m)$是$L(\boldsymbol{\alpha}_1,\boldsymbol{\alpha}_2,\cdots,\boldsymbol{\alpha}_m)$的子空间.

证明 设任意的向量$\gamma\in L(\boldsymbol{\beta}_1,\boldsymbol{\beta}_2,\cdots,\boldsymbol{\beta}_s)$, 则$\boldsymbol{\gamma}$可由$\boldsymbol{\beta}_1,\boldsymbol{\beta}_2,\cdots,\boldsymbol{\beta}_s$线性表示. 又因为向量组$\boldsymbol{\beta}_1,\boldsymbol{\beta}_2,\cdots,\boldsymbol{\beta}_s$可由向量组$\boldsymbol{\alpha}_1,\boldsymbol{\alpha}_2,\cdots,\boldsymbol{\alpha}_m$线性表示, 故$\boldsymbol{\gamma}$可由 $\boldsymbol{\alpha}_1,\boldsymbol{\alpha}_2,\cdots,\boldsymbol{\alpha}_m$线性表示, 所以$\boldsymbol{\gamma}\in L(\boldsymbol{\alpha}_1,\boldsymbol{\alpha}_2,\cdots,\boldsymbol{\alpha}_m)$, 于是$L(\boldsymbol{\beta}_1,\boldsymbol{\beta}_2,\cdots,\boldsymbol{\beta}_s)\subset L(\boldsymbol{\alpha}_1,\boldsymbol{\alpha}_2,\cdots,\boldsymbol{\alpha}_m)$, 故$L(\boldsymbol{\beta}_1,\boldsymbol{\beta}_2,\cdots,\boldsymbol{\beta}_s)$是$L(\boldsymbol{\alpha}_1,\boldsymbol{\alpha}_2,\cdots,\boldsymbol{\alpha}_m)$的子空间.

3.4.2 向量空间的基与维数

定义 3.13 设V是向量空间,如果r个向量$\boldsymbol{\alpha}_1,\boldsymbol{\alpha}_2,\cdots,\boldsymbol{\alpha}_r$ 满足:

(1)$\boldsymbol{\alpha}_1,\boldsymbol{\alpha}_2,\cdots,\boldsymbol{\alpha}_r$线性无关;

(2)V中任一向量都可由$\boldsymbol{\alpha}_1,\boldsymbol{\alpha}_2,\cdots,\boldsymbol{\alpha}_r$线性表示, 则向量组$\boldsymbol{\alpha}_1,\boldsymbol{\alpha}_2,\cdots,\boldsymbol{\alpha}_r$就称为**向量空间$V$的一个基**, 基所含的向量个数$r$称为**向量空间$V$的维数**, 记作$\dim V$, 并称$V$为**$r$维向量空间**.

由向量空间的基与维数的定义,可得下面几个结论:

(1)当$V=\{0\}$时, V没有基, 规定零向量空间$\{0\}$的维数为0. 因此, $\dim V \geqslant 0$, 当且仅当$V=\{0\}$ 时,$\dim V=0$.

(2)如果把向量空间看作一个向量组, 那么向量空间的基就是它的一个最大无关组, 向量空间的维数就是向量组的秩, 从而向量空间的基不唯一, 但它的维数是唯一确定的.

(3)若向量组$\boldsymbol{\alpha}_1,\boldsymbol{\alpha}_2,\cdots,\boldsymbol{\alpha}_r$是向量空间$V$的一个基, 则$V$可表示为

$$V=\{\lambda_1\boldsymbol{\alpha}_1+\lambda_2\boldsymbol{\alpha}_2+\cdots+\lambda_r\boldsymbol{\alpha}_r|\lambda_1,\lambda_2,\cdots,\lambda_r\in\mathbf{R}\},$$

即$V=L(\boldsymbol{\alpha}_1,\boldsymbol{\alpha}_2,\cdots,\boldsymbol{\alpha}_r)$. 若非零向量组$\boldsymbol{\alpha}_1,\boldsymbol{\alpha}_2,\cdots,\boldsymbol{\alpha}_m$ 线性相关, 由于向量组$\boldsymbol{\alpha}_1,\boldsymbol{\alpha}_2,\cdots,\boldsymbol{\alpha}_m$与其最大无关组等价, 所以$\boldsymbol{\alpha}_1,\boldsymbol{\alpha}_2,\cdots,\boldsymbol{\alpha}_m$的最大无关组也是向量空间$L(\boldsymbol{\alpha}_1,\boldsymbol{\alpha}_2,\cdots,\boldsymbol{\alpha}_m)$的基, 且有$\dim L(\boldsymbol{\alpha}_1,\boldsymbol{\alpha}_2,\cdots,\boldsymbol{\alpha}_r)=R\ (\boldsymbol{\alpha}_1,\boldsymbol{\alpha}_2,\cdots,\boldsymbol{\alpha}_r)$.

(4)因为n维单位坐标向量组$\boldsymbol{e}_1,\boldsymbol{e}_2,\cdots,\boldsymbol{e}_n$是$\mathbf{R}^n$的一个最大无关组, 所以它是 n 维向量空间$\mathbf{R}^n$的一个基, 从而$\dim\mathbf{R}^n=n$.

例 3.14 设矩阵 $\boldsymbol{A}=(\boldsymbol{\alpha}_1,\boldsymbol{\alpha}_2,\boldsymbol{\alpha}_3)=\begin{pmatrix}2&2&-1\\2&-1&2\\-1&2&2\end{pmatrix}$, $\boldsymbol{B}=(\boldsymbol{\beta}_1,\boldsymbol{\beta}_2)=\begin{pmatrix}1&4\\0&3\\-4&2\end{pmatrix}$. 验证$\boldsymbol{\alpha}_1,\boldsymbol{\alpha}_2,\boldsymbol{\alpha}_3$是$\mathbf{R}^3$的一个基, 并把$\boldsymbol{\beta}_1,\boldsymbol{\beta}_2$用这个基线性表示.

解 要证$\boldsymbol{\alpha}_1,\boldsymbol{\alpha}_2,\boldsymbol{\alpha}_3$是$\mathbf{R}^3$的一个基, 只要证$\boldsymbol{\alpha}_1,\boldsymbol{\alpha}_2,\boldsymbol{\alpha}_3$线性无关, 即只要证$\boldsymbol{A}\sim\boldsymbol{E}$. 设$\boldsymbol{\beta}_1=x_{11}\boldsymbol{\alpha}_1+x_{21}\boldsymbol{\alpha}_2+x_{31}\boldsymbol{\alpha}_3$, $\boldsymbol{\beta}_2=x_{12}\boldsymbol{\alpha}_1+x_{22}\boldsymbol{\alpha}_2+x_{32}\boldsymbol{\alpha}_3$, 则有

$$(\boldsymbol{\beta}_1,\boldsymbol{\beta}_2)=(\boldsymbol{\alpha}_1,\boldsymbol{\alpha}_2,\boldsymbol{\alpha}_3)=\begin{pmatrix}x_{11}&x_{12}\\x_{21}&x_{22}\\x_{31}&x_{32}\end{pmatrix},$$

记作$\boldsymbol{B}=\boldsymbol{A}\boldsymbol{X}$, 如果$\boldsymbol{A}\sim\boldsymbol{E}$, 则$\boldsymbol{A}$可逆, 从而由方程$\boldsymbol{B}=\boldsymbol{A}\boldsymbol{X}$可解得 $\boldsymbol{X}=\boldsymbol{A}^{-1}\boldsymbol{B}$. 根据以上分析, 可对矩阵$(\boldsymbol{A}\vdots\boldsymbol{B})$ 施行初等行变换, 若$\boldsymbol{A}$能化为$\boldsymbol{E}$, 则$\boldsymbol{\alpha}_1\ \boldsymbol{\alpha}_2,\boldsymbol{\alpha}_3$是 $\mathbf{R}^3$的一个基, 且当$\boldsymbol{A}$能化为$\boldsymbol{E}$时, $\boldsymbol{B}$化为$\boldsymbol{X}=\boldsymbol{A}^{-1}\boldsymbol{B}$.

$$\left(\boldsymbol{A}\vdots\boldsymbol{B}\right)=\left(\begin{array}{ccc:cc}2&2&-1&1&4\\2&-1&2&0&3\\-1&2&2&-4&2\end{array}\right)\xrightarrow[r_2-2r_1]{\substack{r_1+r_3\\r_3+r_1}}\left(\begin{array}{ccc:cc}1&4&1&-3&6\\0&-9&0&6&-9\\0&6&3&-7&8\end{array}\right)$$

$$\xrightarrow[r_3-2r_2]{r_3\div(-3)}\left(\begin{array}{ccc:cc}1&4&1&-3&6\\0&3&0&-2&3\\0&0&3&-3&2\end{array}\right)\xrightarrow[r_3\div 3]{r_2\div 3}\left(\begin{array}{ccc:cc}1&4&1&-3&6\\0&1&0&-\frac{2}{3}&1\\0&0&1&-1&\frac{2}{3}\end{array}\right)$$

$$\xrightarrow[r_1-4r_2]{r_1-r_3}\left(\begin{array}{ccc:cc} 1 & 0 & 0 & \frac{2}{3} & \frac{4}{3} \\ 0 & 1 & 0 & -\frac{2}{3} & 1 \\ 0 & 0 & 1 & -1 & \frac{2}{3} \end{array}\right)$$

故有$\boldsymbol{A}\sim\boldsymbol{E}$, 从而$\boldsymbol{\alpha}_1,\boldsymbol{\alpha}_2,\boldsymbol{\alpha}_3$是$\mathbf{R}^3$的一个基, 且

$$(\boldsymbol{\beta}_1,\boldsymbol{\beta}_2)=(\boldsymbol{\alpha}_1,\boldsymbol{\alpha}_2,\boldsymbol{\alpha}_3)\begin{pmatrix} \frac{2}{3} & \frac{4}{3} \\ -\frac{2}{3} & 1 \\ -1 & \frac{2}{3} \end{pmatrix},$$

即

$$\boldsymbol{\beta}_1=\frac{2}{3}\boldsymbol{\alpha}_1-\frac{2}{3}\boldsymbol{\alpha}_2-\boldsymbol{\alpha}_3,\boldsymbol{\beta}_2=\frac{4}{3}\boldsymbol{\alpha}_1+\boldsymbol{\alpha}_2+\frac{2}{3}\boldsymbol{\alpha}_3.$$

3.4.3 向量在基下的坐标

定义 3.14 设向量空间V的基为$\boldsymbol{\alpha}_1,\cdots,\boldsymbol{\alpha}_r$,对于$V$中任意的向量$\boldsymbol{\alpha}$,可以唯一地表为$\boldsymbol{\alpha}=x_1\boldsymbol{\alpha}_1+\cdots+x_r\boldsymbol{\alpha}_r$, 则称有序数组$(x_1,\cdots,x_r)$为$\boldsymbol{\alpha}$在基$\boldsymbol{\alpha}_1,\cdots,\boldsymbol{\alpha}_r$下的坐标.

在n维向量空间$\mathbf{R}^n$中, 若取基本单位坐标向量组$\boldsymbol{e}_1,\cdots,\boldsymbol{e}_n$为基, 分量$x_1,\cdots,x_n$的$n$维向量$\boldsymbol{x}$可以表示为

$$\boldsymbol{x}=\begin{pmatrix} x_1 \\ x_2 \\ \vdots \\ x_n \end{pmatrix}=x_1\begin{pmatrix} 1 \\ 0 \\ 0 \\ 0 \end{pmatrix}+x_2\begin{pmatrix} 0 \\ 1 \\ 0 \\ 0 \end{pmatrix}+\cdots+x_n\begin{pmatrix} 0 \\ 0 \\ 0 \\ 1 \end{pmatrix}=x_1\boldsymbol{e}_1+x_2\boldsymbol{e}_2+\cdots+x_n\boldsymbol{e}_n,$$

即向量$\boldsymbol{x}$在基$\boldsymbol{e}_1,\cdots,\boldsymbol{e}_n$下的坐标恰好是它的分量, 因此$\boldsymbol{e}_1,\cdots,\boldsymbol{e}_n$也叫作$\mathbf{R}^n$的自然基.

例 3.15 设向量空间V的基为 $\boldsymbol{\alpha}_1=\begin{pmatrix} 1 \\ 1 \\ 1 \\ 1 \end{pmatrix},\boldsymbol{\alpha}_2=\begin{pmatrix} 1 \\ 1 \\ -1 \\ 1 \end{pmatrix},\boldsymbol{\alpha}_3=\begin{pmatrix} 1 \\ -1 \\ -1 \\ 1 \end{pmatrix}$,

求$\boldsymbol{\alpha}=\begin{pmatrix} 1 \\ 2 \\ 1 \\ 1 \end{pmatrix}$在该基下的坐标.

解 设$\boldsymbol{\alpha}=x_1\boldsymbol{\alpha}_1+x_2\boldsymbol{\alpha}_2+x_3\boldsymbol{\alpha}_3$,代入分量整理可得

$$\begin{pmatrix}1&1&1\\1&1&-1\\1&-1&-1\\1&1&1\end{pmatrix}\begin{pmatrix}x_1\\x_2\\x_3\end{pmatrix}=\begin{pmatrix}1\\2\\1\\1\end{pmatrix},\tag{3.11}$$

将方程组(3.11)的增广矩阵化为行最简形矩阵, 可得

$$\begin{pmatrix}1&1&1\\1&1&-1\\1&-1&-1\\1&1&1\end{pmatrix}\to\begin{pmatrix}1&0&0&1\\0&1&0&\dfrac{1}{2}\\0&0&1&-\dfrac{1}{2}\\0&0&0&0\end{pmatrix},$$

可得方程组的解$x_1=1,x_2=\dfrac{1}{2},x_3=-\dfrac{1}{2}$,即向量$\boldsymbol{\alpha}$在该组基下的坐标为$\left(1,\dfrac{1}{2},-\dfrac{1}{2}\right)$.

例 3.16 在$\mathbf{R}^3$中取定一个基$\boldsymbol{\alpha}_1,\boldsymbol{\alpha}_2,\boldsymbol{\alpha}_3$,再取一个新基$\boldsymbol{\beta}_1,\boldsymbol{\beta}_2,\boldsymbol{\beta}_3$, 求用$\boldsymbol{\alpha}_1,\boldsymbol{\alpha}_2,\boldsymbol{\alpha}_3$表示$\boldsymbol{\beta}_1,\boldsymbol{\beta}_2,\boldsymbol{\beta}_3$的表示式(基变换公式), 并求任一向量$\boldsymbol{x}$在两个基中的坐标之间的关系式(坐标变换公式).

解 $\boldsymbol{A}=(\boldsymbol{\alpha}_1,\boldsymbol{\alpha}_2,\boldsymbol{\alpha}_3)$, $\boldsymbol{B}=(\boldsymbol{\beta}_1,\boldsymbol{\beta}_2,\boldsymbol{\beta}_3)$, 则

$$(\boldsymbol{\alpha}_1,\boldsymbol{\alpha}_2,\boldsymbol{\alpha}_3)=(\boldsymbol{e}_1,\boldsymbol{e}_2,\boldsymbol{e}_3)\boldsymbol{A},$$

从而

$$(\boldsymbol{e}_1,\boldsymbol{e}_2,\boldsymbol{e}_3)=(\boldsymbol{\alpha}_1,\boldsymbol{\alpha}_2,\boldsymbol{\alpha}_3)\boldsymbol{A}^{-1},$$

故

$$(\boldsymbol{\beta}_1,\boldsymbol{\beta}_2,\boldsymbol{\beta}_3)=(\boldsymbol{e}_1,\boldsymbol{e}_2,\boldsymbol{e}_3)\boldsymbol{B}=(\boldsymbol{\alpha}_1,\boldsymbol{\alpha}_2,\boldsymbol{\alpha}_3)\boldsymbol{A}^{-1}\boldsymbol{B},$$

即基变换公式为

$$(\boldsymbol{\beta}_1,\boldsymbol{\beta}_2,\boldsymbol{\beta}_3)=(\boldsymbol{\alpha}_1,\boldsymbol{\alpha}_2,\boldsymbol{\alpha}_3)\boldsymbol{P},$$

其中表示式的系数矩阵$\boldsymbol{P}=\boldsymbol{A}^{-1}\boldsymbol{B}$,称为从旧基$\boldsymbol{\alpha}_1,\boldsymbol{\alpha}_2,\boldsymbol{\alpha}_3$ 到新基$\boldsymbol{\beta}_1,\boldsymbol{\beta}_2,\boldsymbol{\beta}_3$的**过渡矩阵**.

设向量$\boldsymbol{x}$在基$\boldsymbol{\alpha}_1,\boldsymbol{\alpha}_2,\boldsymbol{\alpha}_3$ 和基$\boldsymbol{\beta}_1,\boldsymbol{\beta}_2,\boldsymbol{\beta}_3$下的坐标分别为$x_1,x_2,x_3$ 和 x_1',x_2',x_3'. 则有

$$\boldsymbol{x}=(\boldsymbol{\alpha}_1,\boldsymbol{\alpha}_2,\boldsymbol{\alpha}_3)\begin{pmatrix}x_1\\x_2\\x_3\end{pmatrix},\boldsymbol{x}=(\boldsymbol{\beta}_1,\boldsymbol{\beta}_2,\boldsymbol{\beta}_3)\begin{pmatrix}x'_1\\x'_2\\x'_3\end{pmatrix},$$

故

$$\boldsymbol{A}\begin{pmatrix}x_1\\x_2\\x_3\end{pmatrix}=\boldsymbol{B}\begin{pmatrix}x'_1\\x'_2\\x'_3\end{pmatrix},$$

等式两边同时左乘$\boldsymbol{B}^{-1}$,得

$$\begin{pmatrix} x'_1 \\ x'_2 \\ x'_3 \end{pmatrix} = \boldsymbol{B}^{-1}\boldsymbol{A}\begin{pmatrix} x_1 \\ x_2 \\ x_3 \end{pmatrix},$$

即

$$\begin{pmatrix} x'_1 \\ x'_2 \\ x'_3 \end{pmatrix} = \boldsymbol{P}\begin{pmatrix} x_1 \\ x_2 \\ x_3 \end{pmatrix}, \tag{3.12}$$

或

$$\begin{pmatrix} x_1 \\ x_2 \\ x_3 \end{pmatrix} = \boldsymbol{P}^{-1}\begin{pmatrix} x'_1 \\ x'_2 \\ x'_3 \end{pmatrix}, \tag{3.13}$$

其中$\boldsymbol{P} = \boldsymbol{B}^{-1}\boldsymbol{A}, \boldsymbol{P}^{-1} = \boldsymbol{A}^{-1}\boldsymbol{B}$. 式(3.12)、式(3.13)就是向量$\boldsymbol{x}$在两个基下的坐标之间的坐标变换公式.

例 3.17 已知三维向量空间$\mathbf{R}^3$的两个基为:

(1)$\boldsymbol{\alpha}_1 = (1,1,1)^{\mathrm{T}}, \boldsymbol{\alpha}_2 = (1,0,-1)^{\mathrm{T}}, \boldsymbol{\alpha}_3 = (1,0,1)^{\mathrm{T}}$,

(2)$\boldsymbol{\beta}_1 = (1,2,1)^{\mathrm{T}}, \boldsymbol{\beta}_2 = (2,3,4)^{\mathrm{T}}, \boldsymbol{\beta}_3 = (3,4,3)^{\mathrm{T}}$,

求由基(1)到基(2)的过渡矩阵$\boldsymbol{P}$.

解 设$\boldsymbol{A} = \begin{pmatrix} 1 & 1 & 1 \\ 1 & 0 & 0 \\ 1 & -1 & 1 \end{pmatrix}, \boldsymbol{B} = \begin{pmatrix} 1 & 2 & 3 \\ 2 & 3 & 4 \\ 1 & 4 & 3 \end{pmatrix}$,由基(1)到基(2)的过渡矩阵$\boldsymbol{P}$满足等式$\boldsymbol{B} = \boldsymbol{A}\boldsymbol{P}$,故

$$\boldsymbol{P} = \boldsymbol{A}^{-1}\boldsymbol{B} = \begin{pmatrix} 1 & 1 & 1 \\ 1 & 0 & 0 \\ 1 & -1 & 1 \end{pmatrix}^{-1}\begin{pmatrix} 1 & 2 & 3 \\ 2 & 3 & 4 \\ 1 & 4 & 3 \end{pmatrix}$$

$$= \begin{pmatrix} 0 & 1 & 0 \\ \dfrac{1}{2} & 0 & -\dfrac{1}{2} \\ \dfrac{1}{2} & -1 & \dfrac{1}{2} \end{pmatrix}\begin{pmatrix} 1 & 2 & 3 \\ 2 & 3 & 4 \\ 1 & 4 & 3 \end{pmatrix}$$

$$= \begin{pmatrix} 2 & 3 & 4 \\ 0 & -1 & 0 \\ -1 & 0 & -1 \end{pmatrix}.$$

3.5 线性方程组解的结构

在第2.7节中, 已经介绍了用矩阵的初等变换解线性方程组的方法, 并有下面重要的结论, 即

(1)含有n个未知元的齐次线性方程组$\boldsymbol{AX}=\boldsymbol{0}$有非零解的充分必要条件是, 系数矩阵的秩$R(\boldsymbol{A})<n$.

(2)含有n个未知元的非齐次线性方程组$\boldsymbol{AX}=\boldsymbol{b}$有解的充分必要条件是, 系数矩阵$\boldsymbol{A}$的秩等于增广矩阵$\boldsymbol{B}$的秩, 且当$R(\boldsymbol{A})=R(\boldsymbol{B})=n$时方程组有唯一解, 当$R(\boldsymbol{A})=R(\boldsymbol{B})<n$时方程组有无穷多个解.

本节将用向量组线性相关性的理论来讨论线性方程组解的结构,首先讨论齐次线性方程组解的情况.

3.5.1 齐次线性方程组解的结构

对于齐次线性方程组

$$\begin{cases} a_{11}x_1+a_{12}x_2+\cdots+a_{1n}x_n=0, \\ a_{21}x_1+a_{22}x_2+\cdots+a_{2n}x_n=0, \\ \quad\cdots\cdots \\ a_{m1}x_1+a_{m2}x_2+\cdots+a_{mn}x_n=0, \end{cases} \tag{3.14}$$

其矩阵形式为

$$\boldsymbol{Ax}=\boldsymbol{0}, \tag{3.15}$$

其中

$$\boldsymbol{A}=\begin{pmatrix} a_{11} & a_{12} & \cdots & a_{1n} \\ a_{21} & a_{22} & \cdots & a_{21} \\ \vdots & \vdots & & \vdots \\ a_{m1} & a_{m2} & \cdots & a_{mn} \end{pmatrix}, \boldsymbol{x}=\begin{pmatrix} x_1 \\ x_2 \\ \vdots \\ x_n \end{pmatrix},$$

若$x_1=\xi_{11}, x_2=\xi_{21}, \cdots, x_n=\xi_{n1}$为方程组(3.14)的解, 则

$$\boldsymbol{x}=\boldsymbol{\xi_1}=\begin{pmatrix} \xi_{11} \\ \xi_{21} \\ \vdots \\ \xi_{n1} \end{pmatrix}$$

称为方程组(3.14)的解向量, 它也就是向量方程(3.15)的解. 根据向量方程(3.15),可得解向量具有下面的性质:

性质 3.1 *若 $\boldsymbol{x}=\boldsymbol{\xi}_1, \boldsymbol{x}=\boldsymbol{\xi}_2$ 为方程$\boldsymbol{Ax}=\boldsymbol{0}$的解, 则$\boldsymbol{x}=\boldsymbol{\xi}_1+\boldsymbol{\xi}_2$ 也是方程$\boldsymbol{Ax}=\boldsymbol{0}$的解.*

证明 设$\boldsymbol{\xi}_1, \boldsymbol{\xi}_2$满足方程$\boldsymbol{Ax}=\boldsymbol{0}$, 则$\boldsymbol{A\xi}_1=\boldsymbol{0}, \boldsymbol{A\xi}_2=\boldsymbol{0}$, 于是

$$\boldsymbol{A}(\boldsymbol{\xi}_1+\boldsymbol{\xi}_2)=\boldsymbol{A\xi}_1+\boldsymbol{A\xi}_2=\boldsymbol{0}+\boldsymbol{0}=\boldsymbol{0},$$

故$\boldsymbol{\xi}_1+\boldsymbol{\xi}_2$也是方程$\boldsymbol{Ax}=\boldsymbol{0}$的解,

性质 3.2 若$x=\boldsymbol{\xi}$ 为方程(3.15)的解, k为实数,则$\boldsymbol{x}=k\boldsymbol{\xi}$ 也是方程(3.15)的解.

证明 设$\boldsymbol{\xi}$满足方程$\boldsymbol{Ax}=\boldsymbol{0}$, 则$\boldsymbol{A\xi}=\boldsymbol{0}$, 于是对任意的实数$k$,

$$\boldsymbol{A}(k\boldsymbol{\xi})=k\boldsymbol{A\xi}=k\boldsymbol{0}=\boldsymbol{0},$$

所以$k\boldsymbol{\xi}$也是方程$\boldsymbol{Ax}=\boldsymbol{0}$的解.

由方程(3.15)的所有的解构成一个集合, 记为S, 则由性质3.1和性质3.2可知S中元素的线性组合仍属于S(即仍是解). 因此, S是向量空间, 称为齐次线性方程组的**解空间.**

定义 3.15 (齐次线性方程组的基础解系) 设齐次线性方程组$\boldsymbol{Ax}=\boldsymbol{0}$的一组解向量$\boldsymbol{\eta}_1,\boldsymbol{\eta}_2,\cdots,\boldsymbol{\eta}_s$满足如下条件:

(1)$\boldsymbol{\eta}_1,\boldsymbol{\eta}_2,\cdots,\boldsymbol{\eta}_s$线性无关;

(2)方程组(3.14)的任一解向量都可由$\boldsymbol{\eta}_1,\boldsymbol{\eta}_2,\cdots,\boldsymbol{\eta}_s$线性表示,则称$\boldsymbol{\eta}_1,\boldsymbol{\eta}_2,\cdots,\boldsymbol{\eta}_s$是齐次线性方程组(3.14) 的一个**基础解系**.

由定义3.15可知, 齐次线性方程组的基础解系是解空间S的基,即解集S的最大线性无关组.因此,只要求出齐次线性方程组的基础解系,便可求出方程组的通解,也就是基础解系的所有线性组合.

定理 3.14 设n元齐次线性方程组$\boldsymbol{Ax}=\boldsymbol{0}$的系数矩阵的秩$R(\boldsymbol{A})=r$, 则解集$S$的秩$R(S)=n-r$, 即基础解系含有的向量个数等于未知数的个数减去系数矩阵的秩.

证明 记线性方程组为$x_1\boldsymbol{\alpha}_1+x_2\boldsymbol{\alpha}_2+\cdots+x_n\boldsymbol{\alpha}_n=\boldsymbol{0}$, 其中

$$\boldsymbol{\alpha}_1=\begin{pmatrix}a_{11}\\a_{21}\\\vdots\\a_{m1}\end{pmatrix},\boldsymbol{\alpha}_2=\begin{pmatrix}a_{11}\\a_{21}\\\vdots\\a_{m2}\end{pmatrix},\cdots,\boldsymbol{\alpha}_n=\begin{pmatrix}a_{1n}\\a_{2n}\\\vdots\\a_{mn}\end{pmatrix},$$

设$\boldsymbol{\alpha}_1,\boldsymbol{\alpha}_2,\cdots,\boldsymbol{\alpha}_n$的秩为$r$, 不妨设$\boldsymbol{\alpha}_1,\boldsymbol{\alpha}_2,\cdots,\boldsymbol{\alpha}_r$为其最大无关组, 则$-\boldsymbol{\alpha}_{r+1},-\boldsymbol{\alpha}_{r+2},\cdots,-\boldsymbol{\alpha}_n$皆可由$\boldsymbol{\alpha}_1,\boldsymbol{\alpha}_2,\cdots,\boldsymbol{\alpha}_r$线性表示, 即存在$k_{ij}$ $(1\leqslant i\leqslant n-r,1\leqslant j\leqslant r)$,使得

$$\begin{gathered}-\boldsymbol{\alpha}_{r+1}=k_{11}\boldsymbol{\alpha}_1+k_{12}\boldsymbol{\alpha}_2+\cdots+k_{1r}\boldsymbol{\alpha}_r,\\-\boldsymbol{\alpha}_{r+2}=k_{21}\boldsymbol{\alpha}_1+k_{22}\boldsymbol{\alpha}_2+\cdots+k_{2r}\boldsymbol{\alpha}_r,\\\cdots\cdots\\-\boldsymbol{\alpha}_n=k_{n-r,1}\boldsymbol{\alpha}_1+k_{n-r,2}\boldsymbol{\alpha}_2+\cdots+k_{n-r,r}\boldsymbol{\alpha}_r,\end{gathered}$$

即$k_{i1}\boldsymbol{\alpha}_1+k_{i2}\boldsymbol{\alpha}_2+\cdots+k_{ir}\boldsymbol{\alpha}_r+1\cdot\boldsymbol{\alpha}_{r+i}=0(i=1,2,\cdots,n-r)$. 于是, S中含有向量

$$\begin{gathered}\boldsymbol{\eta}_1=(k_{11},k_{12},\cdots,k_{1r},1,0,\cdots,0),\\\boldsymbol{\eta}_2=(k_{21},k_{22},\cdots,k_{2r},0,1,\cdots,0),\\\cdots\cdots\\\boldsymbol{\eta}_{n-r}=(k_{n-r,1},k_{n-r,2},\cdots,k_{n-r,r},0,0,\cdots,1),\end{gathered}$$

只需证$\boldsymbol{\eta}_1,\boldsymbol{\eta}_2,\cdots,\boldsymbol{\eta}_{n-r}$是解向量组的一个最大无关组即可. 易见, 向量组 $\boldsymbol{\eta}_1,\boldsymbol{\eta}_2,\cdots,\boldsymbol{\eta}_{n-r}$ 线性无关, 只需再证$\boldsymbol{\eta}_1,\boldsymbol{\eta}_2,\cdots,\boldsymbol{\eta}_{n-r}$能线性表示$S$中任意一个向量$\boldsymbol{\beta}$即可.

设$\boldsymbol{\beta}=(c_1,c_2,\cdots,c_n)^{\mathrm{T}}\in S$, 则有

$$c_1\boldsymbol{\alpha}_1+c_2\boldsymbol{\alpha}_2+\cdots+c_r\boldsymbol{\alpha}_r+c_{r+1}\boldsymbol{\alpha}_{r+1}+c_{r+2}\boldsymbol{\alpha}_{r+2}+\cdots+c_n\boldsymbol{\alpha}_n=\mathbf{0}. \tag{3.16}$$

考虑 $\boldsymbol{\eta}=c_{r+1}\boldsymbol{\eta}_1+c_{r+2}\boldsymbol{\eta}_2+\cdots+c_n\boldsymbol{\eta}_{n-r}\in S$, 则$\boldsymbol{\eta}$形如$({c_1}',{c_2}',\cdots,{c_r}',c_{r+1},c_{r+2},\cdots,c_n)$,且有

$${c_1}'\boldsymbol{\alpha}_1+{c_2}'\boldsymbol{\alpha}_2+\cdots+{c_r}'\boldsymbol{\alpha}_r+c_{r+1}\boldsymbol{\alpha}_{r+1}+c_{r+2}\boldsymbol{\alpha}_{r+2}+\cdots+c_n\boldsymbol{\alpha}_n=\mathbf{0}. \tag{3.17}$$

于是由式(3.16)、式(3.17)可知

$$(c_1-{c_1}')\boldsymbol{\alpha}_1+(c_2-{c_2}')\boldsymbol{\alpha}_2+\cdots+(c_r-{c_r}')\boldsymbol{\alpha}_r=\mathbf{0}.$$

因为$\boldsymbol{\alpha}_1,\boldsymbol{\alpha}_2,\cdots,\boldsymbol{\alpha}_r$线性无关, 所以

$$c_1={c_1}',c_2={c_2}',\cdots,c_r={c_r}',$$

于是

$$\boldsymbol{\beta}=(c_1,c_2,\cdots,c_n)=c_{r+1}\boldsymbol{\eta}_1+c_{r+2}\boldsymbol{\eta}_2+\cdots+c_n\boldsymbol{\eta}_{n-r},$$

即任意一个$\boldsymbol{\beta}\in S$ 可由$\boldsymbol{\eta}_1,\boldsymbol{\eta}_2,\cdots,\boldsymbol{\eta}_{n-r}$线性表示, 这就证明了$\boldsymbol{\eta}_1,\boldsymbol{\eta}_2,\cdots,\boldsymbol{\eta}_{n-r}$是解向量组的一个最大无关组, 即解集$S$的秩$R(S)=n-r$.

定理3.14给出了齐次线性方程组系数矩阵的秩和解集的秩之间的关系, 不仅是线性方程组各种解法的理论基础,而且在讨论向量组的线性相关性时也很有用. 下面首先给出齐次线性方程组解的结构定理.

定理 3.15 **(齐次线性方程组解的结构定理)** 设$\boldsymbol{A}$为$m\times n$矩阵, 若$R(\boldsymbol{A})=r<n$, 则齐次线性方程组$\boldsymbol{Ax}=\mathbf{0}$存在基础解系, 且基础解系包含$n-r$个线性无关的解向量$\boldsymbol{\eta}_1,\boldsymbol{\eta}_2,\cdots,\boldsymbol{\eta}_{n-r}$, 因此方程组的通解可表示为

$$\boldsymbol{x}=k_1\boldsymbol{\eta}_1+k_2\boldsymbol{\eta}_2+\cdots+k_{n-r}\boldsymbol{\eta}_{n-r}(k_1,k_2,\cdots,k_{n-r}\in\mathbf{R}).$$

如果$R(\boldsymbol{A})=n$, 方程组(3.14)没有基础解系.

证明 $R(\boldsymbol{A})=r<n$, 不妨设$\boldsymbol{A}$的前r个列向量线性无关, 于是对$\boldsymbol{A}$施行初等行变换, 化为行最简形矩阵如下:

$$\boldsymbol{B}=\begin{pmatrix}1&\cdots&0&b_{11}&\cdots&b_{1,n-r}\\ \vdots&&\vdots&\vdots&&\vdots\\ 0&\cdots&1&b_{r1}&\cdots&b_{r,n-r}\\ 0&\cdots&0&0&\cdots&0\\ \vdots&&\vdots&\vdots&&\vdots\\ 0&\cdots&0&0&\cdots&0\end{pmatrix},$$

与$\boldsymbol{B}$对应,即有方程组

$$\left\{\begin{array}{l} x_1 = -b_{11}x_{r+1} - \cdots - b_{1,n-r}x_n \\ x_2 = -b_{21}x_{r+1} - \cdots - b_{2,n-r}x_n \\ \qquad\qquad \cdots\cdots \\ x_r = -b_{r1}x_{r+1} - \cdots - b_{r,n-r}x_n \end{array}\right. , \tag{3.18}$$

把$x_{r+1}, \cdots, x_n$作为自由未知量,令它们分别等于$c_1, \cdots, c_{n-r}$, 可得方程组(3.14)的通解为

$$\begin{pmatrix} x_1 \vdots \\ x_r \\ x_{r+1} \\ x_{r+2} \\ \vdots \\ x_n \end{pmatrix} = k_1 \begin{pmatrix} -b_{11} \\ \vdots \\ -b_{r1} \\ 10 \\ \vdots \\ 0 \end{pmatrix} + k_2 \begin{pmatrix} -b_{12} \\ \vdots \\ -b_{r2} \\ 0 \\ 1 \\ \vdots \\ 0 \end{pmatrix} + \cdots + k_{n-r} \begin{pmatrix} -b_{1,n-r} \\ \vdots \\ -b_{r,n-r} \\ 0 \\ 0 \\ \vdots \\ 1 \end{pmatrix} \tag{3.19}$$

$$(k_1, \cdots, k_{n-r} \in \mathbf{R}).$$

令

$$\boldsymbol{\eta}_1 = \begin{pmatrix} -b_{11} \\ \vdots \\ -b_{r1} \\ 1 \\ 0 \\ \vdots \\ 0 \end{pmatrix}, \boldsymbol{\eta}_2 = \begin{pmatrix} -b_{12} \\ \vdots \\ -b_{r2} \\ 0 \\ 1 \\ \vdots \\ 0 \end{pmatrix}, \cdots, \boldsymbol{\eta}_{n-r} = \begin{pmatrix} -b_{1,n-r} \\ \vdots \\ -b_{r,n-r} \\ 0 \\ 0 \\ \vdots \\ 1 \end{pmatrix}$$

则式(3.19)可记作

$$\boldsymbol{x} = k_1\boldsymbol{\eta}_1 + k_2\boldsymbol{\eta}_2 + \cdots + k_{n-r}\boldsymbol{\eta}_{n-r}(k_1, \cdots, k_{n-r} \in \mathbf{R})$$

显然, $\boldsymbol{\eta}_1, \boldsymbol{\eta}_2, \cdots, \boldsymbol{\eta}_{n-r}$ 线性无关, 且方程组(3.14) 的任一解向量 $\boldsymbol{x}$ 都能由 $(\boldsymbol{\eta}_1, \boldsymbol{\eta}_2, \cdots, \boldsymbol{\eta}_{n-r})$线性表示, 所以$\boldsymbol{\eta}_1, \boldsymbol{\eta}_2, \cdots, \boldsymbol{\eta}_{n-r}$是方程组(3.14)的基础解系.

在定理3.15的证明过程中, 先求出齐次线性方程组的通解, 再从通解中求基础解系. 其实, 也可以先求基础解系, 再写出通解, 这只需在得到方程组(3.18)以后, 令自由未知量$x_{r+1}, \cdots, x_n$取下列$n-r$组数

$$\begin{pmatrix} x_{r+1} \\ x_{r+2} \\ \vdots \\ x_n \end{pmatrix} = \begin{pmatrix} 1 \\ 0 \\ \vdots \\ 0 \end{pmatrix}, \begin{pmatrix} 0 \\ 1 \\ \vdots \\ 0 \end{pmatrix}, \cdots, \begin{pmatrix} 0 \\ 0 \\ \vdots \\ 1 \end{pmatrix},$$

由方程组(3.18)即可依次得

$$\begin{pmatrix} x_1 \\ x_2 \\ \vdots \\ x_r \end{pmatrix} = \begin{pmatrix} -b_{11} \\ -b_{21} \\ \vdots \\ -b_{r1} \end{pmatrix}, \begin{pmatrix} -b_{12} \\ -b_{22} \\ \vdots \\ -b_{r2} \end{pmatrix}, \cdots, \begin{pmatrix} -b_{1,n-r} \\ -b_{2,n-r} \\ \vdots \\ -b_{r,n-r} \end{pmatrix},$$

合起来便得基础解系

$$\boldsymbol{\eta}_1 = \begin{pmatrix} -b_{11} \\ \vdots \\ -b_{r1} \\ 1 \\ 0 \\ \vdots \\ 0 \end{pmatrix}, \boldsymbol{\eta}_2 = \begin{pmatrix} -b_{12} \\ \vdots \\ -b_{r2} \\ 0 \\ 1 \\ \vdots \\ 0 \end{pmatrix}, \cdots, \boldsymbol{\eta}_{n-r} = \begin{pmatrix} -b_{1,n-r} \\ \vdots \\ -b_{r,n-r} \\ 0 \\ 0 \\ \vdots \\ 1 \end{pmatrix}.$$

例 3.18 求下面齐次线性方程组的基础解系与通解:

$$\begin{cases} 2x_1 - 4x_2 + 5x_3 + 3x_4 = 0, \\ 3x_1 - 6x_2 + 4x_3 + 2x_4 = 0, \\ 4x_1 - 8x_2 + 17x_3 + 11x_4 = 0. \end{cases}$$

证明 对系数矩阵$\boldsymbol{A}$ 施行初等变换,可得

$$\boldsymbol{A} = \begin{pmatrix} 2 & -4 & 5 & 3 \\ 3 & -6 & 4 & 2 \\ 4 & -8 & 17 & 11 \end{pmatrix} \xrightarrow{r_2 \times 2} \begin{pmatrix} 2 & -4 & 5 & 3 \\ 6 & -12 & 8 & 4 \\ 4 & -8 & 17 & 11 \end{pmatrix} \xrightarrow[r_3 - 2r_1]{r_2 - 3r_1} \begin{pmatrix} 2 & -4 & 5 & 3 \\ 0 & 0 & -7 & -5 \\ 0 & 0 & 7 & 5 \end{pmatrix}$$

$$\xrightarrow[r_2 \div (-7)]{r_3 + r_2} \begin{pmatrix} 2 & -4 & 5 & 3 \\ 0 & 0 & 1 & \frac{5}{7} \\ 0 & 0 & 0 & 0 \end{pmatrix} \xrightarrow{r_1 - 5r_2} \begin{pmatrix} 2 & -4 & 0 & -\frac{4}{7} \\ 0 & 0 & 1 & \frac{5}{7} \\ 0 & 0 & 0 & 0 \end{pmatrix} \xrightarrow{r_1 \div 2} \begin{pmatrix} 1 & -2 & 0 & -\frac{2}{7} \\ 0 & 0 & 1 & \frac{5}{7} \\ 0 & 0 & 0 & 0 \end{pmatrix},$$

所以原方程组等价于

$$\begin{cases} x_1 = 2x_2 + \dfrac{2}{7}x_4, \\ x_3 = -\dfrac{5}{7}x_4, \end{cases} \tag{3.20}$$

取$\begin{pmatrix} x_2 \\ x_4 \end{pmatrix} = \begin{pmatrix} 1 \\ 0 \end{pmatrix}$及 $\begin{pmatrix} 0 \\ 1 \end{pmatrix}$,对应有 $\begin{pmatrix} x_1 \\ x_3 \end{pmatrix} = \begin{pmatrix} 2 \\ 0 \end{pmatrix}$及$\begin{pmatrix} \frac{2}{7} \\ -\frac{5}{7} \end{pmatrix}$, 因此方程组的基础解系为

$\boldsymbol{\zeta}_1 = \begin{pmatrix} 2 \\ 1 \\ 0 \\ 0 \end{pmatrix}, \boldsymbol{\zeta}_2 = \begin{pmatrix} \frac{2}{7} \\ 0 \\ -\frac{5}{7} \\ 0 \end{pmatrix}$, 于是通解为

$$\begin{pmatrix} x_1 \\ x_2 \\ x_3 \\ x_4 \end{pmatrix} = c_1 \begin{pmatrix} 2 \\ 1 \\ 0 \\ 0 \end{pmatrix} + c_2 \begin{pmatrix} \frac{2}{7} \\ 0 \\ -\frac{5}{7} \\ 1 \end{pmatrix} (c_1, c_2 \in \mathbf{R}).$$

根据式(3.20), 如果取 $\begin{pmatrix} x_2 \\ x_4 \end{pmatrix} = \begin{pmatrix} 1 \\ 0 \end{pmatrix}$ 及 $\begin{pmatrix} 0 \\ 7 \end{pmatrix}$,对应有 $\begin{pmatrix} x_1 \\ x_3 \end{pmatrix} = \begin{pmatrix} 2 \\ 0 \end{pmatrix}$ 及 $\begin{pmatrix} 2 \\ -5 \end{pmatrix}$,因此可得基础解系为

$$\boldsymbol{\xi}_1 = \begin{pmatrix} 2 \\ 1 \\ 0 \\ 0 \end{pmatrix}, \boldsymbol{\xi}_2 = \begin{pmatrix} 2 \\ 0 \\ -5 \\ 7 \end{pmatrix},$$

通解为

$$\begin{pmatrix} x_1 \\ x_2 \\ x_3 \\ x_4 \end{pmatrix} = c_1 \begin{pmatrix} 2 \\ 1 \\ 0 \\ 0 \end{pmatrix} + c_2 \begin{pmatrix} 2 \\ 0 \\ -5 \\ 7 \end{pmatrix} (c_1, c_2 \in \mathbf{R}).$$

显然, $\boldsymbol{\xi}_1, \boldsymbol{\xi}_2$与$\boldsymbol{\zeta}_1, \boldsymbol{\zeta}_2$是等价的, 虽然两个通解形式不一样, 但都含有两个任意常数, 都可以表示方程组的任意解.

例 3.19 证明矩阵$\boldsymbol{A}_{m\times n}$与$\boldsymbol{B}_{l\times n}$的行向量组等价的充分必要条件是, 齐次方程组$\boldsymbol{Ax} = \boldsymbol{0}$与$\boldsymbol{Bx} = \boldsymbol{0}$同解.

证明 必要性是显然成立的.下面证明充分性.

设齐次方程组$\boldsymbol{Ax} = \boldsymbol{0}$与$\boldsymbol{Bx} = \boldsymbol{0}$同解, 从而也与方程组 $\begin{cases} \boldsymbol{Ax} = \boldsymbol{0} \\ \boldsymbol{Bx} = \boldsymbol{0} \end{cases}$, 即 $\begin{pmatrix} \boldsymbol{A} \\ \boldsymbol{B} \end{pmatrix} \boldsymbol{x} = \boldsymbol{0}$同解, 设解集为$S$, 且$R(S) = t$, 则由定理3.14知3个方程组的系数矩阵的秩均为 $n - t$, 故

$$R(\boldsymbol{A}) = R(\boldsymbol{B}) = R\begin{pmatrix} \boldsymbol{A} \\ \boldsymbol{B} \end{pmatrix},$$

即

$$R(\boldsymbol{A}^{\mathrm{T}}) = R(\boldsymbol{B}^{\mathrm{T}}) = R\begin{pmatrix} \boldsymbol{A}^{\mathrm{T}}, & \boldsymbol{B}^{\mathrm{T}} \end{pmatrix},$$

则$\boldsymbol{A}^{\mathrm{T}}$的列向量组与$\boldsymbol{B}^{\mathrm{T}}$的列向量组等价, 从而矩阵$\boldsymbol{A}$ 与$\boldsymbol{B}$的行向量组等价.

3.5.2 非齐次线性方程组解的结构

设非齐次线性方程组

$$\begin{cases} a_{11}x_1+a_{12}x_2+\cdots+a_{1n}x_n=b_1, \\ a_{21}x_2+a_{22}x_2+\cdots+a_{2n}x_n=b_2, \\ \qquad\cdots\cdots \\ a_{m1}x_1+a_{m2}x_2+\cdots+a_{mn}x_n=b_m, \end{cases} \tag{3.21}$$

其矩阵形式为

$$\boldsymbol{Ax}=\boldsymbol{b},$$

其中

$$\boldsymbol{A}=\begin{pmatrix} a_{11} & a_{12} & \cdots & a_{1n} \\ a_{21} & a_{22} & \cdots & a_{21} \\ \vdots & \vdots & & \vdots \\ a_{m1} & a_{m2} & \cdots & a_{mn} \end{pmatrix}, \boldsymbol{x}=\begin{pmatrix} x_1 \\ x_2 \\ \vdots \\ x_n \end{pmatrix}, \boldsymbol{b}=\begin{pmatrix} b_1 \\ b_1 \\ \vdots \\ b_m \end{pmatrix}.$$

取$\boldsymbol{b}=\boldsymbol{0}$得到齐次线性方程组$\boldsymbol{Ax}=\boldsymbol{0}$, 称为非齐次线性方程组$\boldsymbol{Ax}=\boldsymbol{b}$的导出组. 非齐次线性方程组的解与它的导出组的解之间有下列性质:

性质 3.3 若$\boldsymbol{\eta}$是$\boldsymbol{Ax}=\boldsymbol{b}$的解, $\boldsymbol{\xi}$是对应齐次线性方程组$\boldsymbol{Ax}=\boldsymbol{0}$的解, 则 $\boldsymbol{\xi}+\boldsymbol{\eta}$是$\boldsymbol{Ax}=\boldsymbol{b}$的解.

证明 因为$\boldsymbol{A\eta}=\boldsymbol{b}$, $\boldsymbol{A\xi}=\boldsymbol{0}$. 于是$\boldsymbol{A}(\boldsymbol{\xi}+\boldsymbol{\eta})=\boldsymbol{A\xi}+\boldsymbol{A\eta}=\boldsymbol{0}+\boldsymbol{b}=\boldsymbol{b}$, 所以$\boldsymbol{\xi}+\boldsymbol{\eta}$是$\boldsymbol{Ax}=\boldsymbol{b}$的解.

性质 3.4 若 $\boldsymbol{\eta}_1, \boldsymbol{\eta}_2$是$\boldsymbol{Ax}=\boldsymbol{b}$ 的解, 则 $\boldsymbol{\eta}_1-\boldsymbol{\eta}_2$ 是对应齐次线性方程组 $\boldsymbol{Ax}=\boldsymbol{0}$的解.

证明 由$\boldsymbol{A\eta}_1=\boldsymbol{b}$, $\boldsymbol{A\eta}_2=\boldsymbol{b}$, 有$\boldsymbol{A}(\boldsymbol{\eta}_1-\boldsymbol{\eta}_2)=\boldsymbol{A\eta}_1-\boldsymbol{A\eta}_2=\boldsymbol{b}-\boldsymbol{b}=\boldsymbol{0}$,则$\boldsymbol{\eta}_1-\boldsymbol{\eta}_2$是对应齐次线性方程组$\boldsymbol{Ax}=\boldsymbol{0}$的解.

定理 3.16 (非齐次线性方程组解的结构定理) 如果非齐次线性方程组 $\boldsymbol{Ax}=\boldsymbol{b}$有解, 则其通解为

$$\boldsymbol{x}=\boldsymbol{\eta}^*+\boldsymbol{\xi}$$

其中, $\boldsymbol{\eta}^*$是非齐次线性方程组$\boldsymbol{Ax}=\boldsymbol{b}$ 的一个特解, 而$\boldsymbol{\xi}$是其导出组$\boldsymbol{A\eta}=\boldsymbol{0}$的通解.

例 3.20 求下列非齐次方程组的通解.

$$\begin{cases} x_1-x_2-x_3+x_4=0, \\ x_1-x_2+x_3-3x_4=1, \\ 2x_1-2x_2-4x_3+6x_4=-1. \end{cases}$$

解 对方程组的增广矩阵做初等行变换化为行最简形矩阵, 有

$$\boldsymbol{B}=\begin{pmatrix} 1 & -1 & -1 & 1 & 0 \\ 1 & -1 & 1 & -3 & 1 \\ 2 & -2 & -4 & 6 & -1 \end{pmatrix} \xrightarrow[r_3-2r_1]{r_2-r_1} \begin{pmatrix} 1 & -1 & -1 & 1 & 0 \\ 0 & 0 & 2 & -4 & 1 \\ 0 & 0 & -2 & 4 & -1 \end{pmatrix}$$

$$\xrightarrow[r_3+2r_2]{\substack{r_2\div 2\\ r_1+r_2}}\begin{pmatrix}1 & -1 & 0 & 1 & \frac{1}{2}\\ 0 & 0 & 1 & -2 & \frac{1}{2}\\ 0 & 0 & 0 & 0 & 0\end{pmatrix},$$

可得$R(\boldsymbol{A})=R(\boldsymbol{B})=2<4$, 故方程组有无穷多组解, 并且原方程组的同解方程组为

$$\begin{cases}x_1=x_2+x_4+\dfrac{1}{2},\\ x_3=2x_4+\dfrac{1}{2}.\end{cases}$$

取$x_2=x_4=0$, 得方程组的一个特解为

$$\boldsymbol{\eta}^*=\begin{pmatrix}\frac{1}{2}\\ 0\\ \frac{1}{2}\\ 0\end{pmatrix}.$$

原方程组的导出组的同解方程组为

$$\begin{cases}x_1=x_2+x_4,\\ x_3=2x_4.\end{cases}$$

分别取$\begin{pmatrix}x_2\\ x_4\end{pmatrix}=\begin{pmatrix}1\\ 0\end{pmatrix}$及$\begin{pmatrix}0\\ 1\end{pmatrix}$对应得$\begin{pmatrix}x_1\\ x_3\end{pmatrix}=\begin{pmatrix}1\\ 0\end{pmatrix}$及$\begin{pmatrix}1\\ 2\end{pmatrix}$. 因此, 可得原方程组的导出组基础解系为

$$\boldsymbol{\xi}_1=\begin{pmatrix}1\\ 1\\ 0\\ 0\end{pmatrix},\boldsymbol{\xi}_2=\begin{pmatrix}1\\ 0\\ 2\\ 1\end{pmatrix}.$$

于是所求方程组的通解为

$$\begin{pmatrix}x_1\\ x_2\\ x_3\\ x_4\end{pmatrix}=c_1\begin{pmatrix}1\\ 1\\ 0\\ 0\end{pmatrix}+c_2\begin{pmatrix}1\\ 0\\ 2\\ 1\end{pmatrix}+\begin{pmatrix}\frac{1}{2}\\ 0\\ \frac{1}{2}\\ 0\end{pmatrix}(c_1,c_2\in\mathbf{R}).$$

例 3.21 当a、b为何值时, 线性方程组

$$\begin{cases} x_1+x_2+x_3+x_4=0, \\ x_2+2x_3+2x_4=1, \\ -x_2+(a-3)x_3-2x_4=b, \\ 3x_1+2x_2+x_3+ax_4=-1 \end{cases}$$

有唯一解?无解?无穷多解?并在无穷多解时求出方程组的通解.

解 对方程组的增广矩阵施行初等行变换化为行阶梯形矩阵,有

$$\boldsymbol{B}=\begin{pmatrix} 1 & 1 & 1 & 1 & 0 \\ 0 & 1 & 2 & 2 & 1 \\ 0 & -1 & a-3 & -2 & b \\ 3 & 2 & 1 & a & -1 \end{pmatrix} \xrightarrow{r_4-3r_1} \begin{pmatrix} 1 & 1 & 1 & 1 & 0 \\ 0 & 1 & 2 & 2 & 1 \\ 0 & -1 & a-3 & -2 & b \\ 0 & -1 & -2 & a-3 & -1 \end{pmatrix}$$

$$\xrightarrow[r_4+r_2]{r_3+r_2} \begin{pmatrix} 1 & 1 & 1 & 1 & 0 \\ 0 & 1 & 2 & 2 & 1 \\ 0 & 0 & a-1 & 0 & b+1 \\ 0 & 0 & 0 & a-1 & 0 \end{pmatrix},$$

从而可得:

①当$a\neq 1$时, $R(\boldsymbol{A})=R(\boldsymbol{B})=4$, 方程组有唯一解.

②当$a=1$且$b\neq -1$时, $R(\boldsymbol{A})=2\neq 3=R(\boldsymbol{B})$, 方程组无解.

③当$a\neq 1$且$b=-1$时, $R(\boldsymbol{A})=2=R(\boldsymbol{B})$, 方程组有无穷多解. 此时, 继续对增广矩阵施行初等行变换将其化为行最简形矩阵, 有

$$\boldsymbol{B}=\begin{pmatrix} 1 & 1 & 1 & 1 & 0 \\ 0 & 1 & 2 & 2 & 1 \\ 0 & 0 & 0 & 0 & 0 \\ 0 & 0 & 0 & 0 & 0 \end{pmatrix} \xrightarrow{r_1-r_2} \begin{pmatrix} 1 & 0 & -1 & -1 & -1 \\ 0 & 1 & 2 & 2 & 1 \\ 0 & 0 & 0 & 0 & 0 \\ 0 & 0 & 0 & 0 & 0 \end{pmatrix},$$

于是得到与原方程组同解的方程组为

$$\begin{cases} x_1=x_3+x_4-1, \\ x_2=-2x_3-2x_4+1. \end{cases}$$

取$x_3=x_4=0$, 得方程组的一个特解为

$$\eta^*=\begin{pmatrix} -1 \\ 1 \\ 0 \\ 0 \end{pmatrix},$$

原方程组的导出组的同解方程组为

$$\begin{cases} x_1=x_3+x_4, \\ x_2=-2x_3-2x_4, \end{cases}$$

分别取$\begin{pmatrix}x_3\\x_4\end{pmatrix}=\begin{pmatrix}1\\0\end{pmatrix}$及$\begin{pmatrix}0\\1\end{pmatrix}$,对应得$\begin{pmatrix}x_1\\x_2\end{pmatrix}=\begin{pmatrix}1\\-2\end{pmatrix}$及$\begin{pmatrix}1\\-2\end{pmatrix}$, 因此可得原方程组的导出组的基础解系为

$$\boldsymbol{\xi}_1=\begin{pmatrix}1\\-2\\1\\0\end{pmatrix},\boldsymbol{\xi}_2=\begin{pmatrix}1\\-2\\0\\1\end{pmatrix},$$

于是原方程组的通解为

$$\begin{pmatrix}x_1\\x_2\\x_3\\x_4\end{pmatrix}=k_1\begin{pmatrix}1\\-2\\1\\0\end{pmatrix}+k_2\begin{pmatrix}1\\-2\\0\\1\end{pmatrix}+\begin{pmatrix}-1\\1\\0\\0\end{pmatrix}\ (k_1,k_2\in\ \mathbf{R}).$$

例 3.22 已知$\boldsymbol{\xi}_1=\begin{pmatrix}1\\-1\\0\\0\end{pmatrix},\boldsymbol{\xi}_2=\begin{pmatrix}2\\0\\1\\1\end{pmatrix},\boldsymbol{\xi}_3=\begin{pmatrix}3\\0\\1\\2\end{pmatrix}$都是线性方程组$\boldsymbol{Ax}=\boldsymbol{b}\ (\boldsymbol{b}\neq\mathbf{0})$的解, 并且$R(\boldsymbol{A})=2$, 求方程组的通解.

证明 因为原方程组的未知元的个数是4, 系数阵的秩$R(\boldsymbol{A})=2$, 从而对应的齐次线性方程组$\boldsymbol{Ax}=\mathbf{0}$的解集的秩$R(S)=n-R(\boldsymbol{A})=4-2=2$. 即$\boldsymbol{Ax}=\mathbf{0}$的基础解系含有2个解向量. 又因为 $\boldsymbol{\eta}_1=\boldsymbol{\xi}_2-\boldsymbol{\xi}_1=\begin{pmatrix}1\\1\\1\\0\end{pmatrix}$和 $\boldsymbol{\eta}_2=\boldsymbol{\xi}_3-\boldsymbol{\xi}_1=\begin{pmatrix}2\\1\\1\\1\end{pmatrix}$是$\boldsymbol{Ax}=\mathbf{0}$的两个线性无关的解, 因此可取 $\boldsymbol{\eta}_1,\boldsymbol{\eta}_2$为$\boldsymbol{Ax}=\mathbf{0}$的基础解系, 从而可得线性方程组$\boldsymbol{Ax}=\boldsymbol{b}$的通解为

$$\begin{pmatrix}x_1\\x_2\\x_3\\x_4\end{pmatrix}=c_1\begin{pmatrix}1\\1\\1\\0\end{pmatrix}+c_2\begin{pmatrix}2\\1\\1\\1\end{pmatrix}+\begin{pmatrix}1\\-1\\0\\1\end{pmatrix}\ (c_1,c_2\in\mathbf{R}).$$

3.6 习 题

3.6.1 基础习题

1. 设$\boldsymbol{\alpha}_1=(1,2,0,1)^{\mathrm{T}}$, $\boldsymbol{\alpha}_2=(1,1,-1,0)^{\mathrm{T}}$, $\boldsymbol{\alpha}_3=(0,1,a,1)^{\mathrm{T}}$, $\boldsymbol{\gamma}_1=(1,0,1,0)^{\mathrm{T}}$, $\boldsymbol{\gamma}_2=(0,1,0,2)^{\mathrm{T}}$, 当$a$, k取什么值时, $\boldsymbol{\gamma}_1+k\boldsymbol{\gamma}_2$可用$\boldsymbol{\alpha}_1,\boldsymbol{\alpha}_2,\boldsymbol{\alpha}_3$线性表示?

2. 已知向量组$\boldsymbol{\alpha}_1=(1,1,1,1),\boldsymbol{\alpha}_2=(2,3,4,4),\boldsymbol{\alpha}_3=(3,2,1,k)$所生成的向量空间的维数为2, 求$k$的值.

3. 设

$$\boldsymbol{\beta}_1=\boldsymbol{\alpha}_1,\boldsymbol{\beta}_2=\boldsymbol{\alpha}_1+\boldsymbol{\alpha}_2,\cdots,\boldsymbol{\beta}_r=\boldsymbol{\alpha}_1+\boldsymbol{\alpha}_2+\cdots+\boldsymbol{\alpha}_r,$$

且向量组$\boldsymbol{\alpha}_1, \boldsymbol{\alpha}_2, \cdots, \boldsymbol{\alpha}_r$ 线性无关, 证明向量组$\boldsymbol{\beta}_1, \boldsymbol{\beta}_2, \cdots, \boldsymbol{\beta}_r$线性无关.

4. 选择题.

(1) 下列结论哪个正确(   ).

(A) 线性无关向量组的极大无关组唯一.反之,极大无关组唯一的向量组线性无关.

(B) 所含向量个数相同的两个线性无关的向量组等价.

(C) 秩相等的向量组等价.

(D) 矩阵的秩与其行(列)向量组的秩相等.

(2) 设向量组$\boldsymbol{\alpha}_1, \boldsymbol{\alpha}_2, \boldsymbol{\alpha}_3$线性无关,则向量组(   ).

(A) $\boldsymbol{\alpha}_1+\boldsymbol{\alpha}_2, \boldsymbol{\alpha}_2+\boldsymbol{\alpha}_3, \boldsymbol{\alpha}_3-\boldsymbol{\alpha}_1$ 线性无关.

(B) $\boldsymbol{\alpha}_1+\boldsymbol{\alpha}_2, \boldsymbol{\alpha}_2+\boldsymbol{\alpha}_3, \boldsymbol{\alpha}_1-2\boldsymbol{\alpha}_2+\boldsymbol{\alpha}_3$线性无关.

(C) $2\boldsymbol{\alpha}_1-3\boldsymbol{\alpha}_2+\boldsymbol{\alpha}_3, \boldsymbol{\alpha}_1-4\boldsymbol{\alpha}_2, \boldsymbol{\alpha}_1+\boldsymbol{\alpha}_2+\boldsymbol{\alpha}_3$线性无关.

(D) $\boldsymbol{\alpha}_1+2\boldsymbol{\alpha}_2, 2\boldsymbol{\alpha}_2+\boldsymbol{\alpha}_3, \boldsymbol{\alpha}_1+2\boldsymbol{\alpha}_2+\boldsymbol{\alpha}_3$线性无关.

(3) 若向量组$\boldsymbol{\alpha}_1, \boldsymbol{\alpha}_2, \cdots, \boldsymbol{\alpha}_m$的秩为$r$,则下列结论哪个不成立(   ).

(A) $\boldsymbol{\alpha}_1, \boldsymbol{\alpha}_2, \cdots, \boldsymbol{\alpha}_m$中至少有一个含$r$个向量的向量组线性无关.

(B) $\boldsymbol{\alpha}_1, \boldsymbol{\alpha}_2, \cdots, \boldsymbol{\alpha}_m$中任意$r$个线性无关的向量组与$\boldsymbol{\alpha}_1, \boldsymbol{\alpha}_2, \cdots, \boldsymbol{\alpha}_m$等价.

(C) $\boldsymbol{\alpha}_1, \boldsymbol{\alpha}_2, \cdots, \boldsymbol{\alpha}_m$中任意$r$个向量线性无关.

(D) $\boldsymbol{\alpha}_1, \boldsymbol{\alpha}_2, \cdots, \boldsymbol{\alpha}_m$中任意$r+1$个向量线性相关.

(4) 设向量$\boldsymbol{\beta}$可由向量组$\boldsymbol{\alpha}_1, \boldsymbol{\alpha}_2, \cdots, \boldsymbol{\alpha}_m$线性表示,但不能由向量组(I);$\boldsymbol{\alpha}_1, \boldsymbol{\alpha}_2, \cdots, \boldsymbol{\alpha}_{m-1}$ 线性表示,记向量组(II);$\boldsymbol{\alpha}_1, \boldsymbol{\alpha}_2, \cdots, \boldsymbol{\alpha}_{\mathrm{m}-1}, \boldsymbol{\beta}$, 则(   ).

(A) $\boldsymbol{\alpha}_m$不能由(I)线性表示, 也不能由(II)线性表示.

(B) $\boldsymbol{\alpha}_m$不能由(I)线性表示, 但可由(II)线性表示.

(C) $\boldsymbol{\alpha}_m$可由(I)线性表示, 也可由(II)线性表示.

(D) $\boldsymbol{\alpha}_m$可由(I)线性表示, 但不可由(II)线性表示.

(5) 设n维列向量组$\boldsymbol{\alpha}_1, \boldsymbol{\alpha}_2, \cdots, \boldsymbol{\alpha}_m (n>m)$线性无关,则$n$维列向量组$\boldsymbol{\beta}_1, \cdots, \boldsymbol{\beta}_m$线性无关的充分必要条件为(   ).

(A) 向量组$\boldsymbol{\alpha}_1, \boldsymbol{\alpha}_2, \cdots, \boldsymbol{\alpha}_m$可由向量组$\boldsymbol{\beta}_1, \cdots, \boldsymbol{\beta}_m$ 线性表示.

(B) 向量组$\boldsymbol{\beta}_1, \cdots, \boldsymbol{\beta}_m$可由向量组$\boldsymbol{\alpha}_1, \boldsymbol{\alpha}_2, \cdots, \boldsymbol{\alpha}_m$ 线性表示.

(C) 向量组$\boldsymbol{\alpha}_1, \cdots, \boldsymbol{\alpha}_m$与$\boldsymbol{\beta}_1, \cdots, \boldsymbol{\beta}_m$等价.

(D) 矩阵$\boldsymbol{A}=(\boldsymbol{\alpha}_1, \cdots, \boldsymbol{\alpha}_m)$与矩阵$\boldsymbol{B}=(\boldsymbol{\beta}_1, \cdots, \boldsymbol{\beta}_m)$等价.

5. 利用初等行变换求下列矩阵的列向量组的一个最大无关组;

$$(1)\begin{pmatrix}25 & 31 & 17 & 43\\ 75 & 94 & 53 & 132\\ 75 & 94 & 54 & 134\\ 25 & 32 & 20 & 48\end{pmatrix};\quad (2)\begin{pmatrix}1 & 1 & 2 & 2 & 1\\ 0 & 2 & 1 & 5 & -1\\ 2 & 0 & 3 & -1 & 3\\ 1 & 1 & 0 & 4 & -1\end{pmatrix}.$$

6. 判定下列向量组的线性相关性,求其一个最大无关组,并将其余向量用最大无关组线性表示.

$$(1)\ \boldsymbol{\alpha}_1=\begin{pmatrix}1\\1\\3\\1\end{pmatrix},\ \boldsymbol{\alpha}_2=\begin{pmatrix}-1\\1\\-1\\3\end{pmatrix},\ \boldsymbol{\alpha}_3=\begin{pmatrix}5\\-2\\8\\-9\end{pmatrix},\ \boldsymbol{\alpha}_4=\begin{pmatrix}-1\\3\\1\\7\end{pmatrix},$$

(2) $\boldsymbol{\alpha}_1=\begin{pmatrix}1\\1\\2\\3\end{pmatrix}$, $\boldsymbol{\alpha}_2=\begin{pmatrix}1\\-1\\1\\1\end{pmatrix}$, $\boldsymbol{\alpha}_3=\begin{pmatrix}1\\3\\3\\5\end{pmatrix}$, $\boldsymbol{\alpha}_4=\begin{pmatrix}4\\-2\\5\\7\end{pmatrix}$, $\boldsymbol{\alpha}_5=\begin{pmatrix}-3\\-1\\-5\\-8\end{pmatrix}$.

7. 设$\boldsymbol{\alpha}_1,\boldsymbol{\alpha}_2,\cdots,\boldsymbol{\alpha}_m(m\geqslant 2)$ 线性无关, 证明

$$\boldsymbol{\beta}_1=\boldsymbol{\alpha}_1+\lambda\boldsymbol{\alpha}_m,\ \boldsymbol{\beta}_2=\boldsymbol{\alpha}_2+\lambda_2\boldsymbol{\alpha}_m,\ \cdots,\ \boldsymbol{\beta}_{m-1}=\boldsymbol{\alpha}_{m-1}+\lambda_{m-1}\boldsymbol{\alpha}_m$$

线性相关.

8. 证明: 若向量组$\boldsymbol{\alpha}_1,\boldsymbol{\alpha}_2,\cdots,\boldsymbol{\alpha}_m$线性相关, 则存在$m$个不全为0的数$\gamma_1,\gamma_2,\cdots,\gamma_m$,使对任意向量$\boldsymbol{\beta}$,向量组$\boldsymbol{\alpha}_1+\gamma_1\boldsymbol{\beta},\boldsymbol{\alpha}_2+\gamma_2\boldsymbol{\beta},\cdots,\boldsymbol{\alpha}_m+\gamma_m\boldsymbol{\beta}$ 线性相关.

9. 证明: 若向量组$\boldsymbol{\alpha}_1,\boldsymbol{\alpha}_2,\boldsymbol{\alpha}_3$线性无关, $\boldsymbol{\alpha}_1,\boldsymbol{\alpha}_2,\boldsymbol{\alpha}_3,\boldsymbol{\alpha}_4$线性相关, $\boldsymbol{\alpha}_1,\boldsymbol{\alpha}_2,\boldsymbol{\alpha}_3,\boldsymbol{\alpha}_5$线性无关, 则$\boldsymbol{\alpha}_1,\boldsymbol{\alpha}_2,\boldsymbol{\alpha}_3,\boldsymbol{\alpha}_4-\boldsymbol{\alpha}_5$线性无关.

10. 证明: n维列向量组$\boldsymbol{\alpha}_1,\boldsymbol{\alpha}_2,\cdots,\boldsymbol{\alpha}_n$线性无关的充分必要条件是

$$\begin{vmatrix}\boldsymbol{\alpha}_1{}^{\mathrm{T}}\boldsymbol{\alpha}_1 & \boldsymbol{\alpha}_1{}^{\mathrm{T}}\boldsymbol{\alpha}_2 & \cdots & \boldsymbol{\alpha}_1{}^{\mathrm{T}}\boldsymbol{\alpha}_n\\ \boldsymbol{\alpha}_2{}^{\mathrm{T}}\boldsymbol{\alpha}_1 & \boldsymbol{\alpha}_2{}^{\mathrm{T}}\boldsymbol{\alpha}_2 & \cdots & \boldsymbol{\alpha}_2{}^{\mathrm{T}}\boldsymbol{\alpha}_n\\ \vdots & \vdots & & \vdots\\ \boldsymbol{\alpha}_n{}^{\mathrm{T}}\boldsymbol{\alpha}_1 & \boldsymbol{\alpha}_n{}^{\mathrm{T}}\boldsymbol{\alpha}_2 & \cdots & \boldsymbol{\alpha}_n{}^{\mathrm{T}}\boldsymbol{\alpha}_n\end{vmatrix}\neq 0.$$

11. 设$\boldsymbol{\alpha}_1,\boldsymbol{\alpha}_2,\cdots,\boldsymbol{\alpha}_r$线性无关, 证明$\boldsymbol{\beta},\boldsymbol{\alpha}_1,\boldsymbol{\alpha}_2,\cdots,\boldsymbol{\alpha}_r$线性无关的充分必要条件是, $\boldsymbol{\beta}$不能由$\boldsymbol{\alpha}_1,\boldsymbol{\alpha}_2,\cdots,\boldsymbol{\alpha}_r$线性表示.

12. 设向量组

$$\boldsymbol{\alpha}_1,\ \boldsymbol{\alpha}_2,\ \cdots,\ \boldsymbol{\alpha}_m,\ \boldsymbol{\beta}=\boldsymbol{\alpha}_1+\boldsymbol{\alpha}_2+\cdots+\boldsymbol{\alpha}_m(m>1),$$

证明向量组$\boldsymbol{\beta}-\boldsymbol{\alpha}_1,\boldsymbol{\beta}-\boldsymbol{\alpha}_2,\cdots,\boldsymbol{\beta}-\boldsymbol{\alpha}_m$线性无关的充分必要条件是$\boldsymbol{\alpha}_1,\boldsymbol{\alpha}_2,\cdots,\boldsymbol{\alpha}_m$线性无关.

13.求下列齐次线性方程组的基础解系.

(1) $\begin{cases}x_1-8x_2+10x_3+2x_4=0,\\ 2x_1+4x_2+5x_3-x_4=2,\\ 3x_1+8x_2+6x_3-2x_4=0;\end{cases}$ (2) $\begin{cases}2x_1-3x_2-2x_3+x_4=0,\\ 3x_1+5x_2+4x_3-2x_4=0,\\ 8x_1+7x_2+6x_3-3x_4=0;\end{cases}$

(3) $nx_1+(n-1)x_2+\cdots+2x_{n-1}+x_n=0$.

14. 设$\boldsymbol{\eta}^*$是非齐次线性方程组$\boldsymbol{AX}=\boldsymbol{b}$ 的一个解, $\boldsymbol{\xi}_1,\boldsymbol{\xi}_2,\cdots,\boldsymbol{\xi}_{(n-r)}$是对应的齐次线性方程组的一个基础解系, 证明:

(1) $\boldsymbol{\eta}^*,\boldsymbol{\xi}_1,\boldsymbol{\xi}_2,\cdots,\boldsymbol{\xi}_{(n-r)}$线性无关;

(2) $\boldsymbol{\eta}^*,\boldsymbol{\eta}^*+\boldsymbol{\xi}_1,\boldsymbol{\eta}^*+\boldsymbol{\xi}_2,\cdots,\boldsymbol{\eta}^*+\boldsymbol{\xi}_{(n-r)}$线性无关.

15. 设有两个三元方程组

(i) $\begin{cases}3x_1+5x_2+x_3=7,\\ x_1+x_2+x_3=1;\end{cases}$ (ii) $\begin{cases}2x_1+3x_2+ax_3=4,\\ 2x_1+4x_2+(a-1)x_3=b+4.\end{cases}$

(1)已知它们同解, 求a、b;

(2)已知它们有公共解, 求a、b, 并求所有公共解.

16. 设(I)和(II)是两个齐次线性方程组. (I)的一个基础解系为

$$\begin{pmatrix} 2 \\ -1 \\ -1 \\ 0 \end{pmatrix}, \begin{pmatrix} t \\ 1-t \\ 0 \\ 1 \end{pmatrix},$$

(II)为

$$\begin{cases} x_1 - x_2 + x_3 + 2x_4 = 0, \\ 2x_1 - 3x_2 + x_3 + 3x_4 = 0, \\ x_1 + px_2 + x_4 = 0. \end{cases}$$

已知(I)和(II)有公共非零解, 求p和t并求出它们的全部公共解.

17. 设$\boldsymbol{A}$是n阶矩阵, 若存在正整数$k(k > 2)$, 使得线性方程组$\boldsymbol{A}^k\boldsymbol{x} = \boldsymbol{0}$有解向量$\boldsymbol{\alpha}$, 且$\boldsymbol{A}^{k-1}\boldsymbol{x} \neq \boldsymbol{0}$, 证明: 向量组$\boldsymbol{\alpha}$,$\boldsymbol{A\alpha}$,$\cdots$,$\boldsymbol{A}^{k-1}$是线性无关的.

18. 设$\boldsymbol{A} = \begin{pmatrix} 1 & 2 & -1 & 3 \\ 0 & 1 & a & a-1 \\ 1 & a & -2 & 3 \end{pmatrix}$, 若$\boldsymbol{Ax} = \boldsymbol{0}$的基础解系由2个线性无关的解向量解构, 求$\boldsymbol{Ax} = \boldsymbol{0}$的通解.

19. 验证

$$\boldsymbol{\alpha}_1 = \begin{pmatrix} 1 \\ -1 \\ 0 \end{pmatrix}, \boldsymbol{\alpha}_2 = \begin{pmatrix} 2 \\ 1 \\ 3 \end{pmatrix}, \boldsymbol{\alpha}_3 = \begin{pmatrix} 3 \\ 1 \\ 2 \end{pmatrix}$$

为$\mathbf{R}^3$的一个基,并把

$$\boldsymbol{\beta}_1 = \begin{pmatrix} 5 \\ 0 \\ 7 \end{pmatrix}, \boldsymbol{\beta}_2 = \begin{pmatrix} -9 \\ -8 \\ -13 \end{pmatrix}$$

用这个基线性表示.

20. 设 $\mathbf{R}^3$中两组基分别为

$$\boldsymbol{\alpha}_1 = \begin{pmatrix} 1 \\ 2 \\ 2 \end{pmatrix}, \boldsymbol{\alpha}_2 = \begin{pmatrix} 2 \\ 1 \\ -2 \end{pmatrix}, \boldsymbol{\alpha}_3 = \begin{pmatrix} 2 \\ -2 \\ 1 \end{pmatrix};$$

$$\boldsymbol{\beta}_1 = \begin{pmatrix} 1 \\ 2 \\ 3 \end{pmatrix}, \boldsymbol{\beta}_2 = \begin{pmatrix} 1 \\ 4 \\ 9 \end{pmatrix}, \boldsymbol{\beta}_3 = \begin{pmatrix} 1 \\ 8 \\ 27 \end{pmatrix}.$$

求由前一组基到后一组基的过渡矩阵.

21. 设向量空间V的两组基为

$$\boldsymbol{\alpha}_1 = \begin{pmatrix} 1 \\ -1 \\ 0 \\ 0 \end{pmatrix}, \boldsymbol{\alpha}_2 = \begin{pmatrix} 1 \\ 0 \\ -1 \\ 0 \end{pmatrix}, \boldsymbol{\alpha}_3 = \begin{pmatrix} 1 \\ 0 \\ 0 \\ -1 \end{pmatrix};$$

$$\boldsymbol{\beta}_1=\begin{pmatrix}1\\0\\-2\\1\end{pmatrix},\boldsymbol{\beta}_2=\begin{pmatrix}2\\1\\-3\\0\end{pmatrix},\boldsymbol{\beta}_3=\begin{pmatrix}0\\1\\-1\\0\end{pmatrix},$$

已知向量$\boldsymbol{\alpha}$在前一组基$\boldsymbol{\alpha}_1,\boldsymbol{\alpha}_2,\boldsymbol{\alpha}_3$下的坐标为(1,2,3),求此向量$\boldsymbol{\alpha}$在后一组基下的坐标.

3.6.2 提升习题

1. (2023数一、数三7题, 数二10题)已知向量 $\boldsymbol{\alpha}_1=\begin{pmatrix}1\\2\\3\end{pmatrix},\boldsymbol{\alpha}_2=\begin{pmatrix}2\\1\\1\end{pmatrix},\boldsymbol{\beta}_1=\begin{pmatrix}2\\5\\9\end{pmatrix},$ $\boldsymbol{\beta}_2=\begin{pmatrix}1\\0\\1\end{pmatrix}$, 若 $\boldsymbol{\gamma}$ 既可由 $\boldsymbol{\alpha}_1, \boldsymbol{\alpha}_2$ 线性表示, 也可由 $\boldsymbol{\beta}_1, \boldsymbol{\beta}_2$ 线性表示, 则 $\boldsymbol{\gamma}=($　　$)$.

(A) $k\begin{pmatrix}3\\3\\4\end{pmatrix}, k\in \mathbf{R}$　　(B) $k\begin{pmatrix}3\\5\\10\end{pmatrix}, k\in \mathbf{R}$

(C) $k\begin{pmatrix}-1\\1\\2\end{pmatrix}, k\in \mathbf{R}$　　(D) $k\begin{pmatrix}1\\5\\8\end{pmatrix}, k\in \mathbf{R}$

2. (2023数一15题)已知向量$\boldsymbol{\alpha}_1=\begin{pmatrix}1\\0\\1\\1\end{pmatrix}, \boldsymbol{\alpha}_2=\begin{pmatrix}-1\\-1\\0\\1\end{pmatrix}, \boldsymbol{\alpha}_3=\begin{pmatrix}0\\1\\-1\\1\end{pmatrix}, \boldsymbol{\beta}=\begin{pmatrix}1\\1\\1\\-1\end{pmatrix}, \boldsymbol{\gamma}=$ $k_1\boldsymbol{\alpha}_1+k_2\boldsymbol{\alpha}_2+k_3\boldsymbol{\alpha}_3$. 若$\boldsymbol{\gamma}^{\mathrm{T}}\boldsymbol{\alpha}_i=\boldsymbol{\beta}^{\mathrm{T}}\boldsymbol{\alpha}_i(i=1, 2, 3)$, 则$k_1^2+k_2^2+k_3^2=$__________.

3. (2022数一、数三7题, 数二10题) 设$\boldsymbol{\alpha}_1=\begin{pmatrix}\lambda\\1\\1\end{pmatrix}, \boldsymbol{\alpha}_2=\begin{pmatrix}1\\\lambda\\1\end{pmatrix}, \boldsymbol{\alpha}_3=\begin{pmatrix}1\\1\\\lambda\end{pmatrix}, \boldsymbol{\alpha}_4=$ $\begin{pmatrix}1\\\lambda\\\lambda^2\end{pmatrix}$, 若向量组$\boldsymbol{\alpha}_1, \boldsymbol{\alpha}_2, \boldsymbol{\alpha}_3$与$\boldsymbol{\alpha}_1, \boldsymbol{\alpha}_2, \boldsymbol{\alpha}_4$等价, 则$\lambda$ 的取值范围是(　　).

(A)$\{0, 1\}$　　(B)$\{\lambda|\lambda\in\mathbf{R}, \lambda\neq-2\}$

(C)$\{\lambda|\lambda\in\mathbf{R}$且$\lambda\neq-1, \lambda\neq-2\}$　　(D)$\{\lambda|\lambda\in\mathbf{R}$且$\lambda\neq-1\}$

4. (2022数二9题, 数三6题)设矩阵$\boldsymbol{A}=\begin{pmatrix}1&1&1\\1&a&a^2\\1&b&b^2\end{pmatrix}, \boldsymbol{b}=\begin{pmatrix}1\\2\\4\end{pmatrix}$, 则$\boldsymbol{Ax}=\boldsymbol{b}$解的情况为(　　)

(A) 无解　　(B) 有解　　(C) 有无穷多解或无解　　(D) 有唯一解或无解

5. (2021数二9题)设三阶矩阵$\boldsymbol{A}=(\boldsymbol{\alpha}_1, \boldsymbol{\alpha}_2, \boldsymbol{\alpha}_3)$, $\boldsymbol{B}=(\boldsymbol{\beta}_1, \boldsymbol{\beta}_2, \boldsymbol{\beta}_3)$, 若向量组$\boldsymbol{\alpha}_1, \boldsymbol{\alpha}_2, \boldsymbol{\alpha}_3$可以由向量组$\boldsymbol{\beta}_1, \boldsymbol{\beta}_2, \boldsymbol{\beta}_3$线性表示, 则(　　)

(A) $\boldsymbol{Ax}=\mathbf{0}$的解均为$\boldsymbol{Bx}=\mathbf{0}$的解

(B) $\boldsymbol{A}^{\mathrm{T}}\boldsymbol{x}=\mathbf{0}$的解均为$\boldsymbol{B}^{\mathrm{T}}\boldsymbol{x}=\mathbf{0}$的解

(C) $\boldsymbol{Bx}=\mathbf{0}$的解均为$\boldsymbol{Ax}=\mathbf{0}$的解

(D) $\boldsymbol{B}^{\mathrm{T}}\boldsymbol{x}=\mathbf{0}$的解均为$\boldsymbol{A}^{\mathrm{T}}\boldsymbol{x}=\mathbf{0}$的解

6. (2020数一6题)已知直线$L_1:\dfrac{x-a_2}{a_1}=\dfrac{y-b_2}{b_1}=\dfrac{z-c_2}{c_1}$与$L_2:\dfrac{x-a_3}{a_2}=\dfrac{y-b_3}{b_2}=\dfrac{z-c_3}{c_2}$相交于一点, 记向量$\boldsymbol{\alpha}_i=\begin{pmatrix}a_i\\b_i\\c_i\end{pmatrix}$, $i=1, 2, 3$, 则(　　)

(A) $\boldsymbol{\alpha}_1$可由$\boldsymbol{\alpha}_2, \boldsymbol{\alpha}_3$线性表示　　(B) $\boldsymbol{\alpha}_2$可由$\boldsymbol{\alpha}_1, \boldsymbol{\alpha}_3$线性表示

(C) $\boldsymbol{\alpha}_3$可由$\boldsymbol{\alpha}_1, \boldsymbol{\alpha}_2$线性表示　　(D) $\boldsymbol{\alpha}_1, \boldsymbol{\alpha}_2, \boldsymbol{\alpha}_3$线性无关

7. (2019数一13题)设$\boldsymbol{A}=(\boldsymbol{\alpha}_1, \boldsymbol{\alpha}_2, \boldsymbol{\alpha}_3)$为三阶矩阵, 若$\boldsymbol{\alpha}_1, \boldsymbol{\alpha}_2$线性无关, 且$\boldsymbol{\alpha}_3=-\boldsymbol{\alpha}_1+2\boldsymbol{\alpha}_2$, 则线性方程组$\boldsymbol{Ax}=\mathbf{0}$ 的通解为__________.

8. (2019数一20题)设向量组$\boldsymbol{\alpha}_1=(1, 2, 1)^{\mathrm{T}}, \boldsymbol{\alpha}_2=(1, 3, 2)^{\mathrm{T}}, \boldsymbol{\alpha}_3=(1, a, 3)^{\mathrm{T}}$为$\mathbf{R}^3$的一组基, $\boldsymbol{\beta}=(1, 1, 1)^{\mathrm{T}}$在这个基下的坐标为$(b, c, 1)$.

(1)求a, b, c 的值;

(2)证明$\boldsymbol{\alpha}_2, \boldsymbol{\alpha}_3, \boldsymbol{\beta}$为$\mathbf{R}^3$的一组基, 并求$\boldsymbol{\alpha}_2, \boldsymbol{\alpha}_3, \boldsymbol{\beta}$到$\boldsymbol{\alpha}_1, \boldsymbol{\alpha}_2, \boldsymbol{\alpha}_3$的过渡矩阵.

9. (2019数二22题, 数三20题) 已知向量组

(1) $\boldsymbol{\alpha}_1=(1, 1, 4)^{\mathrm{T}}, \boldsymbol{\alpha}_2=(1, 0, 4)^{\mathrm{T}}, \boldsymbol{\alpha}_3=(1, 2, a^2+3)^{\mathrm{T}}$;

(2) $\boldsymbol{\beta}_1=(1, 1, a+3)^{\mathrm{T}}, \boldsymbol{\beta}_2=(0, 2, 1-a)^{\mathrm{T}}, \boldsymbol{\beta}_3=(1, 3, a^2+3)^{\mathrm{T}}$.

若向量组(1)和(2)等价, 求a的取值, 并将$\boldsymbol{\beta}_3$用$\boldsymbol{\alpha}_1, \boldsymbol{\alpha}_2, \boldsymbol{\alpha}_3$表示.

10. (2019数三13题)设$\boldsymbol{A}=\begin{pmatrix}1&0&-1\\1&1&-1\\0&1&a^2-1\end{pmatrix}, \boldsymbol{b}=\begin{pmatrix}0\\1\\a\end{pmatrix}$, 线性方程组$\boldsymbol{Ax}=\boldsymbol{b}$有无穷多解, 则$a=$__________.

11. (2017数一、数三13题)设矩阵$\boldsymbol{A}=\begin{pmatrix}1&0&1\\1&1&2\\0&1&1\end{pmatrix}$, $\boldsymbol{\alpha}_1, \boldsymbol{\alpha}_2, \boldsymbol{\alpha}_3$为线性无关的三维列向量组, 则向量组$\boldsymbol{A\alpha}_1, \boldsymbol{A\alpha}_2, \boldsymbol{A\alpha}_3$的秩为__________.

12. (2016数一20题)设矩阵$\boldsymbol{A}=\begin{pmatrix}1&-1&-1\\2&a&1\\-1&1&a\end{pmatrix}, \boldsymbol{B}=\begin{pmatrix}2&2\\1&a\\-a-1&-2\end{pmatrix}$. 当$a$为何值时, 方程$\boldsymbol{AX}=\boldsymbol{B}$无解、有唯一解、有无穷多解? 在有解时, 求解此方程.

13. (2016数二22题, 数三20题)设矩阵

$$\boldsymbol{A}=\begin{pmatrix}1&1&1-a\\1&0&a\\a+1&1&a+1\end{pmatrix},\quad \boldsymbol{\beta}=\begin{pmatrix}0\\1\\2a-2\end{pmatrix},$$

且方程组$\boldsymbol{Ax}=\boldsymbol{\beta}$无解. 求:

(1)a的值; (2)方程组$\boldsymbol{A}^{\mathrm{T}}\boldsymbol{A}\boldsymbol{x}=\boldsymbol{A}^{\mathrm{T}}\boldsymbol{\beta}$的通解.

14. (2015数一、数三5题, 数二7题)设矩阵$\boldsymbol{A}=\begin{pmatrix}1&1&1\\1&2&a\\1&4&a^2\end{pmatrix}$, $\boldsymbol{b}=\begin{pmatrix}1\\d\\d^2\end{pmatrix}$, 若集合$\boldsymbol{\Omega}=\{1,2\}$, 则线性方程组$\boldsymbol{A}\boldsymbol{x}=\boldsymbol{b}$有无穷多解的充分必要条件为( ).

(A) $a\notin\boldsymbol{\Omega}$, $d\notin\boldsymbol{\Omega}$ (B) $a\notin\boldsymbol{\Omega}$, $d\in\boldsymbol{\Omega}$

(C) $a\in\boldsymbol{\Omega}$, $d\notin\boldsymbol{\Omega}$ (D) $a\in\boldsymbol{\Omega}$, $d\in\boldsymbol{\Omega}$

15. (2014数一、数三6题, 数二8题)设$\boldsymbol{\alpha}_1$, $\boldsymbol{\alpha}_2$, $\boldsymbol{\alpha}_3$均为三维向量, 则对任意的常数a、b, 向量$\boldsymbol{\alpha}_1+a\boldsymbol{\alpha}_3$, $\boldsymbol{\alpha}_2+b\boldsymbol{\alpha}_3$线性无关是向量组$\boldsymbol{\alpha}_1$, $\boldsymbol{\alpha}_2$, $\boldsymbol{\alpha}_3$线性无关的( )

(A) 必要非充分条件 (B) 充分非必要条件

(C) 充分必要条件 (D) 非充分非必要条件

16. (2014数一、数三20题, 数二22题)设$\boldsymbol{A}=\begin{pmatrix}1&-2&3&-4\\0&1&-1&1\\1&2&0&-3\end{pmatrix}$, $\boldsymbol{E}$为三阶单位矩阵. 求:

(1)方程组$\boldsymbol{A}\boldsymbol{x}=\boldsymbol{0}$的一个基础解系;

(2)满足 $\boldsymbol{A}\boldsymbol{B}=\boldsymbol{E}$ 的所有矩阵 $\boldsymbol{B}$.

3.6.3 数值实验: 向量组线性相关性的判定与线性方程组的求解

一、实验目的

掌握利用MATLAB和Python软件执行以下任务的方法:

(1) 判断向量组的线性相关性, 并求向量组的最大无关组;

(2) 求解齐次线性方程组;

(3) 求解非齐次线性方程组.

二、实验内容和实验步骤

【实验内容1: 向量组的线性相关性以及最大无关组】

1. 利用MATLAB软件判断向量组的线性相关性并求最大无关组的常用操作语句

(1) 将向量组按列排成矩阵$\boldsymbol{A}$.

(2) 利用命令rank(A)求出向量组的秩, 若秩小于向量个数, 则向量组线性相关, 否则不相关.

(3) 利用命令rref(A)将矩阵$\boldsymbol{A}$化为行最简形矩阵, 从而得到最大无关组.

2. 利用Python软件判断向量组的线性相关性并求最大无关组的常用操作语句

(1) 导入sympy库.

(2) 将向量组按列排成矩阵$\boldsymbol{A}$, 并输入矩阵$\boldsymbol{A}$.

(3) 利用命令A.rank()求出矩阵的秩, 也即是向量组的秩, 若秩小于向量个数, 则向量组线性相关, 否则不相关.

(4) 利用命令A.columnspace()求向量组的最大无关组.

例 3.23 判断向量组$\boldsymbol{\alpha}_1 = \begin{pmatrix}1\\2\\3\\0\end{pmatrix}, \boldsymbol{\alpha}_2 = \begin{pmatrix}-1\\-1\\-3\\1\end{pmatrix}, \boldsymbol{\alpha}_3 = \begin{pmatrix}5\\0\\15\\-10\end{pmatrix}, \boldsymbol{\alpha}_4 = \begin{pmatrix}-2\\1\\-6\\5\end{pmatrix}, \boldsymbol{\alpha}_5 = \begin{pmatrix}2\\0\\5\\-4\end{pmatrix}$是否线性相关, 并求出一个最大无关组.

【利用MATLAB求解】

(1) 输入矩阵$\boldsymbol{A}$.

```
>> A = [1, 2, 3, 0; −1, − 1, − 3, 1; 5, 0, 15, − 10; −2, 1, − 6, 5; 2, 0, 5, − 4]
```

输出结果:

```
A =
    1   −1     5   −2   2
    2   −1     0    1   0
    3   −3     5   −6   5
    0    1   −10    5  −4
```

(2) 计算矩阵$\boldsymbol{A}$的秩.

```
>> R = rank(A)
```

输出结果:

```
R =
    3
```

(3) 将矩阵$\boldsymbol{A}$化为行最简形矩阵.

```
>> B = rref(A)
```

输出结果:

```
B =
    1  0   − 5  3  0
    0  1  − 10  5  0
    0  0     0  0  1
    0  0     0  0  0
```

由上述结果可以看出, 向量组的秩$R(\boldsymbol{A}) = 3 < 5$, 于是线性相关. 根据行最简形矩阵可以看出$\boldsymbol{\alpha}_1, \boldsymbol{\alpha}_2, \boldsymbol{\alpha}_5$是向量组的一个最大无关组.

【利用Python求解】

(1) 导入symp库.

```
>> from symp import *
```

(2) 输入矩阵$\boldsymbol{A}$.

```
>> A = Matrix([[1, − 1, 5, − 2, 2], [2, − 1, 0, 1, 0], [3, − 3, 15, − 6, 5], [0, 1, −
10, 5, − 4]])
```

输出结果:

```
Matrix([
[1, -1, 5, -2, 2],
```

[2, -1, 0, 1, 0],

[3, -3, 15, -6, 5]

[0, 1, -10, 5, -4]])

(3)计算矩阵$\boldsymbol{A}$的秩.

```
>> R = A.rank()
```

输出结果:

```
    3
```

(4)求矩阵$\boldsymbol{A}$的最大线性无关组.

```
>>A.columnspace()
```

输出结果:

```
[Matrix([
[1],
[2],
[3],
[0] ]), Matrix([
[-1],
[-1],
[3],
[1]]), Matrix([
[2],
[0],
[5],
[-4]])]
```

由上述结果可以看出, 向量组的秩$R(\boldsymbol{A}) = 3 < 5$, 于是向量组线性相关, 并且$\boldsymbol{\alpha}_1$, $\boldsymbol{\alpha}_2$, $\boldsymbol{\alpha}_5$是向量组的一个最大无关组.

【实验内容2: 齐次线性方程组的解】

这里主要讨论齐次线性方程组有无穷多解的情况.

1. 利用MATLAB软件求齐次线性方程组解的常用操作语句

(1) 输入齐次线性方程组的系数矩阵$\boldsymbol{A}$.

(2) 利用命令sym(A)将数值矩阵$\boldsymbol{A}$转为符号矩阵$\boldsymbol{A}_1$(此处可省略, 若不进行此步操作, 则下一步返回的基础解系是正交规范型矩阵).

(3) 利用命令 null(A_1)(null(A)), 求出齐次线性方程组的基础解系, 并给出齐次线性方程组的通解.

2. 利用Python软件求齐次线性方程组解的常用操作语句

(1) 导入sympy库.

(2) 输入矩阵$\boldsymbol{A}$.

(3) 利用命令A.nullspace()求出齐次线性方程组的基础解系, 从而求得通解.

例 3.24 求齐次线性方程组$\begin{cases} x_1 + x_2 + x_3 - 2x_5 = 0 \\ 2x_1 + 2x_2 + x_3 + 2x_4 - 3x_5 = 0 \\ x_1 + x_2 + 3x_3 - 4x_4 - 4x_5 = 0 \end{cases}$的基础解系与通解.

【利用MATLAB求解】

(1) 输入系数矩阵$\boldsymbol{A}$.

>> A = [1 1 1 0 −2; 2 2 1 2 −3; 1 1 3 −4 −4]

输出结果:

A =

1 1 1 0 −2

2 2 1 2 −3

1 1 3 −4 −4

(2) 将数值矩阵$\boldsymbol{A}$转为符号矩阵$\boldsymbol{A}_1$.

>> A_1 = sym(A)

输出结果:

A_1 =

[1, 1, 1, 0, −2]

[2, 2, 1, 2, −3]

[1, 1, 3, −4, −4]

(3) 计算齐次线性方程组的基础解系.

>> null(A_1)

输出结果:

ans =

[−1, −2, 1]

[1, 0, 0]

[0, 2, 1]

[0, 1, 0]

[0, 0, 1]

于是, 基础解系为$\boldsymbol{\xi}_1 = \begin{pmatrix} -1 \\ 1 \\ 0 \\ 0 \\ 0 \end{pmatrix}$, $\boldsymbol{\xi}_2 = \begin{pmatrix} -2 \\ 0 \\ 2 \\ 1 \\ 0 \end{pmatrix}$, $\boldsymbol{\xi}_3 = \begin{pmatrix} 1 \\ 0 \\ 1 \\ 0 \\ 1 \end{pmatrix}$, 齐次线性方程组的通解为$\boldsymbol{x} = k_1\boldsymbol{\xi}_1 + k_2\boldsymbol{\xi}_2 + k_3\boldsymbol{\xi}_3$(其中$k_1$, k_2, k_3为任意常数).

【利用Python求解】

(1) 导入symp库.

>> from symp import *

(2) 输入矩阵$\boldsymbol{A}$.

>> A = Matrix([[1, 1, 1, 0, −2], [2, 2, 1, 2, −3], [1, 1, 3, −4, −4]])

输出结果:

Matrix([

[1, 1, 1, 0, -2],

[2, 2, 1, 2, -3],

[1, 1, 3, -4, -4]])

(3)求矩阵$\boldsymbol{A}$的基础解系.

```
>>A.nullspace()
```

输出结果:

```
[Matrix([
[-1],
[1],
[0],
[0],
[0] ]), Matrix([
[-2],
[0],
[2],
[1],
[0]]), Matrix([
[1],
[0],
[1],
[0],
[1]])]
```

同理可得基础解系为$\boldsymbol{\xi}_1=\begin{pmatrix}-1\\1\\0\\0\\0\end{pmatrix}$, $\boldsymbol{\xi}_2=\begin{pmatrix}-2\\0\\2\\1\\0\end{pmatrix}$, $\boldsymbol{\xi}_3=\begin{pmatrix}1\\0\\1\\0\\1\end{pmatrix}$, 齐次线性方程组通解为$\boldsymbol{x}=k_1\boldsymbol{\xi}_1+k_2\boldsymbol{\xi}_2+k_3\boldsymbol{\xi}_3$(其中$k_1$, k_2, k_3为任意常数).

【实验内容3: 非齐次线性方程组的解】

1. 利用MATLAB软件求解非齐次线性方程组解的常用操作语句

(1) 输入非齐次线性方程组的系数矩阵$\boldsymbol{A}$, 常数项矩阵$\boldsymbol{b}$以及增广矩阵$\boldsymbol{B}$.

(2) 利用命令R=rank[A B]求系数矩阵$\boldsymbol{A}$和增广矩阵$\boldsymbol{B}$的秩.

(3) 若$R(\boldsymbol{A})=R(\boldsymbol{B})=n$, 则利用命令A \ b求唯一解; 若$R(\boldsymbol{A})=R(\boldsymbol{B})<n$, 则利用命令rref(B)求通解.

2. 利用Python软件求解非齐次线性方程组解的常用操作语句

(1) 导入sympy库.

(2) 输入系数矩阵$\boldsymbol{A}$以及增广矩阵$\boldsymbol{B}$.

(3) 利用命令R1 = A.rank()和R2 = B.rank()求系数矩阵和增广矩阵的秩.

(4) 若$R(\boldsymbol{A})=R(\boldsymbol{B})=n$, 则利用命令B.rref()求唯一解; 若$R(\boldsymbol{A})=R(\boldsymbol{B})<n$, 则利用命令B.rref()求通解.

例 3.25 已知非齐次线性方程组$\begin{cases}x_1+2x_2-x_3=0,\\3x_1-2x_2+x_3=4,\\x_1-x_2-x_3=6,\end{cases}$先判断方程组有唯一解, 然后解方程组.

【利用MATLAB求解】

(1) 输入系数矩阵$\boldsymbol{A}$.

```
>> A = [1   2   -1;   3   -2   1;   1   -1   -1]
```

输出结果:

```
A =
     1    2    -1
     3   -2     1
     1   -1    -1
```

(2) 输入常数项矩阵$\boldsymbol{b}$.

```
>> b = [0; 4; 6]
```

输出结果:

```
b =
    0
    4
    6
```

(3) 输入增广矩阵$\boldsymbol{B}$.

```
>> B = [A   b]
```

输出结果:

```
B =
     1    2    -1   0
     3   -2     1   4
     1   -1    -1   6
```

(4)分别计算系数矩阵$\boldsymbol{A}$和增广矩阵$\boldsymbol{B}$的秩rank(A),rank(B).

```
>> R = [rank(A)   rank(B)]
```

输出结果:

```
R =
    3    3
```

即$R(\boldsymbol{A}) = R(\boldsymbol{B}) = 3 = n$, 从而方程组有唯一解.

(5) 计算非齐次线性方程组的解.

```
>> x = A \ b
```

输出结果:

```
ans =
1
-2
-3
```

于是, 齐次线性方程组的解为$x_1 = 1$, $x_2 = -2$, $x_3 = -3$.

【利用Python求解】

(1) 导入symp库.

```
>> from symp import *
```

(2)输入系数矩阵$\boldsymbol{A}$和增广矩阵$\boldsymbol{B}$.

```
>> A = Matrix([[1, 2, -1], [3, -2, 1], [1, -1, -1]])
```

输出结果:

Matrix([

[1, 2, -1],

[3, -2, 1],

[1, -1, -1]])

>> B = Matrix([[1, 2, − 1, 0], [3, − 2, 1, 4], [1, − 1, − 1, 6]])

输出结果:

Matrix([

[1, 2, -1, 0],

[3, -2, 1, 4],

[1, -1, -1, 6]])

(3) 求系数矩阵和增广矩阵的秩.

>> R1 = A.rank()

输出结果:

3

>> R2 = B.rank()

输出结果:

3

即$R(\boldsymbol{A}) = R(\boldsymbol{B}) = 3 = n$, 从而方程组有唯一解.

(4) 利用命令B.rref()将增广矩阵化成行最简形矩阵.

>> B.rref()

输出结果:

(Matrix([

[1, 0, 0, 1],

[0, 1, 0, -2],

[0, 0, 1, -3]]), (0, 1, 2))

于是, 齐次线性方程组的解为$x_1 = 1$, $x_2 = -2$, $x_3 = -3$.

例 3.26 求解非齐次线性方程组$\begin{cases} x_1 - 2x_2 + 4x_3 = -5, \\ 2x_1 + 3x_2 + x_3 = 4, \\ 3x_1 + 8x_2 - 2x_3 = 13. \end{cases}$

【利用MATLAB求解】

(1) 输入系数矩阵$\boldsymbol{A}$.

>> A = [1 − 2 4; 2 3 1; 3 8 − 2]

输出结果:

A =

$$\begin{matrix} 1 & -2 & 4 \\ 2 & 3 & 1 \\ 3 & 8 & -2 \end{matrix}$$

(2) 输入常数项矩阵$\boldsymbol{b}$.

>> b = [−5; 4; 13]

输出结果:

b =

    −5
    4
    13

(3) 输入增广矩阵$\boldsymbol{B}$.

>> B = [A   b]

输出结果:

B =

1	−2	4	−5
2	3	1	4
3	8	−2	13

(4) 计算系数矩阵$\boldsymbol{A}$和增广矩阵$\boldsymbol{B}$的秩rank(A)和rank(B).

>> R = [rank(A)   rank(B)]

输出结果:

R =

    2   2

即$R(\boldsymbol{A}) = R(\boldsymbol{B}) = 2 < n$, 从而方程组有无穷多解.

(5) 利用命令rref(B)将增广矩阵化成行最简形矩阵.

>> rref(B)

输出结果:

ans =

1	0	2	−1
0	1	−1	2
0	0	0	0

由此得同解方程组

$$\begin{cases} x_1 = -1 - 2x_3, \\ x_2 = 2 + x_3. \end{cases}$$

令$x_3 = k$, 于是得通解为$\boldsymbol{x} = \begin{pmatrix} -1 \\ 2 \\ 0 \end{pmatrix} + k\begin{pmatrix} -2 \\ 1 \\ 1 \end{pmatrix}$, 其中$k$为任意常数.

【利用Python求解】

(1) 导入symp库.

>> from symp import *

(2)输入系数矩阵$\boldsymbol{A}$和增广矩阵$\boldsymbol{B}$.

>> A = Matrix([[1, − 2, 4], [2, 3, 1], [3, 8, − 2]])

输出结果:

Matrix([
[1, -2, 4],
[2, 3, 1],
[3, 8, -2]])

>> B = Matrix([[1, − 2, 4, − 5], [2, 3, 1, 4], [3, 8, − 2, 13]])

输出结果:
Matrix([
[1, -2, 4, -5],
[2, 3, 1, 4],
[3, 8, -2, 13]])
(3)求系数矩阵和增广矩阵的秩.
```
>> R1 = A.rank()
```
输出结果:
    2
```
>> R2 = B.rank()
```
输出结果:
    2
即$R(\boldsymbol{A}) = R(\boldsymbol{B}) = 2 \leqslant n$, 从而方程组有无穷多解.
(4) 利用命令B.rref()将增广矩阵化成行最简形矩阵.
```
>> B.rref()
```
输出结果:
(Matrix([
[1, 0, 2, -1],
[0, 1, -1, 2],
[0, 0, 0, 0]]), (0, 1))
同理, 可得同解方程组
$$\begin{cases} x_1 = -1 - 2x_3, \\ x_2 = 2 + x_3. \end{cases}$$
令$x_3 = k$, 于是得通解为$\boldsymbol{x} = \begin{pmatrix} -1 \\ 2 \\ 0 \end{pmatrix} + k \begin{pmatrix} -2 \\ 1 \\ 1 \end{pmatrix}$, 其中$k$为任意常数.

第 4 章　相似矩阵及二次型

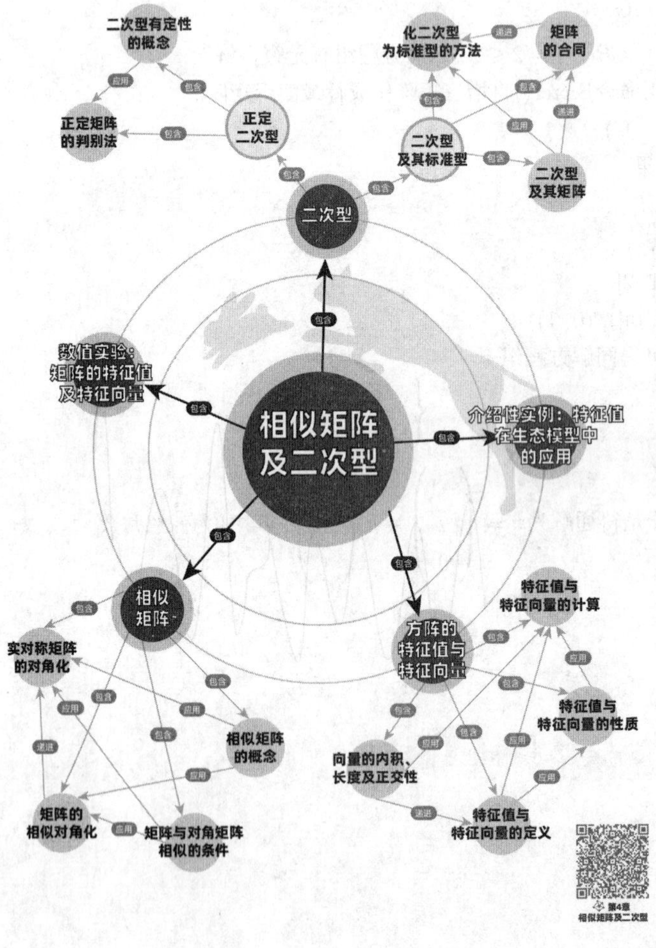

介绍性实例: 特征值在生态模型中的应用

统计学家埃尔顿(Elton)和尼科尔森(Nicholson)通过分析加拿大知名皮草贸易公司哈德逊湾(Hudson Bay)从1845年开始长达近一个世纪的交易数据, 如图4.1所示, 发现雪兔和猞猁的数量呈现出一种规律性的年度周期变化. 这种现象引起了学者们的广泛关注, 因为在当时野生动物保护法规尚未健全的背景下, 这种周期性变化可能揭示了生态系统中猞猁(捕食者)和雪兔(被捕食者)之间的相互作用关系.

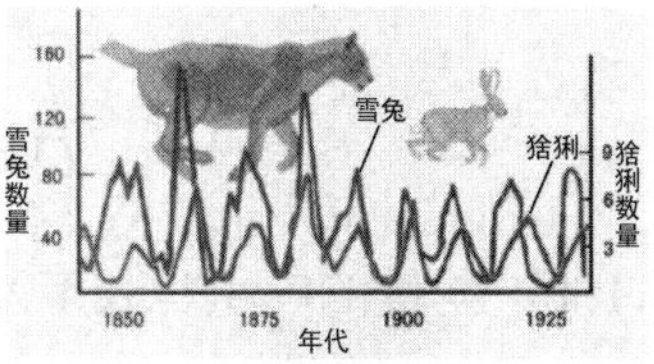

图 4.1　雪兔和猞猁的数量变化图

1925年前后, 美国数学家洛特卡(Lotka)和意大利数学家沃尔泰拉(Volterra)各自提出了一个类似于描述这种涨落规律的模型, 鉴于这两位学者的开创性贡献, 这一模型被命名为洛特卡-沃尔泰拉(Lotka-Volterra)模型, 又称捕食者-被捕食者(predator-prey)模型. 该模型的发现和发展对生态学具有深远的影响, 人们能够更好地理解和预测生态系统中不同物种之间的相互作用, 以及这些相互作用对整个生态系统的影响. 因此, 洛特卡-沃尔泰拉模型被视为生态系统研究中的一个标志性模型, 并对生态学和环境保护产生了重要的启示. 这里为了便于说明问题, 将模型简化如下:

$$\begin{cases} x_{k+1} = 0.5x_k, \\ y_{k+1} = y_k, \end{cases} \tag{4.1}$$

其中, x_k、y_k分别表示第k年研究区域内猞猁和雪兔的数量; $0.5x_k$表示在无任何外界干扰的情况下, 每年仅有一半的猞猁活下来; 类似地 y_k表示, 雪兔在无天敌的情况下可以保持数量不变. 模型中系数矩阵

$$\boldsymbol{A} = \begin{pmatrix} 0.5 & 0 \\ 0 & 1 \end{pmatrix}$$

为对角矩阵, 它所对应的特征值即为其对角线上的值: $\lambda_1 = 0.5$, $\lambda_2 = 1$. 若

$$\boldsymbol{v_k} = \begin{pmatrix} x_k \\ y_k \end{pmatrix},$$

初始时刻系统的值为$\boldsymbol{v_0}$, 则模型的解可直接表示为

$$\boldsymbol{v_{k+1}} = \boldsymbol{A}\boldsymbol{v_k} = ... = \boldsymbol{A^{k+1}}\boldsymbol{v_0} = \begin{pmatrix} \lambda_1^{k+1} x_0 \\ \lambda_2^{k+1} y_0 \end{pmatrix},$$

当$k \to \infty$时, $\lambda_1^k \to 0$. 所以, 当k足够大时, 模型的解可以近似表示为

$$\boldsymbol{v_k} \approx \begin{pmatrix} 0 \\ y_0 \end{pmatrix},$$

由此可见雪兔的数量将保持不变, 而猞猁将会灭绝.

由上述例子可见, 特征值的绝对值与1的大小关系是决定生态系统是否能够维持自身稳定的关键, 特别是当特征值的绝对值都小于1时, 系统的解会趋向于0, 从而导致所有物种的灭绝, 这表明特征值能够反映物种数量变化的固有属性. 正因为特征值具有这种固有属性, 它在多个领域中都有着重要的应用, 如量子力学中的哈密顿系统、计量经济学中的因子分析、计算机科学中的图像和视频处理以及结构动力学中的模态分析等.

本章的主要内容涵盖了方阵的特征值和特征向量以及它们在矩阵中的应用, 包括判断两个矩阵是否相似、矩阵是否可对角化、将二次型化为标准型以及正定二次型的判定.

4.1 方阵的特征值与特征向量

4.1.1 向量的内积、长度及正交性

在解析几何中, 曾学习过两个向量$\boldsymbol{x}=\{x_1,x_2,x_3\}$和$\boldsymbol{y}=\{y_1,y_2,y_3\}$的数量积, 用

$$\boldsymbol{x}\cdot\boldsymbol{y}=|\boldsymbol{x}|\,|\boldsymbol{y}|\cos(\boldsymbol{x},\boldsymbol{y})$$

来表示, 且在直角坐标系中, 有

$$\boldsymbol{x}\cdot\boldsymbol{y}=x_1y_1+x_2y_2+x_3y_3,$$

$$|\boldsymbol{x}|=\sqrt{x_1^2+x_2^2+x_3^2}.$$

本节主要介绍将数量积的概念推广到n维向量空间中, 并引入内积的概念.

1.向量的内积与长度

定义 4.1 设有n维向量

$$\boldsymbol{x}=\begin{pmatrix}x_1\\x_2\\\vdots\\x_n\end{pmatrix},\boldsymbol{y}=\begin{pmatrix}y_1\\y_2\\\vdots\\y_n\end{pmatrix},$$

令$\langle\boldsymbol{x},\boldsymbol{y}\rangle=x_1y_1+x_2y_2+\cdots+x_ny_n$, 称$\langle\boldsymbol{x},\boldsymbol{y}\rangle$为向量$\boldsymbol{x}$与$\boldsymbol{y}$的内积.

内积是两个向量之间的一种运算, 其结果是一个实数, 按矩阵的记法可表示为

$$\langle\boldsymbol{x},\boldsymbol{y}\rangle=\boldsymbol{x}^{\mathrm{T}}\boldsymbol{y}=(x_1,x_2,\cdots,x_n)\begin{pmatrix}y_1\\y_2\\\vdots\\y_n\end{pmatrix}. \tag{4.2}$$

性质 4.1 内积的运算性质(其中$\boldsymbol{x}$, $\boldsymbol{y}$, $\boldsymbol{z}$为n维向量, $\lambda\in\mathbf{R}$):

(1) $\langle\boldsymbol{x},\boldsymbol{y}\rangle=\langle\boldsymbol{y},\boldsymbol{x}\rangle$;

(2) $\langle\lambda\boldsymbol{x},\boldsymbol{y}\rangle=\lambda\langle\boldsymbol{x},\boldsymbol{y}\rangle$;

(3) $\langle\boldsymbol{x}+\boldsymbol{y},\boldsymbol{z}\rangle=\langle\boldsymbol{x},\boldsymbol{z}\rangle+\langle\boldsymbol{y},\boldsymbol{z}\rangle$;

(4) $\langle\boldsymbol{x},\boldsymbol{x}\rangle\geqslant 0$; 当且仅当$\boldsymbol{x}=\boldsymbol{0}$ 时, $\langle\boldsymbol{x},\boldsymbol{x}\rangle=\boldsymbol{0}$;

(5)$\langle\boldsymbol{x},\boldsymbol{y}\rangle^2\leqslant\langle\boldsymbol{x},\boldsymbol{x}\rangle\langle\boldsymbol{y},\boldsymbol{y}\rangle$.

定义 4.2 令

$$\|\boldsymbol{x}\|=\sqrt{\langle\boldsymbol{x},\boldsymbol{x}\rangle}=\sqrt{x_1^2+x_2^2+\cdots+x_n^2}, \tag{4.3}$$

称$\|\boldsymbol{x}\|$为n维向量$\boldsymbol{x}$的**长度**(或**范数**).

性质 4.2 向量的长度具有以下性质:

(1) 非负性: $\|\boldsymbol{x}\|\geqslant 0$; 当且仅当$\boldsymbol{x}=\mathbf{0}$ 时, $\|\boldsymbol{x}\|=0$;

(2) 齐次性: $\|\lambda\boldsymbol{x}\|=|\lambda|\,\|\boldsymbol{x}\|$;

(3) 三角不等式: $\|\boldsymbol{x}+\boldsymbol{y}\|\leqslant\|\boldsymbol{x}\|+\|\boldsymbol{y}\|$;

(4) 对任意n维向量$\boldsymbol{x}$, $\boldsymbol{y}$, 有$\langle\boldsymbol{x},\boldsymbol{y}\rangle\leqslant\|\boldsymbol{x}\|\,\|\boldsymbol{y}\|$.

当$\|\boldsymbol{x}\|=1$时, 称$\boldsymbol{x}$为**单位向量**.

对$\mathbf{R}^n$中的任一非零向量$\boldsymbol{\alpha}$, 向量$\dfrac{\boldsymbol{\alpha}}{\|\boldsymbol{\alpha}\|}$是一个单位向量, 因为

$$\left\|\frac{\boldsymbol{\alpha}}{\|\boldsymbol{\alpha}\|}\right\|=\frac{1}{\|\boldsymbol{\alpha}\|}\|\boldsymbol{\alpha}\|=1.$$

注 4.1 用非零向量$\boldsymbol{\alpha}$的长度去除向量$\boldsymbol{\alpha}$, 得到一个单位向量, 这一过程通常称为把向量$\boldsymbol{\alpha}$单位化.

当$\|\boldsymbol{\alpha}\|\neq 0$, $\|\boldsymbol{\beta}\|\neq 0$时, 定义

$$\theta=\arccos\frac{\langle\boldsymbol{\alpha},\boldsymbol{\beta}\rangle}{\|\boldsymbol{\alpha}\|\,\|\boldsymbol{\beta}\|}\,(0\leqslant\theta\leqslant\pi), \tag{4.4}$$

称θ为n维向量$\boldsymbol{\alpha}$与$\boldsymbol{\beta}$的**夹角**.

例 4.1 设有$\mathbf{R}^3$中的单位向量$\boldsymbol{\varepsilon}_1=(1,0,0)^{\mathrm{T}}$, $\boldsymbol{\varepsilon}_2=(0,1,0)^{\mathrm{T}}$, $\boldsymbol{\varepsilon}_3=(0,0,1)^{\mathrm{T}}$, 试求$\boldsymbol{\varepsilon}_i$与$\boldsymbol{\varepsilon}_j$ $(i,j=1,2,3$, 且$i\neq j)$的内积.

解 $\langle\boldsymbol{\varepsilon}_1,\boldsymbol{\varepsilon}_2\rangle=1\times 0+0\times 1+0\times 0=0, \langle\boldsymbol{\varepsilon}_2,\boldsymbol{\varepsilon}_3\rangle=0\times 0+1\times 0+0\times 1=0,$ $\langle\boldsymbol{\varepsilon}_3,\boldsymbol{\varepsilon}_1\rangle=0\times 1+0\times 0+1\times 0=0.$

例 4.2 求$\mathbf{R}^3$中向量$\boldsymbol{\alpha}=(4,0,3)^{\mathrm{T}}$, $\boldsymbol{\beta}=(-2,1,2)^{\mathrm{T}}$之间的夹角$\theta$.

解 由

$$\|\boldsymbol{\alpha}\|=\sqrt{4^2+0^2+3^2}=5,\ \ \|\boldsymbol{\beta}\|=\sqrt{(-2)^2+1^2+2^2}=3,$$

$$\langle\boldsymbol{\alpha},\boldsymbol{\beta}\rangle=4\times(-2)+0\times 1+3\times 2=-2,$$

所以$\cos\theta=\dfrac{\langle\boldsymbol{\alpha},\boldsymbol{\beta}\rangle}{\|\boldsymbol{\alpha}\|\,\|\boldsymbol{\beta}\|}=\dfrac{-2}{5\times 3}=-\dfrac{2}{15}$, $\theta=\arccos\left(-\dfrac{2}{15}\right)$.

例 4.3 求$\mathbf{R}^5$中的向量$\boldsymbol{\alpha}=(1,0,-1,0,2)^{\mathrm{T}}$与$\boldsymbol{\beta}=(0,1,2,4,1)^{\mathrm{T}}$的内积.

解 因为

$$\langle\boldsymbol{\alpha},\boldsymbol{\beta}\rangle=1\times 0+0\times 1+(-1)\times 2+0\times 4+2\times 1=0,$$

所以$\boldsymbol{\alpha}$与$\boldsymbol{\beta}$ 的内积为0.

2.正交向量与正交向量组

定义 4.3 若两向量$\boldsymbol{\alpha}$与$\boldsymbol{\beta}$的内积等于零, 即

$$\langle \boldsymbol{\alpha}, \boldsymbol{\beta} \rangle = 0, \tag{4.5}$$

则称向量$\boldsymbol{\alpha}$与$\boldsymbol{\beta}$相互**正交**. 记作$\boldsymbol{\alpha} \perp \boldsymbol{\beta}$.

注 4.2 显然, 若 $\boldsymbol{\alpha} = \mathbf{0}$, 则 $\boldsymbol{\alpha}$与任何向量都正交.

定义 4.4 若n维向量$\boldsymbol{\alpha}_1, \boldsymbol{\alpha}_2, \cdots, \boldsymbol{\alpha}_r$是一个非零向量组, 且$\boldsymbol{\alpha}_1, \boldsymbol{\alpha}_2, \cdots, \boldsymbol{\alpha}_r$中的向量两两相交, 则称该向量组为**正交向量组**.

定理 4.1 若n维向量$\boldsymbol{\alpha}_1, \boldsymbol{\alpha}_2, \cdots, \boldsymbol{\alpha}_r$是一个正交向量组, 则$\boldsymbol{\alpha}_1, \boldsymbol{\alpha}_2, \cdots, \boldsymbol{\alpha}_r$线性无关.

证明 设有$\lambda_1, \lambda_2, \cdots, \lambda_r$使

$$\lambda_1 \boldsymbol{\alpha}_1 + \lambda_2 \boldsymbol{\alpha}_2 + \cdots + \lambda_r \boldsymbol{\alpha}_r = \mathbf{0},$$

以$\boldsymbol{\alpha}_1^{\mathrm{T}}$左乘上式两端, 由于当$i \geqslant 2$时, 有$\boldsymbol{\alpha}_1^{\mathrm{T}} \boldsymbol{\alpha}_i = 0$, 所以

$$\lambda_1 \boldsymbol{\alpha}_1^{\mathrm{T}} \boldsymbol{\alpha}_1 = 0.$$

又因为$\boldsymbol{\alpha}_1 \neq \mathbf{0}$, 故$\boldsymbol{\alpha}_1^{\mathrm{T}} \boldsymbol{\alpha}_1 = \|\boldsymbol{\alpha}_1\|^2 \neq 0$, 从而有$\lambda_1 = 0$, 类似可证$\lambda_2 = 0, \cdots, \lambda_r = 0$, 所以向量组$\boldsymbol{\alpha}_1, \boldsymbol{\alpha}_2, \cdots, \boldsymbol{\alpha}_r$线性无关.

正交向量组是线性无关向量组, 但是线性无关向量组却不一定是正交向量组.

对于任意一个线性无关向量组, 可以构造一个与其等价的单位正交向量组, 具体步骤如下:

设$\boldsymbol{\alpha}_1, \boldsymbol{\alpha}_2, \cdots, \boldsymbol{\alpha}_r$是一个线性无关向量组, 则首先将其正交化, 然后再将正交化后的向量组单位化.

(1)正交化. 取

$$\begin{aligned} &\boldsymbol{\beta}_1 = \boldsymbol{\alpha}_1; \\ &\boldsymbol{\beta}_2 = \boldsymbol{\alpha}_2 - \frac{\langle \boldsymbol{\beta}_1, \boldsymbol{\alpha}_2 \rangle}{\langle \boldsymbol{\beta}_1, \boldsymbol{\beta}_1 \rangle} \boldsymbol{\beta}_1; \\ &\quad \cdots\cdots \\ &\boldsymbol{\beta}_r = \boldsymbol{\alpha}_r - \frac{\langle \boldsymbol{\beta}_1, \boldsymbol{\alpha}_r \rangle}{\langle \boldsymbol{\beta}_1, \boldsymbol{\beta}_1 \rangle} \boldsymbol{\beta}_1 - \frac{\langle \boldsymbol{\beta}_2, \boldsymbol{\alpha}_r \rangle}{\langle \boldsymbol{\beta}_2, \boldsymbol{\beta}_2 \rangle} \boldsymbol{\beta}_2 - \cdots - \frac{\langle \boldsymbol{\beta}_{r-1}, \boldsymbol{\alpha}_r \rangle}{\langle \boldsymbol{\beta}_{r-1}, \boldsymbol{\beta}_{r-1} \rangle} \boldsymbol{\beta}_{r-1}. \end{aligned} \tag{4.6}$$

容易验证$\boldsymbol{\beta}_1, \boldsymbol{\beta}_2, \cdots, \boldsymbol{\beta}_r$ 两两正交, 即$\boldsymbol{\beta}_1, \boldsymbol{\beta}_2, \cdots, \boldsymbol{\beta}_r$为一个正交向量组, 且$\boldsymbol{\beta}_1, \boldsymbol{\beta}_2, \cdots, \boldsymbol{\beta}_r$与 $\boldsymbol{\alpha}_1, \boldsymbol{\alpha}_2, \cdots, \boldsymbol{\alpha}_r$等价.

上述过程称为施密特(Schmidt)正交化过程, 它不仅满足向量组$\boldsymbol{\beta}_1, \boldsymbol{\beta}_2, \cdots, \boldsymbol{\beta}_r$ 与向量组 $\boldsymbol{\alpha}_1, \boldsymbol{\alpha}_2, \cdots, \boldsymbol{\alpha}_r$等价, 还满足: 对任何$k(1 \leqslant k \leqslant r)$, 向量组 $\boldsymbol{\beta}_1, \boldsymbol{\beta}_2, \cdots, \boldsymbol{\beta}_k$ 与向量组$\boldsymbol{\alpha}_1, \boldsymbol{\alpha}_2, \cdots, \boldsymbol{\alpha}_k$等价.

(2)单位化. 取

$$\boldsymbol{e}_1 = \frac{\boldsymbol{\beta}_1}{\|\boldsymbol{\beta}_1\|}, \boldsymbol{e}_2 = \frac{\boldsymbol{\beta}_2}{\|\boldsymbol{\beta}_2\|}, \cdots, \boldsymbol{e}_r = \frac{\boldsymbol{\beta}_r}{\|\boldsymbol{\beta}_r\|}, \tag{4.7}$$

将向量组 $\boldsymbol{\beta}_1, \boldsymbol{\beta}_2, \cdots, \boldsymbol{\beta}_r$单位化为向量组$\boldsymbol{e}_1, \boldsymbol{e}_2, \cdots, \boldsymbol{e}_r$, 则$\boldsymbol{e}_1, \boldsymbol{e}_2, \cdots, \boldsymbol{e}_r$ 就是与向量组$\boldsymbol{\alpha}_1, \boldsymbol{\alpha}_2, \cdots, \boldsymbol{\alpha}_r$等价的一个单位正交向量组.

例 4.4 设

$$\boldsymbol{\alpha}_1=\begin{pmatrix}1\\2\\-1\end{pmatrix},\boldsymbol{\alpha}_2=\begin{pmatrix}-1\\3\\1\end{pmatrix},\boldsymbol{\alpha}_3=\begin{pmatrix}4\\-1\\0\end{pmatrix},$$

试用施密特正交化方法, 求与这个向量组等价的单位正交向量组.

解 不难证明$\boldsymbol{\alpha}_1,\boldsymbol{\alpha}_2,\boldsymbol{\alpha}_3$ 是线性无关的, 取$\boldsymbol{\beta}_1=\boldsymbol{\alpha}_1$;

$$\boldsymbol{\beta}_2=\boldsymbol{\alpha}_2-\frac{\langle\boldsymbol{\beta}_1,\boldsymbol{\alpha}_2\rangle}{\langle\boldsymbol{\beta}_1,\boldsymbol{\beta}_1\rangle}\boldsymbol{\beta}_1=\begin{pmatrix}-1\\3\\1\end{pmatrix}-\frac{4}{6}\begin{pmatrix}1\\2\\-1\end{pmatrix}=\frac{5}{3}\begin{pmatrix}-1\\1\\1\end{pmatrix};$$

$$\boldsymbol{\beta}_3=\boldsymbol{\alpha}_3-\frac{\langle\boldsymbol{\beta}_1,\boldsymbol{\alpha}_3\rangle}{\langle\boldsymbol{\beta}_1,\boldsymbol{\beta}_1\rangle}\boldsymbol{\beta}_1-\frac{\langle\boldsymbol{\beta}_2,\boldsymbol{\alpha}_3\rangle}{\langle\boldsymbol{\beta}_2,\boldsymbol{\beta}_2\rangle}\boldsymbol{\beta}_2=\begin{pmatrix}4\\-1\\0\end{pmatrix}-\frac{1}{3}\begin{pmatrix}1\\2\\-1\end{pmatrix}+\frac{5}{3}\begin{pmatrix}-1\\1\\1\end{pmatrix}=2\begin{pmatrix}1\\0\\1\end{pmatrix}.$$

再把它们单位化, 取

$$\boldsymbol{e}_1=\frac{\boldsymbol{\beta}_1}{\|\boldsymbol{\beta}_1\|}=\frac{1}{\sqrt{6}}\begin{pmatrix}1\\2\\-1\end{pmatrix},\boldsymbol{e}_2=\frac{\boldsymbol{\beta}_2}{\|\boldsymbol{\beta}_2\|}=\frac{1}{\sqrt{3}}\begin{pmatrix}-1\\1\\1\end{pmatrix},\boldsymbol{e}_3=\frac{\boldsymbol{\beta}_3}{\|\boldsymbol{\beta}_3\|}=\frac{1}{\sqrt{2}}\begin{pmatrix}1\\0\\1\end{pmatrix},$$

则$\boldsymbol{e}_1,\boldsymbol{e}_2,\boldsymbol{e}_3$即为所求.

定义 4.5 设$V\subset\mathbf{R}^n$是一个向量空间, 若 $\boldsymbol{\alpha}_1,\boldsymbol{\alpha}_2,\cdots,\boldsymbol{\alpha}_r$ 是向量空间V的一个基, 且是两两正交的向量组, 则称 $\boldsymbol{\alpha}_1,\boldsymbol{\alpha}_2,\cdots,\boldsymbol{\alpha}_r$ 是向量空间 V的**正交基**. 若$\boldsymbol{e}_1,\boldsymbol{e}_2,\cdots,\boldsymbol{e}_r$是向量空间$V$的一个基, $\boldsymbol{e}_1,\boldsymbol{e}_2,\cdots,\boldsymbol{e}_r$两两正交, 且都是单位向量, 则称$\boldsymbol{e}_1,\boldsymbol{e}_2,\cdots,\boldsymbol{e}_r$是向量空间$V$的**规范正交基**.

若$\boldsymbol{e}_1,\boldsymbol{e}_2,\cdots,\boldsymbol{e}_r$是$V$的一个规范正交基, 则$V$ 中任一向量$\boldsymbol{\alpha}$能由$\boldsymbol{e}_1,\boldsymbol{e}_2,\cdots,\boldsymbol{e}_r$线性表示, 设表示式为

$$\boldsymbol{\alpha}=\lambda_1\boldsymbol{e}_1+\lambda_2\boldsymbol{e}_2+\cdots+\lambda_r\boldsymbol{e}_r,$$

为求其中的系数$\lambda_i(i=1,2,\cdots,r)$, 可用$\boldsymbol{e}_i^{\mathrm{T}}$左乘上式, 有

$$\boldsymbol{e}_i^{\mathrm{T}}\alpha=\lambda_i\boldsymbol{e}_i^{\mathrm{T}}\boldsymbol{e}_i=\lambda_i,$$

即$\lambda_i=\boldsymbol{e}_i^{\mathrm{T}}\boldsymbol{\alpha}=\langle\boldsymbol{\alpha},\boldsymbol{e}_i\rangle$. 这就是向量在规范正交基中坐标的计算公式. 利用这个公式可方便地求得向量$\boldsymbol{\alpha}$在规范正交基$\boldsymbol{e}_1,\boldsymbol{e}_2,\cdots,\boldsymbol{e}_r$下的坐标为$(\lambda_1,\lambda_2,\cdots,\lambda_r)$. 因此, 在给出向量空间的基时常常取规范正交基.

例 4.5 已知三维向量空间中两个向量

$$\boldsymbol{\alpha}_1=\begin{pmatrix}1\\1\\1\end{pmatrix},\boldsymbol{\alpha}_2=\begin{pmatrix}1\\-2\\1\end{pmatrix}$$

正交, 试求$\boldsymbol{\alpha}_3$使$\boldsymbol{\alpha}_1,\boldsymbol{\alpha}_2,\boldsymbol{\alpha}_3$构成三维空间的一个正交基.

解 设$\boldsymbol{\alpha}_3=(x_1,x_2,x_3)^{\mathrm{T}}\neq 0$, 且分别与$\boldsymbol{\alpha}_1,\boldsymbol{\alpha}_2$ 正交. 则$\langle\boldsymbol{\alpha}_1,\boldsymbol{\alpha}_3\rangle=\langle\boldsymbol{\alpha}_2,\boldsymbol{\alpha}_3\rangle=0$, 由

$$\begin{cases} x_1+x_2+x_3=0, \\ x_1-2x_2+x_3=0. \end{cases}$$

解得

$$x_1=-x_3, x_2=0.$$

令$x_3=1$, 得

$$\boldsymbol{\alpha}_3=\begin{pmatrix} x_1 \\ x_2 \\ x_3 \end{pmatrix}=\begin{pmatrix} -1 \\ 0 \\ 1 \end{pmatrix}.$$

由上可知, $\boldsymbol{\alpha}_1,\boldsymbol{\alpha}_2,\boldsymbol{\alpha}_3$构成三维空间的一个正交基.

3.正交矩阵与正交变换

定义 4.6 *若n阶方阵$\boldsymbol{A}$满足*

$$\boldsymbol{A}^{\mathrm{T}}\boldsymbol{A}=\boldsymbol{E}(\text{即}\boldsymbol{A}^{-1}=\boldsymbol{A}^{\mathrm{T}}), \tag{4.8}$$

*则称$\boldsymbol{A}$为***正交矩阵**, *简称***正交阵**.

定理 4.2 *$\boldsymbol{A}$为正交矩阵的充分必要条件是, $\boldsymbol{A}$的列(行)向量都是单位向量且两两正交.*

证明 由于$\boldsymbol{A}$为正交矩阵, 则$\boldsymbol{A}^{\mathrm{T}}\boldsymbol{A}=\boldsymbol{E}$. 将矩阵$\boldsymbol{A}$按列分块: $\boldsymbol{A}=(\boldsymbol{\alpha}_1,\boldsymbol{\alpha}_2,\cdots,\boldsymbol{\alpha}_n)$, 则

$$\boldsymbol{A}^{\mathrm{T}}\boldsymbol{A}=\begin{pmatrix} \boldsymbol{\alpha}_1^{\mathrm{T}} \\ \boldsymbol{\alpha}_2^{\mathrm{T}} \\ \vdots \\ \boldsymbol{\alpha}_n^{\mathrm{T}} \end{pmatrix}(\boldsymbol{\alpha}_1,\boldsymbol{\alpha}_2,\cdots,\boldsymbol{\alpha}_n)=\begin{pmatrix} \boldsymbol{\alpha}_1^{\mathrm{T}}\boldsymbol{\alpha}_1 & \boldsymbol{\alpha}_1^{\mathrm{T}}\boldsymbol{\alpha}_2 & \cdots & \boldsymbol{\alpha}_1^{\mathrm{T}}\boldsymbol{\alpha}_n \\ \boldsymbol{\alpha}_2^{\mathrm{T}}\boldsymbol{\alpha}_1 & \boldsymbol{\alpha}_2^{\mathrm{T}}\boldsymbol{\alpha}_2 & \cdots & \boldsymbol{\alpha}_2^{\mathrm{T}}\boldsymbol{\alpha}_n \\ \vdots & \vdots & & \vdots \\ \boldsymbol{\alpha}_n^{\mathrm{T}}\boldsymbol{\alpha}_1 & \boldsymbol{\alpha}_n^{\mathrm{T}}\boldsymbol{\alpha}_2 & \cdots & \boldsymbol{\alpha}_n^{\mathrm{T}}\boldsymbol{\alpha}_n \end{pmatrix}=\boldsymbol{E},$$

于是有n^2个关系式

$$\boldsymbol{\alpha}_i^{\mathrm{T}}\boldsymbol{\alpha}_j=\langle\boldsymbol{\alpha}_i,\boldsymbol{\alpha}_j\rangle=\begin{cases} 1, & i=j, \\ 0, & i\neq j \end{cases} \quad (i,j=1,2,\cdots,n),$$

即$\boldsymbol{A}$的列向量组是单位正交向量组. 这个过程是可逆的, 因此, 当$\boldsymbol{A}$的列向量组是单位正交向量组时, 也会有$\boldsymbol{A}^{\mathrm{T}}\boldsymbol{A}=\boldsymbol{E}$, 即矩阵$\boldsymbol{A}$为正交矩阵.

又因为$\boldsymbol{A}\boldsymbol{A}^{\mathrm{T}}=\boldsymbol{A}^{\mathrm{T}}\boldsymbol{A}=\boldsymbol{E}$, 因此上述结论对$\boldsymbol{A}$的行向量也成立.

由此可见, 任何一个n阶正交矩阵$\boldsymbol{A}$的列(行)向量组都可构成$\mathbf{R}^n$的一个规范正交基.

正交矩阵具有下列性质:

(1)若$\boldsymbol{A}$为正交矩阵, 则$\boldsymbol{A}$为可逆阵;

(2)若$\boldsymbol{A}$为正交矩阵, 则$\boldsymbol{A}^{-1}=\boldsymbol{A}^{\mathrm{T}}$也为可逆阵, 且$|\boldsymbol{A}|=1$或者$-1$;

(3)若$\boldsymbol{A}$和$\boldsymbol{B}$都是正交矩阵, 则$\boldsymbol{A}\boldsymbol{B}$也是正交矩阵.

例 4.6 判别下列矩阵是否为正交矩阵.

$$(1)\begin{pmatrix} 1 & -\frac{1}{2} & \frac{1}{3} \\ -\frac{1}{2} & 1 & \frac{1}{2} \\ \frac{1}{3} & \frac{1}{2} & -1 \end{pmatrix};\qquad (2)\begin{pmatrix} \frac{1}{9} & -\frac{8}{9} & -\frac{4}{9} \\ -\frac{8}{9} & \frac{1}{9} & -\frac{4}{9} \\ -\frac{4}{9} & -\frac{4}{9} & \frac{7}{9} \end{pmatrix}.$$

解 (1)对矩阵的第一列和第二列, 因为$1\times\left(-\frac{1}{2}\right)+\left(-\frac{1}{2}\right)\times 1+\frac{1}{3}\times\frac{1}{2}\neq 0$, 所以该矩阵不是正交矩阵;

(2)由正交矩阵的定义,

$$\begin{pmatrix} \frac{1}{9} & -\frac{8}{9} & -\frac{4}{9} \\ -\frac{8}{9} & \frac{1}{9} & -\frac{4}{9} \\ -\frac{4}{9} & -\frac{4}{9} & \frac{7}{9} \end{pmatrix}\begin{pmatrix} \frac{1}{9} & -\frac{8}{9} & -\frac{4}{9} \\ -\frac{8}{9} & \frac{1}{9} & -\frac{4}{9} \\ -\frac{4}{9} & -\frac{4}{9} & \frac{7}{9} \end{pmatrix}^{\mathrm{T}} = \begin{pmatrix} 1 & 0 & 0 \\ 0 & 1 & 0 \\ 0 & 0 & 1 \end{pmatrix},$$

所以该矩阵是正交矩阵.

定义 4.7 若$\boldsymbol{P}$为正交矩阵, 则线性变换$\boldsymbol{y}=\boldsymbol{P}\boldsymbol{x}$称为**正交变换**.

正交变换的性质: 正交变换保持向量的长度不变.

不难看出, 若设$\boldsymbol{y}=\boldsymbol{P}\boldsymbol{x}$为正交变换, 则有

$$\|\boldsymbol{y}\|=\sqrt{\boldsymbol{y}^{\mathrm{T}}\boldsymbol{y}}=\sqrt{\boldsymbol{x}^{\mathrm{T}}\boldsymbol{P}^{\mathrm{T}}\boldsymbol{P}\boldsymbol{x}}=\sqrt{\boldsymbol{x}^{\mathrm{T}}\boldsymbol{x}}=\|\boldsymbol{x}\|.$$

所以经过正交变换向量的长度不变, 这是正交变换的优良特性.

4.1.2 特征值与特征向量

定义 4.8 设$\boldsymbol{A}$是n阶方阵, 如果存在数λ和n维非零向量$\boldsymbol{x}$使

$$\boldsymbol{A}\boldsymbol{x}=\lambda\boldsymbol{x} \tag{4.9}$$

成立, 则称数λ为方阵$\boldsymbol{A}$的**特征值**, 非零向量$\boldsymbol{x}$称为$\boldsymbol{A}$的对应于特征值λ的**特征向量**(或称为$\boldsymbol{A}$的属于特征值λ的特征向量).

n阶方阵$\boldsymbol{A}$的特征值, 就是使齐次线性方程组

$$(\boldsymbol{A}-\lambda\boldsymbol{E})\boldsymbol{x}=\boldsymbol{0} \tag{4.10}$$

有非零解的值, 即满足方程

$$|\boldsymbol{A}-\lambda\boldsymbol{E}|=0 \tag{4.11}$$

的λ都是矩阵$\boldsymbol{A}$的特征值.

称关于λ的一元n次方程$|\boldsymbol{A}-\lambda\boldsymbol{E}|=0$为矩阵$\boldsymbol{A}$的**特征方程**, 称$\lambda$的一元$n$次多项式

$$f(\lambda)=|\boldsymbol{A}-\lambda\boldsymbol{E}| \tag{4.12}$$

为矩阵$\boldsymbol{A}$的**特征多项式**.

根据上述定义, 即可给出特征向量的求法:

设$\lambda=\lambda_i$为方阵$\boldsymbol{A}$的一个特征值, 则由齐次线性方程组

$$(\boldsymbol{A}-\lambda_i\boldsymbol{E})\boldsymbol{x}=\boldsymbol{0}$$

可求得非零解$\boldsymbol{P}_i$, 那么$\boldsymbol{P}_i$就是$\boldsymbol{A}$的对应于特征值λ_i的特征向量, 且$\boldsymbol{A}$的对应于特征值λ_i的特征向量可以表示为方程组$(\boldsymbol{A}-\lambda_i\boldsymbol{E})\boldsymbol{x}=\boldsymbol{0}$的非零解. 设$\boldsymbol{P}_1,\boldsymbol{P}_2,\cdots,\boldsymbol{P}_s$为$(\boldsymbol{A}-\lambda_i\boldsymbol{E})\boldsymbol{x}=\boldsymbol{0}$的基础解系, 则$\boldsymbol{A}$的对应于特征值$\lambda_i$的全部特征向量可以表示为

$$k_1\boldsymbol{P}_1+k_2\boldsymbol{P}_2+\cdots+k_s\boldsymbol{P}_s(k_1,\cdots,k_s\text{不同时为}0). \tag{4.13}$$

4.1.3 特征值与特征向量的性质

性质 4.3 n阶方阵$\boldsymbol{A}$与它的转置矩阵$\boldsymbol{A}^{\mathrm{T}}$有相同的特征值.

证明 因为

$$(\boldsymbol{A}-\lambda\boldsymbol{E})^{\mathrm{T}}=\boldsymbol{A}^{\mathrm{T}}-(\lambda\boldsymbol{E})^{\mathrm{T}}=\boldsymbol{A}^{\mathrm{T}}-\lambda\boldsymbol{E},$$

所以

$$|\boldsymbol{A}-\lambda\boldsymbol{E}|=|(\boldsymbol{A}-\lambda\boldsymbol{E})^{\mathrm{T}}|=|\boldsymbol{A}^{\mathrm{T}}-\lambda\boldsymbol{E}|,$$

即矩阵$\boldsymbol{A}$与它的转置矩阵$\boldsymbol{A}^{\mathrm{T}}$有相同的特征值.

性质 4.4 设$\boldsymbol{A}=(a_{ij})$是n阶方阵, 则

$$f(\lambda)=|\boldsymbol{A}-\lambda\boldsymbol{E}|=\begin{vmatrix} a_{11}-\lambda & a_{12} & \cdots & a_{1n} \\ a_{21} & a_{22}-\lambda & \cdots & a_{2n} \\ \vdots & \vdots & & \vdots \\ a_{n1} & a_{n2} & \cdots & a_{nn}-\lambda \end{vmatrix}$$

$$=(-1)^n\lambda^n+(-1)^{n-1}(\sum_{i=1}^{n}a_{ii})\lambda^{n-1}+\cdots+|\boldsymbol{A}|,$$

设$\lambda_1,\lambda_2,\cdots,\lambda_n$是$\boldsymbol{A}$的$n$个特征值, 则由$n$次代数方程的根与系数的关系知

$$(1)\lambda_1+\lambda_2+\cdots+\lambda_n=a_{11}+a_{22}+\cdots+a_{nn}; \tag{4.14}$$

$$(2)\lambda_1\lambda_2\cdots\lambda_n=|\boldsymbol{A}|. \tag{4.15}$$

其中$\boldsymbol{A}$对角线上全体元素的和$a_{11}+a_{22}+\cdots+a_{nn}$称为矩阵$\boldsymbol{A}$的迹, 记为$\mathrm{tr}(\mathbf{A})$.

证明 考虑$\boldsymbol{A}$的特征多项式

$$f(\lambda)=|\boldsymbol{A}-\lambda\boldsymbol{E}|=\begin{vmatrix} a_{11}-\lambda & a_{12} & \cdots & a_{1n} \\ a_{21} & a_{22}-\lambda & \cdots & a_{2n} \\ \vdots & \vdots & & \vdots \\ a_{n1} & a_{n2} & \cdots & a_{nn}-\lambda \end{vmatrix}$$

展开式中, 主对角线上元素的乘积为

$$(a_{11}-\lambda)(a_{22}-\lambda)\cdots(a_{nn}-\lambda).$$

展开式中剩下的其余$n!-1$项至多包含$n-2$个主对角线上的元素, 因此这些项中关于λ 的最高次数为$n-2$. 所以, 特征多项式中λ^n和λ^{n-1}项只能出现在对角线上元素的两乘积项中, 它们是

$$(-1)^n\lambda^n+(-1)^{n-1}(\sum_{i=1}^{n}a_{ii})\lambda^{n-1}.$$

在矩阵$\boldsymbol{A}$的特征多项式中, 令$\lambda=0$, 便得特征多项式的常数项$|\boldsymbol{A}|$. 故$\boldsymbol{A}$的特征多项式应为

$$f(\lambda)=|\boldsymbol{A}-\lambda\boldsymbol{E}|=(-1)^n\lambda^n+(-1)^{n-1}(\sum_{i=1}^{n}a_{ii})\lambda^{n-1}+\cdots+|\boldsymbol{A}|.$$

根据n次多项式根与系数的关系可得

$$\lambda_1+\lambda_2+\cdots+\lambda_n=-(-\sum_{i=1}^{n}a_{ii})=\sum_{i=1}^{n}a_{ii},$$

$$\lambda_1\lambda_2\cdots\lambda_n=(-1)^n\left[(-1)^n|\boldsymbol{A}|\right]=|\boldsymbol{A}|.$$

性质 4.5 设λ是方阵$\boldsymbol{A}$的特征值, 则

(1) $k\lambda$是$k\boldsymbol{A}$的特征值(k是任意常数);

(2) λ^m是$\boldsymbol{A}^m$的特征值(m是正整数);

(3) 当$\boldsymbol{A}$可逆时, $\dfrac{1}{\lambda}$是$\boldsymbol{A}^{-1}$的特征值.

证明 (1) 因λ是$\boldsymbol{A}$的特征值, 故有$\boldsymbol{x}\neq\boldsymbol{0}$, 使

$$\boldsymbol{A}\boldsymbol{x}=\lambda\boldsymbol{x}, \tag{4.16}$$

即

$$(k\boldsymbol{A})\boldsymbol{x}=(k\lambda)\boldsymbol{x},$$

故$k\lambda$是$k\boldsymbol{A}$的特征值.

(2) 将式(4.16)两端同时左乘矩阵$\boldsymbol{A}$, 得

$$\boldsymbol{A}^2\boldsymbol{x}=\boldsymbol{A}\lambda\boldsymbol{x}=\lambda(\boldsymbol{A}\boldsymbol{x})=\lambda^2\boldsymbol{x}, \tag{4.17}$$

故λ^2是$\boldsymbol{A}^2$的特征值; 再将式(4.17)两端同时左乘矩阵$\boldsymbol{A}$, 得

$$\boldsymbol{A}^3\boldsymbol{x} = \boldsymbol{A}\lambda^2\boldsymbol{x} = \lambda^2(\boldsymbol{A}\boldsymbol{x}) = \lambda^3\boldsymbol{x},$$

以此类推, 可以得到

$$\boldsymbol{A}^m\boldsymbol{x} = \lambda^m\boldsymbol{x},$$

故λ^m是$\boldsymbol{A}^m$的特征值.

(3) 由于$\boldsymbol{A}$可逆, 将式(4.16)两边同时左乘$\boldsymbol{A}^{-1}$, 得

$$\boldsymbol{x} = \lambda\boldsymbol{A}^{-1}\boldsymbol{x},$$

有$\boldsymbol{x} \neq \boldsymbol{0}$, 知$\lambda \neq 0$. 故

$$\boldsymbol{A}^{-1}\boldsymbol{x} = \frac{1}{\lambda}\boldsymbol{x},$$

即$\dfrac{1}{\lambda}$是$\boldsymbol{A}^{-1}$ 的特征值. 证毕.

易进一步证明: 若λ是$\boldsymbol{A}$的特征值, 则$\varphi(\lambda)$是$\varphi(\boldsymbol{A})$的特征值, 其中$\varphi(\boldsymbol{x}) = a_0\boldsymbol{x}^n + a_1\boldsymbol{x}^{n-1} + \cdots + a_{n-1}\boldsymbol{x} + a_n$, $\varphi(\boldsymbol{A}) = a_0\boldsymbol{A}^n + a_1\boldsymbol{A}^{n-1} + \cdots + a_{n-1}\boldsymbol{A} + a_n\boldsymbol{E}$. 特别地, 设特征多项式$f(\lambda) = |\boldsymbol{A} - \lambda\boldsymbol{E}|$, 则$f(\lambda)$是$f(\boldsymbol{A})$的特征值, 且有

$$\boldsymbol{A}^n - (a_{11} + a_{22} + \cdots + a_{nn})\boldsymbol{A}^{n-1} + \cdots + (-1)^n|\boldsymbol{A}|\boldsymbol{E} = \boldsymbol{0}.$$

性质 4.6 设$\boldsymbol{A} = (a_{ij})$是$n$阶矩阵, 如果

$$(1)\ \sum_{j=1}^{n}|a_{ij}| < 1(i = 1, 2, \cdots, n); \tag{4.18}$$

$$(2)\ \sum_{i=1}^{n}|a_{ij}| < 1(j = 1, 2, \cdots, n), \tag{4.19}$$

有一个成立, 则矩阵$\boldsymbol{A}$的所有特征值λ_i的模小于1, 即$|\lambda_i| < 1(i = 1, 2, \cdots, n)$.

证明 因λ是$\boldsymbol{A}$的特征值, 故有$\boldsymbol{x} \neq \boldsymbol{0}$, 使

$$\boldsymbol{A}\boldsymbol{x} = \lambda\boldsymbol{x},$$

即

$$\begin{pmatrix} a_{11} & a_{12} & \cdots & a_{1n} \\ a_{21} & a_{22} & \cdots & a_{2n} \\ \vdots & \vdots & & \vdots \\ a_{n1} & a_{n2} & \cdots & a_{nn} \end{pmatrix}\begin{pmatrix} x_1 \\ x_2 \\ \vdots \\ x_n \end{pmatrix} = \lambda\begin{pmatrix} x_1 \\ x_2 \\ \vdots \\ x_n \end{pmatrix},$$

其中

$$\boldsymbol{A} = \begin{pmatrix} a_{11} & a_{12} & \cdots & a_{1n} \\ a_{21} & a_{22} & \cdots & a_{2n} \\ \vdots & \vdots & & \vdots \\ a_{n1} & a_{n2} & \cdots & a_{nn} \end{pmatrix}, \boldsymbol{x} = \begin{pmatrix} x_1 \\ x_2 \\ \vdots \\ x_n \end{pmatrix}.$$

由方程(4.9)可得

$$\sum_{j=1}^{n} a_{ij}\boldsymbol{x}_j = \lambda \boldsymbol{x}_i (i = 1, 2, \cdots, n),$$

记

$$\max_{1 \leqslant j \leqslant n} |\boldsymbol{x}_j| = |\boldsymbol{x}_k|.$$

则有

$$|\lambda| = \left|\frac{\lambda \boldsymbol{x}_k}{\boldsymbol{x}_k}\right| = \left|\frac{\sum\limits_{k=1}^{n} a_{kj}\boldsymbol{x}_j}{\boldsymbol{x}_k}\right| \leqslant \sum_{j=1}^{n} |a_{kj}| \left|\frac{\boldsymbol{x}_j}{\boldsymbol{x}_k}\right| \leqslant \sum_{j=1}^{n} |a_{kj}|. \tag{4.20}$$

若式(4.18)成立, 则$|\lambda| < 1$. 由λ的任意性, 可知$|\lambda_i| < 1 (i = 1, 2, \cdots, n)$.

同理可知, 若式(4.19)成立, 则结论对所有的$\boldsymbol{A}^{\mathrm{T}}$的所有特征值成立. 而$\boldsymbol{A}^{\mathrm{T}}$与$\boldsymbol{A}$的特征值完全相同, 故对$\boldsymbol{A}$的特征值同样有$|\lambda_i| < 1 (i = 1, 2, \cdots, n)$.

定理 4.3 n阶方阵$\boldsymbol{A}$的互不相等的特征值$\lambda_1, \lambda_2, \cdots, \lambda_r$对应的特征向量$\boldsymbol{x}_1, \boldsymbol{x}_2, \cdots, \boldsymbol{x}_r$线性无关.

证明 设$\boldsymbol{A}$的不同特征值为$\lambda_1, \lambda_2, \cdots, \lambda_r$, 它们对应的特征向量分别为$\boldsymbol{x}_1$, $\boldsymbol{x}_2, \cdots, \boldsymbol{x}_r$, 用归纳法证明.

当$r = 2$时, $\boldsymbol{x}_1$与$\boldsymbol{x}_2$为对应于λ_1与λ_2 的两个特征向量, 即$\boldsymbol{A}\boldsymbol{x}_1 = \lambda_1 \boldsymbol{x}_1$, $\boldsymbol{A}\boldsymbol{x}_2 = \lambda_2 \boldsymbol{x}_2$, $\lambda_1 \neq \lambda_2$. 为证$\boldsymbol{x}_1$与$\boldsymbol{x}_2$线性无关, 令

$$k_1 \boldsymbol{x}_1 + k_2 \boldsymbol{x}_2 = \mathbf{0}, \tag{4.21}$$

则有

$$\boldsymbol{A}(k_1 \boldsymbol{x}_1 + k_2 \boldsymbol{x}_2) = k_1 \lambda_1 \boldsymbol{x}_1 + k_2 \lambda_2 \boldsymbol{x}_2 = \mathbf{0}. \tag{4.22}$$

联立两式, 消去$\boldsymbol{x}_2$, 得

$$k_1(\lambda_2 - \lambda_1)\boldsymbol{x}_1 = \mathbf{0}.$$

因$\boldsymbol{x}_1 \neq \mathbf{0}$, $\lambda_2 \neq \lambda_1$, 所以$k_1 = 0$. 由式(4.21)得$k_2 = 0$, 即$r = 2$时成立.

假设$r = m - 1$时定理成立, 下证$r = m$时也成立.

考虑线性组合式

$$k_1 \boldsymbol{x}_1 + k_2 \boldsymbol{x}_2 + \cdots + k_m \boldsymbol{x}_m = \mathbf{0}, \tag{4.23}$$

用$\boldsymbol{A}$左乘式(4.23)两端, 得

$$k_1 \boldsymbol{A}\boldsymbol{x}_1 + k_2 \boldsymbol{A}\boldsymbol{x}_2 + \cdots + k_m \boldsymbol{A}\boldsymbol{x}_m = \mathbf{0},$$

即

$$k_1 \lambda_1 \boldsymbol{x}_1 + k_2 \lambda_2 \boldsymbol{x}_2 + \cdots + k_m \lambda_m \boldsymbol{x}_m = \mathbf{0}.$$

联立上式与式(4.23), 消去$\boldsymbol{x}_m$, 得

$$k_1(\lambda_m - \lambda_1)\boldsymbol{x}_1 + k_2(\lambda_m - \lambda_2)\boldsymbol{x}_2 + \cdots + k_{m-1}(\lambda_m - \lambda_{m-1})\boldsymbol{x}_{m-1} = \mathbf{0}. \tag{4.24}$$

归纳假设, 由于$\boldsymbol{x}_1$, $\boldsymbol{x}_2,\cdots$, $\boldsymbol{x}_{m-1}$线性无关, 因此有

$$k_i(\lambda_m-\lambda_i)=0(i=1,2,\cdots,m-1).$$

又$\lambda_1,\lambda_2,\cdots,\lambda_m$互不相等, 所以$\lambda_m-\lambda_i\neq 0$, 从而$k_i=0(i=1,2,\cdots,m-1)$. 代入式(4.23), 得$k_m=0$, 则$\boldsymbol{x}_1$, $\boldsymbol{x}_2,\cdots$, $\boldsymbol{x}_m$线性无关. 定理得证.

注 4.3 属于同一特征值的特征向量的非零线性组合仍是属于这个特征值的特征向量.

注 4.4 矩阵的特征向量总是相对于矩阵的某一特征值而言的, 一个特征值具有的特征向量不唯一. 一个特征向量不能属于不同的特征值.

例 4.7 求矩阵$\boldsymbol{A}=\begin{pmatrix}3&1\\5&-1\end{pmatrix}$的特征值和特征向量.

解 矩阵$\boldsymbol{A}$的特征方程为

$$|\boldsymbol{A}-\lambda\boldsymbol{E}|=\begin{vmatrix}3-\lambda&1\\5&-1-\lambda\end{vmatrix}=0,$$

化简得$(\lambda-4)(\lambda+2)=0$, 所以$\lambda_1=4,\lambda_2=-2$是矩阵$\boldsymbol{A}$的两个不同的特征值.

以$\lambda_1=4$代入与特征方程对应的齐次线性方程组, 得

$$\begin{cases}-x_1+x_2=0,\\5x_1-5x_2=0,\end{cases}$$

解得其特征向量为$\begin{pmatrix}1\\1\end{pmatrix}$, 故$k_1\begin{pmatrix}1\\1\end{pmatrix}(k_1\neq 0)$是矩阵$\boldsymbol{A}$对应于$\lambda_1=4$的全部特征向量.

以$\lambda_2=-2$代入与特征方程对应的齐次线性方程组, 得

$$\begin{cases}5x_1+x_2=0,\\5x_1+x_2=0,\end{cases}$$

解得其特征向量为$\begin{pmatrix}1\\-5\end{pmatrix}$, 故$k_2\begin{pmatrix}1\\-5\end{pmatrix}(k_2\neq 0)$是矩阵$\boldsymbol{A}$对应于$\lambda_2=-2$的全部特征向量.

例 4.8 设$\boldsymbol{A}=\begin{pmatrix}-2&1&1\\0&2&0\\-4&1&3\end{pmatrix}$, 求$\boldsymbol{A}$的特征值与特征向量.

解 $|\boldsymbol{A}-\lambda\boldsymbol{E}|=\begin{vmatrix}-2-\lambda&1&1\\0&2-\lambda&0\\-4&1&3-\lambda\end{vmatrix}=-(\lambda+1)(\lambda-2)^2$, 可求得矩阵$\boldsymbol{A}$ 的特征值为$\lambda_1=-1,\lambda_2=\lambda_3=2$.

当$\lambda_1=-1$时, 解方程$(\boldsymbol{A}+\boldsymbol{E})\boldsymbol{x}=\boldsymbol{0}$.

由

$$\boldsymbol{A}+\boldsymbol{E}=\begin{pmatrix}-1&1&1\\0&3&0\\-4&1&4\end{pmatrix}\sim\begin{pmatrix}1&0&-1\\0&1&0\\0&0&0\end{pmatrix},$$

解得其特征向量为

$$\boldsymbol{p}_1=\begin{pmatrix}1\\0\\1\end{pmatrix},$$

故对应于$\lambda_1=-1$ 的全体特征向量为$k_1\boldsymbol{p}_1(k_1\neq 0)$.

当$\lambda_2=\lambda_3=2$时, 解方程$(\boldsymbol{A}-2\boldsymbol{E})\boldsymbol{x}=\boldsymbol{0}$.

由

$$\boldsymbol{A}-2\boldsymbol{E}=\begin{pmatrix}-4&1&1\\0&0&0\\-4&1&1\end{pmatrix}\sim\begin{pmatrix}4&-1&-1\\0&0&0\\0&0&0\end{pmatrix},$$

解得其特征向量为

$$\boldsymbol{p}_2=\begin{pmatrix}1\\4\\0\end{pmatrix},\boldsymbol{p}_3=\begin{pmatrix}1\\0\\4\end{pmatrix},$$

故对应于$\lambda_2=\lambda_3=2$的全体特征向量为$k_2\boldsymbol{p}_2+k_3\boldsymbol{p}_3(k_2,\ k_3$不同时为0).

例 4.9 求n阶数量矩阵

$$\boldsymbol{A}=\begin{pmatrix}a&0&\cdots&0\\0&a&\cdots&0\\\vdots&\vdots&&\vdots\\0&0&\cdots&a\end{pmatrix}$$

的特征值与特征向量.

解

$$|\boldsymbol{A}-\lambda\boldsymbol{E}|=\begin{vmatrix}a-\lambda&0&\cdots&0\\0&a-\lambda&\cdots&0\\\vdots&\vdots&&\vdots\\0&0&\cdots&a-\lambda\end{vmatrix}=(a-\lambda)^n=0,$$

故$\boldsymbol{A}$的特征值为$\lambda_1=\lambda_2=\cdots=\lambda_n=a$.

把$\lambda=a$代入$(\boldsymbol{A}-\lambda\boldsymbol{E})\boldsymbol{x}=\boldsymbol{0}$得$\boldsymbol{0}\cdot\boldsymbol{x}_1=0,\ \boldsymbol{0}\cdot\boldsymbol{x}_2=0,\cdots,\ \boldsymbol{0}\cdot\boldsymbol{x}_n=0$. 这个方程组的系数矩阵是零矩阵, 所以任意$n$个线性无关的向量都是它的基础解系, 取单位向量组

$$\boldsymbol{\varepsilon}_1=\begin{pmatrix}1\\0\\\vdots\\0\end{pmatrix},\boldsymbol{\varepsilon}_2=\begin{pmatrix}0\\1\\\vdots\\0\end{pmatrix},\cdots,\boldsymbol{\varepsilon}_n=\begin{pmatrix}0\\0\\\vdots\\1\end{pmatrix}$$

作为基础解系, 于是, $\boldsymbol{A}$的全部特征向量为

$$c_1\varepsilon_1+c_2\varepsilon_2+\cdots+c_n\varepsilon_n(c_1,c_2,\cdots,c_n\text{不全为零}).$$

例 4.10 试求上三角阵$\boldsymbol{A}$的特征值:

$$\boldsymbol{A}=\begin{pmatrix} a_{11} & a_{12} & \cdots & a_{1n}\\ 0 & a_{22} & \cdots & a_{2n}\\ \vdots & \vdots & & \vdots\\ 0 & 0 & \cdots & a_{nn}\end{pmatrix}.$$

解

$$|\boldsymbol{A}-\lambda\boldsymbol{E}|=\begin{vmatrix} a_{11}-\lambda & a_{12} & \cdots & a_{1n}\\ 0 & a_{22}-\lambda & \cdots & a_{2n}\\ \vdots & \vdots & & \vdots\\ 0 & 0 & \cdots & a_{nn}-\lambda\end{vmatrix},$$

这是一个上三角行列式, 因此

$$|\boldsymbol{A}-\lambda\boldsymbol{E}|=(a_{11}-\lambda)(a_{22}-\lambda)\cdots(a_{nn}-\lambda).$$

因此$\boldsymbol{A}$的特征值等于$a_{11},a_{22},\cdots,a_{nn}$.

例 4.11 试证: n阶矩阵$\boldsymbol{A}$是奇异矩阵的充分必要条件是$\boldsymbol{A}$有一个特征值为零.

证明 必要性. 若$\boldsymbol{A}$是奇异矩阵,则$|\boldsymbol{A}|=0$. 于是

$$|\boldsymbol{A}|=|\boldsymbol{A}-0\boldsymbol{E}|=0,$$

即0是$\boldsymbol{A}$的一个特征值.

充分性. 设$\boldsymbol{A}$有一个特征值为0, 对应的特征向量为$\boldsymbol{p}$, 由特征值的定义, 有

$$\boldsymbol{A}\boldsymbol{p}=0\boldsymbol{p}=\boldsymbol{0}(\boldsymbol{p}\neq\boldsymbol{0}),$$

所以齐次线性方程组$\boldsymbol{A}\boldsymbol{x}=\boldsymbol{0}$有非零解$\boldsymbol{p}$.

由此可知$|\boldsymbol{A}|=0$, 即$\boldsymbol{A}$为奇异矩阵.

注 4.5 此例也可以叙述为: n阶矩阵$\boldsymbol{A}$可逆等价于它的任一特征值不为零.

例 4.12 设$\boldsymbol{\alpha}$、$\boldsymbol{\beta}$为n维向量, 且$\boldsymbol{\alpha}\neq\boldsymbol{0}$, 证明$\boldsymbol{\alpha}$是矩阵$\boldsymbol{A}=\boldsymbol{\alpha}\boldsymbol{\beta}^{\mathrm{T}}$的一个特征向量, $\boldsymbol{\beta}^{\mathrm{T}}\boldsymbol{\alpha}$为$\boldsymbol{A}=\boldsymbol{\alpha}\boldsymbol{\beta}^{\mathrm{T}}$的一个特征值.

证明 因为$\boldsymbol{\alpha}\boldsymbol{\beta}^{\mathrm{T}}\cdot\boldsymbol{\alpha}=\boldsymbol{\alpha}\cdot(\boldsymbol{\beta}^{\mathrm{T}}\boldsymbol{\alpha})=\boldsymbol{\beta}^{\mathrm{T}}\boldsymbol{\alpha}\cdot\boldsymbol{\alpha}$, 且$\boldsymbol{\alpha}\neq\boldsymbol{0}$, 所以, $\boldsymbol{\alpha}$是矩阵$\boldsymbol{A}=\boldsymbol{\alpha}\boldsymbol{\beta}^{\mathrm{T}}$的对应于特征值$\boldsymbol{\beta}^{\mathrm{T}}\boldsymbol{\alpha}$的特征向量.

例 4.13 设三阶矩阵$\boldsymbol{A}$的特征值为$1,-1,2$, 求$|\boldsymbol{A}^*+3\boldsymbol{A}-2\boldsymbol{E}|$.

解 因$\boldsymbol{A}$的特征值全不为0, 知$\boldsymbol{A}$可逆, 故$\boldsymbol{A}^* = |\boldsymbol{A}|\boldsymbol{A}^{-1}$. 而$|\boldsymbol{A}| = \lambda_1\lambda_2\lambda_3 = -2$, 所以

$$\boldsymbol{A}^* + 3\boldsymbol{A} - 2\boldsymbol{E} = -2\boldsymbol{A}^{-1} + 3\boldsymbol{A} - 2\boldsymbol{E}.$$

把上式记作$\varphi(\boldsymbol{A})$, 有$\varphi(\lambda) = -\dfrac{2}{\lambda} + 3\lambda - 2$, 故$\varphi(\boldsymbol{A})$的特征值为

$$\varphi(1) = -1, \varphi(-1) = -3, \varphi(2) = 3.$$

于是

$$|\boldsymbol{A}^* + 3\boldsymbol{A} - 2\boldsymbol{E}| = (-1)\cdot(-3)\cdot 3 = 9.$$

例 4.14 设λ_1和λ_2是矩阵$\boldsymbol{A}$的两个不同的特征值, 对应的特征向量依次为$\boldsymbol{p}_1$和$\boldsymbol{p}_2$, 证明$\boldsymbol{p}_1 + \boldsymbol{p}_2$不是$\boldsymbol{A}$的特征向量.

证明 按题设, 有$\boldsymbol{A}\boldsymbol{p}_1 = \lambda_1\boldsymbol{p}_1$, $\boldsymbol{A}\boldsymbol{p}_2 = \lambda_2\boldsymbol{p}_2$, 故$A(\boldsymbol{p}_1 + \boldsymbol{p}_2) = \lambda_1\boldsymbol{p}_1 + \lambda_2\boldsymbol{p}_2$.

用反证法, 设$\boldsymbol{p}_1 + \boldsymbol{p}_2$是$\boldsymbol{A}$的特征向量, 则应存在数$\lambda$使

$$\boldsymbol{A}(\boldsymbol{p}_1 + \boldsymbol{p}_2) = \lambda(\boldsymbol{p}_1 + \boldsymbol{p}_2),$$

于是$\lambda\boldsymbol{p}_1 + \lambda\boldsymbol{p}_2 = \lambda_1\boldsymbol{p}_1 + \lambda_2\boldsymbol{p}_2$, 即$(\lambda_1 - \lambda)\boldsymbol{p}_1 + (\lambda_2 - \lambda)\boldsymbol{p}_2 = \boldsymbol{0}$.

因$\lambda_1 \neq \lambda_2$, 由本节定理$\boldsymbol{p}_1, \boldsymbol{p}_2$线性无关, 故由上式得$\lambda_1 - \lambda = \lambda_2 - \lambda = 0$, 即$\lambda_1 = \lambda_2$, 与题设矛盾. 因此$\boldsymbol{p}_1 + \boldsymbol{p}_2$不是$\boldsymbol{A}$的特征向量.

4.2 相似矩阵

4.2.1 相似矩阵的概念

定义 4.9 设$\boldsymbol{A}$、$\boldsymbol{B}$都是n阶矩阵, 若存在可逆矩阵$\boldsymbol{P}$, 使

$$\boldsymbol{P}^{-1}\boldsymbol{A}\boldsymbol{P} = \boldsymbol{B}, \tag{4.25}$$

则称$\boldsymbol{B}$是$\boldsymbol{A}$的相似矩阵, 并称矩阵$\boldsymbol{A}$与$\boldsymbol{B}$相似, 记为$\boldsymbol{A} \cong \boldsymbol{B}$.

对$\boldsymbol{A}$进行运算, $\boldsymbol{P}^{-1}\boldsymbol{A}\boldsymbol{P} = \boldsymbol{B}$称为对$\boldsymbol{A}$进行相似变换, 称可逆矩阵$\boldsymbol{P}$为相似变换矩阵.

矩阵的相似关系是一种等价关系, 满足:

(1) 反身性: 对任意n阶矩阵$\boldsymbol{A}$, 有$\boldsymbol{A}$与$\boldsymbol{A}$相似;

(2) 对称性: 若$\boldsymbol{A}$与$\boldsymbol{B}$相似, 则$\boldsymbol{B}$与$\boldsymbol{A}$相似;

(3) 传递性: 若$\boldsymbol{A}$与$\boldsymbol{B}$相似, $\boldsymbol{B}$与$\boldsymbol{C}$相似,则$\boldsymbol{A}$与$\boldsymbol{C}$相似.

两个常用运算表达式:

(1) $\boldsymbol{P}^{-1}\boldsymbol{A}\boldsymbol{B}\boldsymbol{P} = (\boldsymbol{P}^{-1}\boldsymbol{A}\boldsymbol{P})(\boldsymbol{P}^{-1}\boldsymbol{B}\boldsymbol{P})$;

(2) $\boldsymbol{P}^{-1}(k\boldsymbol{A} + l\boldsymbol{B})\boldsymbol{P} = k\boldsymbol{P}^{-1}\boldsymbol{A}\boldsymbol{P} + l\boldsymbol{P}^{-1}\boldsymbol{B}\boldsymbol{P}$,其中$k$、$l$为任意实数.

定理 4.4 若n阶矩阵$\boldsymbol{A}$与$\boldsymbol{B}$相似, 则$\boldsymbol{A}$与$\boldsymbol{B}$的特征多项式相同, 从而$\boldsymbol{A}$与$\boldsymbol{B}$的特征值亦相同.

证明 因矩阵$\boldsymbol{A}$与$\boldsymbol{B}$相似, 则存在可逆矩阵$\boldsymbol{P}$, 使$\boldsymbol{P}^{-1}\boldsymbol{A}\boldsymbol{P}=\boldsymbol{B}$,有

$$\begin{aligned}|\boldsymbol{B}-\lambda\boldsymbol{E}| &= \left|\boldsymbol{P}^{-1}\boldsymbol{A}\boldsymbol{P}-\lambda\boldsymbol{E}\right| = \left|\boldsymbol{P}^{-1}(\boldsymbol{A}-\lambda\boldsymbol{E})\boldsymbol{P}\right| \\ &= \left|\boldsymbol{P}^{-1}\right||\boldsymbol{A}-\lambda\boldsymbol{E}||\boldsymbol{P}| = |\boldsymbol{A}-\lambda\boldsymbol{E}|.\end{aligned} \tag{4.26}$$

相似矩阵的其他性质:

(1) 相似矩阵的秩相等;

(2) 相似矩阵的行列式相等;

(3) 相似矩阵具有相同的可逆性, 当它们可逆时, 则它们的逆矩阵也相似.

请读者自己证明相似矩阵的这些性质.

4.2.2 矩阵与对角矩阵相似的条件

定理 4.5 n阶矩阵$\boldsymbol{A}$与对角矩阵

$$\boldsymbol{\Lambda}=\begin{pmatrix}\lambda_1 & & & \\ & \lambda_2 & & \\ & & \ddots & \\ & & & \lambda_n\end{pmatrix} \tag{4.27}$$

相似的充分必要条件为, 矩阵$\boldsymbol{A}$有n个线性无关的特征向量.

证明 先证必要性.

设$\boldsymbol{A}$可与对角矩阵相似, 则存在可逆矩阵$\boldsymbol{P}$, 使得

$$\boldsymbol{P}^{-1}\boldsymbol{A}\boldsymbol{P}=\begin{pmatrix}\lambda_1 & & & \\ & \lambda_2 & & \\ & & \ddots & \\ & & & \lambda_n\end{pmatrix},$$

于是

$$\boldsymbol{A}\boldsymbol{P}=\boldsymbol{P}\begin{pmatrix}\lambda_1 & & & \\ & \lambda_2 & & \\ & & \ddots & \\ & & & \lambda_n\end{pmatrix}.$$

令$\boldsymbol{P}=(\boldsymbol{p}_1,\boldsymbol{p}_2,\ldots,\boldsymbol{p}_n)$, 则由

$$\begin{aligned}(\boldsymbol{A}\boldsymbol{p}_1,\boldsymbol{A}\boldsymbol{p}_2,\ldots,\boldsymbol{A}\boldsymbol{p}_n) &= \boldsymbol{A}(\boldsymbol{p}_1,\boldsymbol{p}_2,\cdots,\boldsymbol{p}_n) \\ &= (\boldsymbol{p}_1,\boldsymbol{p}_2,\ldots,\boldsymbol{p}_n)\begin{pmatrix}\lambda_1 & & & \\ & \lambda_2 & & \\ & & \ldots & \\ & & & \lambda_n\end{pmatrix} \\ &= (\lambda_1\boldsymbol{p}_1,\lambda_2\boldsymbol{p}_2,\cdots,\lambda_n\boldsymbol{p}_n),\end{aligned}$$

可得

$$\boldsymbol{A}\boldsymbol{p}_i=\lambda_i\boldsymbol{p}_i(i=1,2,\cdots,n).$$

由此可知, $\boldsymbol{p}_i$是$\boldsymbol{A}$的特征值λ_i对应的特征向量. 因为$\boldsymbol{P}$可逆, 所以$\boldsymbol{p}_1,\boldsymbol{p}_2,\cdots,\boldsymbol{p}_n$线性无关.

再证充分性.

设$\boldsymbol{A}$有n个线性无关的特征向量$\boldsymbol{p}_1,\boldsymbol{p}_2,\ldots,\boldsymbol{p}_n$, 与之对应的特征值为$\lambda_1,\lambda_2,\cdots,\lambda_n$, 则有

$$\boldsymbol{A}\boldsymbol{p}_i=\lambda_i\boldsymbol{p}_i(i=1,2,\cdots,n).$$

以$\boldsymbol{p}_1,\boldsymbol{p}_2,\cdots,\boldsymbol{p}_n$为列向量作矩阵$\boldsymbol{P}$, 即$\boldsymbol{P}=(\boldsymbol{p}_1,\boldsymbol{p}_2,\cdots,\boldsymbol{p}_n)$. 因为$\boldsymbol{p}_1,\boldsymbol{p}_2,\cdots,\boldsymbol{p}_n$线性无关, 所以$\boldsymbol{P}$可逆, 又因为

$$\begin{aligned}\boldsymbol{AP}&=\boldsymbol{A}(\boldsymbol{p}_1,\boldsymbol{p}_2,\cdots,\boldsymbol{p}_n)=(\boldsymbol{A}\boldsymbol{p}_1,\boldsymbol{A}\boldsymbol{p}_2,\cdots,\boldsymbol{A}\boldsymbol{p}_n)\\&=(\lambda_1\boldsymbol{p}_1,\lambda_2\boldsymbol{p}_2,\ldots,\lambda_n\boldsymbol{p}_n)\\&=(\boldsymbol{p}_1,\boldsymbol{p}_2,\ldots,\boldsymbol{p}_n)\begin{pmatrix}\lambda_1&&&\\&\lambda_2&&\\&&\ddots&\\&&&\lambda_n\end{pmatrix}\\&=\boldsymbol{P}\begin{pmatrix}\lambda_1&&&\\&\lambda_2&&\\&&\ddots&\\&&&\lambda_n\end{pmatrix},\end{aligned}$$

由此得到

$$\boldsymbol{P}^{-1}\boldsymbol{AP}=\begin{pmatrix}\lambda_1&&&\\&\lambda_2&&\\&&\ddots&\\&&&\lambda_n\end{pmatrix},$$

即$\boldsymbol{A}$与对角矩阵相似.

注 4.6 定理的证明过程实际上已经给出了把方阵对角化的方法.

推论 4.1 若n阶矩阵$\boldsymbol{A}$有n个相异的特征值$\lambda_1,\lambda_2,\cdots,\lambda_n$,则$\boldsymbol{A}$ 与对角矩阵

$$\boldsymbol{\Lambda}=\begin{pmatrix}\lambda_1&&&\\&\lambda_2&&\\&&\ddots&\\&&&\lambda_n\end{pmatrix}$$

相似.

对于n阶方阵$\boldsymbol{A}$, 若存在可逆矩阵$\boldsymbol{P}$, 使$\boldsymbol{P}^{-1}\boldsymbol{AP}=\boldsymbol{\Lambda}$成立, 其中$\boldsymbol{\Lambda}$为对角矩阵, 则称方阵$\boldsymbol{A}$可对角化.

定理 4.6 n阶矩阵$\boldsymbol{A}$可对角化的充分必要条件是, 对应于$\boldsymbol{A}$的每个特征值的线性无关的特征向量的个数恰好等于该特征值的重数.

证明 设λ_i是矩阵$\boldsymbol{A}$的$n_i\ (i=1,2,\cdots,n)$重的特征值, 则矩阵$\boldsymbol{A}$可对角化$\Leftrightarrow$ $\boldsymbol{A}$与$\boldsymbol{\Lambda}$相似$\Leftrightarrow$ $\boldsymbol{A}-\lambda_i\boldsymbol{E}$与$\boldsymbol{\Lambda}-\lambda_i\boldsymbol{E}$相似. 因为$\lambda_i$是矩阵$\boldsymbol{A}$的$n_i$重特征值, 所以对角矩阵$\boldsymbol{\Lambda}-\lambda_i\boldsymbol{E}$的对角元恰有$n_i$个等于0. 可得$R(\boldsymbol{\Lambda}-\lambda_i\boldsymbol{E})=n-n_i$. 又$\boldsymbol{A}-\lambda_i\boldsymbol{E}$与$\boldsymbol{\Lambda}-\lambda_i\boldsymbol{E}$ 相似$\Leftrightarrow$ $R(\boldsymbol{A}-\lambda_i\boldsymbol{E})=R(\boldsymbol{\Lambda}-\lambda_i\boldsymbol{E})=n-n_i\ (i=1,2,\cdots,n)$ $\Leftrightarrow$由$(\boldsymbol{A}-\lambda_i\boldsymbol{E})\boldsymbol{x}=\boldsymbol{0}$可得矩阵$\boldsymbol{A}$对应于特征值$\lambda_i$有$n_i$个线性无关的特征向量.

4.2.3 矩阵的相似对角化

若矩阵可对角化, 则可按下列步骤来实现:

(1) 求出$\boldsymbol{A}$的全部特征值$\lambda_1,\lambda_2,\cdots,\lambda_s$;

(2) 对每一个特征值λ_i,设其重数为n_i, 则对应齐次线性方程组

$$(\boldsymbol{A}-\lambda_i\boldsymbol{E})\,\boldsymbol{x}=\boldsymbol{0}$$

的基础解系由n_i个向量$\boldsymbol{\xi}_{i1},\boldsymbol{\xi}_{i2},\ldots,\boldsymbol{\xi}_{in_i}$构成, 即 $\boldsymbol{\xi}_{i1},\boldsymbol{\xi}_{i2},\cdots,\boldsymbol{\xi}_{in_i}$为$\lambda_i$对应的线性无关的特征向量;

(3) 上面求出的特征向量

$$\boldsymbol{\xi}_{11},\boldsymbol{\xi}_{12},\cdots,\boldsymbol{\xi}_{1n_1},\boldsymbol{\xi}_{21},\boldsymbol{\xi}_{22},\cdots,\boldsymbol{\xi}_{2n_2},\cdots,\boldsymbol{\xi}_{s1},\boldsymbol{\xi}_{s2},\cdots,\boldsymbol{\xi}_{sn_s}$$

恰好为矩阵$\boldsymbol{A}$的n个线性无关的特征向量;

(4) 令$\boldsymbol{P}=(\boldsymbol{\xi}_{11},\boldsymbol{\xi}_{12},\ldots,\boldsymbol{\xi}_{1n_1},\boldsymbol{\xi}_{21},\boldsymbol{\xi}_{22},\ldots,\boldsymbol{\xi}_{2n_2},\ldots,\boldsymbol{\xi}_{s1},\boldsymbol{\xi}_{s2},\ldots,\boldsymbol{\xi}_{sn_s})$,则

$$\boldsymbol{P}^{-1}\boldsymbol{A}\boldsymbol{P}=\boldsymbol{\Lambda}=\begin{pmatrix}\lambda_1 &&&&&&&&\\ &\ddots&&&&&&&\\ &&\lambda_1&&&&&&\\ &&&\lambda_2&&&&&\\ &&&&\ddots&&&&\\ &&&&&\lambda_2&&&\\ &&&&&&\ddots&&\\ &&&&&&&\lambda_s&\\ &&&&&&&&\ddots&\\ &&&&&&&&&\lambda_s\end{pmatrix}.$$

例 4.15 设有矩阵

$$\boldsymbol{A}=\begin{pmatrix}3&1\\5&-1\end{pmatrix},\boldsymbol{B}=\begin{pmatrix}4&0\\0&-2\end{pmatrix},$$

试验证存在可逆矩阵

$$\boldsymbol{P}=\begin{pmatrix}1&1\\1&-5\end{pmatrix},$$

使得$\boldsymbol{A}$与$\boldsymbol{B}$相似.

证明 易见$\boldsymbol{P}$可逆, 且

$$\boldsymbol{P}^{-1}=\begin{pmatrix}\frac{5}{6} & \frac{1}{6}\\ \frac{1}{6} & -\frac{1}{6}\end{pmatrix},$$

由

$$\boldsymbol{P}^{-1}\boldsymbol{A}\boldsymbol{P}=\begin{pmatrix}\frac{5}{6} & \frac{1}{6}\\ \frac{1}{6} & -\frac{1}{6}\end{pmatrix}\begin{pmatrix}3 & 1\\ 5 & -1\end{pmatrix}\begin{pmatrix}1 & 1\\ 1 & -5\end{pmatrix}=\begin{pmatrix}4 & 0\\ 0 & -2\end{pmatrix}=\boldsymbol{B},$$

故$\boldsymbol{A}$与$\boldsymbol{B}$相似.

例 4.16 试验证矩阵

$$\boldsymbol{A}=\begin{pmatrix}3 & 1\\ 5 & -1\end{pmatrix}$$

可以相似对角化.

证明 可以求得矩阵$\boldsymbol{A}$有两个互不相同的特征值, $\lambda_1=4,\lambda_2=-2$, 其对应的特征向量分别为

$$\boldsymbol{p}_1=\begin{pmatrix}1\\ 1\end{pmatrix},\boldsymbol{p}_2=\begin{pmatrix}1\\ -5\end{pmatrix}.$$

如果取

$$\boldsymbol{\Lambda}_1=\begin{pmatrix}4 & 0\\ 0 & -2\end{pmatrix},\boldsymbol{P}=(\boldsymbol{p}_1,\boldsymbol{p}_2)=\begin{pmatrix}1 & 1\\ 1 & -5\end{pmatrix},$$

则有$\boldsymbol{P}^{-1}\boldsymbol{A}\boldsymbol{P}=\boldsymbol{\Lambda}$, 即$\boldsymbol{A}\cong\boldsymbol{\Lambda}_1$.

如果取

$$\boldsymbol{\Lambda}_2=\begin{pmatrix}-2 & 0\\ 0 & 4\end{pmatrix},\boldsymbol{P}=(\boldsymbol{p}_2,\boldsymbol{p}_1)=\begin{pmatrix}1 & 1\\ -5 & 1\end{pmatrix},$$

则有$\boldsymbol{P}^{-1}\boldsymbol{A}\boldsymbol{P}=\boldsymbol{\Lambda}_2$, 即$\boldsymbol{A}\cong\boldsymbol{\Lambda}_2$.

例 4.17 试验证矩阵

$$\boldsymbol{A}=\begin{pmatrix}4 & 6 & 0\\ -3 & -5 & 0\\ -3 & -6 & 1\end{pmatrix}$$

可以相似对角化.

证明 可以求得$\boldsymbol{A}$的特征值为$\lambda_1=-2,\lambda_2=\lambda_3=1$.

其对应的特征向量分别为

$$\boldsymbol{p}_1=\begin{pmatrix}-1\\ 1\\ 1\end{pmatrix},\boldsymbol{p}_2=\begin{pmatrix}-2\\ 1\\ 0\end{pmatrix},\boldsymbol{p}_3=\begin{pmatrix}0\\ 0\\ 1\end{pmatrix},$$

容易验证$\boldsymbol{p}_1,\boldsymbol{p}_2,\boldsymbol{p}_3$线性无关.

若取

$$\boldsymbol{P}=(\boldsymbol{p}_1,\boldsymbol{p}_2,\boldsymbol{p}_3)=\begin{pmatrix}-1&-2&0\\1&1&0\\1&0&1\end{pmatrix},$$

则

$$\boldsymbol{P}^{-1}=\begin{pmatrix}1&2&0\\-1&-1&0\\-1&-2&1\end{pmatrix}.$$

可得

$$\boldsymbol{P}^{-1}\boldsymbol{A}\boldsymbol{P}=\begin{pmatrix}-2&0&0\\0&1&0\\0&0&1\end{pmatrix}.$$

注 4.7 本例说明了$\boldsymbol{A}$的特征值不全互异时, $\boldsymbol{A}$也可能化为对角矩阵.

例 4.18 判断矩阵

$$\boldsymbol{A}=\begin{pmatrix}1&-2&2\\-2&-2&4\\2&4&-2\end{pmatrix}$$

能否化为对角矩阵.

解 由

$$\left|\boldsymbol{A}-\lambda\boldsymbol{E}\right|=\begin{vmatrix}1-\lambda&-2&2\\-2&-2-\lambda&4\\2&4&-2-\lambda\end{vmatrix}=-(\lambda-2)^2(\lambda+7)=0,$$

可得矩阵$\boldsymbol{A}$的特征值为$\lambda_1=\lambda_2=2,\lambda_3=-7$.

将$\lambda_1=\lambda_2=2$代入$(\boldsymbol{A}-\lambda\boldsymbol{E})\,\boldsymbol{x}=\boldsymbol{0}$,得方程组

$$\begin{cases}-x_1-2x_2+2x_3=0,\\-2x_1-4x_2+4x_3=0,\\2x_1+4x_2-4x_3=0,\end{cases}$$

求得特征向量

$$\boldsymbol{p}_1=\begin{pmatrix}2\\0\\1\end{pmatrix},\boldsymbol{p}_2=\begin{pmatrix}0\\1\\1\end{pmatrix}.$$

同理, 对$\lambda_3=-7$,由$(\boldsymbol{A}-\lambda\boldsymbol{E})\,\boldsymbol{x}=\boldsymbol{0}$, 求得特征向量$\boldsymbol{p}_3=(1,2,-2)^{\mathrm{T}}$.

由于

$$\begin{vmatrix}2&0&1\\0&1&2\\1&1&-2\end{vmatrix}\neq 0,$$

所以$\boldsymbol{p}_1,\boldsymbol{p}_2,\boldsymbol{p}_3$线性无关. $\boldsymbol{A}$有3个线性无关的特征向量, 因而$\boldsymbol{A}$可对角化.

例 4.19 设

$$
\boldsymbol{A}=\begin{pmatrix}0&0&1\\1&1&a\\1&0&0\end{pmatrix},
$$

问a为何值时, 矩阵$\boldsymbol{A}$能对角化?

解 由

$$
\left|\boldsymbol{A}-\lambda\boldsymbol{E}\right|=\begin{vmatrix}-\lambda&0&1\\1&1-\lambda&a\\1&0&-\lambda\end{vmatrix}=-(\lambda-1)^2(\lambda+1),
$$

可得矩阵$\boldsymbol{A}$的特征值为$\lambda_1=-1,\lambda_2=\lambda_3=1$.

对于单根$\lambda_1=-1$,可求得线性无关的特征向量恰有一个, 而对应重根$\lambda_2=\lambda_3=1$, 欲使矩阵$\boldsymbol{A}$能对角化, 应有两个线性无关的特征向量, 即方程组 $(\boldsymbol{A}-\boldsymbol{E})\boldsymbol{x}=\boldsymbol{0}$ 有两个线性无关的解, 即系数矩阵$\boldsymbol{A}-\boldsymbol{E}$的秩$R(\boldsymbol{A}-\boldsymbol{E})=1$.

$$
\boldsymbol{A}-\boldsymbol{E}=\begin{pmatrix}-1&0&1\\1&0&a\\1&0&-1\end{pmatrix}\to\begin{pmatrix}1&0&-1\\0&0&a+1\\0&0&0\end{pmatrix},
$$

由$R(\boldsymbol{A}-\boldsymbol{E})=1$, 得$a+1=0$,即$a=-1$. 因此, 当$a=-1$时, 矩阵$\boldsymbol{A}$能对角化.

注 4.8 由此例可知, 由特征值相同并不能推出特征向量相同.

4.3 实对称矩阵的对角化

由4.2节的内容可以知道, 并不是任意一个n阶方阵都可以对角化, 但是一个实对称矩阵却一定可以对角化. 本节将对实对称矩阵的对角化问题进行讨论, 会发现实对称矩阵具有许多一般矩阵所不具有的特殊性质.

定理 4.7 实对称矩阵的特征值都为实数.

证明 设复数λ为实对称矩阵$\boldsymbol{A}$的特征值. 复向量$\boldsymbol{x}$为对应的特征向量, 即$\boldsymbol{A}\boldsymbol{x}=\lambda\boldsymbol{x}$, $\boldsymbol{x}\neq\boldsymbol{0}$. 用$\bar{\lambda}$ 表示λ 的共轭复数, $\bar{\boldsymbol{x}}$表示$\boldsymbol{x}$的共轭复向量, 而$\boldsymbol{A}$为实矩阵, 有$\boldsymbol{A}=\bar{\boldsymbol{A}}$, 故$\boldsymbol{A}\overline{\boldsymbol{x}}=\overline{\boldsymbol{A}}\overline{\boldsymbol{x}}=\overline{(\boldsymbol{A}\boldsymbol{x})}=\overline{(\lambda\boldsymbol{x})}=\overline{\lambda}\overline{\boldsymbol{x}}$, 于是有

$$
\bar{\boldsymbol{x}}^{\mathrm{T}}\boldsymbol{A}\boldsymbol{x}=\bar{\boldsymbol{x}}^{\mathrm{T}}(\boldsymbol{A}\boldsymbol{x})=\bar{\boldsymbol{x}}^{\mathrm{T}}\lambda\boldsymbol{x}=\lambda\bar{\boldsymbol{x}}^{\mathrm{T}}\boldsymbol{x} \tag{4.28}
$$

及

$$
\bar{\boldsymbol{x}}^{\mathrm{T}}\boldsymbol{A}\boldsymbol{x}=(\bar{\boldsymbol{x}}^{\mathrm{T}}\boldsymbol{A}^{\mathrm{T}})\boldsymbol{x}=(\boldsymbol{A}\bar{\boldsymbol{x}})^{\mathrm{T}}\boldsymbol{x}=(\overline{\lambda\boldsymbol{x}})^{\mathrm{T}}\boldsymbol{x}=\overline{\lambda}\overline{\boldsymbol{x}}^{\mathrm{T}}\boldsymbol{x}, \tag{4.29}
$$

两式相减得

$$
(\lambda-\bar{\lambda})\bar{\boldsymbol{x}}^{\mathrm{T}}\boldsymbol{x}=\boldsymbol{0}, \tag{4.30}
$$

但因$\boldsymbol{x}\neq\boldsymbol{0}$,所以

$$
\bar{\boldsymbol{x}}^{\mathrm{T}}\boldsymbol{x}=\sum_{i=1}^{n}\overline{x_i}x_i=\sum_{i=1}^{n}|x_i|^2\neq 0. \tag{4.31}
$$

故$\lambda-\bar{\lambda}=0$, 即$\lambda=\bar{\lambda}$, 这说明λ是实数.

注 4.9 对实对称矩阵$\boldsymbol{A}$, 因其特征值λ_i为实数, 故方程组

$$(\boldsymbol{A}-\lambda_i\boldsymbol{E})\boldsymbol{x}=\boldsymbol{0}$$

是实系数方程组, 由$|\boldsymbol{A}-\lambda_i\boldsymbol{E}|=0$知它必有实的特征向量, 所以$\boldsymbol{A}$的特征向量可以取实向量.

定理 4.8 设λ_1、λ_2是对称矩阵$\boldsymbol{A}$的两个特征值, $\boldsymbol{p}_1$、$\boldsymbol{p}_2$是对应的特征向量. 若$\lambda_1\neq\lambda_2$, 则$\boldsymbol{p}_1$与$\boldsymbol{p}_2$正交.

证明 由题设

$$\lambda_1\boldsymbol{p}_1=\boldsymbol{A}\boldsymbol{p}_1, \lambda_2\boldsymbol{p}_2=\boldsymbol{A}\boldsymbol{p}_2, \lambda_1\neq\lambda_2, \tag{4.32}$$

因$\boldsymbol{A}$对称, 故

$$\lambda_1\boldsymbol{p}_1^{\mathrm{T}}=(\lambda_1\boldsymbol{p}_1)^{\mathrm{T}}=(\boldsymbol{A}\boldsymbol{p}_1)^{\mathrm{T}}=\boldsymbol{p}_1^{\mathrm{T}}\boldsymbol{A}^{\mathrm{T}}=\boldsymbol{p}_1^{\mathrm{T}}\boldsymbol{A}, \tag{4.33}$$

于是

$$\lambda_1\boldsymbol{p}_1^{\mathrm{T}}\boldsymbol{p}_2=\boldsymbol{p}_1^{\mathrm{T}}\boldsymbol{A}\boldsymbol{p}_2=\boldsymbol{p}_1^{\mathrm{T}}(\lambda_2\boldsymbol{p}_2)=\lambda_2\boldsymbol{p}_1^{\mathrm{T}}\boldsymbol{p}_2, \tag{4.34}$$

即

$$(\lambda_1-\lambda_2)\boldsymbol{p}_1^{\mathrm{T}}\boldsymbol{p}_2=\boldsymbol{0}. \tag{4.35}$$

但$\lambda_1\neq\lambda_2$, 故$\boldsymbol{p}_1^{\mathrm{T}}\boldsymbol{p}_2=\boldsymbol{0}$, 即$\boldsymbol{p}_1$与$\boldsymbol{p}_2$正交.

定理 4.9 设$\boldsymbol{A}$为n阶实对称矩阵, 则必有正交矩阵$\boldsymbol{P}$, 使

$$\boldsymbol{P}^{-1}\boldsymbol{A}\boldsymbol{P}=\boldsymbol{P}^{\mathrm{T}}\boldsymbol{A}\boldsymbol{P}=\boldsymbol{\Lambda},$$

其中, $\boldsymbol{\Lambda}$是以$\boldsymbol{A}$的n个特征值为对角元素的对角矩阵.

定理 4.10 设$\boldsymbol{A}$为n阶实对称矩阵, λ是$\boldsymbol{A}$的特征方程的k重根, 则矩阵$\boldsymbol{A}-\lambda\boldsymbol{E}$的秩$R(\boldsymbol{A}-\lambda\boldsymbol{E})=n-k$, 从而对应特征值$\lambda$恰有$k$个线性无关的特征向量.

证明 由定理4.9可知实对称矩阵$\boldsymbol{A}$与对角矩阵$\boldsymbol{\Lambda}$相似, 因此$\boldsymbol{A}-\lambda\boldsymbol{E}$与$\boldsymbol{\Lambda}-\lambda\boldsymbol{E}$相似.

因为λ是矩阵$\boldsymbol{A}$的k重特征值, 所以对角矩阵$\boldsymbol{\Lambda}-\lambda\boldsymbol{E}$的对角元素恰有$k$个等于0. 可得$R(\boldsymbol{\Lambda}-\lambda\boldsymbol{E})=n-k$.

又可得$R(\boldsymbol{A}-\lambda\boldsymbol{E})=R(\boldsymbol{\Lambda}-\lambda\boldsymbol{E})=n-k$, 从而由$(\boldsymbol{A}-\lambda\boldsymbol{E})\boldsymbol{x}=\boldsymbol{0}$得矩阵$\boldsymbol{A}$对应于特征值$\lambda$有$k$个线性无关的特征向量.

与4.2节将一般矩阵对角化的方法类似, 根据上述结论, 求正交变换矩阵$\boldsymbol{P}$, 将实对称矩阵$\boldsymbol{A}$对角化的步骤为:

(1)求出$\boldsymbol{A}$的全部特征值$\lambda_1,\lambda_2,\dots,\lambda_s$;

(2)对每一个特征值λ_i, 由$(\boldsymbol{A}-\lambda_i\boldsymbol{E})\boldsymbol{x}=\boldsymbol{0}$求出基础解系(特征向量);

(3)将基础解系(特征向量)正交化, 然后再单位化;

(4)以这些单位正交向量作为列向量构成一个正交矩阵$\boldsymbol{P}$, 使得$\boldsymbol{P}^{-1}\boldsymbol{A}\boldsymbol{P}=\boldsymbol{\Lambda}$.

注 4.10 $\boldsymbol{P}$中列向量的次序与矩阵$\boldsymbol{\Lambda}$对角线上的特征值的次序相对应.

例 4.20 设实对称矩阵

$$A=\begin{pmatrix}1&-2&0\\-2&2&-2\\0&-2&3\end{pmatrix},$$

求正交矩阵P, 使$P^{-1}AP$为对角矩阵.

解 矩阵A的特征方程为

$$|A-\lambda E|=\begin{vmatrix}1-\lambda&-2&0\\-2&2-\lambda&-2\\0&-2&3-\lambda\end{vmatrix}=0,$$

即

$$(A-\lambda E)x=0,$$

$$(\lambda+1)(\lambda-2)(\lambda-5)=0,$$

求得矩阵A的特征值为$\lambda_1=-1,\lambda_2=2,\lambda_3=5$.

当$\lambda_1=-1$时, 由$(A+E)\,x=0$得特征向量$p_1=(2,2,1)^{\mathrm{T}}$;

当$\lambda_2=2$时, 由$(A-2E)\,x=0$得特征向量$p_2=(2,-1,-2)^{\mathrm{T}}$;

当$\lambda_3=5$时, 由$(A-5E)\,x=0$得特征向量$p_3=(1,-2,2)^{\mathrm{T}}$.

不难验证p_1,p_2,p_3是正交向量组, 把p_1,p_2,p_3单位化, 得

$$\eta_1=\frac{p_1}{\|p_1\|}=\begin{pmatrix}\frac{2}{3}\\\frac{2}{3}\\\frac{1}{3}\end{pmatrix},\eta_2=\frac{p_2}{\|p_2\|}=\begin{pmatrix}\frac{2}{3}\\-\frac{1}{3}\\-\frac{2}{3}\end{pmatrix},\eta_3=\frac{p_3}{\|p_3\|}=\begin{pmatrix}\frac{1}{3}\\-\frac{2}{3}\\\frac{2}{3}\end{pmatrix}.$$

令

$$P=(\eta_1,\eta_2,\eta_3)=\begin{pmatrix}\frac{2}{3}&\frac{2}{3}&\frac{1}{3}\\\frac{2}{3}&-\frac{1}{3}&-\frac{2}{3}\\\frac{1}{3}&-\frac{2}{3}&\frac{2}{3}\end{pmatrix},$$

则

$$P^{-1}AP=P^{\mathrm{T}}AP=\begin{pmatrix}-1&0&0\\0&2&0\\0&0&5\end{pmatrix}.$$

例 4.21 设有对称矩阵

$$A=\begin{pmatrix}4&0&0\\0&3&1\\0&1&3\end{pmatrix},$$

试求出对称矩阵P, 使$P^{-1}AP$为对角矩阵.

解 根据

$$|\boldsymbol{A}-\lambda\boldsymbol{E}|=\begin{vmatrix}4-\lambda & 0 & 0\\ 0 & 3-\lambda & 1\\ 0 & 1 & 3-\lambda\end{vmatrix}=(2-\lambda)(\lambda-4)^2,$$

则矩阵$\boldsymbol{A}$的特征值为$\lambda_1=2,\lambda_2=\lambda_3=4$.

对$\lambda_1=2$, 由$(\boldsymbol{A}-2\boldsymbol{E})\boldsymbol{x}=\boldsymbol{0}$得特征向量

$$\boldsymbol{p}_1=\begin{pmatrix}0\\1\\-1\end{pmatrix},$$

对$\lambda_2=\lambda_3=4$,由$(\boldsymbol{A}-4\boldsymbol{E})\boldsymbol{x}=\boldsymbol{0}$得特征向量

$$\boldsymbol{p}_2=\begin{pmatrix}1\\0\\0\end{pmatrix},\boldsymbol{p}_3=\begin{pmatrix}0\\1\\1\end{pmatrix}.$$

$\boldsymbol{p}_2$与$\boldsymbol{p}_3$恰好正交, 所以$\boldsymbol{p}_1$, $\boldsymbol{p}_2$, $\boldsymbol{p}_3$两两正交, 再将$\boldsymbol{p}_1$, $\boldsymbol{p}_2$, $\boldsymbol{p}_3$ 单位化, 令$\boldsymbol{\eta}_i=\dfrac{\boldsymbol{p}_i}{\|\boldsymbol{p}_i\|}$, 其中$i=1,2,3$, 得

$$\boldsymbol{\eta}_1=\begin{pmatrix}0\\ \frac{1}{\sqrt{2}}\\ -\frac{1}{\sqrt{2}}\end{pmatrix},\boldsymbol{\eta}_2=\begin{pmatrix}1\\0\\0\end{pmatrix},\boldsymbol{\eta}_3=\begin{pmatrix}0\\ \frac{1}{\sqrt{2}}\\ \frac{1}{\sqrt{2}}\end{pmatrix}.$$

故所求正交矩阵

$$\boldsymbol{P}=(\boldsymbol{\eta}_1,\boldsymbol{\eta}_2,\boldsymbol{\eta}_3)=\begin{pmatrix}0 & 1 & 0\\ \frac{1}{\sqrt{2}} & 0 & \frac{1}{\sqrt{2}}\\ -\frac{1}{\sqrt{2}} & 0 & \frac{1}{\sqrt{2}}\end{pmatrix},$$

且

$$\boldsymbol{P}^{-1}\boldsymbol{A}\boldsymbol{P}=\begin{pmatrix}2 & 0 & 0\\ 0 & 4 & 0\\ 0 & 0 & 4\end{pmatrix}.$$

例 4.22 已知

$$\boldsymbol{A}=\begin{pmatrix}2 & 0 & 0\\ 0 & a & 2\\ 0 & 2 & a\end{pmatrix}\ (a>0)$$

有一特征值为1, 求正交矩阵$\boldsymbol{P}$, 使得$\boldsymbol{P}^{-1}\boldsymbol{A}\boldsymbol{P}$为对角矩阵.

解 $\boldsymbol{A}$的特征多项式为

$$|\boldsymbol{A}-\lambda\boldsymbol{E}|=\begin{vmatrix}2-\lambda & 0 & 0\\ 0 & a-\lambda & 2\\ 0 & 2 & a-\lambda\end{vmatrix}=(2-\lambda)(a+2-\lambda)(a-2-\lambda),$$

由于$\boldsymbol{A}$有特征值1, 故有两种情形:

若$a-2=1$,则$a=3$; 若$a+2=1$,则$a=-1$.

但是由已知可知$a>0$, 所以只能是$a=3$, 从而可得矩阵$\boldsymbol{A}$的特征值为2, 1, 5.

对$\lambda_1=2$,由$(\boldsymbol{A}-2\boldsymbol{E})\boldsymbol{x}=\boldsymbol{0}$ 得特征向量$\boldsymbol{p}_1=(1,0,0)^{\mathrm{T}}$;

对$\lambda_2=1$,由$(\boldsymbol{A}-\boldsymbol{E})\boldsymbol{x}=\boldsymbol{0}$ 得特征向量$\boldsymbol{p}_2=(0,1,-1)^{\mathrm{T}}$;

对$\lambda_3=5$,由$(\boldsymbol{A}-5\boldsymbol{E})\boldsymbol{x}=\boldsymbol{0}$ 得特征向量$\boldsymbol{p}_3=(0,1,1)^{\mathrm{T}}$;

因实对称矩阵的属于不同特征值的特征向量必相互正交, 故特征向量$\boldsymbol{p}_1$, $\boldsymbol{p}_2$, $\boldsymbol{p}_3$已是正交向量组, 只需单位化:

$$\boldsymbol{\eta}_1=(1,0,0)^{\mathrm{T}};\boldsymbol{\eta}_2=\left(0,\frac{1}{\sqrt{2}},-\frac{1}{\sqrt{2}}\right)^{\mathrm{T}};\boldsymbol{\eta}_3=\left(0,\frac{1}{\sqrt{2}},\frac{1}{\sqrt{2}}\right)^{\mathrm{T}}.$$

令

$$\boldsymbol{P}=(\boldsymbol{\eta}_1,\boldsymbol{\eta}_2,\boldsymbol{\eta}_3)=\begin{pmatrix}1 & 0 & 0\\ 0 & \frac{1}{\sqrt{2}} & \frac{1}{\sqrt{2}}\\ 0 & -\frac{1}{\sqrt{2}} & \frac{1}{\sqrt{2}}\end{pmatrix},$$

则

$$\boldsymbol{P}^{-1}\boldsymbol{A}\boldsymbol{P}=\begin{pmatrix}2 & 0 & 0\\ 0 & 1 & 0\\ 0 & 0 & 5\end{pmatrix}.$$

例 4.23 设

$$\boldsymbol{A}=\begin{pmatrix}2 & -1\\ -1 & 2\end{pmatrix},$$

求$\boldsymbol{A}^n$.

解 因为$\boldsymbol{A}$是对称矩阵, 故矩阵$\boldsymbol{A}$可以对角化, 即有可逆矩阵$\boldsymbol{P}$及对角矩阵$\boldsymbol{\Lambda}$, 使$\boldsymbol{P}^{-1}\boldsymbol{A}\boldsymbol{P}=\boldsymbol{\Lambda}$. 于是$\boldsymbol{A}=\boldsymbol{P}\boldsymbol{\Lambda}\boldsymbol{P}^{-1}$, 可得$\boldsymbol{A}^n=\boldsymbol{P}\boldsymbol{\Lambda}\boldsymbol{P}^{-1}\boldsymbol{P}\boldsymbol{\Lambda}\boldsymbol{P}^{-1}\cdots\boldsymbol{P}\boldsymbol{\Lambda}\boldsymbol{P}^{-1}=\boldsymbol{P}\boldsymbol{\Lambda}^n\boldsymbol{P}^{-1}$.

由

$$|\boldsymbol{A}-\lambda\boldsymbol{E}|=\begin{vmatrix}2-\lambda & -1\\ -1 & 2-\lambda\end{vmatrix}=\lambda^2-4\lambda+3=(\lambda-1)(\lambda-3)$$

得$\boldsymbol{A}$的特征值为$\lambda_1=1$, $\lambda_2=3$. 于是

$$\boldsymbol{\Lambda}=\begin{pmatrix}1 & 0\\ 0 & 3\end{pmatrix},$$

所以

$$\boldsymbol{\Lambda}^n=\begin{pmatrix}1 & 0\\ 0 & 3^n\end{pmatrix}.$$

又有对应$\lambda_1 = 1$, 由$(\boldsymbol{A} - \boldsymbol{E})\boldsymbol{x} = \boldsymbol{0}$解得对应特征向量

$$\boldsymbol{p}_1 = \begin{pmatrix} 1 \\ 1 \end{pmatrix};$$

对应$\lambda_2 = 3$, 由$(\boldsymbol{A} - 3\boldsymbol{E})\boldsymbol{x} = \boldsymbol{0}$解得对应特征向量

$$\boldsymbol{p}_2 = \begin{pmatrix} 1 \\ -1 \end{pmatrix}.$$

令

$$\boldsymbol{P} = (\boldsymbol{p}_1, \boldsymbol{p}_2) = \begin{pmatrix} 1 & 1 \\ 1 & -1 \end{pmatrix},$$

求出

$$\boldsymbol{P}^{-1} = \frac{1}{2}\begin{pmatrix} 1 & 1 \\ 1 & -1 \end{pmatrix}.$$

于是

$$\boldsymbol{A}^n = \boldsymbol{P}\boldsymbol{\Lambda}^n\boldsymbol{P}^{-1} = \frac{1}{2}\begin{pmatrix} 1 & 1 \\ 1 & -1 \end{pmatrix}\begin{pmatrix} 1 & 0 \\ 0 & 3^n \end{pmatrix}\begin{pmatrix} 1 & 1 \\ 1 & -1 \end{pmatrix} = \frac{1}{2}\begin{pmatrix} 1+3^n & 1-3^n \\ 1-3^n & 1+3^n \end{pmatrix}.$$

4.4 二次型及其标准型

二次型是n个变量的二次齐次多项式. 二次型的系统研究是从18世纪开始的, 它起源于对二次曲线和二次曲面的分类问题的讨论. 例如, 为了便于研究二次曲线 $ax^2 + bxy + cy^2 = 1$的几何性质, 可以选择适当的坐标旋转变换

$$\begin{cases} x = x'\cos\theta - y'\sin\theta, \\ y = x'\sin\theta + y'\cos\theta, \end{cases}$$

把方程化为标准形式

$$mx'^2 + cy'^2 = 1.$$

这类问题具有普遍性, 在许多理论问题和实际问题中常会遇到, 本节将把这类问题一般化, 讨论n个变量的二次多项式的化简问题.

4.4.1 二次型及其矩阵

(1) 二次型的定义.

定义 4.10 含有n个变量$x_1, x_2, \cdots, x_n$的二次齐次函数

$$\begin{aligned} f(x_1, x_2, \ldots, x_n) =& a_{11}x_1^2 + a_{22}x_2^2 + \cdots + a_{nn}x_n^2 \\ &+ 2a_{12}x_1x_2 + \cdots + 2a_{1n}x_1x_n \\ &+ 2a_{23}x_2x_3 + \cdots + 2a_{2n}x_2x_n \\ &+ \cdots \end{aligned}$$

$$+2a_{n-1,n}x_{n-1}x_n \tag{4.36}$$

称为二次型，当a_{ij}为复数时，f称为复二次型；当a_{ij}为实数时，f称为实二次型. 在本章中只讨论实二次型.

只含有平方项的二次型$f=k_1y_1^2+k_2y_2^2+\cdots+k_ny_n^2$称为二次型的标准型(或法式). 如果标准型的系数$k_1$，$k_2$，…，$k_n$只取$-1$, 0, 1三个数, 此时二次型的形式为

$$f=y_1^2+y_2^2+\cdots+y_p^2-y_{p+1}^2-y_{p+2}^2-\cdots-y_r^2, \tag{4.37}$$

称上式为二次型的规范型.

(2) 二次型的矩阵.

取$a_{ji}=a_{ij}$, 则$2a_{ij}x_ix_j=a_{ij}x_ix_j+a_{ji}x_ix_j$, 于是

$$\begin{aligned}
f(x_1,x_2,\ldots,x_n)=&a_{11}x_1^2+a_{12}x_1x_2+\cdots+a_{1n}x_1x_n\\
&+a_{21}x_2x_1+a_{22}x_2^2+\cdots+a_{2n}x_2x_n\\
&+\cdots\\
&+a_{n1}x_nx_1+a_{n2}x_nx_2+\cdots+a_{n,n}x_n^2\\
=&\sum_{i,j=1}^{n}a_{ij}x_ix_j.
\end{aligned}$$

又有

$$\begin{aligned}
f(x_1,x_2,\ldots,x_n)=&x_1(a_{11}x_1+a_{12}x_2+\cdots+a_{1n}x_n)\\
&+x_2(a_{21}x_1+a_{22}x_2+\cdots+a_{2n}x_n)\\
&+\cdots\\
&+x_n(a_{n1}x_1+a_{n2}x_2+\cdots+a_{nn}x_n)\\
=&(x_1,x_2,\ldots,x_n)\begin{pmatrix}a_{11}x_1+a_{12}x_2+\cdots+a_{1n}x_n\\ a_{21}x_1+a_{22}x_2+\cdots+a_{2n}x_n\\ \vdots\\ a_{n1}x_1+a_{n2}x_2+\cdots+a_{nn}x_n\end{pmatrix}\\
=&(x_1,x_2,\ldots,x_n)\begin{pmatrix}a_{11}&a_{12}&\ldots&a_{1n}\\ a_{21}&a_{22}&\ldots&a_{2n}\\ \vdots&\vdots&&\vdots\\ a_{n1}&a_{n2}&\ldots&a_{nn}\end{pmatrix}\begin{pmatrix}x_1\\ x_2\\ \vdots\\ x_n\end{pmatrix}\\
=&\boldsymbol{x}^{\mathrm{T}}\boldsymbol{A}\boldsymbol{x},
\end{aligned}$$

其中

$$\boldsymbol{x}=\begin{pmatrix}x_1\\ x_2\\ \vdots\\ x_n\end{pmatrix},\boldsymbol{A}=\begin{pmatrix}a_{11}&a_{12}&\ldots&a_{1n}\\ a_{21}&a_{22}&\ldots&a_{2n}\\ \vdots&\vdots&&\vdots\\ a_{n1}&a_{n2}&\ldots&a_{nn}\end{pmatrix}.$$

称$f = \boldsymbol{x}^{\mathrm{T}}\boldsymbol{A}\boldsymbol{x}$为二次型的矩阵形式. 其中实对称矩阵$\boldsymbol{A}$称为该二次型$f$的矩阵. 二次型$f$称为实对称矩阵$\boldsymbol{A}$的二次型. 实对称矩阵$\boldsymbol{A}$的秩称为二次型的秩. 于是, 二次型$f$与其实对称矩阵$\boldsymbol{A}$之间有一一对应的关系.

对于一般二次型$f = \boldsymbol{x}^{\mathrm{T}}\boldsymbol{A}\boldsymbol{x}$, 问题是: 寻求可逆的线性变换$\boldsymbol{x} = \boldsymbol{C}\boldsymbol{y}$将二次型化为标准形, 将其代入得

$$f = \boldsymbol{x}^{\mathrm{T}}\boldsymbol{A}\boldsymbol{x} = (\boldsymbol{C}\boldsymbol{y})^{\mathrm{T}}\boldsymbol{A}(\boldsymbol{C}\boldsymbol{y}) = \boldsymbol{y}^{\mathrm{T}}(\boldsymbol{C}^{\mathrm{T}}\boldsymbol{A}\boldsymbol{C})\boldsymbol{y},$$

这里$\boldsymbol{y}^{\mathrm{T}}(\boldsymbol{C}^{\mathrm{T}}\boldsymbol{A}\boldsymbol{C})\boldsymbol{y}$为关于 $y_1, y_2, \ldots, y_n$的二次型, 对应的矩阵为$\boldsymbol{C}^{\mathrm{T}}\boldsymbol{A}\boldsymbol{C}$.

注 4.11 要使$\boldsymbol{y}^{\mathrm{T}}(\boldsymbol{C}^{\mathrm{T}}\boldsymbol{A}\boldsymbol{C})\boldsymbol{y}$成为标准形, 即要$\boldsymbol{C}^{\mathrm{T}}\boldsymbol{A}\boldsymbol{C}$为对角矩阵. 由4.3节实对称矩阵对角化的方法, 可取$\boldsymbol{C}$为正交变换矩阵$\boldsymbol{P}$. 对于简单的二次型, 也可以用配方法解之.

4.4.2 矩阵的合同

定义 4.11 设$\boldsymbol{A}$、$\boldsymbol{B}$为两个n阶方阵, 如果存在n阶非奇异矩阵$\boldsymbol{C}$, 使得$\boldsymbol{C}^{\mathrm{T}}\boldsymbol{A}\boldsymbol{C} = \boldsymbol{B}$, 则称矩阵$\boldsymbol{A}$合同于矩阵$\boldsymbol{B}$, 或$\boldsymbol{A}$与$\boldsymbol{B}$合同.

易见, 二次型$f = \boldsymbol{x}^{\mathrm{T}}\boldsymbol{A}\boldsymbol{x}$的矩阵$\boldsymbol{A}$, 与经过非退化线性变换$\boldsymbol{x} = \boldsymbol{C}\boldsymbol{y}$得到的二次型的矩阵$\boldsymbol{B} = \boldsymbol{C}^{\mathrm{T}}\boldsymbol{A}\boldsymbol{C}$是合同的.

性质 4.7 矩阵合同关系的基本性质:

(1)反身性: 对任意方阵$\boldsymbol{A}$, $\boldsymbol{A}$与其自身合同;

(2)对称性: 若$\boldsymbol{A}$合同于$\boldsymbol{B}$, 则$\boldsymbol{B}$合同于$\boldsymbol{A}$;

(3)传递性: 若$\boldsymbol{A}$合同于$\boldsymbol{B}$, $\boldsymbol{B}$合同于$\boldsymbol{C}$, 则$\boldsymbol{A}$合同于$\boldsymbol{C}$.

由4.3节定理4.9, 对任一实对称矩阵$\boldsymbol{A}$, 存在正交矩阵$\boldsymbol{C}$, 使$\boldsymbol{B} = \boldsymbol{C}^{\mathrm{T}}\boldsymbol{A}\boldsymbol{C}$为对角矩阵, 正交矩阵显然是可逆矩阵. 从而得到下面的定理.

定理 4.11 任意一个实对称矩阵都与一个对角矩阵合同.

例 4.24 判断下列表达式是不是二次型, 如果不是, 说明原因. (1)$f(x,y) = x^2 + 3xy + y^2$;

(2)$f(x,y,z) = 3x^2 + 2xy + \sqrt{2}xz - y^2 - 4yz + 5z^2$;

(3)$f(x,y) = x^2 + \mathrm{i}y^2(\mathrm{i} = \sqrt{-1})$;

(4)$f(x_1,x_2,x_3,x_4) = x_1x_2 + 2x_1x_3 - 4x_1x_4 + 3x_2x_4$;

(5)$f(x,y) = x^2 + xy - y^2 + 5x + 1$;

(6)$f(x_1,x_2,x_3) = x_1^3 + x_1x_2 + x_1x_3$.

解 判断结果如下:

(1)$f(x,y) = x^2 + 3xy + y^2$是一个含有2个变量的实二次型;

(2)$f(x,y,z) = 3x^2 + 2xy + \sqrt{2}xz - y^2 - 4yz + 5z^2$是一个含有3个变量的实二次型;

(3)$f(x,y) = x^2 + \mathrm{i}y^2(\mathrm{i} = \sqrt{-1})$不是实二次型, 因为i是虚数, 但它是一个复二次型;

(4)$f(x_1,x_2,x_3,x_4) = x_1x_2 + 2x_1x_3 - 4x_1x_4 + 3x_2x_4$ 是一个含有4个变量的实二次型;

(5)$f(x,y) = x^2 + xy - y^2 + 5x + 1$不是实二次型, 因为它含有一次项$5x$及常数项1;

(6)$f(x_1,x_2,x_3) = x_1^3 + x_1x_2 + x_1x_3$不是实二次型, 因为它含有3次项$x_1^3$.

例 4.25 写出下列实二次型相应的对称矩阵.

(1) $f(x,y)=x^2+3xy+y^2$;

(2) $f(x,y,z)=3x^2+2xy+\sqrt{2}xz-y^2-4yz+5z^2$;

(3) $f(x_1,x_2,x_3,x_4)=x_1^2+x_2^2+x_3^2+x_4^2$.

解 (1) 该二次型对应的对称矩阵为

$$\begin{pmatrix} 1 & \frac{3}{2} \\ \frac{3}{2} & 1 \end{pmatrix};$$

(2) 因为

$$\begin{aligned} f(x,y,z) &= 3x^2+2xy+\sqrt{2}xz-y^2-4yz+5z^2 \\ &= 3x^2+xy+\frac{\sqrt{2}}{2}xz+xy-y^2-2yz+\frac{\sqrt{2}}{2}xz-2yz+5z^2, \end{aligned}$$

所以该二次型对应的对称矩阵为

$$\begin{pmatrix} 3 & 1 & \frac{\sqrt{2}}{2} \\ 1 & -1 & -2 \\ \frac{\sqrt{2}}{2} & -2 & 5 \end{pmatrix};$$

(3) 该二次型对应的对称矩阵为一个对角矩阵

$$\begin{pmatrix} 1 & 0 & 0 & 0 \\ 0 & 1 & 0 & 0 \\ 0 & 0 & 1 & 0 \\ 0 & 0 & 0 & 1 \end{pmatrix}.$$

例 4.26 设有实对称矩阵

$$\boldsymbol{A}=\begin{pmatrix} -1 & 1 & 0 \\ 1 & 0 & -\frac{1}{2} \\ 0 & -\frac{1}{2} & \sqrt{2} \end{pmatrix},$$

求$\boldsymbol{A}$对应的实二次型.

解 因为$\boldsymbol{A}$是一个三阶矩阵, 所以$\boldsymbol{A}$对应的实二次型含有3个变量, 则实二次型为

$$\begin{aligned} f(x_1,x_2,x_3) &= (x_1,x_2,x_3)\begin{pmatrix} -1 & 1 & 0 \\ 1 & 0 & -\frac{1}{2} \\ 0 & -\frac{1}{2} & \sqrt{2} \end{pmatrix}\begin{pmatrix} x_1 \\ x_2 \\ x_3 \end{pmatrix} \\ &= -x_1^2+2x_1x_2-x_2x_3+\sqrt{2}x_3^2. \end{aligned}$$

例 4.27 求二次型 $f(x_1,x_2,x_3)=x_1^2-4x_1x_2+2x_1x_3-2x_2^2+6x_3^2$ 的秩.

解 先求二次型的矩阵.

$f(x_1,x_2,x_3)=x_1^2-2x_1x_2+x_1x_3-2x_2x_1-2x_2^2+0\cdot x_2x_3+x_3x_1+0\cdot x_3x_2+6x_3^2$,
所以二次型的矩阵为

$$A=\begin{pmatrix}1&-2&1\\-2&-2&0\\1&0&6\end{pmatrix},$$

对A做初等变换

$$A\to\begin{pmatrix}1&-2&1\\0&2&5\\0&0&17\end{pmatrix},$$

可知 $R(A)=3$, 所以二次型的秩为 3.

4.4.3 化二次型为标准形

由上面讨论可知, 二次型 $f=\boldsymbol{x}^{\mathrm{T}}A\boldsymbol{x}$ 在线性变换 $\boldsymbol{x}=C\boldsymbol{y}$ 下, 可化为 $\boldsymbol{y}^{\mathrm{T}}C^{\mathrm{T}}AC\boldsymbol{y}$. 如果 $C^{\mathrm{T}}AC$ 为对角矩阵

$$B=\begin{pmatrix}b_1&&&\\&b_2&&\\&&\ddots&\\&&&b_n\end{pmatrix},$$

则二次型 f 就可化为标准形 $b_1y_1^2+b_2y_2^2+\cdots+b_ny_n^2$, 其标准形中的系数恰好为对角矩阵 B 的对角线上的元素, 因此上面的问题归结为矩阵 A 能否合同于一个对角矩阵. 由4.3节定理4.9易得:

定理 4.12 任给二次型 $f(x_1,x_2,\cdots,x_n)=\sum\limits_{i,j=1}^{n}a_{ij}x_ix_j$ (其中 $a_{ij}=a_{ji}$), 总有正交变换 $\boldsymbol{x}=C\boldsymbol{y}$, 使 f 化为标准性

$$f=\lambda_1y_1^2+\lambda_2y_2^2+\cdots+\lambda_ny_n^2,\tag{4.38}$$

其中, $\lambda_1,\lambda_2,\cdots,\lambda_n$ 是二次型 f 的矩阵 $A=(a_{ij})$ 的特征值.

推论 4.2 任给二次型 $f=\boldsymbol{x}^{\mathrm{T}}A\boldsymbol{x}$, 总有可逆变换 $\boldsymbol{x}=P\boldsymbol{z}$, 使 $f(P\boldsymbol{z})$ 为规范形.

证明 由定理4.12可知, 存在正交变换 $\boldsymbol{x}=C\boldsymbol{y}$, 使得

$$f(C\boldsymbol{y})=\lambda_1y_1^2+\lambda_2y_2^2+\cdots+\lambda_ny_n^2.$$

设二次型 f 的秩为 $r(r\leqslant n)$, 则特征值 $\lambda_1,\lambda_2,\cdots,\lambda_n$ 中恰有 r 个不为零, 不妨设 $\lambda_1,\lambda_2,\cdots,\lambda_r$ 不为零, 而 $\lambda_{r+1}=\lambda_{r+2}=\cdots=\lambda_n=0$, 令

$$K=\begin{pmatrix}k_1&0&\cdots&0\\0&k_2&\cdots&0\\\vdots&\vdots&&\vdots\\0&0&\cdots&k_n\end{pmatrix},\text{其中}k_i=\begin{cases}\dfrac{1}{\sqrt{|\lambda_i|}}(i\leqslant r)\\1(i>r)\end{cases},\tag{4.39}$$

则矩阵 $\boldsymbol{K}$ 可逆, 变换 $\boldsymbol{y}=\boldsymbol{K}\boldsymbol{z}$把 $f(\boldsymbol{C}\boldsymbol{y})$ 化为

$$f(\boldsymbol{C}\boldsymbol{K}\boldsymbol{z})=\boldsymbol{z}^{\mathrm{T}}\boldsymbol{K}^{\mathrm{T}}\boldsymbol{C}^{\mathrm{T}}\boldsymbol{A}\boldsymbol{C}\boldsymbol{K}\boldsymbol{z}=\boldsymbol{z}^{\mathrm{T}}\boldsymbol{K}^{\mathrm{T}}\boldsymbol{\Lambda}\boldsymbol{K}\boldsymbol{z},$$

而

$$\boldsymbol{K}^{\mathrm{T}}\boldsymbol{\Lambda}\boldsymbol{K}=\operatorname{diag}\left(\frac{\lambda_1}{|\lambda_1|},\frac{\lambda_2}{|\lambda_2|},\cdots,\frac{\lambda_{\mathrm{r}}}{|\lambda_{\mathrm{r}}|},0,\cdots,0\right),$$

记 $\boldsymbol{P}=\boldsymbol{C}\boldsymbol{K}$, 即可逆变换 $\boldsymbol{x}=\boldsymbol{P}\boldsymbol{z}$ 把 f 化为规范形

$$f(\boldsymbol{P}\boldsymbol{z})=\frac{\lambda_1}{|\lambda_1|}z_1^2+\frac{\lambda_2}{|\lambda_2|}z_2^2+\cdots+\frac{\lambda_r}{|\lambda_r|}z_r^2. \tag{4.40}$$

(1) 用初等变换化二次型为标准形.

设有可逆线性变换为 $\boldsymbol{x}=\boldsymbol{C}\boldsymbol{y}$, 它把二次型 $\boldsymbol{x}^{\mathrm{T}}\boldsymbol{A}\boldsymbol{x}$ 化为标准形 $\boldsymbol{y}^{\mathrm{T}}\boldsymbol{\Lambda}\boldsymbol{y}$, 则 $\boldsymbol{C}^{\mathrm{T}}\boldsymbol{A}\boldsymbol{C}=\boldsymbol{\Lambda}$. 已知任一非奇异矩阵均可表示为若干个初等矩阵的乘积, 故存在初等矩阵 $\boldsymbol{P}_1,\boldsymbol{P}_2,\cdots,\boldsymbol{P}_s$, 使$\boldsymbol{C}=\boldsymbol{P}_1\boldsymbol{P}_2\cdots\boldsymbol{P}_s$, 于是 $\boldsymbol{C}=\boldsymbol{E}\boldsymbol{P}_1\boldsymbol{P}_2\cdots\boldsymbol{P}_s$, 可得

$$\boldsymbol{C}^{\mathrm{T}}\boldsymbol{A}\boldsymbol{C}=\boldsymbol{P}_s^{\mathrm{T}}\cdots\boldsymbol{P}_2^{\mathrm{T}}\boldsymbol{P}_1^{\mathrm{T}}\boldsymbol{A}\boldsymbol{P}_1\boldsymbol{P}_2\cdots\boldsymbol{P}_s=\boldsymbol{\Lambda}.$$

由此可见, 对 $2n\times n$矩阵 $\begin{pmatrix}\boldsymbol{A}\\ \boldsymbol{E}\end{pmatrix}$ 施以相应于右乘 $\boldsymbol{P}_1,\boldsymbol{P}_2,\cdots,\boldsymbol{P}_s$ 的初等列变换, 再对 $\boldsymbol{A}$ 施以相应于左乘 $\boldsymbol{P}_1^{\mathrm{T}},\boldsymbol{P}_2^{\mathrm{T}},\cdots,\boldsymbol{P}_s^{\mathrm{T}}$ 的初等行变换, 则矩阵 $\boldsymbol{A}$ 变为对角矩阵 $\boldsymbol{\Lambda}$, 而对单位矩阵 $\boldsymbol{E}$ 只施以相应于右乘 $\boldsymbol{P}_1,\boldsymbol{P}_2,\cdots,\boldsymbol{P}_s$ 的初等列变换就可将 $\boldsymbol{E}$ 变为所要求的可逆矩阵 $\boldsymbol{C}$.

用初等变换法化二次型为标准形的步骤如下:

① 写出二次型 $f=\boldsymbol{x}^{\mathrm{T}}\boldsymbol{A}\boldsymbol{x}$ 的矩阵 $\boldsymbol{A}$, 让 $\boldsymbol{A}$ 与单位矩阵 $\boldsymbol{E}$ 构造 $2n\times n$ 矩阵

$$\begin{pmatrix}\boldsymbol{A}\\ \boldsymbol{E}\end{pmatrix};$$

② 对 $\boldsymbol{A}$ 进行初等列变换和初等行变换将其化为对角矩阵 $\boldsymbol{\Lambda}$, 但是对 $\boldsymbol{E}$ 只进行相应的初等列变换, 将 $\boldsymbol{E}$ 化为矩阵 $\boldsymbol{C}$;

③ 写出可逆线性变换 $\boldsymbol{x}=\boldsymbol{C}\boldsymbol{y}$, 化原二次型为 $f=\boldsymbol{y}^{\mathrm{T}}\boldsymbol{\Lambda}\boldsymbol{y}$.

其中的初等变换过程如下所示:

$$\begin{pmatrix}\boldsymbol{A}\\ \boldsymbol{E}\end{pmatrix}\xrightarrow[\text{对}\boldsymbol{E}\text{只进行相应的列变换}]{\text{对}\boldsymbol{A}\text{进行初等列变换和初等行变换}}\begin{pmatrix}\boldsymbol{\Lambda}\\ \boldsymbol{C}\end{pmatrix}.$$

例 4.28 请用初等变换法将二次型 $f=x_1^2+3x_3^2+2x_1x_2+4x_1x_3+2x_2x_3$ 化为标准形, 并写出其中的线性变换.

解 由题意可知该二次型对应的矩阵为

$$\boldsymbol{A}=\begin{pmatrix}1&1&2\\1&0&1\\2&1&3\end{pmatrix},$$

所以可得

$$\begin{pmatrix} \boldsymbol{A} \\ \boldsymbol{E} \end{pmatrix}=\begin{pmatrix} 1 & 1 & 2 \\ 1 & 0 & 1 \\ 2 & 1 & 3 \\ 1 & 0 & 0 \\ 0 & 1 & 0 \\ 0 & 0 & 1 \end{pmatrix} \xrightarrow[c_3-2c_1]{c_2-c_1} \begin{pmatrix} 1 & 0 & 0 \\ 1 & -1 & -1 \\ 2 & -1 & -1 \\ 1 & -1 & -2 \\ 0 & 1 & 0 \\ 0 & 0 & 1 \end{pmatrix} \xrightarrow{c_3-c_2} \begin{pmatrix} 1 & 0 & 0 \\ 1 & -1 & 0 \\ 2 & -1 & 0 \\ 1 & -1 & -1 \\ 0 & 1 & -1 \\ 0 & 0 & 1 \end{pmatrix}$$

$$\xrightarrow[r_3-2r_1]{r_2-r_1} \begin{pmatrix} 1 & 0 & 0 \\ 0 & -1 & 0 \\ 0 & -1 & 0 \\ 1 & -1 & -1 \\ 0 & 1 & -1 \\ 0 & 0 & 1 \end{pmatrix} \xrightarrow{r_3-r_2} \begin{pmatrix} 1 & 0 & 0 \\ 0 & -1 & 0 \\ 0 & 0 & 0 \\ 1 & -1 & -1 \\ 0 & 1 & -1 \\ 0 & 0 & 1 \end{pmatrix}.$$

由此可知, 该二次型的标准形为 $f=y_1^2-y_2^2$, 其中经过的可逆线性变换为

$$\begin{pmatrix} x_1 \\ x_2 \\ x_3 \end{pmatrix}=\begin{pmatrix} 1 & -1 & -1 \\ 0 & 1 & -1 \\ 0 & 0 & 1 \end{pmatrix}\begin{pmatrix} y_1 \\ y_2 \\ y_3 \end{pmatrix}.$$

(2)用正交变换化二次型为标准形.

定理 4.13 若 $\boldsymbol{A}$ 为对称矩阵, $\boldsymbol{C}$ 为任一可逆矩阵, 令 $\boldsymbol{B}=\boldsymbol{C}^{\mathrm{T}}\boldsymbol{A}\boldsymbol{C}$, 则 $\boldsymbol{B}$ 也为对称矩阵, 且 $R(\boldsymbol{B})=R(\boldsymbol{A})$.

证明 考虑到 $\boldsymbol{A}$ 为对称矩阵且 $\boldsymbol{B}^{\mathrm{T}}=(\boldsymbol{C}^{\mathrm{T}}\boldsymbol{A}\boldsymbol{C})^{\mathrm{T}}=\boldsymbol{C}^{\mathrm{T}}\boldsymbol{A}^{\mathrm{T}}\boldsymbol{C}=\boldsymbol{C}^{\mathrm{T}}\boldsymbol{A}\boldsymbol{C}=\boldsymbol{B}$, 故 $\boldsymbol{B}$ 也为对称矩阵. 又初等变换不改变矩阵的秩, 从而得到 $R(\boldsymbol{B})=R(\boldsymbol{A})$.

注 4.12 (1) 二次型经可逆变换 $\boldsymbol{x}=\boldsymbol{C}\boldsymbol{y}$ 后, 其秩不变, 但 f 的矩阵由 $\boldsymbol{A}$ 变为 $\boldsymbol{B}=\boldsymbol{C}^{\mathrm{T}}\boldsymbol{A}\boldsymbol{C}$.

(2) 要使二次型 f 经可逆变换 $\boldsymbol{x}=\boldsymbol{C}\boldsymbol{y}$ 变成标准形, 即要使 $\boldsymbol{C}^{\mathrm{T}}\boldsymbol{A}\boldsymbol{C}$成为对角矩阵, 即

$$\boldsymbol{y}^{\mathrm{T}}\boldsymbol{C}^{\mathrm{T}}\boldsymbol{A}\boldsymbol{C}\boldsymbol{y}=(y_1,y_2,\cdots,y_n)\begin{pmatrix} b_1 & & & \\ & b_2 & & \\ & & \ddots & \\ & & & b_n \end{pmatrix}\begin{pmatrix} y_1 \\ y_2 \\ \vdots \\ y_n \end{pmatrix}=b_1y_1^2+b_2y_2^2+\cdots+b_ny_n^2.$$

用正交变换化二次型为标准形的步骤如下:

①将二次型表示成矩阵形式 $f=\boldsymbol{x}^{\mathrm{T}}\boldsymbol{A}\boldsymbol{x}$, 求出 $\boldsymbol{A}$;

② 求出 $\boldsymbol{A}$ 的所有特征值 $\lambda_1,\lambda_2,\cdots,\lambda_n$;

③ 求出对应于特征值的特征向量 $\boldsymbol{\xi}_1,\boldsymbol{\xi}_2,\cdots,\boldsymbol{\xi}_n$;

④ 将特征向量$\boldsymbol{\xi}_1,\boldsymbol{\xi}_2,\cdots,\boldsymbol{\xi}_n$正交化并单位化为$\boldsymbol{\eta}_1,\boldsymbol{\eta}_2,\cdots,\boldsymbol{\eta}_n$, 记$\boldsymbol{C}=(\boldsymbol{\eta}_1,\boldsymbol{\eta}_2,\cdots,\boldsymbol{\eta}_n)$;

⑤ 做正交变换 $\boldsymbol{x}=\boldsymbol{C}\boldsymbol{y}$, 则得 f 的标准形

$$f=\lambda_1y_1^2+\lambda_2y_2^2+\cdots+\lambda_ny_n^2.$$

将二次型化为平方项代数和形式后, 如有必要可重新安排量的次序(相当于做一次可逆线性变换), 使这个标准形为

$$d_1x_1^2+\cdots+d_px_p^2-d_{p+1}x_{p+1}^2-\cdots-d_rx_r^2, \tag{4.41}$$

其中$d_i>0(i=1,2,\cdots,r)$.

定理 4.14 任何二次型都可通过可逆线性变换化为规范形, 且规范形是由二次型本身决定的唯一形式, 与所做的可逆线性变换无关.

证明过程参考文献[9].

注意把规范形中的正系数项个数 p 称为二次型的**正惯性指数**, 负系数项个数 $r-p$ 称为二次型的**负惯性指数**, r 是二次型的**秩**. 二次型的正惯性指数、负惯性指数是被二次型本身唯一确定的.

例 4.29 求正交变换 $\boldsymbol{x}=\boldsymbol{C}\boldsymbol{y}$, 将二次型 $f=3x_1^2+2x_2^2+x_3^2-4x_1x_2-4x_2x_3$ 化为标准形.

解 因该二次型对应的矩阵为

$$\boldsymbol{A}=\begin{pmatrix}3&-2&0\\-2&2&-2\\0&-2&1\end{pmatrix},$$

由

$$|\boldsymbol{A}-\lambda\boldsymbol{E}|=\begin{vmatrix}3-\lambda&-2&0\\-2&2-\lambda&-2\\0&-2&1-\lambda\end{vmatrix}=-(\lambda+1)(\lambda-2)(\lambda-5)=0,$$

可得矩阵的特征值为 $\lambda_1=-1,\ \lambda_2=2,\ \lambda_3=5$.

当 $\lambda_1=-1$时, 由 $(\boldsymbol{A}+\boldsymbol{E})\boldsymbol{x}=\boldsymbol{0}$ 可得特征向量 $\boldsymbol{p}_1=(1,2,2)^{\mathrm{T}}$;

当 $\lambda_2=2$时, 由 $(\boldsymbol{A}-2\boldsymbol{E})\boldsymbol{x}=\boldsymbol{0}$ 得特征向量 $\boldsymbol{p}_2=(2,1,-2)^{\mathrm{T}}$;

当 $\lambda_3=5$时, 由 $(\boldsymbol{A}-5\boldsymbol{E})\boldsymbol{x}=\boldsymbol{0}$ 得特征向量 $\boldsymbol{p}_3=(2,-2,1)^{\mathrm{T}}$;

由于 $\lambda_1,\lambda_2,\lambda_3$互不相等, 所以 $\boldsymbol{p}_1,\boldsymbol{p}_2,\boldsymbol{p}_3$是正交向量组, 然后将其单位化, 取

$$\boldsymbol{\xi}_1=\frac{\boldsymbol{p}_1}{\|\boldsymbol{p}_1\|}=\left(\frac{1}{3},\frac{2}{3},\frac{2}{3}\right)^{\mathrm{T}};\boldsymbol{\xi}_2=\frac{\boldsymbol{p}_2}{\|\boldsymbol{p}_2\|}=\left(\frac{2}{3},\frac{1}{3},-\frac{2}{3}\right)^{\mathrm{T}};$$

$$\boldsymbol{\xi}_3=\frac{\boldsymbol{p}_3}{\|\boldsymbol{p}_3\|}=\left(\frac{2}{3},-\frac{2}{3},\frac{1}{3}\right)^{\mathrm{T}};$$

可得正交矩阵

$$\boldsymbol{C}=\begin{pmatrix}\frac{1}{3}&\frac{2}{3}&\frac{2}{3}\\\frac{2}{3}&\frac{1}{3}&-\frac{2}{3}\\\frac{2}{3}&-\frac{2}{3}&\frac{1}{3}\end{pmatrix},$$

使得

$$C^{-1}AC = C^{\mathrm{T}}AC = \begin{pmatrix} -1 & 0 & 0 \\ 0 & 2 & 0 \\ 0 & 0 & 5 \end{pmatrix}.$$

可见, 二次型化为标准形, 关键在于求出一个正交矩阵 C, 使得 $C^{\mathrm{T}}AC$ 是对角矩阵.

正交变换保持向量长度不变, 从而经正交变换后曲面形状也不会改变, 利用这一特性可以研究平面曲线和空间曲面的形状与分类.

例 4.30 已知方程 $x_1^2 + 3x_2^2 + x_3^2 + 2ax_1x_2 + 2x_1x_3 + 2x_2x_3 = 4$ 的图形为柱面, 求 a, 并说出此柱面的名称.

解 考虑到上述方程左侧为二次齐次多项式, 可以写成二次型的形式, 从而应用正交变换化二次型为标准形的方法判断. 令 $f = x_1^2 + 3x_2^2 + x_3^2 + 2ax_1x_2 + 2x_1x_3 + 2x_2x_3$, 其对应的二次型矩阵为

$$A = \begin{pmatrix} 1 & a & 1 \\ a & 3 & 1 \\ 1 & 1 & 1 \end{pmatrix}.$$

考虑到

$$|A - \lambda E| = \begin{vmatrix} 1-\lambda & a & 1 \\ a & 3-\lambda & 1 \\ 1 & 1 & 1-\lambda \end{vmatrix} = -\lambda^3 + 5\lambda^2 + (a^2-5)\lambda - a^2 + 2a - 1,$$

要想此图形为柱面, 一个特征值应该为 0. 从而

$$-a^2 + 2a - 1 = 0,$$

所以, $a = 1$. 将 $a = 1$ 代入得出其余的两个特征值 $\lambda = 1$, $\lambda = 4$, 从而可以将 f 化为标准形

$$f = y_1^2 + 4y_2^2,$$

得到柱面方程

$$y_1^2 + 4y_2^2 = 4.$$

(3)用配方法化二次型为标准形.

配方法的步骤:

① 若二次型含有 x_i 的平方项, 则先把含有 x_i 的乘积项集中, 然后配方, 再对其余的变量进行同样过程直到所有变量都配成平方项为止, 经过可逆线性变换, 就得到标准形.

② 若二次型中不含有平方项, 但是 $a_{ij} \neq 0 (i \neq j)$, 则先做可逆变换

$$\begin{cases} x_i = y_i - y_j, \\ x_i = y_i + y_j (k = 1, 2, \cdots, n \text{且} k \neq i, j), \\ x_k = y_k, \end{cases}$$

化二次型为含有平方项的二次型, 然后再按 ①中方法配方.

注 4.13 配方法是一种可逆线性变换, 但平方项的系数与 $\boldsymbol{A}$ 的特征值无关.

例 4.31 将 $x_1^2+2x_1x_2+2x_1x_3+2x_2^2+4x_2x_3+x_3^2$ 化为标准形.

解 因标准形是平方项的代数和, 所以可利用配方法解之.

$$\begin{aligned}&x_1^2+2x_1x_2+2x_1x_3+2x_2^2+4x_2x_3+x_3^2\\=&x_1^2+2x_1(x_2+x_3)+(x_2+x_3)^2-(x_2+x_3)^2+2x_2^2+4x_2x_3+x_3^2\\=&(x_1+x_2+x_3)^2+x_2^2+2x_2x_3\\=&(x_1+x_2+x_3)^2+(x_2+x_3)^2-x_3^2,\end{aligned}$$

令

$$\begin{cases}y_1=x_1+x_2+x_3,\\y_2=x_2+x_3,\\y_3=x_3,\end{cases}$$

即

$$\begin{cases}x_1=y_1-y_2,\\x_2=y_2-y_3,\\x_3=y_3.\end{cases}$$

其线性变换矩阵的行列式为

$$|\boldsymbol{C}|=\begin{vmatrix}1&-1&0\\0&1&-1\\0&0&1\end{vmatrix}=1\neq0,$$

得二次型的标准形 $y_1^2+y_2^2-y_3^2$, 该二次型的矩阵为

$$\boldsymbol{B}=\begin{pmatrix}1&0&0\\0&1&0\\0&0&-1\end{pmatrix}.$$

而原二次型的矩阵为

$$\boldsymbol{A}=\begin{pmatrix}1&1&1\\1&2&2\\1&2&1\end{pmatrix},$$

线性变换的矩阵为

$$\boldsymbol{C}=\begin{pmatrix}1&-1&0\\0&1&-1\\0&0&1\end{pmatrix},$$

易验证

$$\boldsymbol{C}^{\mathrm{T}}\boldsymbol{A}\boldsymbol{C}=\boldsymbol{B}=\begin{pmatrix}1&0&0\\0&1&0\\0&0&-1\end{pmatrix}$$

是对角矩阵, 且 $\boldsymbol{y}^{\mathrm{T}}\boldsymbol{B}\boldsymbol{y}=y_1^2+y_2^2-y_3^2$.

例 4.32 化二次型 $f=x_1^2+2x_2^2+5x_3^2+2x_1x_2+2x_1x_3+6x_2x_3$ 为标准形, 并求所用的变换矩阵.

解

$$\begin{aligned} f &= x_1^2+2x_2^2+5x_3^2+2x_1x_2+2x_1x_3+6x_2x_3 \\ &= x_1^2+2x_1x_2+2x_1x_3+2x_2^2+5x_3^2+6x_2x_3 \\ &= (x_1+x_2+x_3)^2-x_2^2-x_3^2-2x_2x_3+2x_2^2+5x_3^2+6x_2x_3 \\ &= (x_1+x_2+x_3)^2+x_2^2+4x_3^2+4x_2x_3 \\ &= (x_1+x_2+x_3)^2+(x_2+2x_3)^2, \end{aligned}$$

令

$$\begin{cases} y_1 = x_1+x_2+x_3, \\ y_2 = x_2+2x_3, \\ y_3 = x_3, \end{cases}$$

则可得

$$\begin{cases} x_1 = y_1-y_2+y_3, \\ x_2 = y_2-2y_3, \\ x_3 = y_3, \end{cases}$$

即

$$\begin{pmatrix} x_1 \\ x_2 \\ x_3 \end{pmatrix} = \begin{pmatrix} 1 & -1 & 1 \\ 0 & 1 & -2 \\ 0 & 0 & 1 \end{pmatrix} \begin{pmatrix} y_1 \\ y_2 \\ y_3 \end{pmatrix}.$$

所以$f=y_1^2+y_2^2$, 其中所用变换矩阵为

$$\boldsymbol{C} = \begin{pmatrix} 1 & -1 & 1 \\ 0 & 1 & -2 \\ 0 & 0 & 1 \end{pmatrix} (|\boldsymbol{C}| = 1 \neq 0).$$

例 4.33 化二次型 $f=2x_1x_2+2x_1x_3-6x_2x_3$ 为标准形, 并求所用的变换矩阵.

解 由于所给二次型中无平方项, 令

$$\begin{cases} x_1 = y_1+y_2, \\ x_2 = y_1-y_2, \\ x_3 = y_3, \end{cases}$$

即

$$\begin{pmatrix} x_1 \\ x_2 \\ x_3 \end{pmatrix} = \begin{pmatrix} 1 & 1 & 0 \\ 1 & -1 & 0 \\ 0 & 0 & 1 \end{pmatrix} \begin{pmatrix} y_1 \\ y_2 \\ y_3 \end{pmatrix}.$$

代入原二次型得

$$f = 2y_1^2-2y_2^2-4y_1y_3+8y_2y_3,$$

再配方得

$$f=2(y_1-y_3)^2-2(y_2-2y_3)^2+6y_3^2.$$

令

$$\begin{cases} z_1=y_1-y_3, \\ z_2=y_2-2y_3, \\ z_3=y_3, \end{cases}$$

则可得

$$\begin{cases} y_1=z_1+z_3, \\ y_2=z_2+2z_3, \\ y_3=z_3, \end{cases}$$

即

$$\begin{pmatrix} y_1 \\ y_2 \\ y_3 \end{pmatrix}=\begin{pmatrix} 1 & 0 & 1 \\ 0 & 1 & 2 \\ 0 & 0 & 1 \end{pmatrix}\begin{pmatrix} z_1 \\ z_2 \\ z_3 \end{pmatrix}.$$

代入原二次型得标准形 $f=2z_1^2-2z_2^2+6z_3^2$. 所用变换矩阵为

$$\boldsymbol{C}=\begin{pmatrix} 1 & 1 & 0 \\ 1 & -1 & 0 \\ 0 & 0 & 1 \end{pmatrix}\begin{pmatrix} 1 & 0 & 1 \\ 0 & 1 & 2 \\ 0 & 0 & 1 \end{pmatrix}=\begin{pmatrix} 1 & 1 & 3 \\ 1 & -1 & -1 \\ 0 & 0 & 1 \end{pmatrix}\ (|\boldsymbol{C}|=-2\neq 0).$$

4.5 正定二次型

4.5.1 二次型有定性的概念

定义 4.12 具有对称矩阵 $\boldsymbol{A}$ 的二次型 $f=\boldsymbol{x}^{\mathrm{T}}\boldsymbol{A}\boldsymbol{x}$,

(1) 如果对任何非零向量 $\boldsymbol{x}$, 都有

$$\boldsymbol{x}^{\mathrm{T}}\boldsymbol{A}\boldsymbol{x}>0(\text{或}\boldsymbol{x}^{\mathrm{T}}\boldsymbol{A}\boldsymbol{x}<0) \tag{4.42}$$

成立, 则称 $f=\boldsymbol{x}^{\mathrm{T}}\boldsymbol{A}\boldsymbol{x}$ 为**正定（负定）二次型**, 矩阵 $\boldsymbol{A}$ 称为**正定（负定）矩阵**.

(2) 如果对任何非零向量 $\boldsymbol{x}$, 都有

$$\boldsymbol{x}^{\mathrm{T}}\boldsymbol{A}\boldsymbol{x}\geqslant 0(\text{或}\boldsymbol{x}^{\mathrm{T}}\boldsymbol{A}\boldsymbol{x}\leqslant 0) \tag{4.43}$$

成立, 且有非零向量 $\boldsymbol{x}_0$, 使 $\boldsymbol{x}_0^{\mathrm{T}}\boldsymbol{A}\boldsymbol{x}_0=0$, 则称 $f=\boldsymbol{x}^{\mathrm{T}}\boldsymbol{A}\boldsymbol{x}$ 为**半正定（半负定）二次型**, 矩阵 $\boldsymbol{A}$ 称为**半正定（半负定）矩阵**.

注 4.14 二次型的正定（负定）、半正定（半负定）统称为二次型及其矩阵的**有定性**. 不具备有定性的二次型及其矩阵称为不定的.

二次型的有定性与其矩阵的有定性之间具有一一对应的关系. 因此, 二次型的正定性判别可转化为对称矩阵的正定性判别.

例 4.34 设 $\boldsymbol{U}$ 为可逆矩阵, $\boldsymbol{A}=\boldsymbol{U}^{\mathrm{T}}\boldsymbol{U}$, 证明 $f=\boldsymbol{x}^{\mathrm{T}}\boldsymbol{A}\boldsymbol{x}$ 为正定二次型.

证明 因为 $\boldsymbol{A}^{\mathrm{T}}=(\boldsymbol{U}^{\mathrm{T}}\boldsymbol{U})^{\mathrm{T}}=\boldsymbol{U}^{\mathrm{T}}\boldsymbol{U}=\boldsymbol{A}$, 所以 $\boldsymbol{A}$ 是对称矩阵. 对于任意的 $\boldsymbol{x}\neq\boldsymbol{0}$, 由于 $\boldsymbol{U}$ 为可逆矩阵, 所以 $\boldsymbol{U}\boldsymbol{x}\neq\boldsymbol{0}$; 否则, 若 $\boldsymbol{U}\boldsymbol{x}=\boldsymbol{0}$, 必有 $\boldsymbol{x}=\boldsymbol{0}$, 矛盾. 所以, 当任意的 $\boldsymbol{x}\neq\boldsymbol{0}$ 时, $f=\boldsymbol{x}^{\mathrm{T}}\boldsymbol{U}^{\mathrm{T}}\boldsymbol{U}\boldsymbol{x}=(\boldsymbol{U}\boldsymbol{x})^{\mathrm{T}}(\boldsymbol{U}\boldsymbol{x})>0$, 且 $f=0$ 时, $\boldsymbol{x}=\boldsymbol{0}$, 从而证得$f=\boldsymbol{x}^{\mathrm{T}}\boldsymbol{A}\boldsymbol{x}$为正定二次型.

实际上, 对于 $\boldsymbol{U}$ 为非方阵情形, 在 $\boldsymbol{U}$ 满足一定条件下(列满秩), 仍有上述结论.

例 4.35 设 $\boldsymbol{U}$ 为任意的 m 行 n 列矩阵, $\boldsymbol{A}=\boldsymbol{U}^{\mathrm{T}}\boldsymbol{U}$, 且 $R(\boldsymbol{A})=n$, 证明 $f=\boldsymbol{x}^{\mathrm{T}}\boldsymbol{A}\boldsymbol{x}$ 为正定二次型.

证明 该种情况下, 类似可证 $\boldsymbol{A}$ 是对称矩阵.

考虑到 $n=R(\boldsymbol{A})=R(\boldsymbol{U}^{\mathrm{T}}\boldsymbol{U})\leqslant R(\boldsymbol{U})\leqslant n$, 知 $R(\boldsymbol{U})=n$, 即 $\boldsymbol{U}$ 是列满秩矩阵, 故 $\boldsymbol{U}\boldsymbol{x}=\boldsymbol{0}$ 时, 必有 $\boldsymbol{x}=\boldsymbol{0}$.

所以, 对于任意的 $\boldsymbol{x}\neq\boldsymbol{0}$, $\boldsymbol{U}\boldsymbol{x}\neq\boldsymbol{0}$, 且$f=\boldsymbol{x}^{\mathrm{T}}\boldsymbol{U}^{\mathrm{T}}\boldsymbol{U}\boldsymbol{x}=(\boldsymbol{U}\boldsymbol{x})^{\mathrm{T}}(\boldsymbol{U}\boldsymbol{x})>0$, 并且 $f=0$ 时, $\boldsymbol{x}=\boldsymbol{0}$. 即证 $f=\boldsymbol{x}^{\mathrm{T}}\boldsymbol{A}\boldsymbol{x}$为正定二次型.

4.5.2 正定矩阵的判别法

定理 4.15 设 $\boldsymbol{A}$ 为正定矩阵, 若 $\boldsymbol{A}$ 与 $\boldsymbol{B}$ 合同, 则 $\boldsymbol{B}$ 也是正定矩阵.

证明 因为 $\boldsymbol{A}$ 与 $\boldsymbol{B}$ 合同, 所以存在可逆矩阵 $\boldsymbol{C}$ 使得 $\boldsymbol{B}=\boldsymbol{C}^{\mathrm{T}}\boldsymbol{A}\boldsymbol{C}$. 对于任意的 $\boldsymbol{x}\neq\boldsymbol{0}$, $\boldsymbol{x}^{\mathrm{T}}\boldsymbol{B}\boldsymbol{x}=\boldsymbol{x}^{\mathrm{T}}\boldsymbol{C}^{\mathrm{T}}\boldsymbol{A}\boldsymbol{C}\boldsymbol{x}=(\boldsymbol{C}\boldsymbol{x})^{\mathrm{T}}\boldsymbol{A}(\boldsymbol{C}\boldsymbol{x})>\boldsymbol{0}$, 当且仅当 $\boldsymbol{x}=\boldsymbol{0}$ 时,$\boldsymbol{x}^{\mathrm{T}}\boldsymbol{B}\boldsymbol{x}=\boldsymbol{0}$. 所以 $\boldsymbol{B}$ 也是正定矩阵.

定理 4.16 设 $\boldsymbol{A}$ 是 n 阶实对称矩阵,则下面各条件等价:

(1) $\boldsymbol{A}$ 为正定矩阵;

(2) $\boldsymbol{A}$ 的所有特征值都大于0;

(3) $\boldsymbol{A}$ 合同于 n 阶单位矩阵 $\boldsymbol{E}$, 即存在非奇异矩阵 $\boldsymbol{C}$, 使 $\boldsymbol{C}^{\mathrm{T}}\boldsymbol{A}\boldsymbol{C}=\boldsymbol{E}$;

(4) $\boldsymbol{A}$ 为正定矩阵的充分必要条件是, $\boldsymbol{A}$ 的正惯性指数 $p=n$.

证明 (1) $\Rightarrow$ (2): 假设正定矩阵 $\boldsymbol{A}$ 的全部特征值 $\lambda_1,\lambda_2,\cdots,\lambda_n$ 不全大于零, 不妨设 $\lambda_1\leqslant 0$, 由定理知, 存在正交矩阵 $\boldsymbol{P}$, 使得

$$\boldsymbol{P}^{\mathrm{T}}\boldsymbol{A}\boldsymbol{P}=\boldsymbol{P}^{-1}\boldsymbol{A}\boldsymbol{P}=\mathrm{diag}(\lambda_1,\lambda_2,\cdots,\lambda_{\mathrm{n}}). \tag{4.44}$$

令 $\boldsymbol{P}=(\boldsymbol{\alpha}_1,\boldsymbol{\alpha}_2,\cdots,\boldsymbol{\alpha}_n)$, 则 $\boldsymbol{A}\boldsymbol{\alpha}_i=\lambda_i\boldsymbol{\alpha}_i(i=1,2,\cdots,n)$, 即 $\boldsymbol{\alpha}_i$ 为 $\boldsymbol{A}$ 的属于特征值 λ_i 的特征向量, 且 $\|\boldsymbol{\alpha}_i\|=1$. 考虑到 $\lambda_1\leqslant 0$, 得到 $\boldsymbol{\alpha}_1^{\mathrm{T}}\boldsymbol{A}\boldsymbol{\alpha}_1=\lambda_1\boldsymbol{\alpha}_1^{\mathrm{T}}\boldsymbol{\alpha}_1=\lambda_1\leqslant 0$, 这与 $\boldsymbol{A}$ 为正定矩阵相矛盾.

(2) $\Rightarrow$ (3): 假设正定矩阵 $\boldsymbol{A}$ 的全部特征值为 $\lambda_1,\lambda_2,\cdots,\lambda_n$, 由 (2) 可知 $\lambda_i>0(i=1,2,\cdots,n)$, 由定理知, 存在正交矩阵 $\boldsymbol{P}$ 使得

$$\boldsymbol{P}^{\mathrm{T}}\boldsymbol{A}\boldsymbol{P}=\boldsymbol{P}^{-1}\boldsymbol{A}\boldsymbol{P}=\begin{pmatrix}\lambda_1 & & & \\ & \lambda_2 & & \\ & & \ddots & \\ & & & \lambda_n\end{pmatrix}.$$

定义矩阵

$$
\boldsymbol{C}_1 = \boldsymbol{P}\begin{pmatrix} \frac{1}{\sqrt{\lambda_1}} & & & \\ & \frac{1}{\sqrt{\lambda_2}} & & \\ & & \ddots & \\ & & & \frac{1}{\sqrt{\lambda_n}} \end{pmatrix},
$$

易知 $\boldsymbol{C}_1$ 是非奇异矩阵, 且 $\boldsymbol{C}_1^{\mathrm{T}}\boldsymbol{A}\boldsymbol{C}_1 = \boldsymbol{E}$. 从而可得非奇异矩阵 $\boldsymbol{C} = \boldsymbol{C}_1^{-1}$, 使得 $\boldsymbol{A} = \boldsymbol{C}^{\mathrm{T}}\boldsymbol{C}$.

(3) $\Rightarrow$ (4): 考虑二次型 $f = \boldsymbol{x}^{\mathrm{T}}\boldsymbol{A}\boldsymbol{x}$, 其中 $\boldsymbol{A}$ 合同于单位矩阵 $\boldsymbol{E}$, 即存在非奇异矩阵 $\boldsymbol{C}$, 使 $\boldsymbol{A} = \boldsymbol{C}^{\mathrm{T}}\boldsymbol{E}\boldsymbol{C}$ 或 $(\boldsymbol{C}^{-1})^{\mathrm{T}}\boldsymbol{A}\boldsymbol{C}^{-1} = \boldsymbol{E}$.

令 $\boldsymbol{x} = \boldsymbol{C}^{-1}\boldsymbol{y}$, 则 $f = \boldsymbol{x}^{\mathrm{T}}\boldsymbol{A}\boldsymbol{x} = \boldsymbol{y}^{\mathrm{T}}(\boldsymbol{C}^{-1})^{\mathrm{T}}\boldsymbol{A}\boldsymbol{C}^{-1}\boldsymbol{y} = \boldsymbol{y}^{\mathrm{T}}\boldsymbol{E}\boldsymbol{y} = y_1^2 + y_2^2 + \cdots + y_n^2$, 从而 $\boldsymbol{A}$ 的正惯性指数 $p = n$.

(4) $\Rightarrow$ (1): 假设二次型 $f = \boldsymbol{x}^{\mathrm{T}}\boldsymbol{A}\boldsymbol{x}$ 的正惯性指数为 n, 由定理知, 存在正交矩阵 $\boldsymbol{P}$, 使得 $\boldsymbol{x} = \boldsymbol{P}\boldsymbol{y}$, 有 $f = \boldsymbol{x}^{\mathrm{T}}\boldsymbol{A}\boldsymbol{x} = \boldsymbol{y}^{\mathrm{T}}\boldsymbol{P}^{\mathrm{T}}\boldsymbol{A}\boldsymbol{P}\boldsymbol{y} = \lambda_1 y_1^2 + \lambda_2 y_2^2 + \cdots + \lambda_n y_n^2$, 且 $\lambda_i > 0(i = 1, 2, \cdots, n)$. 故对任意的 n 维列向量 $\boldsymbol{x}$, 有 $f \geqslant 0$, 当且仅当 $\boldsymbol{x} = \boldsymbol{0}$ 时 $f = 0$.

证毕.

推论 4.3 对角矩阵 $\boldsymbol{D} = \mathrm{diag}(d_1, d_2, \cdots, d_n)$ 正定的充分必要条件是 $d_i > 0(i = 1, 2, \cdots, n)$.

推论 4.4 若 $\boldsymbol{A}$ 为正定矩阵, 则 $|\boldsymbol{A}| > 0$.

根据上述结论, 以下定理易证.

定理 4.17 秩为 r 的 n 元实二次型 $f = \boldsymbol{x}^{\mathrm{T}}\boldsymbol{A}\boldsymbol{x}$, 设其规范形为

$$
z_1^2 + z_2^2 + \cdots + z_p^2 - z_{p+1}^2 - \cdots - z_r^2,
$$

则

(1) f 负定的充分必要条件是 $p = 0$, 且 $r = n$ (即负定二次型, 其规范形为 $f = -z_1^2 - z_2^2 - \cdots - z_n^2$);

(2) f 半正定的充分必要条件是 $p = r < n$ (即半正定二次型的规范形为 $f = z_1^2 + z_2^2 + \cdots + z_r^2, r < n$);

(3) f 半负定的充分必要条件是 $p = 0$, $r < n$ (即半负定二次型的规范形为 $f = -z_1^2 - z_2^2 - \cdots - z_r^2, r < n$);

(4) f 不定的充分必要条件是 $0 < p < r \leqslant n$ (即不定的二次型的规范形为 $f = z_1^2 + z_2^2 + \cdots + z_p^2 - z_{p+1}^2 - \cdots - z_r^2$).

定义 4.13 在 n 阶矩阵 $\boldsymbol{A} = (a_{ij})$ 中任取 k 行, 再取序号相同的 k 列, 交叉点上的 k^2 个元素按原来的位置组成 k 阶行列式

$$
\begin{vmatrix} a_{i_1 i_1} & a_{i_1 i_2} & \cdots & a_{i_1 i_k} \\ a_{i_2 i_1} & a_{i_2 i_2} & \cdots & a_{i_2 i_k} \\ \vdots & \vdots & & \vdots \\ a_{i_k i_1} & a_{i_k i_2} & \cdots & a_{i_k i_k} \end{vmatrix} (1 \leqslant i_1 < i_2 < \cdots < i_k \leqslant n), \tag{4.45}
$$

称为 $\boldsymbol{A}$ 的一个k 阶主子式. 而子式

$$|\boldsymbol{A}_k| = \begin{vmatrix} a_{11} & a_{12} & \cdots & a_{1k} \\ a_{21} & a_{22} & \cdots & a_{2k} \\ \vdots & \vdots & & \vdots \\ a_{k1} & a_{k2} & \cdots & a_{kk} \end{vmatrix} (k = 1, 2, \cdots, n) \tag{4.46}$$

称为 $\boldsymbol{A}$ 的k 阶顺序主子式.

定理 4.18 (霍尔维茨定理)n 阶矩阵 $\boldsymbol{A} = (a_{ij})$ 为正定矩阵的充分必要条件是, $\boldsymbol{A}$ 的所有顺序主子式 $|\boldsymbol{A}_k| > 0(k = 1, 2, \cdots, n)$.

证明 (必要性) 因为 $\boldsymbol{A}$ 是正定矩阵, 所以 $f = \boldsymbol{x}^{\mathrm{T}}\boldsymbol{A}\boldsymbol{x} = \sum\limits_{i=1}^{n}\sum\limits_{j=1}^{n} a_{ij}x_ix_j$ 为正定二次型. 取

$$\boldsymbol{x} = (x_1, \cdots, x_k, 0, \cdots, 0)^{\mathrm{T}} \neq \boldsymbol{0}(k = 1, 2, \cdots, n),$$

代入二次型得

$$f(x_1, \cdots, x_k, 0, \cdots, 0) = \sum_{i=1}^{k}\sum_{j=1}^{k} a_{ij}x_ix_j = \boldsymbol{x}_k^{\mathrm{T}}\boldsymbol{A}_k\boldsymbol{x}_k > 0,$$

其中 $\boldsymbol{x}_k = (x_1, \cdots, x_k)^{\mathrm{T}}$, $\boldsymbol{A}_k = (a_{ij})_{k\times k}$. 该式对一切 $\boldsymbol{x}_k \neq \boldsymbol{0}$ 成立. 记 $f_k = \boldsymbol{x}_k^{\mathrm{T}}\boldsymbol{A}_k\boldsymbol{x}_k$, 则它是 k 元正定二次型, 所以$|\boldsymbol{A}_k| > 0(k = 1, 2, \cdots, n)$, 从而$\boldsymbol{A}$的各阶顺序主子式全为正.

(充分性) 利用数学归纳法. 当 $n = 1$ 时, $f = a_{11}x_1^2$, 因为 $a_{11} > 0$, 所以 f 正定. 假设 $n-1$ 时结论成立, 以下证明对 n 元二次型也成立. 将 $\boldsymbol{A}$ 分块为

$$\boldsymbol{A} = \begin{pmatrix} \boldsymbol{A}_{n-1} & \boldsymbol{\alpha} \\ \boldsymbol{\alpha}^{\mathrm{T}} & a_{nn} \end{pmatrix},$$

其中, $\boldsymbol{\alpha} = (a_{1n}, a_{2n}, \cdots, a_{n-1,n})^{\mathrm{T}}$, 根据定理4.16, 只需证 $\boldsymbol{A}$ 的所有特征值全大于零.

由归纳假定 $\boldsymbol{A}_{n-1}$ 正定, 所以 $\boldsymbol{A}_{n-1}$ 的特征值全大于零, 且 $|\boldsymbol{A}_{n-1}| > 0$. 令

$$\boldsymbol{P} = \begin{pmatrix} \boldsymbol{E}_{n-1} & -\boldsymbol{A}_{n-1}^{-1}\boldsymbol{\alpha} \\ 0 & 1 \end{pmatrix},$$

则

$$\boldsymbol{P}^{\mathrm{T}}\boldsymbol{A}\boldsymbol{P} = \begin{pmatrix} \boldsymbol{A}_{n-1} & 0 \\ 0 & -\boldsymbol{\alpha}^{\mathrm{T}}\boldsymbol{A}_{n-1}^{-1}\boldsymbol{\alpha} + a_{nn} \end{pmatrix} \doteq \boldsymbol{B}.$$

记 $-\boldsymbol{\alpha}^{\mathrm{T}}\boldsymbol{A}_{n-1}^{-1}\boldsymbol{\alpha} + a_{nn} = b$, 则由于 $|\boldsymbol{P}|^2|\boldsymbol{A}| = |\boldsymbol{A}_{n-1}|b > 0$, $|\boldsymbol{A}_{n-1}| > 0$, 所以 $b > 0$. 因为矩阵 $\boldsymbol{B}$ 的特征值由 $\boldsymbol{A}_{n-1}$ 的特征值及正数 b 所组成, 所以 $\boldsymbol{B}$ 的特征值全大于零, 从而证明了 $\boldsymbol{A}$ 合同于一个正定矩阵, 因此 $\boldsymbol{A}$ 为正定矩阵.

注 4.15 (1) 若 $\boldsymbol{A}$ 是负定矩阵, 则 $-\boldsymbol{A}$ 为正定矩阵.

(2) $\boldsymbol{A}$ 是负定矩阵的充分必要条件是: $(-1)^k|\boldsymbol{A}_k| > 0(k = 1, 2, \cdots, n)$, 其中 $|\boldsymbol{A}_k|$ 是 $\boldsymbol{A}$ 的 k 阶顺序主子式.

(3) 对半正定（半负定）矩阵, 可证明以下三个结论等价:

① 对称矩阵 $\boldsymbol{A}$ 是半正定（半负定）的;

② $\boldsymbol{A}$ 的所有主子式大于（小于）或等于零;

③ $\boldsymbol{A}$ 的全部特征值大于（小于）或等于零.

例 4.36 当 λ 取何值时, 二次型 $f(x_1,x_2,x_3)=x_1^2+2x_1x_2+4x_1x_3+2x_2^2+6x_2x_3+\lambda x_3^2$ 为正定二次型？

解 该二次型的矩阵为

$$\boldsymbol{A}=\begin{pmatrix}1&1&2\\1&2&3\\2&3&\lambda\end{pmatrix},$$

因为其顺序主子式为

$$|\boldsymbol{A}_1|=1>0,|\boldsymbol{A}_2|=\begin{vmatrix}1&1\\1&2\end{vmatrix}=1>0,|\boldsymbol{A}_3|=|\boldsymbol{A}|=\lambda-5>0,$$

所以, 当$\lambda>5$ 时, $f(x_1,x_2,x_3)$ 为正定二次型.

4.6 习 题

4.6.1 基础习题

1. 试用施密特法把向量组

$$(\boldsymbol{\alpha}_1,\boldsymbol{\alpha}_2,\boldsymbol{\alpha}_3)=\begin{pmatrix}1&1&-1\\0&-1&1\\-1&0&1\\1&1&0\end{pmatrix}$$

正交化.

2. 判断下列矩阵是不是正交矩阵,并说明理由:

(1) $\begin{pmatrix}2&1&1\\1&2&1\\1&1&2\end{pmatrix}$;　　(2) $\begin{pmatrix}\frac{1}{\sqrt{2}}&\frac{1}{\sqrt{6}}&\frac{1}{\sqrt{3}}\\-\frac{1}{\sqrt{2}}&\frac{1}{\sqrt{6}}&\frac{1}{\sqrt{3}}\\0&-\frac{2}{\sqrt{6}}&\frac{1}{\sqrt{3}}\end{pmatrix}$.

3. 设$\boldsymbol{x}$为n维列向量,$\boldsymbol{x}^{\mathrm{T}}\boldsymbol{x}=1$,令$\boldsymbol{H}=\boldsymbol{E}-2\boldsymbol{x}\boldsymbol{x}^{\mathrm{T}}$, 求证:$\boldsymbol{H}$是对称的正交矩阵.

4. 求下列矩阵的特征值和特征向量:

(1) $\begin{pmatrix}1&-1\\2&4\end{pmatrix}$;　　(2) $\begin{pmatrix}1&2&3\\2&1&3\\3&3&6\end{pmatrix}$.

它们的特征向量是否两两正交?

5. 设$\boldsymbol{A}^2-3\boldsymbol{A}+2\boldsymbol{E}=\boldsymbol{0}$, 证明$\boldsymbol{A}$的特征值只能取1或2.

6. 已知三阶矩阵$\boldsymbol{A}$的特征值为1、2、3, 求$|\boldsymbol{A}^3-5\boldsymbol{A}^2+7\boldsymbol{A}|$.

7. 设$\boldsymbol{A}$、$\boldsymbol{B}$都是n阶方阵, 且$|\boldsymbol{A}|\neq 0$, 证明: $\boldsymbol{AB}$与$\boldsymbol{BA}$相似.

8. 设矩阵

$$\boldsymbol{A}=\begin{pmatrix}2&0&1\\3&1&x\\4&0&5\end{pmatrix}$$

可相似对角化, 求x.

9. 设三阶方阵$\boldsymbol{A}$的特征值为$\lambda_1=1,\lambda_2=0,\lambda_3=-1$, 对应的特征向量依次为

$$\boldsymbol{P}_1=\begin{pmatrix}1\\2\\2\end{pmatrix},\boldsymbol{P}_2=\begin{pmatrix}2\\-2\\1\end{pmatrix},\boldsymbol{P}_3=\begin{pmatrix}-2\\-1\\2\end{pmatrix},$$

求$\boldsymbol{A}$.

10. 设三阶对称矩阵$\boldsymbol{A}$的特征值为6、3、3, 与特征值6对应的特征向量为 $\boldsymbol{P}_1=(1,1,1)^{\mathrm{T}}$, 求$\boldsymbol{A}$.

11. 设方阵

$$\boldsymbol{A}=\begin{pmatrix}-2&1&1\\0&2&0\\-4&1&3\end{pmatrix}$$

(1) 方阵$\boldsymbol{A}$是否可以对角化?

(2) 如果$\boldsymbol{A}$可以对角化,求可逆矩阵$\boldsymbol{P}$,将$\boldsymbol{A}$化为对角矩阵$\boldsymbol{\Lambda}$.

12. 用矩阵记号表示下列二次型:

(1) $f=x^2+4xy+4y^2+2xz+z^2+4yz$;

(2) $f=2x_1^2+3x_2^2+3x_3^2+4x_2x_3$.

13. 设有二次型$f(x_1,x_2,x_3)=5x_1^2+5x_2^2+3x_3^2-2x_1x_2+6x_1x_3-6x_2x_3$,

(1) 写出二次型的矩阵;

(2) 求一正交变换,将此二次型化为标准形.

14. 判断二次型$f(x_1,x_2,x_3)=2x_1^2+5x_2^2+5x_3^2+4x_1x_2-4x_1x_3-8x_2x_3$ 的正定性.

15. 设二次型$f(x_1,x_2,x_3)=x_1^2+\frac{1}{2}x_2^2-2x_1x_2-2x_2x_3$,

(1) 试求一正交变换,将该二次型化为标准形;

(2) 判断其是否为正定二次型.

4.6.2 提升习题

1.（2023年数一6题）下列矩阵不能相似于对角矩阵的是( )

(A) $\begin{pmatrix}1&1&a\\0&2&2\\0&0&3\end{pmatrix}$　　(B) $\begin{pmatrix}1&1&a\\1&2&0\\a&0&3\end{pmatrix}$

(C) $\begin{pmatrix}1&1&a\\0&2&0\\0&0&2\end{pmatrix}$　　(D) $\begin{pmatrix}1&1&a\\0&2&2\\0&0&2\end{pmatrix}$

2. （2023年数二9题）二次型$f(x_1,x_2,x_3)=(x_1+x_2)^2+(x_1+x_3)^2-4(x_2-x_3)^2$的规范型为( )

(A) $y_1^2+y_2^2$　(B) $y_1^2-y_2^2$　(C) $y_1^2+y_2^2-4y_3^2$　(D) $y_1^2+y_2^2-y_3^2$

3.（2023年数一21题）已知二次型

$$f(x_1,x_2,x_3)=x_1^2+2x_2^2+2x_3^2+2x_1x_2-2x_1x_3,$$
$$g(y_1,y_2,y_3)=y_1^2+y_2^2+y_3^2+2y_2y_3,$$

(1)求可逆变换$\boldsymbol{x}=\boldsymbol{P}\boldsymbol{y}$, 将$f(x_1,x_2,x_3)$化为$g(y_1,y_2,y_3)$;

(2)是否存在正交变换$\boldsymbol{x}=\boldsymbol{Q}\boldsymbol{y}$, 将$f(x_1,x_2,x_3)$化为$g(y_1,y_2,y_3)$?

4.6.3 数值实验: 矩阵的特征值及特征向量

一、实验目的

掌握利用MATLAB软件和Python软件求向量的长度、内积以及矩阵特征值与特征向量的方法.

二、实验内容与步骤

【实验内容1：向量的长度及内积】

1.利用MATLAB软件求向量的长度及内积的常用操作语句

(1)输入向量$\boldsymbol{a}$、$\boldsymbol{b}$(与矩阵的输入方法一致);

(2)求向量$\boldsymbol{a}$的长度N=norm(a);

(3)求向量$\boldsymbol{a}$与向量$\boldsymbol{b}$的内积I=dot(a,b).

2.利用Python软件求向量的长度及内积的常用操作语句

(1)导入numpy库;

(2)利用array函数创建向量$\boldsymbol{a}$、$\boldsymbol{b}$;

(3)求向量$\boldsymbol{a}$的长度N=linalg.norm(a);

(4)求向量$\boldsymbol{a}$与向量$\boldsymbol{b}$的内积I=dot(a,b).

例 4.37　设向量$\boldsymbol{a}=(-2,1,1)^{\mathrm{T}}$, $\boldsymbol{b}=(-4,1,3)^{\mathrm{T}}$, 求向量$\boldsymbol{a}$的长度及向量$\boldsymbol{a}$与向量$\boldsymbol{b}$的内积.

【利用MATLAB求解】

(1)输入向量$\boldsymbol{a}$与向量$\boldsymbol{b}$.

```
>>a=[-2,1,1], b=[-4,1,3]
```

输出结果:

```
a=
−2 1 1
b=
−4 1 3
```

(2)求向量$\boldsymbol{a}$的长度.

```
>>N=norm(a)
```

输出结果:

```
N=
2.4495
```

(3)求向量$\boldsymbol{a}$与向量$\boldsymbol{b}$的内积.

```
>>I=dot(a,b)
```

输出结果:

I=

12

【利用Python求解】

(1)导入numpy库.

```
>>import numpy as np
```

(2)输入向量$\boldsymbol{a}$与向量$\boldsymbol{b}$.

```
>>a = np.array([-2, 1, 1])
>>b = np.array([-4, 1, 3])
```

(3)求向量$\boldsymbol{a}$的长度.

```
>>N = np.linalg.norm(a)
```

(4)求向量$\boldsymbol{a}$与向量$\boldsymbol{b}$的内积.

```
>>I=np.dot(a,b)
```

(5)输出相关结果.

```
>>print(N)
2.449489742783178
>>print(I)
12
```

【实验内容2：矩阵的特征值及特征向量】

1.利用MATLAB软件求矩阵特征值及特征向量的常用操作语句

(1)输入矩阵$\boldsymbol{A}$;

(2)求矩阵$\boldsymbol{A}$的特征值$\boldsymbol{X}$及特征向量$\boldsymbol{D}$, [X,D]=eig(A)(这里$\boldsymbol{X}$为特征值构成的对角矩阵).

2.利用Python软件求矩阵特征值及特征向量的常用操作语句

(1)导入numpy库;

(2)利用array函数创建矩阵$\boldsymbol{A}$;

(3)求矩阵$\boldsymbol{A}$的特征值$\boldsymbol{X}$及特征向量$\boldsymbol{D}$, [X,D]=linalg.eig(A).

例 4.38 求矩阵

$$\boldsymbol{A}=\begin{pmatrix} -2 & 1 & 1 \\ 0 & 2 & 0 \\ -4 & 1 & 3 \end{pmatrix}$$

的特征值和特征向量.

【利用MATLAB求解】

(1)输入矩阵 $\boldsymbol{A}$.

```
>>A=[-2,1,1; 0,2,0;-4,1,3]
```

输出结果:

A=

−2 1 1

0 2 0

−4 1 3

(2)求矩阵$\boldsymbol{A}$的特征值和特征向量.

```
>>[X,D]=eig(A)
```

输出结果:

```
D=
−0.7071  − 0.2425  0.3015
   0       0        0.9045
−0.7071  − 0.9701  0.3015
X=
−1  0  0
 0  2  0
 0  0  2
```

【利用Python求解】

(1)导入numpy库.

```
>>import numpy as np
```

(2)输入矩阵$\boldsymbol{A}$.

```
>>A = np.array([[-2, 1, 1], [0, 2, 0], [-4, 1, 3]])
```

(3)求矩阵$\boldsymbol{A}$的特征值和特征向量.

```
>>[X, D] = np.linalg.eig(A)
```

(4)输出相关结果.

```
>>print(X)
[-1.  2.  2.]
>>print(D)
```

```
[[−0.70710678   − 0.24253563  0.30151134]
 [0.            0.            0.90453403]
 [−0.70710678   − 0.9701425   0.30151134]]
```

【注】从MATLAB和Python的输出结果找对应的特征向量都是按照列向量来找,如上面例题中第一列[−0.70710678 0 − 0.70710678]是第一个特征值-1所对应的特征向量.

第 5 章　线性空间与线性变换

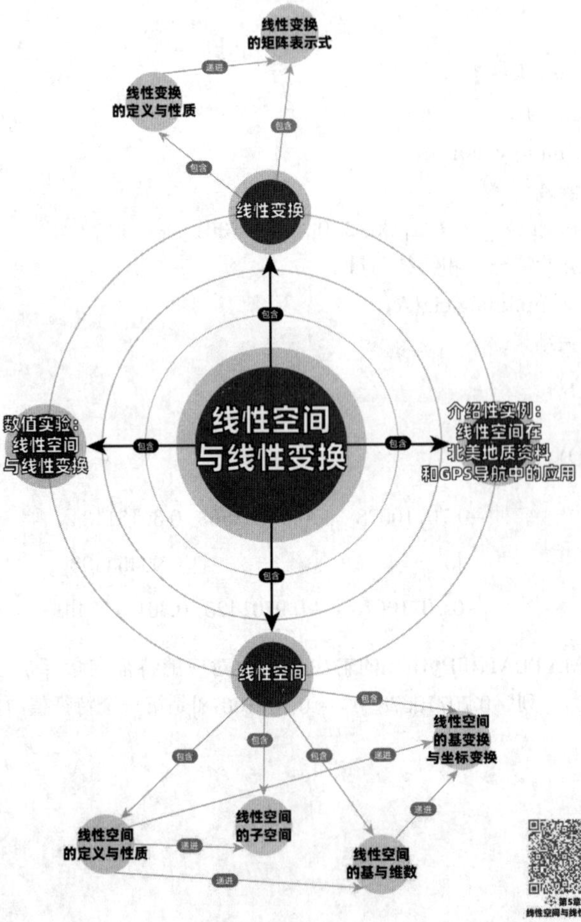

第5章
线性空间与线性变换

介绍性实例: 线性空间在北美地质资料和GPS导航中的应用

设想启动一个巨大的工程, 该工程估计会持续10年时间, 需要花费大量的人力去构造并求解一个 $1\,800\,000 \times 900\,000$ 的线性方程组. 这实际上就是美国国家大地测量局(NGS)1974年所做的工作. 当时准备更新北美地质资料(NAD), 一个包含268 000个精确测量并标记说明地点的网络, 它覆盖整个北美大陆, 包括格陵兰岛、夏威夷、维尔京群岛、波多黎各和其他加勒比海诸岛.

北美地质资料中记录的经度和纬度范围必须精确到几厘米, 其原因是它构成诸如测量、地图、法定地产边界和土木工程项目(像高速公路和公共使用线路等)设计等方面的标准. 然而从1927年最后一次地名测量调整以来, 至少需要在原始资料中增加200 000个新测量点. 由于不严密的测量和地球板块的漂移, 误差已逐年积累. 至于北美地质资料重新调整所需要的数据采集工作, 1983年就已完成.

为了能通过基于人造地球卫星的全球定位系统(GPS)给人造地球卫星以精确定位, 有关地面上的参考点的知识已变得至关重要. 一个配有GPS装置的卫星能够通过测量从地面上3个发射器发射的信号的到达时间来计算它相对于地球的位置. 为此, 卫星使用了与地面站同步精确的原子钟, 而这些地面站的位置则是通过NAD精确获知的.

全球定位系统既可用于定位地面上的新参考点, 也可以用于发现一个地面上的使用者相对于给定地图上的位置. 当汽车司机或登山员打开一个GPS接收器时, 这个接收器便会测量至少从3个卫星发来的信号的相对到达时间. 这些信息连同发过来的关于卫星的位置及相对时刻, 将用于调整GPS接收器的时间并确定它在地球上的近似位置. 如果有从第四颗卫星发来的信息, GPS接收器甚至还能确定它自己的近似高度.

上述问题的求解需要用到最小二乘法, 最小二乘法计算的基本原理是将所研究的问题投影到一个给定的线性空间. 线性空间是线性代数的基本概念之一, 它是向量空间概念的推广. 线性空间是对某一类事物从量的方面的一个抽象, 即把实际问题看作线性空间, 通过研究线性空间来解决实际问题. 线性变换是线性代数的中心内容之一, 它对于研究线性空间的整体结构以及向量之间的内在联系起着重要作用. 线性变换的概念是对解析几何中的坐标变换、数学分析中的某些变换等概念的抽象与推广, 它的理论和方法(对应的矩阵理论和方法)在解析几何、微分方程等学科中有广泛的应用. 本章主要讨论线性空间的概念、性质以及基与坐标的关系, 线性变换的概念、运算及矩阵表示法等.

5.1 线性空间

在解析几何中, 三维向量的加法及数与向量的乘法可以用来描述几何和力学问题的某些属性. 为了研究一般线性方程组解的理论, 把三维向量推广为 n 维向量, 定义了 n 维向量的加法及数与向量的乘法运算, 讨论了向量空间中向量的线性运算及向量组的线性相关性, 完整地阐明了线性方程组解的理论.

现在把 n 维向量抽象成集合中的元素, 撇开向量及其运算的具体含义, 把集合对加法和数量乘法的封闭性及运算满足的规则抽象出来, 就形成了抽象线性空间的概念, 这种抽象使线性空间理论在更广泛的领域内得到应用. 线性空间的理论与方法已渗透到自然科学与工程技术等诸多领域, 对于进一步理解和掌握线性方程组和矩阵代数理论也有非常重要的指导意义.

5.1.1 线性空间的概念

定义 5.1 设 V 是一个非空集合, P 为一个数域. 在集合 V 的元素之间定义一种代数运算, 叫作**加法运算**, 即对于任意两个元素 $\alpha, \beta \in V$, 总有唯一的一个元素 $\gamma \in V$ 与之对应, 称为 α 与 β 的和, 记作 $\gamma = \alpha + \beta$. 在数域 P 与集合 V 的元素之间再定义一种运算, 叫作**数量乘法**, 即对于任一数 $\lambda \in P$ 与任一元素 $\alpha \in V$, 总有唯一的一个元素 $\delta \in V$ 与之对应, 称为 λ 与 α 的积, 记作 $\delta = \lambda\alpha$. 如果 V 对上述两种运算满足以下8条运算规律:

(1)加法交换律: $\forall \alpha, \beta \in V$, 有 $\alpha + \beta = \beta + \alpha$;

(2)加法结合律: $\forall \alpha, \beta, \gamma \in V$, 有 $(\alpha + \beta) + \gamma = \alpha + (\beta + \gamma)$;

(3)存在"零元", 即存在 $0 \in V$, 使得 $\forall \alpha \in V, 0 + \alpha = \alpha$;

(4)存在负元, 即 $\forall \alpha \in V$, 存在 $\forall \beta \in V$, 使得 $\alpha + \beta = 0$, 记作 $\beta = -\alpha$;

(5)"1律": $1 \cdot \alpha = \alpha$;

(6)数乘结合律: $\forall k, l \in P, \alpha \in V$, 都有 $(kl)\alpha = k(l\alpha) = l(k\alpha)$;

(7)分配律: $\forall k, l \in P, \alpha \in V$, 都有 $(k + l)\alpha = k\alpha + l\alpha$;

(8)分配律: $\forall k \in P, \alpha, \beta \in V$, 都有 $k(\alpha + \beta) = k\alpha + k\beta$. 那么称 V 是数域 P 上的**线性空间**(**或向量空间**).

满足以上8条规律的加法及数乘运算, 就称为**线性运算**.定义了线性运算的集合,称为**线性空间**(**或向量空间**). 线性空间 V 中的元素, 称为向量.

一个集合, 如果对于上面定义的加法或数乘运算不封闭, 或者运算不满足8条运算规律的任一条, 此集合就不构成线性空间. 因此线性空间不仅与集合 V 有关, 还依赖于"加法"和"数乘"的定义.

在第3章中, 称有序的数组为向量, 并对它定义了加法和数乘运算, 并把对运算封闭的有序数组的集合称为向量空间. 容易验证, 这些运算满足上面8条规律, 现在定义的向量空间是第3章中向量空间概念的推广. 在这里, 线性空间中的"向量"不一定是有序数组; 向量满足的8条运算规律, 也不一定就是有序数组的加法和数乘运算.

例 5.1 实数域上的全体 $m \times n$ 矩阵, 对矩阵的加法和数乘运算构成实数域上的线性空间, 记作 $\mathbf{R}^{m \times n}$.

解 由于 $\boldsymbol{A}_{m\times n} + \boldsymbol{B}_{m\times n} = \boldsymbol{C}_{m\times n}, \lambda\boldsymbol{A}_{m\times n} = \boldsymbol{D}_{m\times n}$, 所以 $\mathbf{R}_{m\times n}$ 是一个线性空间.

例 5.2 数域 P 上次数不超过 n 的多项式的全体, 记作 $P[x]_n$, 即

$$P[x]_n = \{f(x) = a_n x^n + a_{n-1}x^{n-1} + \cdots + a_1 x + a_0 | a_n, a_{n-1}, \cdots, a_1, a_0 \in P\}. \quad (5.1)$$

对于通常的多项式加法、数乘运算构成线性空间.

解 由于

$$\begin{aligned}&(a_n x^n + \cdots + a_1 x + a_0) + (b_n x^n + \cdots + b_1 x + b_0)\\&= (a_n + b_n)x^n + \cdots + (a_1 + b_1)x + (a_0 + b_0)\\&= (a_n + b_n)x^n + \cdots + (a_1 + b_1)x + (a_0 + b_0) \in P[x]_n,\end{aligned}$$

$$\lambda(a_nx^n+\cdots+a_1x+a_0)=(\lambda a_n)x^n+\cdots+(\lambda a_1)x+(\lambda a_0)\in P[x]_n, \tag{5.2}$$

故 $P[x]_n$ 是一个线性空间.

例 5.3 数域 $\mathbf{R}$ 上的 n 次多项式的全体

$$Q\left[x\right]_n=\left\{q=a_nx^n+\cdots+a_1x+a_0 \mid a_n,\cdots,a_1,a_0\in\mathbf{R},a_n\neq0\right\}, \tag{5.3}$$

对于通常的多项式加法、数乘运算不构成线性空间.

解 由于 $0\cdot q=0a_nx^n+\cdots+0a_1x+0a_0=0\notin Q\left[x\right]_n$, 即 $Q\left[x\right]_n$ 对数乘运算不封闭.

例 5.4 n 个有序实数组成的数组的全体

$$S^n=\left\{\boldsymbol{x}=(x_1,x_2,\cdots,x_n)^{\mathrm{T}} \mid x_1,x_2,\cdots,x_n\in\mathbf{R}\right\}, \tag{5.4}$$

对于通常的有序数组的加法及如下定义的乘法

$$\lambda\cdot(x_1,x_2,\cdots,x_n)^{\mathrm{T}}=(0,0,\cdots,0)^{\mathrm{T}}, \tag{5.5}$$

不构成线性空间.

解 可以验证, S^n 对加法和数乘运算封闭. 但由于 $1\cdot\boldsymbol{x}=\mathbf{0}$, 不满足第(5)条运算规律, 因此所定义的运算不是线性运算, 所以 S^n 不是线性空间.

例 5.5 数域 $\mathbf{R}$ 上的正弦函数的集合

$$S\left[x\right]=\left\{s=A\sin\left(x+B\right) \mid A,B\in\mathbf{R}\right\}, \tag{5.6}$$

是一个线性空间.

解 因为 $s_1+s_2=A_1\sin\left(x+B_1\right)+A_2\sin\left(x+B_2\right)$, 由于通常的函数加法及数乘运算满足线性运算规律, 故只要验证 $S[x]$ 对线性运算封闭即可. 由于

$$\begin{aligned}s_1+s_2&=A_1\sin\left(x+B_1\right)+A_2\sin\left(x+B_2\right)\\&=\left(a_1\cos x+b_1\sin x\right)+\left(a_2\cos x+b_2\sin x\right)\\&=\left(a_1+a_2\right)\cos x+\left(b_1+b_2\right)\sin x\\&=A\sin\left(x+B\right)\in S\left[x\right],\end{aligned}$$

其中 a_1、a_2、b_1、b_2、A、B 由 A_1、A_2、B_1、B_2 确定.

$$\lambda s_1=\lambda A_1\sin\left(x+B_1\right)=\left(\lambda A_1\right)\sin\left(x+B_1\right). \tag{5.7}$$

因此 $S[x]$ 是一个线性空间.

一般地, 有以下结论成立:

在区间 $[a,b]$ 上全体实数的连续函数, 对函数的加法与数乘运算, 构成实数域上的线性空间.

5.1.2 线性空间的性质

下面介绍线性空间的一些性质以及子空间的概念.

性质 5.1 零元素是唯一的.

证明 设 $\mathbf{0}$ 与 $\mathbf{0}'$ 均是零元素, 则由零元素的性质, 有

$$\mathbf{0}=\mathbf{0}'+\mathbf{0}=\mathbf{0}'. \tag{5.8}$$

性质 5.2 任意元素的负元素是唯一的($\boldsymbol{\alpha}$ 的负元素记作 $-\boldsymbol{\alpha}$).

证明 $\forall\boldsymbol{\alpha}\in V$, 设 $\boldsymbol{\beta},\boldsymbol{\beta}'\in V$ 都是 $\boldsymbol{\alpha}$ 的负向量, 则

$$\boldsymbol{\beta}=\mathbf{0}+\boldsymbol{\beta}=(\boldsymbol{\beta}'+\boldsymbol{\alpha})+\boldsymbol{\beta}=\boldsymbol{\beta}'+(\boldsymbol{\alpha}+\boldsymbol{\beta})=\boldsymbol{\beta}'+\mathbf{0}=\boldsymbol{\beta}'. \tag{5.9}$$

由于负向量唯一, 用 $-\boldsymbol{\alpha}$ 代表 $\boldsymbol{\alpha}$ 的负向量.

定义线性空间中两元素的减法: $\boldsymbol{\alpha}-\boldsymbol{\beta}=\boldsymbol{\alpha}+(-\boldsymbol{\beta})$.

性质 5.3 $0\boldsymbol{\alpha}=\mathbf{0}$, $(-1)\boldsymbol{\alpha}=-\boldsymbol{\alpha}$, $k\mathbf{0}=\mathbf{0}$.

证明 因为 $\boldsymbol{\alpha}+0\boldsymbol{\alpha}=1\boldsymbol{\alpha}+0\boldsymbol{\alpha}=(1+0)\,\boldsymbol{\alpha}=1\boldsymbol{\alpha}=\boldsymbol{\alpha}$,
所以

$$0\boldsymbol{\alpha}=\mathbf{0}+0\boldsymbol{\alpha}=(-\boldsymbol{\alpha}+\boldsymbol{\alpha})+0\boldsymbol{\alpha}=-\boldsymbol{\alpha}+(\boldsymbol{\alpha}+0\boldsymbol{\alpha})=\mathbf{0}. \tag{5.10}$$

又因为

$$\boldsymbol{\alpha}+(-1)\,\boldsymbol{\alpha}=1\boldsymbol{\alpha}+(-1)\,\boldsymbol{\alpha}=[1+(-1)]\,\boldsymbol{\alpha}=0\boldsymbol{\alpha}=\mathbf{0}, \tag{5.11}$$

所以

$$(-1)\,\boldsymbol{\alpha}=\mathbf{0}+(-1)\,\boldsymbol{\alpha}=(-\boldsymbol{\alpha}+\boldsymbol{\alpha})+(-1)\,\boldsymbol{\alpha}\ =-\boldsymbol{\alpha}+[\boldsymbol{\alpha}+(-1)\,\boldsymbol{\alpha}]=-\boldsymbol{\alpha}+\mathbf{0}=-\boldsymbol{\alpha}. \tag{5.12}$$

而

$$k\mathbf{0}=k\,[\boldsymbol{\alpha}+(-1)\,\boldsymbol{\alpha}]=k\boldsymbol{\alpha}+(-k)\,\boldsymbol{\alpha}=[k+(-k)]\,\boldsymbol{\alpha}=0\boldsymbol{\alpha}=\mathbf{0}. \tag{5.13}$$

性质 5.4 如果 $k\boldsymbol{\alpha}=\mathbf{0}$, 那么 $k=0$ 或者 $\boldsymbol{\alpha}=\mathbf{0}$.

证明 假设 $k\neq 0$, 那么

$$\boldsymbol{\alpha}=1\cdot\boldsymbol{\alpha}=\left(\frac{1}{k}\cdot k\right)\boldsymbol{\alpha}=\frac{1}{k}\,(k\boldsymbol{\alpha})=\frac{1}{k}\cdot\mathbf{0}=\mathbf{0}. \tag{5.14}$$

定义 5.2 设 V 是一个线性空间, L 是 V 的一个非空子集, 如果 L 对于 V 中所定义的加法和数乘两种运算也构成一个线性空间, 则称 L 为 V 的**线性子空间**(简称**子空间**).

定理 5.1 线性空间 V 的非空子集 L 构成子空间的充分必要条件是：L 对于 V 中的线性运算封闭.

例 5.6 $\mathbf{R}^{2\times 3}$ 的下列子集是否构成子空间?为什么?

(1) $W_1 = \left\{ \begin{pmatrix} 1 & b & 0 \\ 0 & c & d \end{pmatrix} \mid b, c, d \in \mathbf{R} \right\}$;

(2) $W_2 = \left\{ \begin{pmatrix} a & b & 0 \\ 0 & 0 & c \end{pmatrix} \mid a + b + c = 0, a, b, c \in \mathbf{R} \right\}$.

解 (1) W_1 不构成子空间. 因为

$$\boldsymbol{A} = \boldsymbol{B} = \begin{pmatrix} 1 & 0 & 0 \\ 0 & 0 & 0 \end{pmatrix} \in W_1, \tag{5.15}$$

有

$$\boldsymbol{A} = \boldsymbol{B} = \begin{pmatrix} 2 & 0 & 0 \\ 0 & 0 & 0 \end{pmatrix} \notin W_1, \tag{5.16}$$

即 W_1 对矩阵加法不封闭, 所以不构成子空间.

(2) W_2 是 $\mathbf{R}^{2\times 3}$ 的子空间. 因为

$$\begin{pmatrix} 0 & 0 & 0 \\ 0 & 0 & 0 \end{pmatrix} \in W_2, \tag{5.17}$$

对任意

$$\boldsymbol{A} = \begin{pmatrix} a_1 & b_1 & 0 \\ 0 & 0 & c_1 \end{pmatrix} \in W_2, \boldsymbol{B} = \begin{pmatrix} a_2 & b_2 & 0 \\ 0 & 0 & c_2 \end{pmatrix} \in W_2, \tag{5.18}$$

有

$$a_1 + b_1 + c_1 = 0, a_2 + b_2 + c_2 = 0, \tag{5.19}$$

于是

$$\boldsymbol{A} + \boldsymbol{B} = \begin{pmatrix} a_1 + a_2 & b_1 + b_2 & 0 \\ 0 & 0 & c_1 + c_2 \end{pmatrix}. \tag{5.20}$$

满足

$$(a_1 + a_2) + (b_1 + b_2) + (c_1 + c_2) = 0, \tag{5.21}$$

即 $\boldsymbol{A} + \boldsymbol{B} \in W_2$, 对任意 $k \in \mathbf{R}$, 有

$$k\boldsymbol{A} = \begin{pmatrix} ka_1 & kb_1 & 0 \\ 0 & 0 & kc_1 \end{pmatrix}. \tag{5.22}$$

且

$$ka_1 + kb_1 + kc_1 = 0, \tag{5.23}$$

即 $k\boldsymbol{A} \in W_2$, 故 W_2 是 $\mathbf{R}^{2\times 3}$ 的子空间.

5.2　线性空间的基与维数

在第3章中, 通过线性运算来讨论 n 维向量之间的关系, 介绍了一些重要概念, 如线性组合、线性相关与线性无关等. 这些概念以及相关的性质不只涉及线性运算, 对一般线性空间中的元素仍然适用. 以后将直接引用这些概念和性质.

5.2.1　基与维数

在第3章中, 已经介绍了向量空间的基与维数的概念, 这些概念也适用于一般线性空间. 它们是线性空间的主要特性, 现再叙述如下.

定义 5.3　在线性空间 V 中, 如果存在 n 个元素 $\boldsymbol{\alpha}_1,\boldsymbol{\alpha}_2,\cdots,\boldsymbol{\alpha}_n$, 满足

(1) $\boldsymbol{\alpha}_1,\boldsymbol{\alpha}_2,\cdots,\boldsymbol{\alpha}_n$ 线性无关;

(2) V 中任一元素 $\boldsymbol{\alpha}$ 都可由 $\boldsymbol{\alpha}_1,\boldsymbol{\alpha}_2,\cdots,\boldsymbol{\alpha}_n$ 线性表示.

那么, $\boldsymbol{\alpha}_1,\boldsymbol{\alpha}_2,\cdots,\boldsymbol{\alpha}_n$ 就称为线性空间 V 的一个**基**, n 称为线性空间 V 的**维数**, 记为 $\dim V=n$. 维数为 n 的线性空间称为 n **维线性空间**, 记作 V_n. 当线性空间中只有一个零元素时, 线性空间没有基, 规定该线性空间的维数是 0.

当一个线性空间 V 中存在任意多个线性无关的向量时, 就称 V 是无穷维的. 对于无穷维线性空间, 本书不做讨论.

n 维线性空间 V 中任意 n 个线性无关的向量都是 V 的一个基. 因此, V 的基不是唯一的, 且 n 维线性空间的任意两个基是等价的.

5.2.2　元素在基下的坐标

定义 5.4　设 $\boldsymbol{\alpha}_1,\boldsymbol{\alpha}_2,\cdots,\boldsymbol{\alpha}_n$ 是线性空间 V_n 的一个基, 对任一元素 $\boldsymbol{\alpha}\in V_n$, 有且仅有一组有序数组 $x_1,x_2,\cdots,x_n$, 使

$$\boldsymbol{\alpha}=x_1\boldsymbol{\alpha}_1+x_2\boldsymbol{\alpha}_2+\cdots+x_n\boldsymbol{\alpha}_n, \tag{5.24}$$

有序数组 $x_1,x_2,\cdots,x_n$ 称为元素$\boldsymbol{\alpha}$在基$\boldsymbol{\alpha}_1,\boldsymbol{\alpha}_2,\cdots,\boldsymbol{\alpha}_n$下的**坐标**, 记作$(x_1,x_2,\cdots,x_n)^{\mathrm{T}}$.

根据元素在基下坐标的定义, 在向量空间V_n中, 对于选定的一个基来说, 有序数组 $x_1,x_2,\cdots,x_n$ 是由元素 $\boldsymbol{\alpha}$ 唯一确定的, 即 $\boldsymbol{\alpha}$ 在基 $\boldsymbol{\alpha}_1,\boldsymbol{\alpha}_2,\cdots,\boldsymbol{\alpha}_n$ 下的坐标$(x_1,x_2,\cdots,x_n)^{\mathrm{T}}$ 与 $\boldsymbol{\alpha}$ 之间是一一对应的.

事实上, 假设存在另一组数 $y_1,y_2,\cdots,y_n$, 使得 $\boldsymbol{\alpha}=y_1\boldsymbol{\alpha}_1+y_2\boldsymbol{\alpha}_2+\cdots+y_n\boldsymbol{\alpha}_n$, 则

$$(x_1-y_1)\,\boldsymbol{\alpha}_1+(x_2-y_2)\,\boldsymbol{\alpha}_2+\cdots+(x_n-y_n)\,\boldsymbol{\alpha}_n=\mathbf{0}. \tag{5.25}$$

由于 $\boldsymbol{\alpha}_1,\boldsymbol{\alpha}_2,\cdots,\boldsymbol{\alpha}_n$ 线性无关, 所以 $x_i=y_i,i=1,2,\cdots,n$.

如何求元素 $\boldsymbol{\alpha}$ 在一个基下的坐标呢? 从元素的坐标定义中可以看出, 只要将元素 $\boldsymbol{\alpha}$ 表示成这个基的线性组合, 其线性表示的系数就是元素 $\boldsymbol{\alpha}$ 在这个基下的坐标.

例 5.7　n 维欧氏空间 $\mathbf{R}^n=\left\{(a_1,a_2,\cdots,a_n)^{\mathrm{T}}\mid a_1,a_2,\cdots,a_n\in\mathbf{R}\right\}$ 中,

$$\boldsymbol{\varepsilon}_1=(1,0,\cdots,0)^{\mathrm{T}},\boldsymbol{\varepsilon}_2=(0,1,\cdots,0)^{T},\cdots,\boldsymbol{\varepsilon}_n=(0,0,\cdots,1)^{\mathrm{T}} \tag{5.26}$$

是 $\mathbf{R}^n$ 的一个基, 称为 $\mathbf{R}^n$ 的**标准基**.

对于 $\mathbf{R}^n$ 中的任意向量 $\boldsymbol{\alpha}=(a_1,a_2,\cdots,a_n)^{\mathrm{T}}$, 由于 $\boldsymbol{\alpha}=a_1\boldsymbol{\varepsilon}_1+a_2\boldsymbol{\varepsilon}_2+\cdots+a_n\boldsymbol{\varepsilon}_n$, 所以在这个基下向量 $\boldsymbol{\alpha}$ 的坐标为 $(a_1,a_2,\cdots,a_n)^{\mathrm{T}}$.

例 5.8 在线性空间 $P[x]_4$ 中, $p_1=1,p_2=x,p_3=x^2,p_4=x^3,p_5=x^4$, 就是 $P[x]_4$ 的一个基, $P[x]_4$ 的维数是 5. 对于 $P[x]_4$ 中的任一多项式

$$f(x)=a_4x^4+a_3x^3+a_2x^2+a_1x+a_0, \tag{5.27}$$

可写成

$$f(x)=a_4p_5+a_3p_4+a_2p_3+a_1p_2+a_0p_1. \tag{5.28}$$

$f(x)$在这个基下的坐标为 $(a_0,a_1,a_2,a_3,a_4)^{\mathrm{T}}$.

例 5.9 设线性空间

$$V=\left\{\begin{pmatrix}x_1 & x_2\\ x_2 & x_3\end{pmatrix}\mid x_1,x_2,x_3\in\mathbf{R}\right\},$$

取一个基

$$\boldsymbol{A}_1=\begin{pmatrix}1 & 0\\ 0 & 0\end{pmatrix},\boldsymbol{A}_2=\begin{pmatrix}0 & 1\\ 1 & 0\end{pmatrix},\boldsymbol{A}_3=\begin{pmatrix}0 & 0\\ 0 & 1\end{pmatrix},$$

则对于 V 中的任一元素

$$\boldsymbol{A}=\begin{pmatrix}x_1 & x_2\\ x_2 & x_3\end{pmatrix},$$

有

$$\boldsymbol{A}=x_1\boldsymbol{A}_1+x_2\boldsymbol{A}_2+x_3\boldsymbol{A}_3, \tag{5.29}$$

故 $\boldsymbol{A}$ 在这个基下的坐标为 $(x_1,x_2,x_2)^{\mathrm{T}}$.

若取另一个基

$$\boldsymbol{A}_1=\begin{pmatrix}1 & 0\\ 0 & 0\end{pmatrix},\boldsymbol{A}_2=\begin{pmatrix}0 & 1\\ 1 & 0\end{pmatrix},\boldsymbol{A}_3=\begin{pmatrix}0 & 0\\ 0 & 1\end{pmatrix},$$

则有

$$\boldsymbol{A}=\frac{x_1}{2}\boldsymbol{B}_1+\frac{x_2}{3}\boldsymbol{B}_2+x_3\boldsymbol{B}_3, \tag{5.30}$$

因此 $\boldsymbol{A}$ 在这个基下的坐标为 $(\frac{x_1}{2},\frac{x_2}{3},x_3)^{\mathrm{T}}$.

5.2.3 线性空间的同构

设 $\boldsymbol{\alpha}_1,\boldsymbol{\alpha}_2,\cdots,\boldsymbol{\alpha}_n$ 是线性空间 V_n 的一个基, 在这个基下, V_n 中的每个元素都有唯一确定的坐标, 而元素的坐标可以看作 $\mathbf{R}^n$ 中的元素, 因此向量与它的坐标之间的对应就是 V_n 到 $\mathbf{R}^n$ 的一个映射.

由于 $\mathbf{R}^n$ 中的每个向量都有 V_n 中的唯一元素与之对应, 且 V_n 中不同元素的坐标不同, 因而 V_n 不同的元素就对应 $\mathbf{R}^n$ 中不同的向量, 即从 V_n 到 $\mathbf{R}^n$ 的映射就是一一映射. 在建立了元素坐标的概念后, V_n 中抽象元素 $\boldsymbol{\alpha}$ 就与 $\mathbf{R}^n$ 中的数组向量 $(x_1,x_2,\cdots,x_n)^{\mathrm{T}}$ 建立了一一对应关系. 这个对应关系具有下面重要性质:

设 $\boldsymbol{\alpha} \longleftrightarrow (x_1, x_2, \cdots, x_n)^{\mathrm{T}}, \boldsymbol{\beta} \longleftrightarrow (y_1, y_2, \cdots, y_n)^{\mathrm{T}}$, 则

(1) $\boldsymbol{\alpha}+\boldsymbol{\beta} \longleftrightarrow (x_1, x_2, \cdots, x_n)^{\mathrm{T}} + (y_1, y_2, \cdots, y_n)^{\mathrm{T}}$;

(2) $k\boldsymbol{\alpha} \longleftrightarrow k\,(x_1, x_2, \cdots, x_n)^{\mathrm{T}}$.

可以看出, 这个对应保持着线性组合的对应, 可以说 V_n 与 $\mathbf{R}^n$ 有相同的结构, 称为 V_n 与 $\mathbf{R}^n$ 同构, 同构是一种等价关系. 可以用 $\mathbf{R}^n$ 中的数组向量 $(x_1, x_2, \cdots, x_n)^{\mathrm{T}}$ 表示 V_n 中的元素 $\boldsymbol{\alpha}$, 即 $\boldsymbol{\alpha} = (x_1, x_2, \cdots, x_n)^{\mathrm{T}}$.

定义 5.5 设 U、V 是两个线性空间, 如果它们的元素之间有一一对应关系, 且这个对应关系保持线性组合的对应, 那么就称线性空间 U 与 V **同构**.

显然, 任何 n 维线性空间都与 $\mathbf{R}^n$ 同构, 而同构的线性空间之间具有反身性、对称性与传递性, 故维数相等的线性空间都是同构的, 即线性空间的结构完全由它的维数所决定. 由此, 可以得到下面的定理:

定理 5.2 数域 P 上的两个有限维线性空间同构,当且仅当它们的维数相等.

在线性空间的抽象讨论中, 无论构成线性空间的元素是什么, 其运算是如何定义的, 我们所关心的只是这些运算的代数性质. 从这个意义上说, 同构的线性空间可以不加区别, 而有限维线性空间的唯一本质特征就是它的维数.

同构除了元素一一对应外, 主要是保持线性运算的对应关系. 这说明当 V_n 中的元素用坐标表示后, V_n 中抽象的线性运算可以转化为元素坐标的线性运算, 则对线性空间 V_n 的讨论归结为对 n 维欧氏空间 $\mathbf{R}^n$ 的讨论.

5.3 线性空间的基变换与坐标变换

在 n 维线性空间 V 中, 任意 n 个线性无关的向量都可以作为线性空间 V 的一个基; 从5.2节例5.9中看到, 同一向量在不同基下的坐标是不同的. 那么, 同一线性空间的不同基之间及同一向量在不同基下的坐标之间有什么关系呢? 本节就来解决这个问题.

设 V 为 n 维线性空间, $\boldsymbol{\alpha}_1, \boldsymbol{\alpha}_2, \cdots, \boldsymbol{\alpha}_n$ 为 V 中的一组向量, $\boldsymbol{\beta} \in V$, 则 $\boldsymbol{\beta}$ 可以由 $\boldsymbol{\alpha}_1, \boldsymbol{\alpha}_2, \cdots, \boldsymbol{\alpha}_n$ 线性表示, 即

$$\boldsymbol{\beta} = x_1\boldsymbol{\alpha}_1 + x_2\boldsymbol{\alpha}_2 + \cdots + x_n\boldsymbol{\alpha}_n, \tag{5.31}$$

记作

$$\boldsymbol{\beta} = (\boldsymbol{\alpha}_1, \boldsymbol{\alpha}_2, \cdots, \boldsymbol{\alpha}_n)\begin{pmatrix} x_1 \\ x_2 \\ \vdots \\ x_n \end{pmatrix}. \tag{5.32}$$

先来讨论一个线性空间的两个基之间的关系.

设 $\boldsymbol{\varepsilon}_1, \boldsymbol{\varepsilon}_2, \cdots, \boldsymbol{\varepsilon}_n$ 与 $\boldsymbol{\eta}_1, \boldsymbol{\eta}_2, \cdots, \boldsymbol{\eta}_n$ 是 n 维线性空间 V 中的两个基, $\boldsymbol{\eta}_i\,(i = 1, 2, \cdots, n)$ 由基 $\boldsymbol{\varepsilon}_1, \boldsymbol{\varepsilon}_2, \cdots, \boldsymbol{\varepsilon}_n$ 线性表示为

$$\begin{cases} \boldsymbol{\eta}_1 = a_{11}\boldsymbol{\varepsilon}_1 + a_{21}\boldsymbol{\varepsilon}_2 + \cdots + a_{n1}\boldsymbol{\varepsilon}_n, \\ \boldsymbol{\eta}_2 = a_{12}\boldsymbol{\varepsilon}_1 + a_{22}\boldsymbol{\varepsilon}_2 + \cdots + a_{n2}\boldsymbol{\varepsilon}_n, \\ \qquad\cdots\cdots \\ \boldsymbol{\eta}_n = a_{1n}\boldsymbol{\varepsilon}_1 + a_{2n}\boldsymbol{\varepsilon}_2 + \cdots + a_{nn}\boldsymbol{\varepsilon}_n, \end{cases} \tag{5.33}$$

即

$$(\boldsymbol{\eta}_1,\boldsymbol{\eta}_2,\cdots,\boldsymbol{\eta}_n)=(\boldsymbol{\varepsilon}_1,\boldsymbol{\varepsilon}_2,\cdots,\boldsymbol{\varepsilon}_n)\begin{pmatrix}a_{11}&a_{12}&\cdots&a_{1n}\\a_{21}&a_{22}&\cdots&a_{2n}\\\vdots&\vdots&&\vdots\\a_{n1}&a_{n2}&\cdots&a_{nn}\end{pmatrix}. \tag{5.34}$$

称矩阵

$$\boldsymbol{A}=\begin{pmatrix}a_{11}&a_{12}&\cdots&a_{1n}\\a_{21}&a_{22}&\cdots&a_{2n}\\\vdots&\vdots&&\vdots\\a_{n1}&a_{n2}&\cdots&a_{nn}\end{pmatrix} \tag{5.35}$$

是由基 $\boldsymbol{\varepsilon}_1,\boldsymbol{\varepsilon}_2,\cdots,\boldsymbol{\varepsilon}_n$ 到 $\boldsymbol{\eta}_1,\boldsymbol{\eta}_2,\cdots,\boldsymbol{\eta}_n$ 的**过渡矩阵**, 它是可逆的. 称式(5.1)、式(5.2)为由基 $\boldsymbol{\varepsilon}_1,\boldsymbol{\varepsilon}_2,\cdots,\boldsymbol{\varepsilon}_n$ 到基 $\boldsymbol{\eta}_1,\boldsymbol{\eta}_2,\cdots,\boldsymbol{\eta}_n$ 的**基变换公式**.

下面来讨论线性空间中同一个元素在两个不同基下坐标之间的关系.

设 n 维线性空间 V 有两个基为 $\boldsymbol{\varepsilon}_1,\boldsymbol{\varepsilon}_2,\cdots,\boldsymbol{\varepsilon}_n$ 与 $\boldsymbol{\eta}_1,\boldsymbol{\eta}_2,\cdots,\boldsymbol{\eta}_n$, 又设 α 在 $\boldsymbol{\varepsilon}_1,\boldsymbol{\varepsilon}_2,\cdots,\boldsymbol{\varepsilon}_n$ 下的坐标为 $(a_1,a_2,\cdots,a_n)$, 即

$$\boldsymbol{\alpha}=(\boldsymbol{\varepsilon}_1,\boldsymbol{\varepsilon}_2,\cdots,\boldsymbol{\varepsilon}_n)\begin{pmatrix}a_1\\a_2\\\vdots\\a_n\end{pmatrix}. \tag{5.36}$$

$\boldsymbol{\alpha}$ 在 $\boldsymbol{\eta}_1,\boldsymbol{\eta}_2,\cdots,\boldsymbol{\eta}_n$ 下的坐标为 $b_1,b_2,\cdots,b_n$, 即

$$\boldsymbol{\alpha}=(\boldsymbol{\eta}_1,\boldsymbol{\eta}_2,\cdots,\boldsymbol{\eta}_n)\begin{pmatrix}b_1\\b_2\\\vdots\\b_n\end{pmatrix}. \tag{5.37}$$

现在假设两组基之间的过渡矩阵为 $\boldsymbol{A}$, 即

$$(\boldsymbol{\eta}_1,\boldsymbol{\eta}_2,\cdots,\boldsymbol{\eta}_n)=(\boldsymbol{\varepsilon}_1,\boldsymbol{\varepsilon}_2,\cdots,\boldsymbol{\varepsilon}_n)\boldsymbol{A}. \tag{5.38}$$

记

$$\boldsymbol{X}=\begin{pmatrix}a_1\\a_2\\\vdots\\a_n\end{pmatrix},\quad \boldsymbol{Y}=\begin{pmatrix}b_1\\b_2\\\vdots\\b_n\end{pmatrix}, \tag{5.39}$$

于是

$$(\boldsymbol{\varepsilon}_1,\boldsymbol{\varepsilon}_2,\cdots,\boldsymbol{\varepsilon}_n)\boldsymbol{X}=(\boldsymbol{\eta}_1,\boldsymbol{\eta}_2,\cdots,\boldsymbol{\eta}_n)\boldsymbol{Y}=[(\boldsymbol{\varepsilon}_1,\boldsymbol{\varepsilon}_2,\cdots,\boldsymbol{\varepsilon}_n)\boldsymbol{A}]\boldsymbol{Y}=(\boldsymbol{\varepsilon}_1,\boldsymbol{\varepsilon}_2,\cdots,\boldsymbol{\varepsilon}_n)(\boldsymbol{A}\boldsymbol{Y}). \tag{5.40}$$

由坐标的唯一性, 可以知道 $\boldsymbol{X}=\boldsymbol{A}\boldsymbol{Y}$ 或 $\boldsymbol{Y}=\boldsymbol{A}^{-1}\boldsymbol{X}$, 这就是**坐标变换公式**.

例 5.10 取 V_2 的两个正交的单位向量 ε_1、ε_2, 它们作为 V_2 的一个基. 令 ε_1'、ε_2' 分别是由 ε_1、ε_2 逆时针旋转角 θ 所得的向量, 则 ε_1'、ε_2' 也是 V_2 的一个基, 有

$$\begin{cases}\varepsilon_1' = \varepsilon_1\cos\theta + \varepsilon_2\sin\theta,\\ \varepsilon_2' = -\varepsilon_1\sin\theta + \varepsilon_2\sin\theta,\end{cases} \tag{5.41}$$

所以从 ε_1、ε_2 到 ε_1'、ε_2' 的过渡矩阵是

$$\boldsymbol{A} = \begin{pmatrix}\cos\theta & -\sin\theta\\ \sin\theta & \cos\theta\end{pmatrix}. \tag{5.42}$$

设 V_2 的一个向量 $\boldsymbol{\xi}$ 在基 ε_1、ε_2 和 ε_1'、ε_2' 下的坐标分别为 $(x_1, x_2)^{\mathrm{T}}$ 与 $(x_1', x_2')^{\mathrm{T}}$. 于是

$$\begin{pmatrix}x_1\\ x_2\end{pmatrix} = \begin{pmatrix}\cos\theta & -\sin\theta\\ \sin\theta & \cos\theta\end{pmatrix} = \begin{pmatrix}x_1'\\ x_2'\end{pmatrix}, \tag{5.43}$$

即

$$\begin{cases}x_1 = x_1'\cos\theta - x_2'\sin\theta,\\ x_2 = x_1'\sin\theta + x_2'\cos\theta,\end{cases} \tag{5.44}$$

这是平面解析几何里旋转坐标轴的坐标变换公式.

例 5.11 在 $\mathbf{R}^3$ 中, 取两个基

$$\boldsymbol{\alpha}_1 = (1,2,1)^{\mathrm{T}}, \boldsymbol{\alpha}_2 = (2,3,3)^{\mathrm{T}}, \boldsymbol{\alpha}_3 = (3,7,1)^{\mathrm{T}}, \tag{5.45}$$

$$\boldsymbol{\beta}_1 = (3,1,4)^{\mathrm{T}}, \boldsymbol{\beta}_2 = (5,2,1)^{\mathrm{T}}, \boldsymbol{\beta}_3 = (1,1,-6)^{\mathrm{T}}. \tag{5.46}$$

试求 $\boldsymbol{\alpha}_1, \boldsymbol{\alpha}_2, \boldsymbol{\alpha}_3$ 到 $\boldsymbol{\beta}_1, \boldsymbol{\beta}_2, \boldsymbol{\beta}_3$ 的过渡矩阵与坐标变换公式.

解 取 $\mathbf{R}^3$ 中一个基(通常称之为标准基) $\varepsilon_1 = (1,0,0)^{\mathrm{T}}, \varepsilon_2 = (0,1,0)^{\mathrm{T}}, \varepsilon_3 = (0,0,1)^{\mathrm{T}}$. 于是有

$$(\boldsymbol{\alpha}_1, \boldsymbol{\alpha}_2, \boldsymbol{\alpha}_3) = (\varepsilon_1, \varepsilon_2, \varepsilon_3)\begin{pmatrix}1 & 2 & 3\\ 2 & 3 & 7\\ 1 & 3 & 1\end{pmatrix}, \tag{5.47}$$

$$(\boldsymbol{\beta}_1, \boldsymbol{\beta}_2, \boldsymbol{\beta}_3) = (\varepsilon_1, \varepsilon_2, \varepsilon_3)\begin{pmatrix}3 & 5 & 1\\ 1 & 2 & 1\\ 4 & 1 & -6\end{pmatrix}, \tag{5.48}$$

$$(\boldsymbol{\beta}_1, \boldsymbol{\beta}_2, \boldsymbol{\beta}_3) = (\boldsymbol{\alpha}_1, \boldsymbol{\alpha}_2, \boldsymbol{\alpha}_3)\begin{pmatrix}1 & 2 & 3\\ 2 & 3 & 7\\ 1 & 3 & 1\end{pmatrix}^{-1}\begin{pmatrix}3 & 5 & 1\\ 1 & 2 & 1\\ 4 & 1 & -6\end{pmatrix}, \tag{5.49}$$

所以由基 $\boldsymbol{\alpha}_1, \boldsymbol{\alpha}_2, \boldsymbol{\alpha}_3$ 到基 $\boldsymbol{\beta}_1, \boldsymbol{\beta}_2, \boldsymbol{\beta}_3$ 的过渡矩阵为

$$\boldsymbol{A} = \begin{pmatrix}1 & 2 & 3\\ 2 & 3 & 7\\ 1 & 3 & 1\end{pmatrix}^{-1}\begin{pmatrix}3 & 5 & 1\\ 1 & 2 & 1\\ 4 & 1 & -6\end{pmatrix}$$

$$= \begin{pmatrix} -18 & 7 & 5 \\ 5 & -2 & 1 \\ 3 & -1 & -1 \end{pmatrix} \begin{pmatrix} 3 & 5 & 1 \\ 1 & 2 & 1 \\ 4 & 1 & -6 \end{pmatrix} = \begin{pmatrix} -27 & -71 & -41 \\ 9 & 20 & 9 \\ 4 & 12 & 8 \end{pmatrix}.$$

坐标变换公式为

$$\begin{pmatrix} x_1 \\ x_2 \\ x_3 \end{pmatrix} = \begin{pmatrix} -27 & -71 & -41 \\ 9 & 20 & 9 \\ 4 & 12 & 8 \end{pmatrix} \begin{pmatrix} x_1' \\ x_2' \\ x_3' \end{pmatrix}, \tag{5.50}$$

其中 (x_1, x_2, x_3) 与 (x_1', x_2', x_3') 为同一向量分别在基 $\boldsymbol{\alpha}_1, \boldsymbol{\alpha}_2, \boldsymbol{\alpha}_3$ 与 $\boldsymbol{\beta}_1, \boldsymbol{\beta}_2, \boldsymbol{\beta}_3$ 下的坐标.

5.4 线性变换

在讨论线性空间的同构时, 要保持向量加法和数乘的一一对应. 这种线性空间之间保持加法和数量乘法的映射, 称之为线性映射. 本节要讨论的就是在线性空间 V 上的线性映射, 即线性变换.

5.4.1 映射与线性变换

设有两个非空集合 A、B , 如果对于 A 中任一元素 α, 按照一定的规则 T, 总有 B 中一个确定的元素 β 和它对应, 那么对应规则 T 称为从集合 A 到集合 B 的**映射**. 记作

$$\beta = T(\alpha) \text{ 或 } \beta = T\alpha \ (\alpha \in A). \tag{5.51}$$

其中 β 称为 α 在映射 T 下的**像**, α 称为 β 在映射 T 下的**源**. A 称为映射 T 的**源集**. 像的全体所构成的集合称为**像集**, 记作 $T(A)$, 即

$$T(A) = \{\beta = T(\alpha) \mid \alpha \in A\}, \tag{5.52}$$

显然 $T(A) \subseteq B$.

注 映射的概念是函数概念的推广.

定义 5.6 设 U、V 是数域 $\mathbf{R}$ 上的两个线性空间, T 是 V 到 U 上的一个映射, 如果映射 T 满足

(1) $\forall \alpha, \beta \in V, T(\alpha + \beta) = T(\alpha) + T(\beta)$;

(2) $\forall \lambda \in \mathbb{R}, \alpha \in V, T(\lambda\alpha) = \lambda T(\alpha)$,

那么, T 就称为 V 到 U 的**线性映射**, 或称**线性变换**.

特别地, 当 $U = V$ 时, V 到 U 的线性映射 T 就是从线性空间 V 到它自身的线性映射, 称为**线性空间 V 中的线性变换**.

线性变换就是保持线性组合对应的变换.

例 5.12 线性空间 V 中的**恒等变换**或称**单位变换** E , 即

$$E(\alpha) = \alpha (\alpha \in V) \tag{5.53}$$

是线性变换. 事实上, 对于 $\forall\alpha,\beta\in V$ 及 $\forall\lambda\in\mathbf{R}$,

$$E(\alpha+\beta)=\alpha+\beta=E(\alpha)+E(\beta)\text{和}E(\lambda\alpha)=\lambda\alpha=\lambda E(\alpha). \tag{5.54}$$

零变换, 即

$$O(\alpha)=0(\alpha\in V), \tag{5.55}$$

也是线性变换. 事实上, 对于 $\forall\alpha,\beta\in V$ 及 $\forall\lambda\in\mathbf{R}$,

$$O(\alpha+\beta)=0=O(\alpha)+O(\beta),O(\lambda\alpha)=0=\lambda O(\alpha). \tag{5.56}$$

例 5.13 设 V 是数域 P 上的线性空间, k 是 P 中的某个数, 定义 V 中的变换如下:

$$\alpha\to k\alpha,\alpha\in V \tag{5.57}$$

称为由数 k 决定的数乘变换, 用 K 表示. 显然, 对于 $\forall\alpha,\beta\in V$ 及 $\forall\lambda\in P$, 有

$$K(\alpha+\beta)=k(\alpha+\beta)=k\alpha+k\beta=K(\alpha)+K(\beta), \tag{5.58}$$

$$K(\lambda\alpha)=k\cdot\lambda\alpha=\lambda\cdot k\alpha=\lambda K(\alpha). \tag{5.59}$$

这是一个线性变换, 且当 $k=1$ 时, 就是恒等变换, 当 $k=0$ 时, 便是零变换.

例 5.14 在线性空间 $P[x]$ 或者 $P[x]_n$ 中, 求微商运算是一个线性变换. 这个变换通常用 D 代表, 即

$$D[f(x)]=f'(x). \tag{5.60}$$

事实上, 对于 $\forall f(x),g(x)\in P[x]$ 及 $\forall\lambda\in\mathbf{R}$, 有

$$D[f(x)+g(x)]=[f(x)+g(x)]'=f'(x)+g'(x)=D[f(x)]+D[g(x)], \tag{5.61}$$

$$D[\lambda f(x)]=[\lambda f(x)]'=\lambda f'(x)=\lambda D[f(x)]. \tag{5.62}$$

例 5.15 定义在闭区间 $[a,b]$ 上的全体连续函数构成实数域上一个线性空间, 以 $C(a,b)$ 代表. 在这个空间中, 变换

$$\varPhi[f(x)]=\int_a^x f(t)\mathrm{d}t \tag{5.63}$$

是一线性变换.

事实上, 对于 $\forall f(x),g(x)\in C(a,b)$ 及 $\forall\lambda\in\mathbf{R}$, 有

$$\varPhi[f(x)+g(x)]=\int_a^x[f(t)+g(t)]\mathrm{d}t=\int_a^x f(t)\mathrm{d}t+\int_a^x g(t)\mathrm{d}t=\varPhi[f(x)]+\varPhi[g(x)]. \tag{5.64}$$

$$\varPhi[\lambda f(x)]=\int_a^x\lambda f(t)\mathrm{d}t=\lambda\int_a^x f(t)\mathrm{d}t=\lambda\varPhi[f(x)]. \tag{5.65}$$

例 5.16 设有 n 阶矩阵

$$\boldsymbol{A}=\begin{pmatrix}a_{11}&a_{12}&\cdots&a_{1n}\\a_{21}&a_{22}&\cdots&a_{2n}\\\vdots&\vdots&&\vdots\\a_{n1}&a_{n2}&\cdots&a_{nn}\end{pmatrix}=(\boldsymbol{\alpha}_1,\boldsymbol{\alpha}_2,\cdots,\boldsymbol{\alpha}_n), \tag{5.66}$$

其中

$$\boldsymbol{\alpha}_i=\begin{pmatrix}a_{1i}\\a_{2i}\\\vdots\\a_{ni}\end{pmatrix}(i=1,2,\cdots,n),\tag{5.67}$$

定义 $\mathbf{R}^n$ 中的变换为 $\boldsymbol{y}=T(\boldsymbol{x})$,

$$T(\boldsymbol{x})=\boldsymbol{A}\boldsymbol{x}(\boldsymbol{x}\in\mathbf{R}^n),\tag{5.68}$$

则 T 为 $\mathbf{R}^n$ 中的线性变换.

例 5.17 在 $\mathbf{R}^3$ 中定义变换

$$T(x_1,x_2,x_3)=(x_1^2,x_2+x_3,0),\tag{5.69}$$

则 T 不是 $\mathbf{R}^3$ 中的线性变换. 这是因为 $\forall(x_1,x_2,x_3)\in\mathbf{R}^3$ 及 $\forall\lambda\in\mathbf{R}$, 有

$$\begin{aligned}T[\lambda(x_1,x_2,x_3)]&=T(\lambda x_1,\lambda x_2,\lambda x_3)=(\lambda^2x_1^2,\lambda(x_2+x_3),0)\\&=\lambda[\lambda x_1^2,(x_2+x_3),0]\neq\lambda T(x_1,x_2,x_3).\end{aligned}$$

5.4.2 线性变换的性质

线性变换具有下述性质:

(1) $T(0)=0,T(-\boldsymbol{\alpha})=-T(\boldsymbol{\alpha})$.

(2) 线性变换保持线性组合及关系式不变, 即若 $\boldsymbol{\beta}=k_1\boldsymbol{\alpha}_1+k_2\boldsymbol{\alpha}_2+\cdots+k_m\boldsymbol{\alpha}_m$, 则

$$T\boldsymbol{\beta}=k_1T\boldsymbol{\alpha}_1+k_2T\boldsymbol{\alpha}_2+\cdots+k_mT\boldsymbol{\alpha}_m.\tag{5.70}$$

(3) 线性变换把线性相关的向量组变成线性相关的向量组, 即若 $\boldsymbol{\alpha}_1,\boldsymbol{\alpha}_2,\cdots,\boldsymbol{\alpha}_m$ 线性相关, 则向量组 $T\boldsymbol{\alpha}_1,T\boldsymbol{\alpha}_2,\cdots,T\boldsymbol{\alpha}_m$ 也线性相关.

(4) 线性变换 T 的像集是一个线性空间(V 的子空间), 称为线性变换 T 的**像空间**.

(5) 使 $T\boldsymbol{\alpha}=\mathbf{0}$ 的 $\boldsymbol{\alpha}$ 全体 $\{\boldsymbol{\alpha}|\boldsymbol{\alpha}\in V,T\boldsymbol{\alpha}=\mathbf{0}\}$ 也是一个线性空间(V 的子空间), 称为线性变换 T 的**核**, 记为 $T^{-1}(0)$.

注 5.1 (3) 的逆不成立, 即 $T\boldsymbol{\alpha}_1,T\boldsymbol{\alpha}_2,\cdots,T\boldsymbol{\alpha}_m$ 线性相关, $\boldsymbol{\alpha}_1,\boldsymbol{\alpha}_2,\cdots,\boldsymbol{\alpha}_m$ 未必线性相关. 事实上, 线性变换可能把线性无关的向量组变成线性相关的向量组, 如零变换.

5.4.3 线性变换的矩阵表示

定义 5.7 设 $\boldsymbol{\varepsilon}_1,\boldsymbol{\varepsilon}_2,\cdots,\boldsymbol{\varepsilon}_n$ 是数域 P 上 n 维线性空间 V 的一个基, σ 是 V 中的一个线性变换. 基向量的像可以由基线性表出:

$$\begin{cases}\sigma\boldsymbol{\varepsilon}_1=a_{11}\boldsymbol{\varepsilon}_1+a_{21}\boldsymbol{\varepsilon}_2+\cdots+a_{n1}\boldsymbol{\varepsilon}_n,\\\sigma\boldsymbol{\varepsilon}_2=a_{12}\boldsymbol{\varepsilon}_1+a_{22}\boldsymbol{\varepsilon}_2+\cdots+a_{n2}\boldsymbol{\varepsilon}_n,\\\qquad\cdots\cdots\\\sigma\boldsymbol{\varepsilon}_n=a_{1n}\boldsymbol{\varepsilon}_1+a_{2n}\boldsymbol{\varepsilon}_2+\cdots+a_{nn}\boldsymbol{\varepsilon}_n,\end{cases}\tag{5.71}$$

用矩阵表示就是

$$\sigma(\varepsilon_1,\varepsilon_2,\cdots,\varepsilon_n)=(\sigma(\varepsilon_1),\sigma(\varepsilon_2),\cdots,\sigma(\varepsilon_n))=(\varepsilon_1,\varepsilon_2,\cdots,\varepsilon_n)\boldsymbol{A},\tag{5.72}$$

其中

$$\boldsymbol{A}=\begin{pmatrix}a_{11}&a_{12}&\cdots&a_{1n}\\a_{21}&a_{22}&\cdots&a_{2n}\\\vdots&\vdots&&\vdots\\a_{n1}&a_{n2}&\cdots&a_{nn}\end{pmatrix},\tag{5.73}$$

矩阵 $\boldsymbol{A}$ 称为**线性变换** σ **在基** $\varepsilon_1,\varepsilon_2,\cdots,\varepsilon_n$ **下的矩阵**.

注 5.2 在给定一个基的条件下, 线性变换与矩阵是一一对应的.

定理 5.3 设 $\varepsilon_1,\varepsilon_2,\cdots,\varepsilon_n$ 是数域 P 上 n 维线性空间 V 的一组基, 在这组基下 V 的每个线性变换都唯一对应一个 $n\times n$ 矩阵, 这个对应具有以下性质:

(1) 线性变换的和对应于矩阵的和;

(2) 线性变换的乘积对应于矩阵的乘积;

(3) 线性变换的数量乘积对应于矩阵的数量乘积;

(4) 可逆的线性变换与可逆矩阵对应, 且逆变换对应于逆矩阵.

证明 设 σ、τ 为两个线性变换, 它们在基 $\varepsilon_1,\varepsilon_2,\cdots,\varepsilon_n$ 下的矩阵分别为 $\boldsymbol{A}$、$\boldsymbol{B}$, 即

$$\sigma(\varepsilon_1,\varepsilon_2,\cdots,\varepsilon_n)=(\varepsilon_1,\varepsilon_2,\cdots,\varepsilon_n)\boldsymbol{A},\tag{5.74}$$

$$\tau(\varepsilon_1,\varepsilon_2,\cdots,\varepsilon_n)=(\varepsilon_1,\varepsilon_2,\cdots,\varepsilon_n)\boldsymbol{B}.\tag{5.75}$$

(1)因为

$$\begin{aligned}(\sigma+\tau)(\varepsilon_1,\varepsilon_2,\cdots,\varepsilon_n)&=\sigma(\varepsilon_1,\varepsilon_2,\cdots,\varepsilon_n)+\tau(\varepsilon_1,\varepsilon_2,\cdots,\varepsilon_n)\\&=(\varepsilon_1,\varepsilon_2,\cdots,\varepsilon_n)\boldsymbol{A}+(\varepsilon_1,\varepsilon_2,\cdots,\varepsilon_n)\boldsymbol{B}\\&=(\varepsilon_1,\varepsilon_2,\cdots,\varepsilon_n)(\boldsymbol{A}+\boldsymbol{B}),\end{aligned}$$

故 $\sigma+\tau$ 在基 $\varepsilon_1,\varepsilon_2,\cdots,\varepsilon_n$ 下的矩阵为 $\boldsymbol{A}+\boldsymbol{B}$.

(2)由于

$$\begin{aligned}\sigma\tau(\varepsilon_1,\varepsilon_2,\cdots,\varepsilon_n)&=\sigma(\tau(\varepsilon_1,\varepsilon_2,\cdots,\varepsilon_n))\\&=\sigma((\varepsilon_1,\varepsilon_2,\cdots,\varepsilon_n)\boldsymbol{B})\\&=\sigma(\varepsilon_1,\varepsilon_2,\cdots,\varepsilon_n)\boldsymbol{B}\\&=(\varepsilon_1,\varepsilon_2,\cdots,\varepsilon_n)\boldsymbol{A}\boldsymbol{B}.\end{aligned}$$

故 $\sigma\tau$ 在基 $\varepsilon_1,\varepsilon_2,\cdots,\varepsilon_n$ 下的矩阵为 $\boldsymbol{A}\boldsymbol{B}$.

(3)因为

$$\begin{aligned}(k\sigma)(\varepsilon_1,\varepsilon_2,\cdots,\varepsilon_n)&=((k\sigma)(\varepsilon_1),(k\sigma)(\varepsilon_2),\cdots,(k\sigma)(\varepsilon_n))\\&=(k\sigma(\varepsilon_1),k\sigma(\varepsilon_2),\cdots,k\sigma(\varepsilon_n))\\&=k(\sigma(\varepsilon_1),\sigma(\varepsilon_2),\cdots,\sigma(\varepsilon_n))\end{aligned}$$

$$
\begin{aligned}
&= k\sigma(\varepsilon_1, \varepsilon_2, \cdots, \varepsilon_n) \\
&= k(\varepsilon_1, \varepsilon_2, \cdots, \varepsilon_n)\boldsymbol{A} \\
&= (\varepsilon_1, \varepsilon_2, \cdots, \varepsilon_n)k\boldsymbol{A},
\end{aligned}
$$

故 $k\sigma$ 在基 $\varepsilon_1, \varepsilon_2, \cdots, \varepsilon_n$ 下的矩阵为 $k\boldsymbol{A}$.

(4) 由于单位变换(恒等变换) $\boldsymbol{E}$ 对应于单位矩阵 $\boldsymbol{E}$. 所以 $\sigma\tau = \tau\sigma = \boldsymbol{E}$ 与 $\boldsymbol{AB} = \boldsymbol{BA} = \boldsymbol{E}$ 相对应. 因此, 可逆线性变换 σ 与可逆矩阵 $\boldsymbol{A}$ 对应, 且逆变换 σ^{-1} 对应于逆矩阵 $\boldsymbol{A}^{-1}$.

注 5.3 定理说明数域 P 上的 n 维线性空间 V 的全体线性变换组成的集合 $L(V)$ 对于线性变换的加法与数量乘法构成 P 上的一个线性空间, 与数域 P 上的 n 阶方阵构成的线性空间 $P^{n\times n}$ 同构.

例 5.18 设 $\mathbf{R}^2$ 中的线性变换 T 把基 $\boldsymbol{\alpha} = (1,3)^{\mathrm{T}}, \boldsymbol{\beta} = (2,4)^{\mathrm{T}}$ 变成基 $(-2,7)^{\mathrm{T}}$ 和 $(-2,10)^{\mathrm{T}}$. 试求 T 在基 $\boldsymbol{\alpha}$、$\boldsymbol{\beta}$ 下以及在基 $\boldsymbol{e}_1 = (1,0)^{\mathrm{T}}, \boldsymbol{e}_2 = (0,1)^{\mathrm{T}}$ 下的矩阵.

解 因为

$$
\begin{cases}
T(\boldsymbol{\alpha}) = (-2,7)^{\mathrm{T}} = 11\boldsymbol{\alpha} - \dfrac{13}{2}\boldsymbol{\beta}, \\
T(\boldsymbol{\beta}) = (-2,10)^{\mathrm{T}} = 14\boldsymbol{\alpha} - 8\boldsymbol{\beta},
\end{cases}
$$

即

$$
T(\boldsymbol{\alpha}, \boldsymbol{\beta}) = (T(\boldsymbol{\alpha}), T(\boldsymbol{\beta})) = (\boldsymbol{\alpha}, \boldsymbol{\beta})\begin{pmatrix} 11 & 14 \\ -\dfrac{13}{2} & -8 \end{pmatrix},
$$

所以 T 在基 $\boldsymbol{\alpha}$、$\boldsymbol{\beta}$ 下的矩阵为

$$
\boldsymbol{A} = \begin{pmatrix} 11 & 14 \\ -\dfrac{13}{2} & -8 \end{pmatrix}.
$$

而

$$
\begin{cases}
\boldsymbol{e}_1 = (1,0)^{\mathrm{T}} = -2\boldsymbol{\alpha} + \dfrac{3}{2}\boldsymbol{\beta}, \\
\boldsymbol{e}_2 = (0,1)^{\mathrm{T}} = \boldsymbol{\alpha} - \dfrac{1}{2}\boldsymbol{\beta},
\end{cases}
$$

又

$$
T(\boldsymbol{e}_1) = -2T(\boldsymbol{\alpha}) + \frac{3}{2}T(\boldsymbol{\beta}) = -2(-2,7)^{\mathrm{T}} + \frac{3}{2}(-2,10)^{\mathrm{T}} = (1,1)^{\mathrm{T}} = \boldsymbol{e}_1 + \boldsymbol{e}_2,
$$

$$
T(\boldsymbol{e}_2) = T(\boldsymbol{\alpha}) - \frac{1}{2}T(\boldsymbol{\beta}) = (-2,7)^{\mathrm{T}} - \frac{1}{2}(-2,10)^{\mathrm{T}} = (-1,2)^{\mathrm{T}} = -\boldsymbol{e}_1 + 2\boldsymbol{e}_2,
$$

则

$$
T(\boldsymbol{e}_1, \boldsymbol{e}_2) = (T(\boldsymbol{e}_1), T(\boldsymbol{e}_2)) = (\boldsymbol{e}_1, \boldsymbol{e}_2)\begin{pmatrix} 1 & -1 \\ 1 & 2 \end{pmatrix}.
$$

所以 T 在基 $\boldsymbol{e}_1$、 $\boldsymbol{e}_2$ 下的矩阵为

$$
\boldsymbol{B} = \begin{pmatrix} 1 & -1 \\ 1 & 2 \end{pmatrix}.
$$

定理 5.4 设线性变换σ在基$\varepsilon_1,\varepsilon_2,\cdots,\varepsilon_n$下的矩阵是$\boldsymbol{A}$, 向量$\boldsymbol{\xi}$在基$\varepsilon_1,\varepsilon_2,\cdots,\varepsilon_n$下的坐标是$(x_1,x_2,\cdots,x_n)^{\mathrm{T}}$, 则$\alpha\boldsymbol{\xi}$在基$\varepsilon_1,\varepsilon_2,\cdots,\varepsilon_n$下的坐标$(y_1,y_2,\cdots,y_n)^{\mathrm{T}}$可按以下公式计算:

$$\begin{pmatrix} y_1 \\ y_2 \\ \vdots \\ y_n \end{pmatrix} = \boldsymbol{A} \begin{pmatrix} x_1 \\ x_2 \\ \vdots \\ x_n \end{pmatrix}. \tag{5.76}$$

例 5.19 设两个函数$\boldsymbol{\alpha}_1=\mathrm{e}^{ax}\cos bx,\boldsymbol{\alpha}_2=\mathrm{e}^{ax}\sin bx$, 它们的所有线性组合构成了集合

$$S=\{\boldsymbol{\alpha}\mid\boldsymbol{\alpha}=k_1\boldsymbol{\alpha}_1+k_2\boldsymbol{\alpha}_2,k_1,k_2\in\mathbf{R}\},$$

在S上定义了“微分运算”记为D.

(1) 验证S是线性空间;

(2) 试求“微分运算”D在基$\boldsymbol{\alpha}_1$、$\boldsymbol{\alpha}_2$下的矩阵;

(3) 已知$y=3\mathrm{e}^{4x}\cos 6x+7\mathrm{e}^{4x}\sin 6x$, 求$\dfrac{\mathrm{d}y}{\mathrm{d}x}$.

解 (1) 设

$$\boldsymbol{\alpha}=k_1\boldsymbol{\alpha}_1+k_2\boldsymbol{\alpha}_2=k_1\mathrm{e}^{ax}\cos bx+k_2\mathrm{e}^{ax}\sin bx\in S,$$

$$\boldsymbol{\beta}=\lambda_1\boldsymbol{\alpha}_1+\lambda_2\boldsymbol{\alpha}_2=\lambda_1\mathrm{e}^{ax}\cos bx+\lambda_2\mathrm{e}^{ax}\sin bx\in S,$$

显然有

$$\boldsymbol{\alpha}+\boldsymbol{\beta}\in S,k\boldsymbol{\alpha}\in S,$$

所以S是线性空间.

(2) 由于

$$D\boldsymbol{\alpha}_1=a\mathrm{e}^{ax}\cos bx-b\mathrm{e}^{ax}\sin bx=a\boldsymbol{\alpha}_1-b\boldsymbol{\alpha}_2,$$

$$D\boldsymbol{\alpha}_2=a\mathrm{e}^{ax}\sin bx+b\mathrm{e}^{ax}\cos bx=b\boldsymbol{\alpha}_1+a\boldsymbol{\alpha}_2,$$

所以

$$D(\boldsymbol{\alpha}_1,\boldsymbol{\alpha}_2)=(D(\boldsymbol{\alpha}_1),D(\boldsymbol{\alpha}_2))=(\boldsymbol{\alpha}_1,\boldsymbol{\alpha}_2)\begin{pmatrix} a & b \\ -b & a. \end{pmatrix}$$

则D在基$\boldsymbol{\alpha}_1$、$\boldsymbol{\alpha}_2$下的矩阵为

$$\boldsymbol{A}=\begin{pmatrix} a & b \\ -b & a \end{pmatrix}.$$

(3) 设$\boldsymbol{\alpha}_1=\mathrm{e}^{4x}\cos 6x,\boldsymbol{\alpha}_2=\mathrm{e}^{4x}\sin 6x$, 则

$$\boldsymbol{y}=3\boldsymbol{\alpha}_1+7\boldsymbol{\alpha}_2=(\boldsymbol{\alpha}_1,\boldsymbol{\alpha}_2)\begin{pmatrix} 3 \\ 7 \end{pmatrix},$$

即 $\boldsymbol{y}$ 在基 $\boldsymbol{\alpha}_1$、$\boldsymbol{\alpha}_2$ 下的坐标为 $\begin{pmatrix}3\\7\end{pmatrix}$. 由 (2) 知, D 在基 $\boldsymbol{\alpha}_1$、$\boldsymbol{\alpha}_2$ 下的矩阵为 $\boldsymbol{A}=\begin{pmatrix}4&6\\-6&4\end{pmatrix}$, 则 $\dfrac{\mathrm{d}y}{\mathrm{d}x}$ 在基 $\boldsymbol{\alpha}_1$、$\boldsymbol{\alpha}_2$ 下的坐标为

$$\boldsymbol{A}\begin{pmatrix}3\\7\end{pmatrix}=\begin{pmatrix}4&6\\-6&4\end{pmatrix}\begin{pmatrix}3\\7\end{pmatrix}=\begin{pmatrix}54\\10\end{pmatrix}.$$

所以

$$\frac{\mathrm{d}y}{\mathrm{d}x}=54\mathrm{e}^{4x}\cos 6x+10\mathrm{e}^{4x}\sin 6x.$$

下面研究同一个线性变换在不同基下的矩阵之间的关系.

线性变换的矩阵是与空间中一个基联系在一起的. 一般地, 随着基的改变, 同一个线性变换就有不同的矩阵. 为了利用矩阵来研究线性变换, 有必要弄清楚线性变换的矩阵是如何随着基的改变而改变的.

定理 5.5 设线性空间 V 中线性变换 σ 在两个基

$$\boldsymbol{\varepsilon}_1,\boldsymbol{\varepsilon}_2,\cdots,\boldsymbol{\varepsilon}_n, \tag{5.77}$$

$$\boldsymbol{\eta}_1,\boldsymbol{\eta}_2,\cdots,\boldsymbol{\eta}_n, \tag{5.78}$$

下的矩阵分别为 $\boldsymbol{A}$ 和 $\boldsymbol{B}$, 从基 (5.3) 到 (5.4) 的过渡矩阵是 $\boldsymbol{X}$, 则 $\boldsymbol{B}=\boldsymbol{X}^{-1}\boldsymbol{A}\boldsymbol{X}$.

证明 由已知, 有

$$\sigma(\boldsymbol{\varepsilon}_1,\boldsymbol{\varepsilon}_2,\cdots,\boldsymbol{\varepsilon}_n)=(\boldsymbol{\varepsilon}_1,\boldsymbol{\varepsilon}_2,\cdots,\boldsymbol{\varepsilon}_n)\boldsymbol{A},$$

$$\sigma(\boldsymbol{\eta}_1,\boldsymbol{\eta}_2,\cdots,\boldsymbol{\eta}_n)=(\boldsymbol{\eta}_1,\boldsymbol{\eta}_2,\cdots,\boldsymbol{\eta}_n)\boldsymbol{B},$$

$$(\boldsymbol{\eta}_1,\boldsymbol{\eta}_2,\cdots,\boldsymbol{\eta}_n)=(\boldsymbol{\varepsilon}_1,\boldsymbol{\varepsilon}_2,\cdots,\boldsymbol{\varepsilon}_n)\boldsymbol{X}.$$

于是

$$\begin{aligned}\sigma(\boldsymbol{\eta}_1,\boldsymbol{\eta}_2,\cdots,\boldsymbol{\eta}_n)&=\sigma(\boldsymbol{\varepsilon}_1,\boldsymbol{\varepsilon}_2,\cdots,\boldsymbol{\varepsilon}_n)\boldsymbol{X}\\&=(\boldsymbol{\varepsilon}_1,\boldsymbol{\varepsilon}_2,\cdots,\boldsymbol{\varepsilon}_n)\boldsymbol{A}\boldsymbol{X}\\&=(\boldsymbol{\eta}_1,\boldsymbol{\eta}_2,\cdots,\boldsymbol{\eta}_n)\boldsymbol{X}^{-1}\boldsymbol{A}\boldsymbol{X}.\end{aligned}$$

所以, $\boldsymbol{B}=\boldsymbol{X}^{-1}\boldsymbol{A}\boldsymbol{X}$(相似).

例 5.20 设 V 是一个二维线性空间, $\boldsymbol{\varepsilon}_1$、$\boldsymbol{\varepsilon}_2$ 是一个基, 线性变换 σ 在 $\boldsymbol{\varepsilon}_1$、$\boldsymbol{\varepsilon}_2$ 下的矩阵是

$$\boldsymbol{A}=\begin{pmatrix}2&1\\-1&0\end{pmatrix}.$$

$\boldsymbol{\eta}_1$、$\boldsymbol{\eta}_2$ 为 V 的另一个基, 且

$$(\boldsymbol{\eta}_1,\boldsymbol{\eta}_2)=(\boldsymbol{\varepsilon}_1,\boldsymbol{\varepsilon}_2)\boldsymbol{X}=(\boldsymbol{\varepsilon}_1,\boldsymbol{\varepsilon}_2)\begin{pmatrix}1&-1\\-1&2\end{pmatrix}.$$

求 σ 在基 $\boldsymbol{\eta}_1$、$\boldsymbol{\eta}_2$ 下的矩阵.

解 σ 在基 $\boldsymbol{\eta}_1$、$\boldsymbol{\eta}_2$ 下的矩阵为

$$\boldsymbol{B}=\boldsymbol{X}^{-1}\boldsymbol{A}\boldsymbol{X}=\begin{pmatrix}1&-1\\-1&2\end{pmatrix}^{-1}\begin{pmatrix}2&1\\-1&0\end{pmatrix}\begin{pmatrix}1&-1\\-1&2\end{pmatrix}$$
$$=\begin{pmatrix}2&1\\1&1\end{pmatrix}\begin{pmatrix}2&1\\-1&0\end{pmatrix}\begin{pmatrix}1&-1\\-1&2\end{pmatrix}=\begin{pmatrix}1&1\\0&1\end{pmatrix}.$$

5.5 习 题

5.5.1 基础习题

1. 验证:

(1) 二阶矩阵的全体S_1;

(2) 主对角线上的元素之和等于0的二阶矩阵的全体S_2;

(3) 二阶对称矩阵的全体S_3.

对于矩阵的加法和数乘运算构成线性空间，并写出各个空间的一个基.

2. 已知

$$W=\left\{\begin{pmatrix}a&b\\c&d\end{pmatrix}\mid a+d=0,a,d\in P\right\},$$

证明W是$P^{2\times2}$的子空间,并求出W的维数与一组基.

3. 设U是线性空间V的一个子空间,试证：若U与V的维数相等，则$U=V$.

4. 在$\mathbf{R}^3$中求向量$\boldsymbol{\alpha}=(3,7,1)^{\mathrm{T}}$在基

$$\boldsymbol{\alpha}_1=(1,3,5)^{\mathrm{T}},\boldsymbol{\alpha}_2=(6,3,2)^{\mathrm{T}},\boldsymbol{\alpha}_3=(3,1,0)^{\mathrm{T}}$$

下的坐标.

5. 在$\mathbf{R}^4$中取两个基

$$\begin{cases}\boldsymbol{\varepsilon}_1=(1,0,0,0),\\\boldsymbol{\varepsilon}_2=(0,1,0,0),\\\boldsymbol{\varepsilon}_3=(0,0,1,0),\\\boldsymbol{\varepsilon}_4=(0,0,0,1),\end{cases}\quad\begin{cases}\boldsymbol{\alpha}_1=(2,1,-1,1),\\\boldsymbol{\alpha}_2=(0,3,1,0),\\\boldsymbol{\alpha}_3=(5,3,2,1),\\\boldsymbol{\alpha}_4=(6,6,1,3),\end{cases}$$

(1) 求由前一个基到后一个基的过渡矩阵;

(2) 求向量(x_1,x_2,x_3,x_4)在后一个基下的坐标;

(3) 求在两个基下有相同坐标的向量.

6. 函数集合

$$V_3=\{\boldsymbol{\alpha}=(a_2x^2+a_1x+a_0)\mathrm{e}^x\mid a_2,a_1,a_0\in\mathbf{R}\}$$

对于函数的线性运算构成三维线性空间，在V_3中取一个基

$$\boldsymbol{\alpha}_1=x^2\mathrm{e}^x,\boldsymbol{\alpha}_2=x\mathrm{e}^x,\boldsymbol{\alpha}_3=\mathrm{e}^x.$$

求微分运算D在这个基下的矩阵.

7. 设V是实数域上的三维线性空间，$\varepsilon_1,\varepsilon_2,\varepsilon_3$是$V$的一个基，$\sigma$是$V$的线性变换，在基$\varepsilon_1,\varepsilon_2,\varepsilon_3$下的矩阵为

$$\boldsymbol{A}=\begin{pmatrix}3&1&0\\-4&-1&0\\4&-8&2\end{pmatrix},$$

(1) 求由基$\varepsilon_1,\varepsilon_2,\varepsilon_3$到基$\boldsymbol{\eta}_1=-\varepsilon_1+\varepsilon_3,\boldsymbol{\eta}_2=\varepsilon_1+\varepsilon_2,\eta_3=-\varepsilon_1-\varepsilon_2+\varepsilon_3$的过渡矩阵;

(2) σ在基$\boldsymbol{\eta}_1,\boldsymbol{\eta}_2,\boldsymbol{\eta}_3$下的矩阵;

(3) 设$\boldsymbol{\alpha}\in V$在基$\varepsilon_1,\varepsilon_2,\varepsilon_3$下的坐标为$(1,2,3)^{\mathrm{T}}$,求$\sigma\boldsymbol{\alpha}$在基$\varepsilon_1,\varepsilon_2,\varepsilon_3$和$\boldsymbol{\eta}_1,\boldsymbol{\eta}_2,\boldsymbol{\eta}_3$下的坐标.

8. 设V是全体二阶实上三角阵做成的实数域上的线性空间,

(1) 求V的维数并写出V的一个基;

(2) 在V中定义变换σ,$\sigma(\boldsymbol{X})=\boldsymbol{X}\begin{pmatrix}0&1\\0&0\end{pmatrix}$,其中$\boldsymbol{X}\in V$,证明$\sigma$是线性变换;

(3) 在(1)中所取基下求σ的值域与核.

5.5.2 提升习题

1. 证明: 二阶实对称矩阵的全体

$$V=\left\{\boldsymbol{A}=\begin{pmatrix}x_1&x_2\\x_2&x_3\end{pmatrix}\middle|\,x_1,x_2,x_3\in\mathbf{R}\right\}$$

对于矩阵的加法和数乘构成一个三维的线性空间.

2. 在 $\mathbf{R}^3$ 中取两个基

$$\boldsymbol{\alpha}_1=(1,2,1)^{\mathrm{T}},\ \boldsymbol{\alpha}_2=(2,3,3)^{\mathrm{T}},\ \boldsymbol{\alpha}_3=(3,7,-2)^{\mathrm{T}},$$

$$\boldsymbol{\beta}_1=(3,1,4)^{\mathrm{T}},\ \boldsymbol{\beta}_2=(5,2,1)^{\mathrm{T}},\ \boldsymbol{\beta}_3=(1,1,-6)^{\mathrm{T}},$$

试求坐标变换公式.

3. 在 $\mathbf{R}^4$ 中取两个基

$$\boldsymbol{e}_1=(1,0,0,0)^{\mathrm{T}},\ \boldsymbol{e}_2=(0,1,0,0)^{\mathrm{T}},\ \boldsymbol{e}_3=(0,0,1,0)^{\mathrm{T}},\ \boldsymbol{e}_4=(0,0,0,1)^{\mathrm{T}},$$

$$\boldsymbol{\alpha}_1=(2,1,-1,1)^{\mathrm{T}},\ \boldsymbol{\alpha}_2=(0,3,1,0)^{\mathrm{T}},\ \boldsymbol{\alpha}_3=(5,3,2,1)^{\mathrm{T}},\ \boldsymbol{\alpha}_4=(6,6,1,3)^{\mathrm{T}},$$

(1) 求前一个基到后一个基的过渡矩阵;

(2) 求向量 $\boldsymbol{x}=(x_1,x_2,x_3,x_4)^{\mathrm{T}}$ 在后一个基中的坐标;

(3) 求在两个基中有相同坐标的向量.

4. 在习题1定义的 V 中取一个基

$$\boldsymbol{A}_1=\begin{pmatrix}1&0\\0&0\end{pmatrix},\ \boldsymbol{A}_2=\begin{pmatrix}0&1\\1&0\end{pmatrix},\ \boldsymbol{A}_3=\begin{pmatrix}0&0\\0&1\end{pmatrix},$$

在 V 中定义变换

$$T(\boldsymbol{A})=\begin{pmatrix}1&0\\1&1\end{pmatrix}\boldsymbol{A}\begin{pmatrix}1&1\\0&1\end{pmatrix},$$

证明 T 是 V 上的线性变换, 并求 T 在 $\boldsymbol{A}_1$、$\boldsymbol{A}_2$、$\boldsymbol{A}_3$ 下的矩阵.

5.5.3 数值实验：线性空间与线性变换

一、实验目的

掌握MATLAB软件和Python软件中线性空间基的计算, 过渡矩阵的计算, 以及向量坐标的计算方法.

二、实验内容和实验步骤

【实验内容1:计算线性空间的基】

1. 利用MATLAB软件求线性空间基的常用操作语句

(1) 命令null(A)返回矩阵 $\boldsymbol{A}$ 的零空间的基, 即 $\boldsymbol{Ax}=\mathbf{0}$ 的基础解系;

(2) 命令orth(A)返回矩阵 $\boldsymbol{A}$ 的列向量组的规范正交基.

2. 利用Python软件求线性空间基的常用操作语句

(1) 输入线性空间的两组基 $\boldsymbol{A}$、 $\boldsymbol{B}$;

(2) 输入向量 $\boldsymbol{\alpha}$及线性空间的基对应的矩阵 $\boldsymbol{A}$.

例 5.21 设矩阵

$$\boldsymbol{A}=\begin{pmatrix}1&2&3\\4&5&6\\7&8&9\end{pmatrix},$$

求 $\boldsymbol{A}$ 的列向量组生成的线性空间的规范正交基, 以及零空间的基.

【利用MATLAB求解】

(1) 输入矩阵 $\boldsymbol{A}$.

```
>> A = [1, 2, 3; 4, 5, 6; 7, 8, 9];
```

(2) 计算列向量组的规范正交基.

```
>> orth(A)
```

输出结果:

```
ans =
    -0.2148     0.8872
    -0.5206     0.2496
    -0.8263   - 0.3879
```

(3) 计算零空间的基.

```
>> null(A)
```

输出结果:

```
ans =
    -0.4082
     0.8165
    -0.4082
```

【利用Python求解】

(1) 输入矩阵 $\boldsymbol{A}$.

```
>>import numpy as np
>>A = np.array([[1, 2, 3], [4, 5, 6], [7, 8, 9]])
```

(2) 计算列向量组的规范正交基.

```
>>OrthA=np.linalg.orth(A)
```

>>print(OrthA)

输出结果:

[[−0.214837240.887230690.40824829]

[−0.520587390.24964395 − 0.81649658]

[−0.82633753 − 0.387942780.40824829]]

(3) 计算零空间的基.

>>NullA=np.linalg.null_space(A)

>>print(NullA)

输出结果:

[[−0.40824829]

[−0.81649658]

[0.40824829]]

【实验内容2: 计算过渡矩阵和向量坐标】

1. 利用MATLAB软件求过渡矩阵和向量坐标的常用操作语句

(1) 输入线性空间的两组基 $\boldsymbol{A}$、$\boldsymbol{B}$, 则命令 X=A\B 返回过渡矩阵;

(2) 输入向量 $\boldsymbol{\alpha}$及线性空间的基对应的矩阵 $\boldsymbol{A}$, 则命令 x=A\α 返回向量 $\boldsymbol{\alpha}$ 在基下的坐标.

2. 利用Python软件求过渡矩阵和向量坐标的常用操作语句

(1) 输入线性空间的两组基 $\boldsymbol{A}$、$\boldsymbol{B}$;

(2) 输入向量 $\boldsymbol{\alpha}$及线性空间的基对应的矩阵 $\boldsymbol{A}$.

例 5.22 在 $\mathbf{R}^4$ 中给定两个基

$$\boldsymbol{\alpha}_1=(1,0,0,0)^{\mathrm{T}},\quad \boldsymbol{\alpha}_2=(0,1,0,0)^{\mathrm{T}},\quad \boldsymbol{\alpha}_3=(0,0,1,0)^{\mathrm{T}},\quad \boldsymbol{\alpha}_4=(0,0,0,1)^{\mathrm{T}},$$

$$\boldsymbol{\beta}_1=(2,1,-1,1)^{\mathrm{T}},\quad \boldsymbol{\beta}_2=(0,3,1,0)^{\mathrm{T}},\quad \boldsymbol{\beta}_3=(5,3,2,1)^{\mathrm{T}},\quad \boldsymbol{\beta}_4=(6,6,1,3)^{\mathrm{T}},$$

求前一个基到后一个基的过渡矩阵.

【利用MATLAB求解】

(1) 输入矩阵 $\boldsymbol{A},\boldsymbol{B}$.

>>A = eye(4); B = [2, 0, 5, 6; 1, 3, 3, 6; −1, 1, 2, 1; 1, 0, 1, 3];

(2) 计算过渡矩阵.

>>X = A\B 输出结果

```
X =
     2   0   5   6
     1   3   3   6
    −1   1   2   1
     1   0   1   3
```

【利用Python求解】

(1) 导入numpy库.

>>import numpy as np

(2) 定义矩阵 $\boldsymbol{A}$、$\boldsymbol{B}$.

>>A= np.array([[1, 0, 0, 0], [0, 1, 0, 0], [0, 0, 1, 0], [0, 0, 0, 1]])

```
>>B= np.array([[2, 0, 5, 6], [1, 3, 3, 6], [-1, 1, 2, 1], [1, 0, 1, 3]])
```

(3) 使用 numpy 中的函数 np.linalg.solve 来求解线性方程组并显示过渡矩阵 $\boldsymbol{P}$.

```
>>P=np.linalg.solve(A, B)
>>print(P)
```

输出结果:

$$\begin{pmatrix} 2 & 0 & 5 & 6 \\ 1 & 3 & 3 & 6 \\ -1 & 1 & 2 & 1 \\ 1 & 0 & 1 & 3 \end{pmatrix}$$

例 5.23 在 $\mathbf{R}^3$ 中取一个基

$$\boldsymbol{\alpha}_1 = (4,3,1)^{\mathrm{T}}, \quad \boldsymbol{\alpha}_2 = (1,2,-5)^{\mathrm{T}}, \quad \boldsymbol{\alpha}_3 = (-1,-6,3)^{\mathrm{T}},$$

求向量 $\boldsymbol{\beta} = (9,-2,1)^{\mathrm{T}}$ 在该基下的坐标.

【利用MATLAB求解】

(1) 输入矩阵 $\boldsymbol{A}$、向量 $\boldsymbol{\beta}$.

```
>> A = [4, 1, −1; 3, 2, −6; 1, −5, 3]; beta = [9; −2; 1];
```

(2) 计算坐标.

```
>> x = A\beta
```

输出结果:

```
x =
    2.3830
    1.4894
    2.0213
```

【利用 Python 求解】

(1) 导入numpy库.

```
>>import numpy as np
```

(2) 导入Fraction.

```
>>from fractions import Fraction as F
```

(3) 输入过渡矩阵$\boldsymbol{A}$.

```
>>np.set_printoptions(formatter='all':lambda x: str(F(x).limit_denominator()))
>>A=np.array([[4, 1, -1], [3, 2, -6], [1, -5, 3]],dtype='float')
```

(4) 输入向量在标准正交基下的坐标.

```
>>beta=np.array([9, -2, 1],dtype='float').reshape(3,1)
```

(5) 求过渡矩阵$\boldsymbol{A}$的逆矩阵.

```
>>A1=np.linalg.inv(A)
```

(6) 求向量在新基下的坐标. `>>x=np.matmul(A1,beta)`

(7) 输出结果.

```
>>print(x)
```

输出结果:

[[112/47]
[70/47]
[95/47]]

参 考 文 献

[1] 陈维新. 线性代数简明教程[M]. 2版. 北京: 科学出版社, 2008.
[2] LAY D C. 线性代数及其应用[M]. 刘深泉, 洪毅, 译. 北京: 机械工业出版社, 2005.
[3] 居余马. 线性代数[M]. 2版. 北京: 清华大学出版社, 2002.
[4] 李炯生, 查建国, 王新茂. 线性代数[M]. 2版. 合肥: 中国科学技术大学出版社, 2010.
[5] 李永乐, 周耀耀. 线性代数辅导[M]. 5版. 北京: 国家行政学院出版社, 2011.
[6] 刘金宪. Linear Algebra[M]. 北京: 高等教育出版社, 2003.
[7] 卢刚. 线性代数[M]. 2版. 北京: 高等教育出版社, 2004.
[8] 卢刚, 范培华, 胡显佑. 线性代数中的典型例题分析与习题[M]. 2版. 北京: 高等教育出版社, 2009.
[9] 丘维声. 高等代数[M]. 北京: 科学出版社, 2013.
[10] 任功全, 封建湖, 薛宏智. 线性代数[M]. 北京: 科学出版社, 2005.
[11] 同济大学数学系. 线性代数[M]. 6版. 北京: 高等教育出版社, 2014.
[12] 王继忠, 车军领. 线性代数[M]. 青岛: 中国海洋大学出版社, 2012.
[13] 王继忠, 于江波. 线性代数[M]. 成都: 四川大学出版社, 2018.
[14] 薛有才, 罗敏霞. 线性代数(理工类)[M]. 北京: 机械工业出版社, 2010.
[15] 赵志新, 沈京一. 线性代数[M]. 苏州: 苏州大学出版社, 2004.

习 题 答 案

第1章 课后习题答案提示

基础习题

1. 【答案】(1) -4; (2) $(c-a)(c-b)(b-a)$.

2. 【答案】(1) 1; (2) 19; (3) $\dfrac{n(n-1)}{2}$; (4) n^2.

3. 【答案】$i=5,\ j=2$.

4. 【答案】

(1) 0; (2) $(a-a_1)(a-a_2)(a-a_3)$; (3) -7; (4) x^2y^2;

(5) $\lambda^4+\lambda^3+2\lambda^2+3\lambda+41$; (6) $-(ad-bc)^2$

5. 【答案】

(1) $(-1)^{n-1}\dfrac{(n+1)!}{2}$; (2) $-2(n-2)!$;

(3) $b_1b_2\cdots b_n\left(1+\sum\limits_{i=1}^{n}\dfrac{a_i}{b_i}\right)$;

(4) $(a_1-b)(a_2-b)\cdots(a_n-b)\left(1+b\sum\limits_{i=1}^{n}\dfrac{b}{a_i-b}\right)$.

6. 【答案】

(1) $(a-b)(a-c)(a-d)(b-c)(b-d)(c-d)(a+b+c+d)$;

(2) $\prod\limits_{n+1>i>j\geqslant 1}(i-j)$.

7. 【答案】$A_{11}+A_{12}+A_{13}+A_{14}=4,\ M_{11}+M_{21}+M_{31}+M_{41}=0$.

8. 【答案】

(1) $x_1=1,\ x_2=2,\ x_3=3,\ x_4=-1$;

(2) $x_1=\dfrac{31}{63},\ x_2=-\dfrac{5}{21},\ x_3=\dfrac{1}{9},\ x_4=-\dfrac{1}{21},\ x_5=\dfrac{1}{63}$.

9. 【答案】$\lambda=2$, 5或8.

提升习题

1.【答案】a^4-4a^2

【解析】

$$\begin{vmatrix} a & 0 & -1 & 1 \\ 0 & a & 1 & -1 \\ -1 & 1 & a & 0 \\ 1 & -1 & 0 & a \end{vmatrix} = -\begin{vmatrix} 1 & 0 & -1 & a \\ -1 & a & 1 & 0 \\ 0 & 1 & a & -1 \\ a & -1 & 0 & 1 \end{vmatrix} = -\begin{vmatrix} 1 & 0 & -1 & a \\ 0 & a & 0 & a \\ 0 & 1 & a & -1 \\ 0 & -1 & 0 & 1-a^2 \end{vmatrix}$$

$$=-\begin{vmatrix} a & 0 & a \\ 1 & a & -1 \\ -1 & a & 1-a^2 \end{vmatrix}=-a\begin{vmatrix} 1 & 0 & 1 \\ 1 & a & -1 \\ -1 & a & 1-a^2 \end{vmatrix}=-a\begin{vmatrix} 1 & 0 & 1 \\ 0 & a & -2 \\ 0 & a & 2-a^2 \end{vmatrix}=-4a^2+a^4.$$

2.【答案】 $\lambda^4+\lambda^3+2\lambda^2+3\lambda+4$

【解析】

$$\begin{vmatrix} \lambda & -1 & 0 & 0 \\ 0 & \lambda & -1 & 0 \\ 0 & 0 & \lambda & -1 \\ 4 & 3 & 2 & \lambda+1 \end{vmatrix}=\lambda\begin{vmatrix} \lambda & -1 & 0 \\ 0 & \lambda & -1 \\ 3 & 2 & \lambda+1 \end{vmatrix}-4\begin{vmatrix} -1 & 0 & 0 \\ \lambda & -1 & 0 \\ 0 & \lambda & -1 \end{vmatrix}$$

$$=\lambda\left(\lambda\begin{vmatrix} \lambda & -1 \\ 2 & \lambda+1 \end{vmatrix}+3\begin{vmatrix} -1 & 0 \\ \lambda & -1 \end{vmatrix}\right)-4\times(-1)^3$$

$$=\lambda^2\left(\lambda^2+\lambda+2\right)+3\lambda+4=\lambda^4+\lambda^3+2\lambda^2+3\lambda+4.$$

3.【答案】 $2^{n+1}-2$

【解析】 将第i行的$\frac{1}{2}$加到第$i+1$行，$i=1,2,\cdots,n-1$.

$$\begin{vmatrix} 2 & 0 & \cdots & 0 & 2 \\ -1 & 2 & \cdots & 0 & 2 \\ \vdots & \vdots & & \vdots & \vdots \\ 0 & 0 & \cdots & 2 & 2 \\ 0 & 0 & \cdots & -1 & 2 \end{vmatrix}=\begin{vmatrix} 2 & 0 & \cdots & 0 & 2 \\ 0 & 2 & \cdots & 0 & 2+2\times\frac{1}{2} \\ \vdots & \vdots & & \vdots & \vdots \\ 0 & 0 & \cdots & 2 & 2+2\times\frac{1}{2}+\cdots+2\times\left(\frac{1}{2}\right)^{n-2} \\ 0 & 0 & \cdots & 0 & 2+2\times\frac{1}{2}+\cdots+2\times\left(\frac{1}{2}\right)^{n-1} \end{vmatrix}$$

$$=\begin{vmatrix} 2 & & & 2 \\ & 2 & & 2+2\times\frac{1}{2} \\ & & \ddots & \vdots \\ & & & 2\left[2-\left(\frac{1}{2}\right)^{n-1}\right] \end{vmatrix}=2^{n+1}-2.$$

第2章　课后习题答案提示

基础习题

1.【答案】

(1) $\begin{pmatrix} 35 \\ 6 \\ 49 \end{pmatrix}$;　(2) (10);　(3) $\begin{pmatrix} -2 & 4 \\ -1 & 2 \\ -3 & 6 \end{pmatrix}$;　(4) $\begin{pmatrix} 6 & -7 & 8 \\ 20 & -5 & -6 \end{pmatrix}$;

(5) $a_{11}x_1^2+a_{22}x_2^2+a_{33}x_3^2+2a_{12}x_1x_2+2a_{13}x_1x_3+a_{23}x_2x_3$.

2.【答案】

$$3\boldsymbol{AB}-2\boldsymbol{A}=\begin{pmatrix} -2 & 13 & 22 \\ -2 & -17 & 20 \\ 4 & 29 & -2 \end{pmatrix};\quad \boldsymbol{A}^{\mathrm{T}}\boldsymbol{B}=\begin{pmatrix} 0 & 5 & 8 \\ 0 & -5 & 6 \\ 2 & 9 & 0 \end{pmatrix}.$$

3.【答案】

(1)取 $\boldsymbol{A}=\begin{pmatrix}0&1\\0&0\end{pmatrix}$； (2) 取 $\boldsymbol{A}=\begin{pmatrix}1&1\\0&0\end{pmatrix}$；

(3)取 $\boldsymbol{A}=\begin{pmatrix}1&0\\0&0\end{pmatrix}$，$\boldsymbol{X}=\begin{pmatrix}1&1\\-1&1\end{pmatrix}$，$\boldsymbol{Y}=\begin{pmatrix}1&1\\0&1\end{pmatrix}$.

4.【答案】

$$\begin{cases}x_1=-6z_1+z_2+3z_3,\\x_2=12z_1-4z_2+9z_3,\\x_3=-10z_1-z_2+16z_3.\end{cases}$$

5.【答案】

$$\boldsymbol{A}^2=\begin{pmatrix}1&0\\2\lambda&1\end{pmatrix};\quad \boldsymbol{A}^3=\begin{pmatrix}1&0\\3\lambda&1\end{pmatrix};\quad \boldsymbol{A}^k=\begin{pmatrix}1&0\\k\lambda&1\end{pmatrix}.$$

6.【答案】

$$(-4)^{n-1}\begin{pmatrix}-1&1&1&-1\\1&-1&-1&1\\1&-1&-1&1\\-1&1&1&-1\end{pmatrix}.$$

7.【答案】

$$(1)\begin{pmatrix}5&-2\\-2&1\end{pmatrix};\ (2)\begin{pmatrix}-2&1&0\\-\frac{13}{2}&3&-\frac{1}{2}\\-16&7&-1\end{pmatrix};\ (3)\begin{pmatrix}0&\frac{1}{3}&\frac{1}{3}\\0&\frac{1}{3}&-\frac{2}{3}\\-1&\frac{2}{3}&-\frac{1}{3}\end{pmatrix}.$$

8.【答案】

$$(1)\begin{pmatrix}2&-23\\0&8\end{pmatrix};\ (2)\begin{pmatrix}-\frac{1}{3}&\frac{1}{3}&\frac{4}{3}\\\frac{2}{3}&\frac{1}{3}&\frac{1}{3}\\\frac{2}{3}&\frac{5}{6}&\frac{4}{3}\end{pmatrix};\ (3)\begin{pmatrix}2&-1&0\\1&3&-4\\1&0&-2\end{pmatrix}.$$

9.【答案】

$$(1)\begin{cases}x_1=1\\x_2=0\\x_3=0\end{cases};\ (2)\begin{cases}x_1=5\\x_2=0\\x_3=3\end{cases}.$$

10.【答案】

$$\begin{pmatrix}5&-2&-2\\4&-3&-2\\-2&2&3\end{pmatrix}.$$

11.【答案】

$$-\frac{1}{2}\begin{pmatrix}1&-1&1\\-1&1&-1\\1&-1&1\end{pmatrix}.$$

12.【答案】

$$\begin{pmatrix}3&0&0\\1&2&-1\\-4&0&3\end{pmatrix}.$$

13.【答案】

$$\begin{pmatrix} 2 & 0 & 1 \\ 0 & 3 & 0 \\ 1 & 0 & 2 \end{pmatrix}.$$

14.【答案】

$$\begin{pmatrix} 2\,731 & 2\,732 \\ -683 & -684 \end{pmatrix}.$$

15.【答案】

$$\left|\boldsymbol{A}^8\right| = 10^6;\quad \boldsymbol{A}^4 = \begin{pmatrix} 5^4 & 0 & 0 & 0 \\ 0 & 5^4 & 0 & 0 \\ 0 & 0 & 2^4 & 0 \\ 0 & 0 & 2^6 & 2^4 \end{pmatrix};\quad \boldsymbol{A}^{-1} = \begin{pmatrix} \frac{3}{25} & \frac{4}{25} & 0 & 0 \\ \frac{4}{25} & -\frac{3}{25} & 0 & 0 \\ 0 & 0 & \frac{1}{2} & 0 \\ 0 & 0 & -\frac{1}{2} & \frac{1}{2} \end{pmatrix}.$$

16.【答案】

$$(1)\begin{pmatrix} 1 & -2 & 0 & 0 \\ -2 & 5 & 0 & 0 \\ 0 & 0 & 2 & -3 \\ 0 & 0 & -5 & 8 \end{pmatrix};\ (2)\begin{pmatrix} 1 & 0 & 0 & 0 \\ -\frac{1}{2} & \frac{1}{2} & 0 & 0 \\ -\frac{1}{2} & -\frac{1}{6} & \frac{1}{3} & 0 \\ \frac{1}{8} & -\frac{5}{24} & -\frac{1}{12} & \frac{1}{4} \end{pmatrix}.$$

17.【答案】

$$(\boldsymbol{E}-\boldsymbol{A})^{-1} = \boldsymbol{A}^2 - \boldsymbol{A} + \boldsymbol{E}.$$

18.【答案】

$$(\boldsymbol{A}+4\boldsymbol{E})^{-1} = \frac{2}{5}\boldsymbol{E} - \frac{1}{5}\boldsymbol{A}.$$

19.【解析】

(1)$\boldsymbol{A}^{-1} = (\boldsymbol{A}')^{-1} = (\boldsymbol{A}^{-1})'$,

$\boldsymbol{A}^{-1} = (-\boldsymbol{A}')^{-1} = (-\boldsymbol{A}^{-1})' = -(\boldsymbol{A}^{-1})'$;

(2) $|\boldsymbol{A}| = 0$.

20.【答案】

(1)矩阵的秩是2, $\begin{vmatrix} 3 & 1 \\ 1 & -1 \end{vmatrix} = -4 \neq 0$ 是一个最高阶非零子式.

(2)矩阵的秩是3, $\begin{vmatrix} 3 & 2 & -1 \\ 2 & -1 & -3 \\ 7 & 0 & 8 \end{vmatrix} = 7$ 是一个最高阶非零子式.

21.【答案】

(1)当$k \neq -2$且$k \neq 1$时,$R(\boldsymbol{A}) = 3$;

(2)当$k = -2$时,$R(\boldsymbol{A}) = 2$;

(3)当$k = 1$时,$R(\boldsymbol{A}) = 1$.

22.【答案】 -2.

23.【答案】 $|\boldsymbol{B}| = \frac{1}{9}$.

24.【答案】

(1) $\begin{pmatrix} x_1 \\ x_2 \\ x_3 \\ x_4 \end{pmatrix} = c_1 \begin{pmatrix} -2 \\ 1 \\ 0 \\ 0 \end{pmatrix} + c_2 \begin{pmatrix} 1 \\ 0 \\ 0 \\ 1 \end{pmatrix}$ (c_1, c_2为任意常数).

(2) $\begin{pmatrix} x_1 \\ x_2 \\ x_3 \\ x_4 \end{pmatrix} = c_1 \begin{pmatrix} \frac{3}{17} \\ \frac{19}{17} \\ 1 \\ 0 \end{pmatrix} + c_2 \begin{pmatrix} -\frac{13}{17} \\ -\frac{20}{17} \\ 0 \\ 1 \end{pmatrix}$ (c_1, c_2 为任意常数).

25. 【答案】

(1) $\begin{pmatrix} x_1 \\ x_2 \\ x_3 \\ x_4 \end{pmatrix} = c_1 \begin{pmatrix} -\frac{1}{2} \\ 1 \\ 0 \\ 0 \end{pmatrix} + c_2 \begin{pmatrix} \frac{1}{2} \\ 0 \\ 1 \\ 0 \end{pmatrix} + \begin{pmatrix} \frac{1}{2} \\ 0 \\ 0 \\ 0 \end{pmatrix}$ (c_1, c_2 为任意常数).

(2) $\begin{pmatrix} x_1 \\ x_2 \\ x_3 \\ x_4 \end{pmatrix} = c_1 \begin{pmatrix} \frac{1}{7} \\ \frac{5}{7} \\ 1 \\ 0 \end{pmatrix} + c_2 \begin{pmatrix} \frac{1}{7} \\ -\frac{9}{7} \\ 0 \\ 1 \end{pmatrix} + \begin{pmatrix} \frac{6}{7} \\ -\frac{5}{7} \\ 0 \\ 0 \end{pmatrix}$ (c_1, c_2为任意常数).

26. 【答案】当 $\lambda = -2$ 或 $\lambda = 1$时, 方程组有解; 当 $\lambda = -2$ 时, 方程组的通解为

$$x = c \begin{pmatrix} 1 \\ 1 \\ 1 \end{pmatrix} + \begin{pmatrix} 2 \\ 2 \\ 0 \end{pmatrix},$$

其中，c 为任意常数; 当 $\lambda = 1$ 时, 通解为

$$\begin{cases} x_1 = c + 1, \\ x_2 = c, \\ x_3 = c, \end{cases}$$

其中，c 为任意常数.

27. 【答案】当 $a = 0$ 或 $a = -10$ 时, 齐次线性方程组有非零解; 当 $a = 0$ 时, 通解为

$$\begin{pmatrix} x_1 \\ x_2 \\ x_3 \\ x_4 \end{pmatrix} = c_1 \begin{pmatrix} 1 \\ -1 \\ 0 \\ 0 \end{pmatrix} + c_2 \begin{pmatrix} 1 \\ 0 \\ -1 \\ 0 \end{pmatrix} + c_3 \begin{pmatrix} 1 \\ 0 \\ 0 \\ -1 \end{pmatrix},$$

其中，c_1, c_2, c_3 为任意常数; 当 $a = -10$ 时,通解为

$$\begin{pmatrix} x_1 \\ x_2 \\ x_3 \\ x_4 \end{pmatrix} = c \begin{pmatrix} 7 \\ 2 \\ 3 \\ 4 \end{pmatrix},$$

其中，c 为任意常数.

28. 【答案】

(1) 当 $\lambda \neq -2$ 且 $\lambda \neq 1$ 时,方程组有唯一解:

(2) 当 $\lambda = -2$时,方程组无解;

(3) 当 $\lambda = 1$时,方程组有无穷多解，此时方程组的通解为

$$\begin{cases} x_1 = 1 - c_1 - c_2, \\ x_2 = c_1, \\ x_3 = c_2, \end{cases}$$

或者

$$\begin{pmatrix} x_1 \\ x_2 \\ x_3 \end{pmatrix} = c_1 \begin{pmatrix} -1 \\ 1 \\ 0 \end{pmatrix} + c_2 \begin{pmatrix} -1 \\ 0 \\ 1 \end{pmatrix} + \begin{pmatrix} 1 \\ 0 \\ 0 \end{pmatrix},$$

其中，c_1, c_2 为任意常数.

29.【答案】

(1)当 $\lambda \neq 1$ 且 $\lambda \neq 10$ 时, 方程组有唯一解;

(2)当 $\lambda = 10$ 时, 方程组无解;

(3)当 $\lambda = 1$ 时, 方程组有无穷多解, 此时方程组的通解为

$$\begin{pmatrix} x_1 \\ x_2 \\ x_3 \end{pmatrix} = k_1 \begin{pmatrix} -2 \\ 1 \\ 0 \end{pmatrix} + k_2 \begin{pmatrix} 2 \\ 0 \\ 1 \end{pmatrix} + \begin{pmatrix} 1 \\ 0 \\ 0 \end{pmatrix},$$

其中，k_1, k_2 为任意常数.

提升习题

1.【答案】B

【解析】利用初等变换不改变矩阵秩对矩阵实施初等变换, 有

$$\begin{pmatrix} \boldsymbol{O} & \boldsymbol{A} \\ \boldsymbol{BC} & \boldsymbol{E} \end{pmatrix} \to \begin{pmatrix} -\boldsymbol{ABC} & \boldsymbol{O} \\ \boldsymbol{BC} & \boldsymbol{E} \end{pmatrix}$$

$$= \begin{pmatrix} \boldsymbol{O} & \boldsymbol{O} \\ \boldsymbol{BC} & \boldsymbol{E} \end{pmatrix} \to \begin{pmatrix} \boldsymbol{O} & \boldsymbol{O} \\ \mathrm{O} & \boldsymbol{E} \end{pmatrix},$$

故可得$r_1 = R(\boldsymbol{E}_n) = n$. 类似有

$$\begin{pmatrix} \boldsymbol{AB} & \boldsymbol{C} \\ \boldsymbol{O} & \boldsymbol{E} \end{pmatrix} \to \begin{pmatrix} \boldsymbol{AB} & \boldsymbol{O} \\ \boldsymbol{O} & \boldsymbol{E} \end{pmatrix},$$

得$R(\boldsymbol{AB}) + R(\boldsymbol{E}) = R(\boldsymbol{AB}) + n$, 即$r_2 = R(\boldsymbol{AB}) + n$.

$$\begin{pmatrix} \boldsymbol{E} & \boldsymbol{AB} \\ \boldsymbol{AB} & \boldsymbol{O} \end{pmatrix} \to \begin{pmatrix} \boldsymbol{E} & \boldsymbol{AB} \\ \boldsymbol{O} & -\boldsymbol{ABAB} \end{pmatrix} \to \begin{pmatrix} \boldsymbol{E} & \boldsymbol{O} \\ \boldsymbol{O} & -\boldsymbol{ABAB} \end{pmatrix},$$

得$r_3 = n + R(\boldsymbol{ABAB})$. 由于$0 \leqslant R(\boldsymbol{ABAB}) \leqslant R(\boldsymbol{AB})$,所以$r_1 \leqslant r_3 \leqslant r_2$, 即正确选项为B.

2.【答案】D

【解析】法1: 由于$\left|\begin{pmatrix} \boldsymbol{A} & \boldsymbol{E} \\ \boldsymbol{O} & \boldsymbol{B} \end{pmatrix}\right| = |\boldsymbol{A}|\,|\boldsymbol{B}| \neq 0$, 下面用初等变换计算该矩阵的逆矩阵, 有

$$\begin{pmatrix} \boldsymbol{A} & \boldsymbol{E} & \boldsymbol{E} & \boldsymbol{O} \\ \boldsymbol{O} & \boldsymbol{B} & \boldsymbol{O} & \boldsymbol{E} \end{pmatrix} \to \begin{pmatrix} \boldsymbol{E} & \boldsymbol{A}^{-1} & \boldsymbol{A}^{-1} & \boldsymbol{O} \\ \boldsymbol{O} & \boldsymbol{E} & \boldsymbol{O} & \boldsymbol{B}^{-1} \end{pmatrix} \to \begin{pmatrix} \boldsymbol{E} & \boldsymbol{O} & \boldsymbol{A}^{-1} & -\boldsymbol{A}^{-1}\boldsymbol{B}^{-1} \\ \boldsymbol{O} & \boldsymbol{E} & \boldsymbol{O} & \boldsymbol{B}^{-1} \end{pmatrix},$$

故$\begin{pmatrix} \boldsymbol{A} & \boldsymbol{E} \\ \boldsymbol{O} & \boldsymbol{B} \end{pmatrix}^{-1} = \begin{pmatrix} \boldsymbol{A}^{-1} & -\boldsymbol{A}^{-1}\boldsymbol{B}^{-1} \\ \boldsymbol{O} & \boldsymbol{B}^{-1} \end{pmatrix}$,于是得

$$\begin{aligned} \begin{pmatrix} \boldsymbol{A} & \boldsymbol{E} \\ \boldsymbol{O} & \boldsymbol{B} \end{pmatrix}^{*} &= \begin{vmatrix} \boldsymbol{A} & \boldsymbol{E} \\ \boldsymbol{O} & \boldsymbol{B} \end{vmatrix} \begin{pmatrix} \boldsymbol{A} & \boldsymbol{E} \\ \boldsymbol{O} & \boldsymbol{B} \end{pmatrix}^{-1} \\ &= |\boldsymbol{A}|\,|\boldsymbol{B}| \begin{pmatrix} \boldsymbol{A}^{-1} & -\boldsymbol{A}^{-1}\boldsymbol{B}^{-1} \\ \boldsymbol{0} & \boldsymbol{B}^{-1} \end{pmatrix} = \begin{pmatrix} |\boldsymbol{B}|\,\boldsymbol{A}^{*} & -\boldsymbol{A}^{*}\boldsymbol{B}^{*} \\ \boldsymbol{O} & |\boldsymbol{A}|\,\boldsymbol{B}^{*} \end{pmatrix}, \end{aligned}$$

即正确选项为D.

法2: 结合伴随矩阵的性质, 直接计算可得

$$\begin{aligned} & \begin{pmatrix} \boldsymbol{A} & \boldsymbol{E} \\ \boldsymbol{O} & \boldsymbol{B} \end{pmatrix} \begin{pmatrix} |\boldsymbol{B}|\,\boldsymbol{A}^{*} & -\boldsymbol{A}^{*}\boldsymbol{B}^{*} \\ \boldsymbol{O} & |\boldsymbol{A}|\,\boldsymbol{B}^{*} \end{pmatrix} \\ = & \begin{pmatrix} |\boldsymbol{B}|\,\boldsymbol{A}\boldsymbol{A}^{*} & -\boldsymbol{A}\boldsymbol{A}^{*}\boldsymbol{B}^{*} + |\boldsymbol{A}|\,\boldsymbol{B}^{*} \\ \boldsymbol{O} & |\boldsymbol{A}|\,\boldsymbol{B}\boldsymbol{B}^{*} \end{pmatrix} \\ = & \begin{pmatrix} |\boldsymbol{B}|\,|\boldsymbol{A}|\,\boldsymbol{E} & -|\boldsymbol{A}|\,\boldsymbol{B}^{*} + |\boldsymbol{A}|\,\boldsymbol{B}^{*} \\ \boldsymbol{O} & |\boldsymbol{A}|\,|\boldsymbol{B}|\,\boldsymbol{E} \end{pmatrix} \\ = & \begin{pmatrix} |\boldsymbol{B}|\,|\boldsymbol{A}|\,\boldsymbol{E} & \boldsymbol{O} \\ \boldsymbol{O} & |\boldsymbol{A}|\,|\boldsymbol{B}|\,\boldsymbol{E} \end{pmatrix} \\ = & \ |\boldsymbol{A}|\,|\boldsymbol{B}|\,\boldsymbol{E}_{2n}. \end{aligned}$$

即正确选项为D.

3.【答案】C

【解析】对于选项A, 由于

$$R\begin{pmatrix} \boldsymbol{A} & \boldsymbol{O} \\ \boldsymbol{E} & \boldsymbol{B} \end{pmatrix} \leqslant R(\boldsymbol{A}) + R(\boldsymbol{E}, \boldsymbol{B}) = R(\boldsymbol{A}) + n \leqslant 2n,$$

所以不能确定系数矩阵的秩是否为$2n$, 故解的情况无法判断. 对于选项B, 由于

$$R\begin{pmatrix} \boldsymbol{E} & \boldsymbol{A} \\ \boldsymbol{O} & \boldsymbol{AB} \end{pmatrix} \leqslant R(\boldsymbol{E}, \boldsymbol{A}) + R(\boldsymbol{AB}) \leqslant n + R(\boldsymbol{A}) \leqslant 2n,$$

显然系数矩阵的秩是否小于 $2n$ 不知道, 故无法判断解的情况. 对于选项 C, 结合线性方程组的 Gauss 消元法和矩阵的初等变换可知: $\begin{pmatrix} \boldsymbol{A} & \boldsymbol{B} \\ \boldsymbol{O} & \boldsymbol{B} \end{pmatrix}\boldsymbol{y} = \boldsymbol{0}$ 与 $\begin{pmatrix} \boldsymbol{A} & \boldsymbol{O} \\ \boldsymbol{O} & \boldsymbol{B} \end{pmatrix}\boldsymbol{y} = \boldsymbol{0}$ 同解; $\begin{pmatrix} \boldsymbol{B} & \boldsymbol{A} \\ \boldsymbol{O} & \boldsymbol{A} \end{pmatrix}\boldsymbol{y} = \boldsymbol{0}$ 与 $\begin{pmatrix} \boldsymbol{B} & \boldsymbol{O} \\ \boldsymbol{O} & \boldsymbol{A} \end{pmatrix}\boldsymbol{y} = \boldsymbol{0}$ 同解. 由于方程组 $\boldsymbol{Ax} = \boldsymbol{0}$ 和 $\boldsymbol{Bx} = \boldsymbol{0}$ 同解, 所以矩阵 $\boldsymbol{A}$ 的行向量组与矩阵 $\boldsymbol{B}$ 的行向量组等价, 因此, $\boldsymbol{A}$ 的行向量组与 $\boldsymbol{B}$ 的行向量组能够相互线性表示. 所以 $\begin{pmatrix} \boldsymbol{A} & \boldsymbol{O} \\ \boldsymbol{O} & \boldsymbol{B} \end{pmatrix}\boldsymbol{y} = \boldsymbol{0}$ 与 $\begin{pmatrix} \boldsymbol{B} & \boldsymbol{O} \\ \boldsymbol{O} & \boldsymbol{A} \end{pmatrix}\boldsymbol{y} = \boldsymbol{0}$ 同解, 因此 $\begin{pmatrix} \boldsymbol{A} & \boldsymbol{B} \\ \boldsymbol{O} & \boldsymbol{B} \end{pmatrix}\boldsymbol{y} = \boldsymbol{0}$ 与 $\begin{pmatrix} \boldsymbol{B} & \boldsymbol{A} \\ \boldsymbol{O} & \boldsymbol{A} \end{pmatrix}\boldsymbol{y} = \boldsymbol{0}$ 同解. 故 C 选项正确. 对于选项 D, 结合线性方程组的 Gauss 消元法和矩阵的初等变换可

知: $\begin{pmatrix} AB & B \\ O & A \end{pmatrix} y = 0$ 与 $\begin{pmatrix} AB & O \\ O & A \end{pmatrix} y = 0$ 同解; $\begin{pmatrix} BA & A \\ O & B \end{pmatrix} y = 0$ 与 $\begin{pmatrix} BA & O \\ O & B \end{pmatrix} y = 0$ 同解. 由于 $ABx = 0$ 与 $BAx = 0$ 不一定同解, 因此 D 选项错误.

4.【答案】-1

【解析】由已知条件可知

$$\begin{pmatrix} 1 & 0 & 0 \\ 0 & 0 & 1 \\ 0 & 1 & 0 \end{pmatrix} A \begin{pmatrix} 1 & 0 & 0 \\ -1 & 1 & 0 \\ 0 & 0 & 1 \end{pmatrix} = \begin{pmatrix} -2 & 1 & -1 \\ 1 & -1 & 0 \\ -1 & 0 & 0 \end{pmatrix},$$

于是可得$A = \begin{pmatrix} -1 & 1 & -1 \\ -1 & 0 & 0 \\ 0 & -1 & 0 \end{pmatrix}$,

$$A^{-1} = \begin{pmatrix} 1 & 0 & 0 \\ -1 & 1 & 0 \\ 0 & 0 & 1 \end{pmatrix} \begin{pmatrix} -2 & 1 & -1 \\ 1 & -2 & 0 \\ -1 & 0 & 0 \end{pmatrix}^{-1} \begin{pmatrix} 1 & 0 & 0 \\ 0 & 0 & 1 \\ 0 & 1 & 0 \end{pmatrix},$$

从而可得$A^{-1} = \begin{pmatrix} 0 & -1 & 0 \\ 0 & 0 & -1 \\ -1 & 1 & -1 \end{pmatrix}$, 即$\mathrm{tr}(A^{-1}) = -1$.

5.【答案】 B

【解析】A经过初等变换化成矩阵A, 所以存在可逆矩阵P_1, 使得$AP_1 = B$, 所以$A = BP_1^{-1}$, 令$P = P_1^{-1}$, 则$A = BP$, 即正确选项为B.

6.【答案】C

【解析】对组合矩阵(A, E)施行初等变换, 有

$$(A, E) = \begin{pmatrix} 1 & 0 & -1 & 1 & 0 & 0 \\ 2 & -1 & 1 & 0 & 1 & 0 \\ -1 & 2 & -5 & 0 & 0 & 1 \end{pmatrix} \to \begin{pmatrix} 1 & 0 & -1 & 1 & 0 & 0 \\ 0 & -1 & 3 & -2 & 1 & 0 \\ 0 & 2 & -6 & 1 & 0 & 1 \end{pmatrix}$$

$$\to \begin{pmatrix} 1 & 0 & -1 & 1 & 0 & 0 \\ 0 & 1 & -3 & 2 & -1 & 0 \\ 0 & 0 & 0 & -3 & 2 & 1 \end{pmatrix} = (F, P).$$

则$P = \begin{pmatrix} 1 & 0 & 0 \\ 2 & -1 & 0 \\ -3 & 2 & 1 \end{pmatrix}$. 类似有

$$\begin{pmatrix} F \\ E \end{pmatrix} \begin{pmatrix} 1 & 0 & -1 \\ 0 & 1 & -3 \\ 0 & 0 & 0 \\ 1 & 0 & 0 \\ 0 & 1 & 0 \\ 0 & 0 & 1 \end{pmatrix} \to \begin{pmatrix} 1 & 0 & 0 \\ 0 & 1 & 0 \\ 0 & 0 & 0 \\ 1 & 0 & 1 \\ 0 & 1 & 3 \\ 0 & 0 & 1 \end{pmatrix} = \begin{pmatrix} A \\ Q \end{pmatrix},$$

故$\boldsymbol{Q}=\begin{pmatrix}1&0&1\\0&1&3\\0&0&1\end{pmatrix}$. 即正确选项为C.

7.【答案】C

【解析】选项A, 由对角分块矩阵性质, 可知

$$R\begin{pmatrix}\boldsymbol{A}&\boldsymbol{O}\\\boldsymbol{O}&\boldsymbol{A}^{\mathrm{T}}\boldsymbol{A}\end{pmatrix}=R(\boldsymbol{A})+R(\boldsymbol{A}^{\mathrm{T}}\boldsymbol{A})=2R(\boldsymbol{A}),$$

故A成立. 选项B, $\boldsymbol{AB}$的列向量可由$\boldsymbol{A}$的列向量线性表出, 故

$$R\begin{pmatrix}\boldsymbol{A}&\boldsymbol{AB}\\\boldsymbol{O}&\boldsymbol{A}^{\mathrm{T}}\end{pmatrix}=R\begin{pmatrix}\boldsymbol{A}&\boldsymbol{O}\\\boldsymbol{O}&\boldsymbol{A}^{\mathrm{T}}\end{pmatrix}=R(\boldsymbol{A})+R(\boldsymbol{A}^{\mathrm{T}})=2R(\boldsymbol{A}),$$

选项C, $\boldsymbol{BA}$的列向量不一定能由$\boldsymbol{A}$的列向量线性表出. 选项D, $\boldsymbol{BA}$的列向量可由$\boldsymbol{A}$的行向量线性表出, 故

$$R\begin{pmatrix}\boldsymbol{A}&\boldsymbol{BA}\\\boldsymbol{O}&\boldsymbol{A}^{\mathrm{T}}\end{pmatrix}=R\begin{pmatrix}\boldsymbol{A}&\boldsymbol{O}\\\boldsymbol{O}&\boldsymbol{A}^{\mathrm{T}}\end{pmatrix}=R(\boldsymbol{A})=R(\boldsymbol{A}^{\mathrm{T}})=2R(\boldsymbol{A}),$$

所以正确选项为C.

8.【答案】$-\boldsymbol{E}$

【解析】(思路一)由于$\boldsymbol{E}-\boldsymbol{A}$可逆, 所以

$$(\boldsymbol{E}-\boldsymbol{A})(\boldsymbol{E}-\boldsymbol{A})^{-1}=\boldsymbol{E}.$$

又$\boldsymbol{A}$可逆, 故得

$$(\boldsymbol{E}-(\boldsymbol{E}-\boldsymbol{A})^{-1})\boldsymbol{B}=\boldsymbol{A}$$

$$\Leftrightarrow[(\boldsymbol{E}-\boldsymbol{A})(\boldsymbol{E}-\boldsymbol{A})^{-1}-(\boldsymbol{E}-\boldsymbol{A})^{-1}]\boldsymbol{B}=\boldsymbol{A}$$

$$\Leftrightarrow-\boldsymbol{A}(\boldsymbol{E}-\boldsymbol{A})^{-1}\boldsymbol{B}=\boldsymbol{A}\Leftrightarrow(\boldsymbol{A}-\boldsymbol{E})^{-1}\boldsymbol{B}=\boldsymbol{E}$$

$$\Leftrightarrow\boldsymbol{B}=\boldsymbol{A}-\boldsymbol{E},$$

即$\boldsymbol{B}-\boldsymbol{A}=-\boldsymbol{E}$.

(思路二)由条件得$\boldsymbol{B}-(\boldsymbol{E}-\boldsymbol{A})^{-1}\boldsymbol{B}=\boldsymbol{A}$, 于是

$$\boldsymbol{B}-\boldsymbol{A}=(\boldsymbol{E}-\boldsymbol{A})^{-1}\boldsymbol{B},$$

从而可得

$$\boldsymbol{B}=(\boldsymbol{B}-\boldsymbol{A})(\boldsymbol{E}-\boldsymbol{A})=\boldsymbol{B}-\boldsymbol{A}-\boldsymbol{BA}+\boldsymbol{A}^2,$$

所以$-\boldsymbol{A}-\boldsymbol{BA}+\boldsymbol{A}^2=(-\boldsymbol{E}-\boldsymbol{B}+\boldsymbol{A})\boldsymbol{A}=\boldsymbol{0}$.由于$\boldsymbol{A}$可逆, 两边同时乘$\boldsymbol{A}^{-1}$, 得$-\boldsymbol{E}-\boldsymbol{B}+\boldsymbol{A}=\boldsymbol{0}$, 即

$$\boldsymbol{B}-\boldsymbol{A}=-\boldsymbol{E}.$$

9.【解】法1: 由已知等式可得

$$\boldsymbol{A}\begin{pmatrix}x_1\\x_2\\x_3\end{pmatrix}=\begin{pmatrix}1&1&1\\2&-1&1\\0&1&-1\end{pmatrix}\begin{pmatrix}x_1\\x_2\\x_3\end{pmatrix},$$

由于等式对任意x_1, x_2, x_3均成立, 故$\boldsymbol{A}=\begin{pmatrix}1&1&1\\2&-1&1\\0&1&-1\end{pmatrix}$.

法2: 取$\boldsymbol{e}_1=\begin{pmatrix}1\\0\\0\end{pmatrix},\boldsymbol{e}_2=\begin{pmatrix}0\\1\\0\end{pmatrix},\boldsymbol{e}_3=\begin{pmatrix}0\\0\\1\end{pmatrix}$, 则有

$$\boldsymbol{A}\boldsymbol{e}_1=\begin{pmatrix}1\\2\\0\end{pmatrix},\boldsymbol{A}\boldsymbol{e}_2=\begin{pmatrix}1\\-1\\1\end{pmatrix},\boldsymbol{A}\boldsymbol{e}_3=\begin{pmatrix}1\\1\\-1\end{pmatrix},$$

故$\boldsymbol{A}(\boldsymbol{e}_1,\boldsymbol{e}_2,\boldsymbol{e}_3)=\begin{pmatrix}1&1&1\\2&-1&1\\0&1&-1\end{pmatrix}$, 因为$(\boldsymbol{e}_1,\boldsymbol{e}_2,\boldsymbol{e}_3)=\boldsymbol{E}$, 故

$$\boldsymbol{A}=\begin{pmatrix}1&1&1\\2&-1&1\\0&1&-1\end{pmatrix}.$$

10.【答案】-1

【解析】由已知条件可知

$$\begin{pmatrix}1&0&0\\0&0&1\\0&1&0\end{pmatrix}\boldsymbol{A}\begin{pmatrix}1&0&0\\-1&1&0\\0&0&1\end{pmatrix}=\begin{pmatrix}-2&1&-1\\1&-1&0\\-1&0&0\end{pmatrix},$$

于是可得

$$\boldsymbol{A}=\begin{pmatrix}-1&1&-1\\-1&0&0\\0&-1&0\end{pmatrix},$$

$$\boldsymbol{A}^{-1}=\begin{pmatrix}1&0&0\\-1&1&0\\0&0&1\end{pmatrix}\begin{pmatrix}-2&1&-1\\1&-2&0\\-1&0&0\end{pmatrix}^{-1}\begin{pmatrix}1&0&0\\0&0&1\\0&1&0\end{pmatrix},$$

从而可得$\boldsymbol{A}^{-1}=\begin{pmatrix}0&-1&0\\0&0&-1\\-1&1&-1\end{pmatrix}$, 即$\mathrm{tr}(\boldsymbol{A}^{-1})=-1$.

11.【解】因为两矩阵相似, 所以

$$\mathrm{tr}(\boldsymbol{A})=\mathrm{tr}(\boldsymbol{B}),\quad |\boldsymbol{A}|=|\boldsymbol{B}|,$$

由此可得

$$\begin{cases}-4+x=1+y,\\-2(-2x+4)=-2y.\end{cases}$$

解得$x=3,y=-2$.

第3章 课后习题答案提示

基础习题

1. 【答案】当 $k=-1$, $a\neq 1$时, $R(\boldsymbol{\alpha}_1,\boldsymbol{\alpha}_2,\boldsymbol{\alpha}_3,\boldsymbol{\gamma}_1+k\boldsymbol{\gamma}_2)=R(\boldsymbol{\alpha}_1,\boldsymbol{\alpha}_2,\boldsymbol{\alpha}_3)$,从而 $\boldsymbol{\gamma}_1+k\boldsymbol{\gamma}_2$ 可用 $\boldsymbol{\alpha}_1,\boldsymbol{\alpha}_2,\boldsymbol{\alpha}_3$线性表示.

2. 【答案】$k=1$.

3. 【证明】设 $x_1\boldsymbol{\beta}_1+x_2\boldsymbol{\beta}_2+\cdots+x_r\boldsymbol{\beta}_r=\mathbf{0}$, 则

$$(x_1+\cdots+x_r)\boldsymbol{\alpha}_1+(x_2+\cdots+x_r)\boldsymbol{\alpha}_2+\cdots+x_r\boldsymbol{\alpha}_r=\mathbf{0},$$

因向量组$\boldsymbol{\alpha}_1,\boldsymbol{\alpha}_2,\cdots,\boldsymbol{\alpha}_r$ 线性无关,故

$$\begin{cases} x_1+x_2+\cdots+x_r=0 \\ x_2+\cdots+x_r=0 \\ \cdots\cdots \\ x_r=0 \end{cases} \Leftrightarrow \begin{pmatrix} 1 & \cdots & \cdots & 1 \\ 0 & 1 & \cdots & 1 \\ \vdots & & & \vdots \\ 0 & \cdots & 0 & 1 \end{pmatrix}\begin{pmatrix} x_1 \\ x_2 \\ \vdots \\ x_r \end{pmatrix}=\begin{pmatrix} 0 \\ 0 \\ \vdots \\ 0 \end{pmatrix},$$

因为

$$\begin{vmatrix} 1 & \cdots & \cdots & 1 \\ 0 & 1 & \cdots & 1 \\ \vdots & & & \vdots \\ 0 & \cdots & 0 & 1 \end{vmatrix}=1\neq 0,$$

故方程组只有零解, 即 $x_1=x_2=\cdots=x_r=0$,所以$\boldsymbol{\beta}_1,\boldsymbol{\beta}_2,\cdots,\boldsymbol{\beta}_r$ 线性无关.

4. 【答案】(1) D; (2) D; (3) C; (4) C; (5)D.

5. 【答案】 (1) 第1,2,3列构成一个最大无关组.

   (2) 第1,2,3列构成一个最大无关组.

6. 【答案】(1) 线性相关，其中 $\boldsymbol{\alpha}_1,\boldsymbol{\alpha}_2$ 为最大无关组，并有

$$\boldsymbol{\alpha}_3=\frac{3}{2}\boldsymbol{\alpha}_1-\frac{7}{2}\boldsymbol{\alpha}_2, \boldsymbol{\alpha}_4=\boldsymbol{\alpha}_1+2\boldsymbol{\alpha}_2.$$

   (2) 线性相关，其中 $\boldsymbol{\alpha}_1,\boldsymbol{\alpha}_2,\boldsymbol{\alpha}_4$为最大无关组,并有

$$\boldsymbol{\alpha}_3=2\boldsymbol{\alpha}_1-\boldsymbol{\alpha}_2,\ \boldsymbol{\alpha}_5=-\boldsymbol{\alpha}_1+2\boldsymbol{\alpha}_2-\boldsymbol{\alpha}_4.$$

7. 【证明】因

$$(\boldsymbol{\beta}_1,\boldsymbol{\beta}_2,\cdots,\boldsymbol{\beta}_{m-1})=(\boldsymbol{\alpha}_1,\boldsymbol{\alpha}_2,\cdots,\boldsymbol{\alpha}_m)\begin{pmatrix} 1 & 0 & \cdots & 0 \\ 0 & 1 & \cdots & 0 \\ \vdots & \vdots & & \vdots \\ \lambda_1 & \lambda_2 & \cdots & \lambda_{\infty-1} \end{pmatrix}_{m\times(m-1)},$$

显然

$$\begin{pmatrix} 1 & 0 & \cdots & 0 \\ 0 & 1 & \cdots & 0 \\ \vdots & \vdots & & \vdots \\ 0 & 0 & \cdots & 1 \\ \lambda_1 & \lambda_2 & \cdots & \lambda_{m-1} \end{pmatrix}$$

列满秩,故 $\boldsymbol{\beta}_1,\cdots,\boldsymbol{\beta}_{m-1}$ 线性无关.

8. 【证明】因 $\boldsymbol{\alpha}_1,\boldsymbol{\alpha}_2,\cdots,\boldsymbol{\alpha}_m$ 线性相关, 故有不全为0的数 $k_1,k_2,\cdots,k_m$, 使得 $k_1\boldsymbol{\alpha}_1+k_2\boldsymbol{\alpha}_2+\cdots+k_m\boldsymbol{\alpha}_m=\mathbf{0}$. 考虑方程 $k_1x_1+k_2x_2+\cdots+k_mx_m=0$, 因为 $k_1,\cdots,k_m$ 不全为0, 故有非零解 $\lambda_1,\lambda_2,\cdots,\lambda_m$ 使 $k_1\lambda_1+\cdots+k_m\lambda_m=0$, 则对任意向量 $\boldsymbol{\beta}$, 有

$$\begin{aligned}&k_1(\boldsymbol{\alpha}_1+\lambda_1\boldsymbol{\beta})+k_2(\boldsymbol{\alpha}_2+\lambda_2\boldsymbol{\beta})+\cdots+k_m(\boldsymbol{\alpha}_m+\lambda_m\boldsymbol{\beta})\\&=k_1\boldsymbol{\alpha}_1+k_2\boldsymbol{\alpha}_2+\cdots+k_m\boldsymbol{\alpha}_m+(k_1\lambda_1+k_2\lambda_2+\cdots+k_m\lambda_m)\boldsymbol{\beta}=\mathbf{0}.\end{aligned}$$

这表示向量组 $\boldsymbol{\alpha}_1+\lambda_1\boldsymbol{\beta},\boldsymbol{\alpha}_2+\lambda_2\boldsymbol{\beta},\cdots,\boldsymbol{\alpha}_m+\lambda_m\boldsymbol{\beta}$ 线性相关.

9. 【证明】因 $\boldsymbol{\alpha}_1,\boldsymbol{\alpha}_2,\boldsymbol{\alpha}_3,\boldsymbol{\alpha}_4$ 线性相关, 而 $\boldsymbol{\alpha}_1,\boldsymbol{\alpha}_2,\boldsymbol{\alpha}_3$ 线性无关. 故有数 k_1,k_2,k_3 使得 $\boldsymbol{\alpha}_4=k_1\boldsymbol{\alpha}_1+k_2\boldsymbol{\alpha}_2+k_3\boldsymbol{\alpha}_3$, 显然有

$$(\boldsymbol{\alpha}_1,\boldsymbol{\alpha}_2,\boldsymbol{\alpha}_3,\boldsymbol{\alpha}_5-\boldsymbol{\alpha}_4)=(\boldsymbol{\alpha}_1,\boldsymbol{\alpha}_2,\boldsymbol{\alpha}_3,\boldsymbol{\alpha}_5)\begin{pmatrix}1&0&0&-k_1\\0&1&0&-k_2\\0&0&1&-k_3\\0&0&0&1\end{pmatrix}.$$

因 $\boldsymbol{\alpha}_1,\boldsymbol{\alpha}_2,\boldsymbol{\alpha}_3,\boldsymbol{\alpha}_5$ 线性无关, 而表示矩阵

$$\begin{pmatrix}1&0&0&-k_1\\0&1&0&-k_2\\0&0&1&-k_3\\0&0&0&1\end{pmatrix}$$

显然列满秩, 故 $\boldsymbol{\alpha}_1,\boldsymbol{\alpha}_2,\boldsymbol{\alpha}_3,\boldsymbol{\alpha}_5-\boldsymbol{\alpha}_4$ 线性无关.

10.【证明】记

$$\boldsymbol{A}=(\boldsymbol{\alpha}_1,\boldsymbol{\alpha}_2,\cdots,\boldsymbol{\alpha}_n),$$

$$D=\begin{vmatrix}\boldsymbol{\alpha}_1^{\mathrm T}\boldsymbol{\alpha}_1&\boldsymbol{\alpha}_1^{\mathrm T}\boldsymbol{\alpha}_2&\cdots&\boldsymbol{\alpha}_1^{\mathrm T}\boldsymbol{\alpha}_n\\\boldsymbol{\alpha}_2^{\mathrm T}\boldsymbol{\alpha}_1&\boldsymbol{\alpha}_2^{\mathrm T}\boldsymbol{\alpha}_2&\cdots&\boldsymbol{\alpha}_2^{\mathrm T}\boldsymbol{\alpha}_n\\\vdots&\vdots&&\vdots\\\boldsymbol{\alpha}_n^{\mathrm T}\boldsymbol{\alpha}_1&\boldsymbol{\alpha}_n^{\mathrm T}\boldsymbol{\alpha}_2&\cdots&\boldsymbol{\alpha}_n^{\mathrm T}\boldsymbol{\alpha}_n\end{vmatrix}=\left|\begin{pmatrix}\boldsymbol{\alpha}_1^{\mathrm T}\\\boldsymbol{\alpha}_2^{\mathrm T}\\\vdots\\\boldsymbol{\alpha}_n^{\mathrm T}\end{pmatrix}(\boldsymbol{\alpha}_1,\boldsymbol{\alpha}_2,\cdots,\boldsymbol{\alpha}_n)\right|=\left|\boldsymbol{A}^{\mathrm T}\boldsymbol{A}\right|=|\boldsymbol{A}|^2,$$

故 $\boldsymbol{\alpha}_1,\boldsymbol{\alpha}_2,\cdots,\boldsymbol{\alpha}_n$ 线性无关 $\Leftrightarrow|\boldsymbol{A}|\neq0\Leftrightarrow D\neq0$.

11.【证明】必要性显然,下面证充分性. 若 $\boldsymbol{\beta}$ 不能由 $\boldsymbol{\alpha}_1,\cdots,\boldsymbol{\alpha}_r$ 线性表示，要证 $\boldsymbol{\beta},\boldsymbol{\alpha}_1,\cdots,\boldsymbol{\alpha}_r$ 线性无关.设有一组数 $k_0,k_1,\cdots,k_r$，使得 $k_0\boldsymbol{\beta}+k_1\boldsymbol{\alpha}_1+\cdots+k_r\boldsymbol{\alpha}_r=\mathbf{0}$, 由$\boldsymbol{\beta}$ 不能由 $\boldsymbol{\alpha}_1,\cdots,\boldsymbol{\alpha}_r$ 线性表示知 $k_0=0$, 从而有$k_1\boldsymbol{\alpha}_1+\cdots+k_r\boldsymbol{\beta}_r=\mathbf{0}$,由已知 $\boldsymbol{\alpha}_1,\cdots,\boldsymbol{\alpha}_r$线性无关,故$k_1,\cdots,k_r$ 均为 0, 即 $k_0,k_1,\cdots,k_r$ 全为 0, 这表示 $\boldsymbol{\beta},\boldsymbol{\alpha}_1,\cdots,\boldsymbol{\alpha}_r$ 线性无关.

12.【证明】因为

$$\begin{aligned}(\boldsymbol{\beta}-\boldsymbol{\alpha}_1,\boldsymbol{\beta}-\boldsymbol{\alpha}_2,\cdots,\boldsymbol{\beta}-\boldsymbol{\alpha}_m)&=(\boldsymbol{\alpha}_1,\boldsymbol{\alpha}_2,\cdots,\boldsymbol{\alpha}_m)\begin{pmatrix}0&1&\cdots&1\\1&0&\cdots&1\\\vdots&\vdots&&\vdots\\1&1&\cdots&0\end{pmatrix}\\&\triangleq(\boldsymbol{\alpha}_1,\boldsymbol{\alpha}_2,\cdots,\boldsymbol{\alpha}_m)\boldsymbol{P}\end{aligned}$$

而$|\boldsymbol{P}|=(m-1)(-1)^{m-1}\neq 0$.即 $\boldsymbol{P}$ 可逆，而且 $\boldsymbol{P}$、$\boldsymbol{P}^{-1}$ 均列满秩.故当 $\boldsymbol{\alpha}_1,\cdots,\boldsymbol{\alpha}_m$ 线性无关时,向量组 $\boldsymbol{\beta}-\boldsymbol{\alpha}_1,\boldsymbol{\beta}-\boldsymbol{\alpha}_2,\cdots,\boldsymbol{\beta}-\boldsymbol{\alpha}_m$ 线性无关. 反之亦然.

13. 【答案】

(1) 基础解系为 $\boldsymbol{\xi}_1=\begin{pmatrix}-4\\0\\1\\-3\end{pmatrix},\boldsymbol{\xi}_2=\begin{pmatrix}0\\1\\0\\4\end{pmatrix}$;

(2) 基础解系为 $\boldsymbol{\xi}_1=\begin{pmatrix}0\\0\\1\\2\end{pmatrix},\boldsymbol{\xi}_2=\begin{pmatrix}1\\7\\0\\19\end{pmatrix}$;

(3) 基础解系为

$$\boldsymbol{\xi}_1=\begin{pmatrix}1\\0\\\vdots\\0\\-n\end{pmatrix},\boldsymbol{\xi}_2=\begin{pmatrix}0\\1\\\vdots\\0\\-n+1\end{pmatrix},\cdots,\boldsymbol{\xi}_{n-1}=\begin{pmatrix}0\\0\\\vdots\\1\\-2\end{pmatrix}.$$

14. 【证明】

(1) 反证法. 假设 $\boldsymbol{\eta}^*,\boldsymbol{\xi}_1,\cdots,\boldsymbol{\xi}_{n-r}$ 线性相关,则存在着不全为 0 的数 $c_0,c_1,\cdots,c_{n-r}$ ，使得下式成立:

$$c_0\boldsymbol{\eta}^*+c_1\boldsymbol{\xi}_1+\cdots+c_{n-r}\boldsymbol{\xi}_{n-r}=\mathbf{0},$$

其中, $c_0\neq 0$, 否则 $\boldsymbol{\xi}_1,\cdots,\boldsymbol{\xi}_{n-r}$ 线性相关, 则与基础解系不是线性相关产生矛盾.由于 $\boldsymbol{\eta}^*$ 为特解, $\boldsymbol{\xi}_1,\cdots,\boldsymbol{\xi}_{n-r}$为基础解系,故得

$$\boldsymbol{A}\left(c_0\boldsymbol{\eta}^*+c_1\boldsymbol{\xi}_1+\cdots+c_{n-r}\boldsymbol{\xi}_{n-r}\right)=c_0\boldsymbol{A}\boldsymbol{\eta}^*=c_0\boldsymbol{b},$$

又

$$\boldsymbol{A}\left(c_0\boldsymbol{\eta}^*+c_1\boldsymbol{\xi}_1+\cdots+c_{n-r}\boldsymbol{\xi}_{n-r}\right)=\mathbf{0},$$

故 $\boldsymbol{b}=\mathbf{0}$, 而题中, 该方程组为非齐次线性方程组, 得 $\boldsymbol{b}\neq\mathbf{0}$, 产生矛盾, 假设不成立,故 $\boldsymbol{\eta}',\boldsymbol{\xi}_1,\cdots,\boldsymbol{\xi}_{n-r}$线性无关.

(2) 反证法. 假使 $\boldsymbol{\eta}^*,\boldsymbol{\eta}^*+\boldsymbol{\xi}_1,\cdots,\boldsymbol{\eta}^*+\boldsymbol{\xi}_{n-r}$ 线性相关,则存在着不全为零的数 $c_0,c_1,\cdots,c_{n-r}$, 使得下式成立:

$$c_0\boldsymbol{\eta}^*+c_1\left(\boldsymbol{\eta}^*+\boldsymbol{\xi}_1\right)+\cdots+c_{n-r}\left(\boldsymbol{\eta}^*+\boldsymbol{\xi}_{n-r}\right)=\mathbf{0},$$

即

$$\left(c_0+c_1+\cdots+c_{n-r}\right)\boldsymbol{\eta}^*+c_1\boldsymbol{\xi}_1+\cdots+c_{n-r}\boldsymbol{\xi}_{n-r}=\mathbf{0}.$$

(i) 若 $c_0+c_1+\cdots+c_{n-r}=0$,由于 $\boldsymbol{\xi}_1,\cdots,\boldsymbol{\xi}_{n-r}$ 是线性无关的一组基础解系,故 $c_1=\cdots c_{n-r}=0$,得 $c_0=c_1=\cdots=c_{n-r}=0$, 与假设矛盾.

(ii) 若 $c_0+c_1+\cdots+c_{n-r}\neq 0$, 由 (1) 知, $\boldsymbol{\eta}^*,\boldsymbol{\xi}_1,\cdots,\boldsymbol{\xi}_{n-r}$ 线性无关, 故 $c_0+c_1+\cdots+c_{n-r}=c_1=c_2=\cdots=c_{n-r}=0$, 与假设矛盾. 综上,假设不成立,原命题得证.

15. 【答案】 (1) $a=1,b=2$.

(2) $b=2$, a 任意. 当 $a=1,b=2$ 时,得公共解为 $\begin{pmatrix}-1\\2\\0\end{pmatrix}+c\begin{pmatrix}-2\\1\\1\end{pmatrix}$, 其中 $c\in\mathbf{R}$; 当 $a\neq1,b=2$ 时, 可得唯一解 $\begin{pmatrix}-1\\2\\0\end{pmatrix}$.

16. 【答案】 $t=-3;p=-2$ 且公共解为 $c(5\boldsymbol{\eta}_1+2\boldsymbol{\eta}_2)$, 其中 $c\in\mathbf{R}$,

$\boldsymbol{\eta}_1=\begin{pmatrix}2\\-1\\-1\\0\end{pmatrix},\boldsymbol{\eta}_2=\begin{pmatrix}-3\\4\\0\\-1\end{pmatrix}$.

17. 【证明】设存在一组数 $l_1,l_2,\cdots,l_k$, 使得 $l_1\boldsymbol{\alpha}+l_2\boldsymbol{A\alpha}+\cdots+l_k\boldsymbol{A}^{k-1}\boldsymbol{\alpha}=\mathbf{0}$, 方程的两边同左乘$\boldsymbol{A}^{k-1}$, 得 $l_1\boldsymbol{A}^{k-1}\boldsymbol{\alpha}+l_2\boldsymbol{A}^{k}\boldsymbol{\alpha}+\cdots+l_k\boldsymbol{A}^{2(k-1)}\boldsymbol{\alpha}=\mathbf{0}$, 即 $l_1\boldsymbol{A}^{k-1}\boldsymbol{\alpha}=\mathbf{0}$. 由于 $\boldsymbol{A}^{k-1}\boldsymbol{\alpha}\neq\mathbf{0}$, 必有 $l_1=0$, 则 $l_2\boldsymbol{A\alpha}+\cdots+l_k\boldsymbol{A}^{k-1}\boldsymbol{\alpha}=\mathbf{0}$. 再在上面方程的两侧左乘 $\boldsymbol{A}^{k-2}$, 可得到 $l_2=0$. 以此类推, 可以得到 $l_3=l_4=\cdots=l_k=0$. 由向量组线性无关的定义知, 向量组 $\boldsymbol{\alpha},\boldsymbol{A\alpha},\cdots,\boldsymbol{A}^{k-1}\boldsymbol{\alpha}$是线性无关的.

18. 【答案】方程的通解为 $\begin{pmatrix}x_1\\x_2\\x_3\\x_4\end{pmatrix}=c_1\begin{pmatrix}3\\-1\\1\\0\end{pmatrix}+c_2\begin{pmatrix}3\\0\\0\\-1\end{pmatrix}$, c_1,c_2 为常数.

19. 【答案】由于 $|\boldsymbol{\alpha}_1,\boldsymbol{\alpha}_2,\boldsymbol{\alpha}_3|=\begin{vmatrix}1&2&3\\-1&1&1\\0&3&2\end{vmatrix}=-6\neq0$, 即矩阵 $(\boldsymbol{\alpha}_1,\boldsymbol{\alpha}_2,\boldsymbol{\alpha}_3)$的秩为3, 故$\boldsymbol{\alpha}_1,\boldsymbol{\alpha}_2,\boldsymbol{\alpha}_3$ 线性无关, 为 $\mathbf{R}^3$ 的一个基, $(\boldsymbol{\beta}_1,\boldsymbol{\beta}_2)$ 线性表示为 $\boldsymbol{\beta}_1=2\boldsymbol{\alpha}_1+3\boldsymbol{\alpha}_2-\boldsymbol{\alpha}_1,\boldsymbol{\alpha}_2=3\boldsymbol{\alpha}_1-3\boldsymbol{\alpha}_2-2\boldsymbol{\alpha}_3$.

20. 【答案】过渡矩阵为 $\boldsymbol{P}=\begin{pmatrix}\frac{11}{9}&3&\frac{71}{9}\\-\frac{2}{9}&-\frac{4}{3}&-\frac{44}{9}\\\frac{1}{9}&\frac{1}{3}&\frac{13}{9}\end{pmatrix}$.

21. 【答案】 $\left(-3,\frac{2}{9},-\frac{11}{2}\right)^{\mathrm{T}}$.

提升习题

1.【答案】 D

【解析】由已知条件知, 存在k_1, k_2, l_1, l_2, 使得 $\boldsymbol{\gamma}=k_1\boldsymbol{\alpha}_1+k_2\boldsymbol{\alpha}_2=l_1\boldsymbol{\beta}_1+l_2\boldsymbol{\beta}_2$, 即$k_1\boldsymbol{\alpha}_1+k_2\boldsymbol{\alpha}_2+l_1(-\boldsymbol{\beta}_1)+l_2(-\boldsymbol{\beta}_2)=\mathbf{0}$. 对系数矩阵实施初等行变换, 变换为行的最简形矩阵, 有

$$(\alpha_1,\ \alpha_2,\ -\beta_1,\ -\beta_2)=\begin{pmatrix}1&2&-2&-1\\2&1&-5&0\\3&1&-9&-1\end{pmatrix}\rightarrow\begin{pmatrix}1&2&-2&-1\\0&-3&-1&2\\0&-5&-3&2\end{pmatrix}$$

$$\rightarrow\begin{pmatrix}1&2&-2&-1\\0&1&-1&2\\0&0&1&1\end{pmatrix}\rightarrow\begin{pmatrix}1&0&0&3\\0&1&0&-1\\0&0&1&1\end{pmatrix},$$

所以

$$\begin{cases} k_1 = -3l_2, \\ k_2 = l_2, \\ l_1 = -l_2, \\ l_2 = l_2, \end{cases}$$

故$k_1 = -3k_2$. 于是可得

$$\boldsymbol{\gamma} = -3k_2\boldsymbol{\alpha}_1 + k_2\boldsymbol{\alpha}_2 = k_2\begin{pmatrix} -1 \\ -5 \\ -8 \end{pmatrix} = k\begin{pmatrix} 1 \\ 5 \\ 8 \end{pmatrix}.$$

即正确选项为 D.

2.【答案】$\dfrac{11}{9}$

【解析】由$\boldsymbol{\gamma}^{\mathrm{T}}\boldsymbol{\alpha}_i = \boldsymbol{\beta}^{\mathrm{T}}\boldsymbol{\alpha}_i (i = 1, 2, 3)$得

$$\begin{cases} 3k_1 = 1, \\ 3k_2 = -3, \\ 3k_3 = -1, \end{cases}$$

故$9(k_1^2 + k_2^2 + k_3^2) = 11$, 即$k_1^2 + k_2^2 + k_3^2 = \dfrac{11}{9}$.

3. 【答案】 C

【解析】 法1: 由$\begin{vmatrix} \lambda & 1 & 1 \\ 1 & \lambda & 1 \\ 1 & 1 & \lambda \end{vmatrix} \neq 0$ 得$\lambda \neq -2$且$\lambda \neq 1$, 从而知$\boldsymbol{\alpha}_4$能由$\boldsymbol{\alpha}_1$, $\boldsymbol{\alpha}_2$, $\boldsymbol{\alpha}_3$线性表示, 当$\lambda = -2$ 时,

$$(\boldsymbol{\alpha}_1, \boldsymbol{\alpha}_2, \boldsymbol{\alpha}_3, \boldsymbol{\alpha}_4) = \begin{pmatrix} -2 & 1 & 1 & 1 \\ 1 & -2 & 1 & -2 \\ 1 & 1 & -2 & 4 \end{pmatrix} \to \begin{pmatrix} 1 & 1 & -2 & 4 \\ 0 & -3 & 3 & -6 \\ 0 & 0 & 0 & 3 \end{pmatrix},$$

显然, $\boldsymbol{\alpha}_4$不能由$\boldsymbol{\alpha}_1$, $\boldsymbol{\alpha}_2$, $\boldsymbol{\alpha}_3$线性表示, 故$\lambda \neq -2$. 当$\lambda = 1$ 时,

$$(\boldsymbol{\alpha}_1, \boldsymbol{\alpha}_2, \boldsymbol{\alpha}_3, \boldsymbol{\alpha}_4) = \begin{pmatrix} 1 & 1 & 1 & 1 \\ 1 & 1 & 1 & 1 \\ 1 & 1 & 1 & 1 \end{pmatrix} \to \begin{pmatrix} 1 & 1 & 1 & 1 \\ 0 & 0 & 0 & 0 \\ 0 & 0 & 0 & 0 \end{pmatrix},$$

显然, 此时$\boldsymbol{\alpha}_4$不能由$\boldsymbol{\alpha}_1$, $\boldsymbol{\alpha}_2$, $\boldsymbol{\alpha}_3$线性表示, 故$\lambda \neq 1$.

由$\begin{vmatrix} \lambda & 1 & 1 \\ 1 & \lambda & \lambda \\ 1 & 1 & \lambda^2 \end{vmatrix} = \begin{vmatrix} \lambda & 1 & 1 \\ 1-\lambda^2 & 0 & 0 \\ 1 & 1 & \lambda^2 \end{vmatrix} = (\lambda^2 - 1)^2 \neq 0$, 可得$\lambda \neq 1$且$\lambda \neq -1$. 此时, $\boldsymbol{\alpha}_3$可由$\boldsymbol{\alpha}_1$, $\boldsymbol{\alpha}_2$, $\boldsymbol{\alpha}_4$线性表示. 当$\lambda = -1$ 时,

$$(\boldsymbol{\alpha}_1, \boldsymbol{\alpha}_2, \boldsymbol{\alpha}_3, \boldsymbol{\alpha}_4) = \begin{pmatrix} -1 & 1 & 1 & 1 \\ 1 & -1 & -1 & 1 \\ 1 & 1 & 1 & -1 \end{pmatrix} \to \begin{pmatrix} -1 & 1 & 1 & 1 \\ 0 & 1 & 1 & 0 \\ 0 & 0 & 0 & 1 \end{pmatrix},$$

显然$\boldsymbol{\alpha}_3$不可由$\boldsymbol{\alpha}_1$, $\boldsymbol{\alpha}_2$, $\boldsymbol{\alpha}_4$线性表示. 当$\lambda = 1$ 时, 容易验证, $\boldsymbol{\alpha}_3$可由$\boldsymbol{\alpha}_1$, $\boldsymbol{\alpha}_2$, $\boldsymbol{\alpha}_4$线性表示, 故$\lambda \neq -1$. 综上所述, $\lambda \neq -2$且$\lambda \neq -1$, 故本题选C.

法2: 直接对4个向量构成的矩阵施行变换, 有

$$(\boldsymbol{\alpha}_1, \boldsymbol{\alpha}_2, \boldsymbol{\alpha}_3, \boldsymbol{\alpha}_4) = \begin{pmatrix} \lambda & 1 & 1 & 1 \\ 1 & \lambda & 1 & \lambda \\ 1 & 1 & \lambda & \lambda^2 \end{pmatrix} \to \begin{pmatrix} 1 & 1 & \lambda & \lambda^2 \\ 0 & \lambda-1 & 1-\lambda & \lambda-\lambda^2 \\ 0 & 1-\lambda & 1-\lambda^2 & 1-\lambda^3 \end{pmatrix}$$

$$\to \begin{pmatrix} 1 & 1 & \lambda & \lambda^2 \\ 0 & 1 & -1 & -\lambda \\ 0 & 1 & 1+\lambda & 1+\lambda+\lambda^2 \end{pmatrix} \to \begin{pmatrix} 1 & 1 & \lambda & \lambda^2 \\ 0 & 1 & -1 & -\lambda \\ 0 & 0 & 2+\lambda & (1+\lambda)^2 \end{pmatrix},$$

故向量组等价的条件是$\lambda \neq -1$且$\lambda \neq -2$, 即

$$R(\boldsymbol{\alpha}_1, \boldsymbol{\alpha}_2, \boldsymbol{\alpha}_3) = R(\boldsymbol{\alpha}_1, \boldsymbol{\alpha}_2, \boldsymbol{\alpha}_4) = R(\boldsymbol{\alpha}_1, \boldsymbol{\alpha}_2, \boldsymbol{\alpha}_3, \boldsymbol{\alpha}_4),$$

所以正确选项为C.

4. 【答案】 D

【解析】

$$|\boldsymbol{A}| = \begin{vmatrix} 1 & 1 & 1 \\ 1 & a & a^2 \\ 1 & b & b^2 \end{vmatrix} = (a-1)(b-1)(b-a) = 0$$

得$a = 1$或$b = 1$或$a = b$. 若$a = b$, 则

$$(\boldsymbol{A}, b) = \begin{pmatrix} 1 & 1 & 1 & 1 \\ 1 & a & a^2 & 2 \\ 1 & a & a^2 & 4 \end{pmatrix} \to \begin{pmatrix} 1 & 1 & 1 & 1 \\ 0 & a-1 & a^2-1 & 1 \\ 0 & 0 & 0 & 1 \end{pmatrix},$$

由此可知方程组无解. 若$a \neq b$, $a = 1$, 则

$$(\boldsymbol{A}, b) = \begin{pmatrix} 1 & 1 & 1 & 1 \\ 1 & 1 & 1 & 2 \\ 1 & b & b^2 & 4 \end{pmatrix} \to \begin{pmatrix} 1 & 1 & 1 & 1 \\ 0 & 1 & b+1 & 1 \\ 0 & 0 & 0 & 1 \end{pmatrix},$$

可知方程组无解. 若$a \neq b$, $b = 1$, 则

$$(\boldsymbol{A}, b) = \begin{pmatrix} 1 & 1 & 1 & 1 \\ 1 & a & a^2 & 2 \\ 1 & 1 & 1 & 4 \end{pmatrix} \to \begin{pmatrix} 1 & 1 & 1 & 1 \\ 0 & 1 & a+1 & 1 \\ 0 & 0 & 0 & 3 \end{pmatrix},$$

可知方程组无解. 当$|\boldsymbol{A}| \neq 0$时, 方程组有唯一解. 综上可知方程组有唯一解或无解. 正确选项为D.

5.【答案】 D

【解析】由题设可知, 存在矩阵$\boldsymbol{P}$, 使得$\boldsymbol{BP} = \boldsymbol{A}$, 则当$\boldsymbol{B}^{\mathrm{T}}\boldsymbol{x}_0 = \boldsymbol{0}$ 时, 有

$$\boldsymbol{A}^{\mathrm{T}}\boldsymbol{x}_0 = (\boldsymbol{BP})^{\mathrm{T}}\boldsymbol{x}_0 = \boldsymbol{P}^{\mathrm{T}}\boldsymbol{B}^{\mathrm{T}}\boldsymbol{x}_0 = \boldsymbol{0},$$

故正确选项为D.

6.【答案】 C

【解析】令$L_1:\dfrac{x-a_2}{a_1}=\dfrac{y-b_2}{b_1}=\dfrac{z-c_2}{c_1}=t$,

$$\begin{pmatrix}x\\y\\z\end{pmatrix}=\begin{pmatrix}a_2\\b_2\\c_2\end{pmatrix}+t\begin{pmatrix}a_1\\b_1\\c_1\end{pmatrix}=\boldsymbol{\alpha}_2+t\boldsymbol{\alpha}_1,$$

令$L_2:\dfrac{x-a_3}{a_2}=\dfrac{y-b_3}{b_2}=\dfrac{z-c_3}{c_2}=t$,

$$\begin{pmatrix}x\\y\\z\end{pmatrix}=\begin{pmatrix}a_3\\b_3\\c_3\end{pmatrix}+t\begin{pmatrix}a_2\\b_2\\c_2\end{pmatrix}=\boldsymbol{\alpha}_3+t\boldsymbol{\alpha}_2,$$

由于两直线相交, 故这样的t是存在的, 并且有$\boldsymbol{\alpha}_2+t\boldsymbol{\alpha}_1=\boldsymbol{\alpha}_3+t\boldsymbol{\alpha}_2$, 即

$$\boldsymbol{\alpha}_3=t\boldsymbol{\alpha}_1+(1-t)\boldsymbol{\alpha}_2,$$

所以$\boldsymbol{\alpha}_3$可由$\boldsymbol{\alpha}_1$, $\boldsymbol{\alpha}_2$线性表示, 即正确选项为C.

7. 【答案】$k(1,\ -2,\ 1)^{\mathrm{T}}$, $k\in\mathbf{R}$

【解析】由已知条件可知矩阵$\boldsymbol{A}=(\boldsymbol{\alpha}_1,\ \boldsymbol{\alpha}_2,\ \boldsymbol{\alpha}_3)$有且只有两个线性无关的列向量, 所以$R(\boldsymbol{A})=2$, 因为

$$\boldsymbol{\alpha}_1-2\boldsymbol{\alpha}_2+\boldsymbol{\alpha}_3=\boldsymbol{A}\begin{pmatrix}1\\-2\\1\end{pmatrix}=\mathbf{0},$$

所以$(1,\ -2,\ 1)^{\mathrm{T}}$为$\boldsymbol{A}\boldsymbol{x}=\mathbf{0}$的解的基础解系, 故通解为

$$\boldsymbol{x}=k(1,\ -2,\ 1)^{\mathrm{T}},\ k\in\mathbf{R}.$$

8. 【解】(1)由$\boldsymbol{\beta}=b\boldsymbol{\alpha}_1+c\boldsymbol{\alpha}_2+\boldsymbol{\alpha}_3$, 解方程组

$$\begin{cases}b+c+1=1,\\2b+3c+a=1,\\b+2c+3=1,\end{cases}$$

得$a=3$, $b=2$, $c=-2$.

(2) 由于

$$|\boldsymbol{\alpha}_2,\boldsymbol{\alpha}_3,\boldsymbol{\beta}|=\begin{vmatrix}1&1&1\\3&3&1\\2&3&1\end{vmatrix}=2\neq0, R(\boldsymbol{\alpha}_2,\boldsymbol{\alpha}_3,\boldsymbol{\beta})=3,$$

所以$\boldsymbol{\alpha}_2$, $\boldsymbol{\alpha}_3$, $\boldsymbol{\beta}$也为$\mathbf{R}^3$的一组基. 由(1)可得

$$\boldsymbol{\beta}=b\boldsymbol{\alpha}_1+c\boldsymbol{\alpha}_2+\boldsymbol{\alpha}_3=2\boldsymbol{\alpha}_1-2\boldsymbol{\alpha}_2+\boldsymbol{\alpha}_3,$$

得$\boldsymbol{\alpha}_1=\dfrac{1}{2}\boldsymbol{\beta}+\boldsymbol{\alpha}_2-\dfrac{1}{2}\boldsymbol{\alpha}_3$. 所以

$$(\boldsymbol{\alpha}_1,\boldsymbol{\alpha}_2,\boldsymbol{\alpha}_3)=(\boldsymbol{\alpha}_2,\boldsymbol{\alpha}_3,\boldsymbol{\beta})\begin{pmatrix}0&0&2\\1&0&-2\\0&1&1\end{pmatrix}^{-1}=(\boldsymbol{\alpha}_2,\boldsymbol{\alpha}_3,\boldsymbol{\beta})\begin{pmatrix}1&1&0\\-\frac{1}{2}&0&1\\\frac{1}{2}&0&0\end{pmatrix}.$$

于是$\boldsymbol{\alpha}_2$, $\boldsymbol{\alpha}_3$, $\boldsymbol{\beta}$到$\boldsymbol{\alpha}_1$, $\boldsymbol{\alpha}_2$, $\boldsymbol{\alpha}_3$的过渡矩阵为

$$\begin{pmatrix} 1 & 1 & 0 \\ -\frac{1}{2} & 0 & 1 \\ \frac{1}{2} & 0 & 0 \end{pmatrix}.$$

或令$(\boldsymbol{\alpha}_1, \boldsymbol{\alpha}_2, \boldsymbol{\alpha}_3) = (\boldsymbol{\alpha}_2, \boldsymbol{\alpha}_3, \boldsymbol{\beta})\boldsymbol{P}$, 可得

$$\boldsymbol{P} = (\boldsymbol{\alpha}_2, \boldsymbol{\alpha}_3, \boldsymbol{\beta})^{-1}(\boldsymbol{\alpha}_1, \boldsymbol{\alpha}_2, \boldsymbol{\alpha}_3) = \begin{pmatrix} 1 & 1 & 0 \\ -\frac{1}{2} & 0 & 1 \\ \frac{1}{2} & 0 & 0 \end{pmatrix}.$$

9. 【解】记$\boldsymbol{A} = (\boldsymbol{\alpha}_1, \boldsymbol{\alpha}_2, \boldsymbol{\alpha}_3, \boldsymbol{\beta}_1, \boldsymbol{\beta}_2, \boldsymbol{\beta}_3)$, 则由初等变换, 得

$$\begin{pmatrix} 1 & 1 & 1 & 1 & 0 & 1 \\ 1 & 0 & 2 & 1 & 2 & 3 \\ 4 & 4 & a^2+3 & a+3 & 1-a & a^2+3 \end{pmatrix}$$

$$\to \begin{pmatrix} 1 & 0 & 2 & 1 & 2 & 3 \\ 0 & 1 & -1 & 0 & -2 & -2 \\ 0 & 0 & a^2-1 & a-1 & 1-a & a^2-1 \end{pmatrix} \triangleq \boldsymbol{B}.$$

当$a = -1$时, $\boldsymbol{B} = \begin{pmatrix} 1 & 0 & 2 & 1 & 2 & 3 \\ 0 & 1 & -1 & 0 & -2 & -2 \\ 0 & 0 & 0 & -2 & 2 & 0 \end{pmatrix}$, $R(\boldsymbol{A}) \neq R(\boldsymbol{B})$, 向量组(1)和向量组(2)不等价; 当$a = 1$时, $\boldsymbol{B} = \begin{pmatrix} 1 & 0 & 2 & 1 & 2 & 3 \\ 0 & 1 & -1 & 0 & -2 & -2 \\ 0 & 0 & 0 & 0 & 0 & 0 \end{pmatrix}$, $R(\boldsymbol{A}) = R(\boldsymbol{B})$, 向量组(1)和向量组(2)等价; 当$a \neq \pm 1$时, $R(\boldsymbol{A}) = R(\boldsymbol{B}) = 3$, 向量组(1)和向量组(2)等价. 所以当$a \neq -1$, 向量组(1)和向量组(2)等价.

(1) 当$a = 1$时, $(\boldsymbol{\alpha}_1, \boldsymbol{\alpha}_2, \boldsymbol{\alpha}_3, \boldsymbol{\beta}_3) = \begin{pmatrix} 1 & 0 & 2 & 3 \\ 0 & 1 & -1 & -2 \\ 0 & 0 & 0 & 0 \end{pmatrix}$, 所以

$$\boldsymbol{\beta}_3 = x_1\boldsymbol{\alpha}_1 + x_2\boldsymbol{\alpha}_2 + x_3\boldsymbol{\alpha}_3$$

的等价方程组为$\begin{cases} x_1 = 3 - 2x_3 \\ x_2 = -2 + x_3 \end{cases}$, 所以

$$\boldsymbol{\beta}_3 = (3-2k)\boldsymbol{\alpha}_1 + (-2+k)\boldsymbol{\alpha}_2 + k\boldsymbol{\alpha}_3,\ k \in \mathbf{R}.$$

取$k = 0$, 可得$\boldsymbol{\beta}_3 = 3\boldsymbol{\alpha}_1 - 2\boldsymbol{\alpha}_2$.

(2) 当$a \neq \pm 1$时, $(\boldsymbol{\alpha}_1, \boldsymbol{\alpha}_2, \boldsymbol{\alpha}_3, \boldsymbol{\beta}_3) \to \begin{pmatrix} 1 & 0 & 0 & 1 \\ 0 & 1 & 0 & -1 \\ 0 & 0 & 1 & 1 \end{pmatrix}$, 所以$\boldsymbol{\beta}_3 = \boldsymbol{\alpha}_1 - \boldsymbol{\alpha}_2 + \boldsymbol{\alpha}_3$.

10.【答案】1

【解析】法1: 由$\boldsymbol{A}\boldsymbol{x} = \boldsymbol{b}$有无穷多解可知

$$R(\boldsymbol{A}, \boldsymbol{b}) = R(\boldsymbol{A}) \leqslant 2,$$

所以$\left|\boldsymbol{A}\right| = a^2 - 1 = 0$, 即$a = \pm 1$. 当$a = 1$时, $R(\boldsymbol{A}, \boldsymbol{b}) = R(\boldsymbol{A}) = 2$; $a = -1$时, $R(\boldsymbol{A}, \boldsymbol{b}) > R(\boldsymbol{A})$. 所以$a = 1$.

法2: 对增广矩阵施行初等变换, 得

$$(\boldsymbol{A}, \boldsymbol{b}) = \begin{pmatrix} 1 & 0 & -1 & 0 \\ 1 & 1 & -1 & 1 \\ 0 & 1 & a^2-1 & a \end{pmatrix} \to \begin{pmatrix} 1 & 0 & -1 & 0 \\ 0 & 1 & 0 & 1 \\ 0 & 0 & a^2-1 & a-1 \end{pmatrix}$$

因此当$a = 1$时, $R(\boldsymbol{A}, \boldsymbol{b}) = R(\boldsymbol{A}) = 2 < 3$, 所以$\boldsymbol{Ax} = \boldsymbol{b}$有无穷多解.

11. 【答案】2

【解析】由$\boldsymbol{\alpha}_1$, $\boldsymbol{\alpha}_2$, $\boldsymbol{\alpha}_3$线性无关, 可知矩阵$(\boldsymbol{\alpha}_1, \boldsymbol{\alpha}_2, \boldsymbol{\alpha}_3)$可逆, 所以有

$$R(\boldsymbol{A\alpha}_1, A\boldsymbol{\alpha}_2, A\boldsymbol{\alpha}_3) = R(\boldsymbol{A}(\boldsymbol{\alpha}_1, \boldsymbol{\alpha}_2, \boldsymbol{\alpha}_3)) = R(\boldsymbol{A}),$$

再由$R(\boldsymbol{A}) = 2 \Rightarrow R(\boldsymbol{A\alpha}_1, A\boldsymbol{\alpha}_2, \boldsymbol{A\alpha}_3) = 2$.

12. 【解】增广矩阵为

$$(\boldsymbol{A}, \boldsymbol{B}) = \begin{pmatrix} 1 & -1 & -1 & 2 & 2 \\ 2 & a & 1 & 1 & a \\ -1 & 1 & a & -a-1 & -2 \end{pmatrix} \to \begin{pmatrix} 1 & -1 & -1 & 2 & 2 \\ 0 & a+2 & 3 & -3 & a-4 \\ 0 & 0 & a-1 & 1-a & 0 \end{pmatrix},$$

(1) 当$|\boldsymbol{A}| = (a+2)(a-1) \neq 0$, 即$a \neq -2$且$a \neq 1$ 时, 有唯一解. 设

$$\mathbf{X} = \begin{pmatrix} x_{11} & x_{12} \\ x_{21} & x_{22} \\ x_{31} & x_{32} \end{pmatrix} \tag{$*$}$$

代入$\boldsymbol{AX} = \boldsymbol{B}$, 解得

$$\boldsymbol{X} = \begin{pmatrix} 1 & \dfrac{3a}{a+2} \\ 0 & \dfrac{a-4}{a+2} \\ -1 & 0 \end{pmatrix}.$$

或者由矩阵变换, 可得$\boldsymbol{X}$的结果. 即

$$(\boldsymbol{A}, \boldsymbol{B}) = \begin{pmatrix} 1 & -1 & -1 & 2 & 2 \\ 2 & a & 1 & 1 & a \\ -1 & 1 & a & -a-1 & -2 \end{pmatrix} \to \begin{pmatrix} 1 & 0 & 0 & 1 & \dfrac{3a}{a+2} \\ 0 & 1 & 0 & 0 & \dfrac{a-4}{a+2} \\ 0 & 0 & 1 & -1 & 0 \end{pmatrix}.$$

(2) 当$a = -2$时, 代入

$$\begin{pmatrix} 1 & -1 & -1 & 2 & 2 \\ 0 & a+2 & 3 & -3 & a-4 \\ 0 & 0 & a-1 & 1-a & 0 \end{pmatrix} \to \begin{pmatrix} 1 & -1 & -1 & 2 & 2 \\ 0 & 0 & 3 & -3 & -6 \\ 0 & 0 & -3 & 3 & 0 \end{pmatrix},$$

由$(*)$, 可得$3x_{32} = -6$, $-3x_{32} = 0$,矛盾! 因此方程组无解. 或者直接由$R(\boldsymbol{A}) = 2 < R(\boldsymbol{A}, \boldsymbol{B}) = 3$, 判定方程组无解.

(3)当$a=1$时，代入

$$\begin{pmatrix}1 & -1 & -1 & 2 & 2\\0 & a+2 & 3 & -3 & a-4\\0 & 0 & a-1 & 1-a & 0\end{pmatrix}\to\begin{pmatrix}1 & -1 & -1 & 2 & 2\\0 & 3 & 3 & -3 & -3\\0 & 0 & 0 & 0 & 0\end{pmatrix},$$

此时方程组有无穷多解，将(*)代入可得

$$\begin{cases}x_{11}-x_{21}-x_{31}=2\\x_{12}-x_{22}-x_{32}=2\\3x_{21}+3x_{31}=-3\\3x_{22}+3x_{32}=-3\end{cases}$$

解得$x_{11}=1$，$x_{12}=1$. 取x_{31}，x_{32}为自由未知量，并且令$x_{31}=k_1$，$x_{32}=k_2$，则可得

$$\boldsymbol{X}=\begin{pmatrix}1 & 1\\-k_1-1 & -k_2-1\\k_1 & k_2\end{pmatrix},$$

其中，k_1，k_2为任意常数.

也可以直接对$(\boldsymbol{A},\ \boldsymbol{B})$构成的矩阵进行初等行变换化为行最简形矩阵，即

$$(\boldsymbol{A},\ \boldsymbol{B})=\begin{pmatrix}1 & 0 & 0 & 1 & 1\\0 & 1 & 1 & -1 & -1\\0 & 0 & 0 & 0 & 0\end{pmatrix}$$

进而可得通解.

13. 【解】(1)对增广矩阵进行初等行变换，有

$$(\boldsymbol{A},\ \boldsymbol{\beta})=\begin{pmatrix}1 & 1 & 1-a & 0\\1 & 0 & a & 1\\a+1 & 1 & a+1 & 2a-2\end{pmatrix}\to\begin{pmatrix}1 & 1 & 1-a & 0\\0 & -1 & 2a-1 & 1\\0 & 0 & -a^2+2a & a-2\end{pmatrix},$$

由方程组无解，可知$R(\boldsymbol{A},\ \boldsymbol{\beta})>R(\boldsymbol{A})$，所以$-a^2+2a=0$且$a-2\neq 0$，因此可得$a=0$.

(2)当$a=0$时，$\boldsymbol{A}^{\mathrm{T}}\boldsymbol{A}=\begin{pmatrix}3 & 2 & 2\\2 & 2 & 2\\2 & 2 & 2\end{pmatrix}$，$\boldsymbol{A}^{\mathrm{T}}\boldsymbol{\beta}=\begin{pmatrix}-1\\-2\\-2\end{pmatrix}$，故

$$(\boldsymbol{A}^{\mathrm{T}}\boldsymbol{A},\ \boldsymbol{A}^{\mathrm{T}}\boldsymbol{\beta})=\begin{pmatrix}3 & 2 & 2 & -1\\2 & 2 & 2 & -2\\2 & 2 & 2 & -2\end{pmatrix}\to\begin{pmatrix}1 & 0 & 0 & 1\\0 & 1 & 1 & -2\\0 & 0 & 0 & 0\end{pmatrix},$$

因此，方程$\boldsymbol{A}^{\mathrm{T}}\boldsymbol{A}\boldsymbol{x}=\boldsymbol{A}^{\mathrm{T}}\boldsymbol{\beta}$的通解为

$$\boldsymbol{x}=k\begin{pmatrix}0\\-1\\1\end{pmatrix}+\begin{pmatrix}1\\-2\\0\end{pmatrix},$$

其中，k为任意实数.

14. 【答案】 D

【解析】 法1: 对增广矩阵施行初等行变换可得

$$(\boldsymbol{A},\ \boldsymbol{b})=\begin{pmatrix}1&1&1&1\\1&2&a&d\\1&4&a^2&d^2\end{pmatrix}\xrightarrow[r_3-r_1]{r_2-r_1}\begin{pmatrix}1&1&1&1\\0&1&a-1&d-1\\0&3&a^2-1&d^2-1\end{pmatrix}$$

$$\xrightarrow{r_3-3r_2}\begin{pmatrix}1&1&1&1\\0&1&a-1&d-1\\0&0&(a-1)(a-2)&(d-1)(d-2)\end{pmatrix},$$

由非齐次线性方程组解的判定定理可知: $\boldsymbol{A}\boldsymbol{x}=\boldsymbol{b}$有无穷多解$\Leftrightarrow R(\boldsymbol{A})=R(\boldsymbol{A},\ \boldsymbol{b})<n=3$, 由此可得

$$\begin{cases}(a-1)(a-2)=0,\\(d-1)(d-2)=0,\end{cases}$$

即 $a=1,\ d=1$或$a=1,\ d=2$或$a=2,\ d=1$或$a=2,\ d=2$, 也即$a\in\Omega,\ d\in\Omega$, 故正确选项为 D.

法2: 由范德蒙行列式可得

$$\left|\boldsymbol{A}\right|=\begin{vmatrix}1&1&1\\1&2&a\\1&4&a^2\end{vmatrix}=(a-1)(a-2).$$

(1)当$a\neq1,\ 2$时, $\left|\boldsymbol{A}\right|\neq0$, 故$\boldsymbol{A}\boldsymbol{x}=\boldsymbol{b}$有唯一解;

(2)当$a=1$或$a=2$时, $\left|\boldsymbol{A}\right|=0$, 此时显然$R(\boldsymbol{A})=2$;

由非齐次线性方程组解的判定定理知: $R(\boldsymbol{A},\ \boldsymbol{b})=2$时, $\boldsymbol{A}\boldsymbol{x}=\boldsymbol{b}$有无穷多解. 当$a=1$时,

$$R(\boldsymbol{A},\ \boldsymbol{b})=R\begin{pmatrix}1&1&1&1\\1&2&1&d\\1&4&1&d^2\end{pmatrix}=2\Leftrightarrow\begin{vmatrix}1&1&1\\1&2&d\\1&4&d^2\end{vmatrix}=(d-1)(d-2)=0;$$

当$a=2$时,

$$R(\boldsymbol{A},\ \boldsymbol{b})=R\begin{pmatrix}1&1&1&1\\1&2&2&d\\1&4&4&d^2\end{pmatrix}=2\Leftrightarrow\begin{vmatrix}1&1&1\\1&2&d\\1&4&d^2\end{vmatrix}=(d-1)(d-2)=0.$$

综上可知: 当$a\in\Omega,\ d\in\Omega$时, $\boldsymbol{A}\boldsymbol{x}=\boldsymbol{b}$有无穷多解, 即正确选项为 D .

15. 【答案】 A

【解析】 法1: 取$a=b=0$, 则易知$\boldsymbol{\alpha}_1,\ \boldsymbol{\alpha}_2$线性无关是$\boldsymbol{\alpha}_1,\ \boldsymbol{\alpha}_2,\ \boldsymbol{\alpha}_3$线性无关的必要非充分条件.

法2: 如果$\boldsymbol{\alpha}_1,\ \boldsymbol{\alpha}_2,\ \boldsymbol{\alpha}_3$线性无关, 对任意$a,\ b$, 若$\exists k,\ l$, 使得

$$k(\boldsymbol{\alpha}_1+a\boldsymbol{\alpha}_3)+l(\boldsymbol{\alpha}_2+b\boldsymbol{\alpha}_3)=0,$$

即

$$k\boldsymbol{\alpha}_1+l\boldsymbol{\alpha}_2+(ak+bl)\boldsymbol{\alpha}_3=0,$$

解得$k = l = 0$, 说明$\boldsymbol{\alpha}_1 + a\boldsymbol{\alpha}_3$, $\boldsymbol{\alpha}_2 + b\boldsymbol{\alpha}_3$线性无关. 反之，若 $\boldsymbol{\alpha}_1 + a\boldsymbol{\alpha}_3$, $\boldsymbol{\alpha}_2 + b\boldsymbol{\alpha}_3$ 线性无关, 则不一定有$\boldsymbol{\alpha}_1$, $\boldsymbol{\alpha}_2$, $\boldsymbol{\alpha}_3$线性无关. 例如

$$\boldsymbol{\alpha}_1 = \begin{pmatrix} 1 \\ 0 \\ 0 \end{pmatrix}, \boldsymbol{\alpha}_2 = \begin{pmatrix} 0 \\ 1 \\ 0 \end{pmatrix}, \boldsymbol{\alpha}_3 = \begin{pmatrix} 0 \\ 0 \\ 0 \end{pmatrix}.$$

显然, $\boldsymbol{\alpha}_1+a\boldsymbol{\alpha}_3$, $\boldsymbol{\alpha}_2+b\boldsymbol{\alpha}_3$线性无关, 而$\boldsymbol{\alpha}_1$, $\boldsymbol{\alpha}_2$, $\boldsymbol{\alpha}_3$线性相关. 即由$\boldsymbol{\alpha}_1+a\boldsymbol{\alpha}_3$, $\boldsymbol{\alpha}_2+b\boldsymbol{\alpha}_3$线性无关推不出$\boldsymbol{\alpha}_1$, $\boldsymbol{\alpha}_2$, $\boldsymbol{\alpha}_3$线性无关, 但是由 $\boldsymbol{\alpha}_1$, $\boldsymbol{\alpha}_2$, $\boldsymbol{\alpha}_3$线性无关可以推出 $\boldsymbol{\alpha}_1 + a\boldsymbol{\alpha}_3$, $\boldsymbol{\alpha}_2 + b\boldsymbol{\alpha}_3$ 线性无关, 所以正确选项为 A .

16. 【解】(1) 由题可得

$$\boldsymbol{A} = \begin{pmatrix} 1 & -2 & 3 & -4 \\ 0 & 1 & -1 & 1 \\ 1 & 2 & 0 & -3 \end{pmatrix} \to \begin{pmatrix} 1 & -2 & 3 & -4 \\ 0 & 1 & -1 & 1 \\ 0 & 0 & 1 & -3 \end{pmatrix}$$

$$\to \begin{pmatrix} 1 & -2 & 0 & 5 \\ 0 & 1 & 0 & -2 \\ 0 & 0 & 1 & -3 \end{pmatrix} \to \begin{pmatrix} 1 & 0 & 0 & 1 \\ 0 & 1 & 0 & -2 \\ 0 & 0 & 1 & -3 \end{pmatrix}.$$

通解方程组为

$$\begin{cases} x_1 = -x_4, \\ x_2 = 2x_4, \\ x_3 = 3x_4, \end{cases}$$

取x_4为自由未知量, 并令$x_4 = 1$, 得$\boldsymbol{Ax} = \boldsymbol{0}$的一个基础解系为$\boldsymbol{\xi} = (-1, 2, 3, 1)^{\mathrm{T}}$.

(2)记$\boldsymbol{E} = (\boldsymbol{e}_1, \boldsymbol{e}_2, \boldsymbol{e}_3)$, 其中

$$\boldsymbol{e}_1 = (1, 0, 0)^{\mathrm{T}}, \boldsymbol{e}_2 = (0, 1, 0)^{\mathrm{T}}, \boldsymbol{e}_3 = (0, 0, 1)^{\mathrm{T}},$$

则由

$$(\boldsymbol{A}, \boldsymbol{e}_1) \to \begin{pmatrix} 1 & 0 & 0 & 1 & 2 \\ 0 & 1 & 0 & -2 & -1 \\ 0 & 0 & 1 & -3 & -1 \end{pmatrix}$$

可得$\boldsymbol{Ab}_1 = \boldsymbol{e}_1$的通解为

$$\begin{cases} x_1 = -x_4 + 2 \\ x_2 = 2x_4 - 1 \\ x_3 = 3x_4 - 1 \\ x_4 = x_4. \end{cases}$$

换x_4为c_1, 换(x_1, x_2, x_3, x_4)为$\boldsymbol{b}_1$, 即得

$$\boldsymbol{b}_1 = \begin{pmatrix} -c_1 + 2 \\ 2c_1 - 1 \\ 3c_1 - 1 \\ c_1 \end{pmatrix},$$

其中，c_1为任意常数. 同理可得: $\boldsymbol{A}\boldsymbol{b}_2=\boldsymbol{e}_2$的通解为

$$\boldsymbol{b}_2=\begin{pmatrix}-c_2+6\\2c_2-3\\3c_2-4\\c_2\end{pmatrix},$$

其中，c_2为任意常数. $\boldsymbol{A}\boldsymbol{b}_3=\boldsymbol{e}_3$的通解为

$$\boldsymbol{b}_3=\begin{pmatrix}-c_3-1\\2c_3+1\\3c_3+1\\c_3\end{pmatrix}$$

其中，c_3为任意常数，于是所求矩阵为

$$\boldsymbol{B}=\begin{pmatrix}-c_1+2&-c_2+6&-c_3-1\\2c_1-1&2c_2-3&2c_3+1\\3c_1-1&3c_2-4&3c_3+1\\c_1&c_2&c_3\end{pmatrix},$$

其中，c_1，c_2, c_3均为任意常数.

第4章　课后习题答案提示

基础习题

1. 【答案】$\boldsymbol{\beta}_1=\begin{pmatrix}1\\0\\-1\\1\end{pmatrix},\boldsymbol{\beta}_2=\frac{1}{3}\begin{pmatrix}1\\-3\\2\\1\end{pmatrix},\boldsymbol{\beta}_3=\frac{1}{5}\begin{pmatrix}-1\\3\\3\\4\end{pmatrix}$.

2. 【答案】(1)不是. (2)是.

3. 【证明】略.

4. 【解】(1)特征值为$\lambda_1=2,\lambda_2=3$. 对应于$\lambda_1=2$的特征向量为

$$\boldsymbol{p}_1=\left(1,-1\right)^{\mathrm{T}};$$

对应于$\lambda_2=3$的特征向量为

$$\boldsymbol{p}_2=\left(2,-1\right)^{\mathrm{T}}.$$

$\boldsymbol{p}_1,\boldsymbol{p}_2$ 不正交.

(2) 特征值为$\lambda_1=0,\lambda_2=-1,\lambda_3=9$.

对应于$\lambda_1=0$的特征向量为

$$\boldsymbol{p}_1=\left(1,1,-1\right)^{\mathrm{T}};$$

对应于$\lambda_2 = -1$的特征向量为

$$\boldsymbol{p}_2 = \left(1, -1, 0\right)^{\mathrm{T}};$$

对应于$\lambda_3 = 9$的特征向量为

$$\boldsymbol{p}_3 = \left(1, 1, 2\right)^{\mathrm{T}}.$$

$\boldsymbol{p}_1, \boldsymbol{p}_2, \boldsymbol{p}_3$ 两两正交.

5. 【证明】略.

6. 【答案】18.

7. 【证明】略.

8. 【答案】$x = 1$.

9. 【答案】$\boldsymbol{A} = \frac{1}{3}\begin{pmatrix} -1 & 0 & 2 \\ 0 & 1 & 2 \\ 2 & 2 & 0 \end{pmatrix}$.

10. 【答案】$\boldsymbol{A} = \begin{pmatrix} 4 & 1 & 1 \\ 1 & 4 & 1 \\ 1 & 1 & 4 \end{pmatrix}$.

11. 【解】

(1) 可以对角化.

(2) $\boldsymbol{P} = \begin{pmatrix} 1 & 0 & 1 \\ 0 & 1 & 0 \\ 1 & -1 & 4 \end{pmatrix}$.

12. 【答案】(1) $f = (x, y, z)\begin{pmatrix} 1 & 2 & 1 \\ 2 & 4 & 2 \\ 1 & 2 & 1 \end{pmatrix}\begin{pmatrix} x \\ y \\ z \end{pmatrix}$; (2) $f = (x_1, x_2, x_3)\begin{pmatrix} 2 & 0 & 0 \\ 0 & 3 & 2 \\ 0 & 2 & 3 \end{pmatrix}\begin{pmatrix} x_1 \\ x_2 \\ x_3 \end{pmatrix}$.

13. 【解】(1) 二次型的矩阵为

$$\boldsymbol{A} = \begin{pmatrix} 5 & -1 & 3 \\ -1 & 5 & -3 \\ 3 & -3 & 3 \end{pmatrix};$$

(2)

$$\boldsymbol{P} = \begin{pmatrix} \frac{1}{\sqrt{2}} & \frac{1}{\sqrt{3}} & -\frac{1}{\sqrt{6}} \\ \frac{1}{\sqrt{2}} & -\frac{1}{\sqrt{3}} & \frac{1}{\sqrt{6}} \\ 0 & \frac{1}{\sqrt{3}} & \frac{2}{\sqrt{6}} \end{pmatrix},$$

正交变换$\boldsymbol{x} = \boldsymbol{P}\boldsymbol{y}$将二次型化为标准形$f = 4y_1^2 + 9y_2^2$.

14. 【答案】正定.

15. 【解】(1)

$$\boldsymbol{P} = \frac{1}{3}\begin{pmatrix} -2 & 2 & 1 \\ -1 & -2 & 2 \\ 1 & 1 & 2 \end{pmatrix},$$

正交变换$\boldsymbol{x}=\boldsymbol{P}\boldsymbol{y}$化二次型的标准形为$f=\frac{1}{2}y_1^2+2y_2^2-y_3^2$;

(2) 不是正定二次型.

提升习题

1.【答案】D

【解析】

A: 易得该矩阵有3个不同的特征值: 1、2、3, 故该矩阵可以与对角矩阵相似;

B: 该矩阵为实对称矩阵,实对称矩阵必相似于对角矩阵;

C: 该矩阵的特征值为1、2、2, 且特征值2有两个线性无关的特征向量, 故可以对角化;

D: 该矩阵的特征值为1、2、2, 但特征值2只有一个线性无关的特征向量, 故该矩阵只有两个非零线性无关的特征向量, 不可对角化.

2.【答案】B

【解析】二次型矩阵的特征值为–7、3、0, 所以正负惯性指数都为1, 故其规范型为$f=y_1^2-y_2^2$, 即正确选项为B.

3.【解】 (1)改写$f(x_1,x_2,x_3)$和$g(y_1,y_2,y_3)$有

$$f(x_1,x_2,x_3)=(x_1+x_2-x_3)^2+(x_2+x_3)^2,$$

$$g(y_1,y_2,y_3)=y_1^2+(y_2+y_3)^2,$$

令

$$\begin{cases} z_1=x_1+x_2-x_3, \\ z_2=x_2+x_3, \\ z_3=x_3, \end{cases}$$

即

$$\begin{cases} x_1=z_1-z_2+2z_3, \\ x_2=z_2-z_3, \\ x_3=z_3, \end{cases}$$

得 $f=z_1^2+z_2^2$, 变换矩阵为

$$\boldsymbol{P}_1=\begin{pmatrix} 1 & -1 & 2 \\ 0 & 1 & -1 \\ 0 & 0 & 1 \end{pmatrix},$$

令

$$\begin{cases} z_1=y_1, \\ z_2=y_2+y_3, \\ z_3=y_3, \end{cases}$$

即

$$\begin{cases} y_1=z_1, \\ y_2=z_2-z_3, \\ y_3=z_3, \end{cases}$$

得 $g=z_1^2+z_2^2$, 变换矩阵为

$$\boldsymbol{P}_2=\begin{pmatrix} 1 & 0 & 0 \\ 0 & 1 & -1 \\ 0 & 0 & 1 \end{pmatrix},$$

记二次型f和g的二次型矩阵分别为$\boldsymbol{A}$和$\boldsymbol{B}$, 则有 $\boldsymbol{P}_1^{\mathrm{T}}\boldsymbol{A}\boldsymbol{P}_1=\boldsymbol{P}_2^{\mathrm{T}}\boldsymbol{B}\boldsymbol{P}_2=\boldsymbol{\Lambda}$. 令

$$\boldsymbol{P}=\boldsymbol{P}_1\boldsymbol{P}_2^{-1}=\begin{pmatrix}1&-1&1\\0&1&0\\0&0&1\end{pmatrix},$$

则有可逆线性变换$\boldsymbol{x}=\boldsymbol{P}\boldsymbol{y}$将二次型$f$化为$g$.

(2)记二次型f和g的二次型矩阵分别为$\boldsymbol{A}$和$\boldsymbol{B}$, 并假设存在正交矩阵$\boldsymbol{Q}$, 使得$\boldsymbol{Q}^{\mathrm{T}}\boldsymbol{A}\boldsymbol{Q}=\boldsymbol{B}$, 则根据$\boldsymbol{Q}$为正交矩阵可知$\boldsymbol{Q}^{\mathrm{T}}=\boldsymbol{Q}^{-1}$, 由此可知$\boldsymbol{Q}^{-1}\boldsymbol{A}\boldsymbol{Q}=\boldsymbol{B}$, 故由相似定义, $\boldsymbol{A}$和$\boldsymbol{B}$相似, 因此$\boldsymbol{A}$和$\boldsymbol{B}$具有相同的特征值, 进而$\boldsymbol{A}$的迹和$\boldsymbol{B}$的迹相同. 事实上, $\boldsymbol{A}$的迹为5, $\boldsymbol{B}$的迹为3, 矛盾. 故不存在正交变换$\boldsymbol{x}=\boldsymbol{Q}\boldsymbol{y}$将二次型$f$化为$g$.

第5章 课后习题答案提示

基础习题

1. 【答案】验证略.

(1) $\boldsymbol{\varepsilon}_1=\begin{pmatrix}1&0\\0&0\end{pmatrix},\boldsymbol{\varepsilon}_2=\begin{pmatrix}0&1\\0&0\end{pmatrix},\boldsymbol{\varepsilon}_3=\begin{pmatrix}0&0\\1&0\end{pmatrix},\boldsymbol{\varepsilon}_4=\begin{pmatrix}0&0\\0&1\end{pmatrix}$是$S_1$的一个基.

(2) $\boldsymbol{\varepsilon}_1=\begin{pmatrix}1&0\\0&-1\end{pmatrix},\boldsymbol{\varepsilon}_2=\begin{pmatrix}0&1\\0&0\end{pmatrix},\boldsymbol{\varepsilon}_3=\begin{pmatrix}0&0\\1&0\end{pmatrix}$是$S_2$的一个基.

(3) $\boldsymbol{\varepsilon}_1=\begin{pmatrix}1&0\\0&0\end{pmatrix},\boldsymbol{\varepsilon}_2=\begin{pmatrix}0&1\\1&0\end{pmatrix},\boldsymbol{\varepsilon}_3=\begin{pmatrix}0&0\\0&1\end{pmatrix}$是$S_3$的一个基.

2. 【答案】$\dim W=3$,基为$\begin{pmatrix}1&0\\0&-1\end{pmatrix},\begin{pmatrix}0&1\\0&0\end{pmatrix},\begin{pmatrix}0&0\\1&0\end{pmatrix}$.

3. 【证明】设U的维数为m,且$\boldsymbol{\alpha}_1,\boldsymbol{\alpha}_2,\ldots,\boldsymbol{\alpha}_m$是$U$的一个基，因$U\subset V$,且$V$的维数也是$m$,自然$\boldsymbol{\alpha}_1,\boldsymbol{\alpha}_2,\ldots,\boldsymbol{\alpha}_m$也是$V$的一个基，故$U=V$.

4. 【答案】$(33,-82,154)^{\mathrm{T}}$.

5. 【答案】

(1)$\boldsymbol{A}=\begin{pmatrix}2&0&5&6\\1&3&3&6\\-1&1&2&1\\1&0&1&3\end{pmatrix}$. (2)$\boldsymbol{A}^{-1}\begin{pmatrix}x_1\\x_2\\x_3\\x_4\end{pmatrix}$, $\boldsymbol{A}^{-1}=\dfrac{1}{27}\begin{pmatrix}12&9&-27&-33\\1&12&-9&-23\\9&0&0&-18\\-7&-3&9&26\end{pmatrix}$.

(3)$(k_1,k_2,k_3,k_4)=(c,c,c,-c)$,其中$c$为任一非零实数.

6. 【答案】$\begin{pmatrix}1&0&0\\2&1&0\\0&1&1\end{pmatrix}$.

7. 【答案】

(1) $\boldsymbol{P}=\begin{pmatrix}-1&1&-1\\0&1&-1\\1&0&1\end{pmatrix}$. (2)$\boldsymbol{B}=\boldsymbol{P}^{-1}\boldsymbol{A}\boldsymbol{P}=\begin{pmatrix}7&-9&9\\-5&0&2\\-9&5&-3\end{pmatrix}$.

(3) $\sigma\boldsymbol{\alpha}$在基$\boldsymbol{\varepsilon}_1,\boldsymbol{\varepsilon}_2,\boldsymbol{\varepsilon}_3$下的坐标为$\boldsymbol{A}\begin{pmatrix}1\\2\\3\end{pmatrix}=\begin{pmatrix}5\\-6\\-6\end{pmatrix}$. $\sigma\boldsymbol{\alpha}$在基$\boldsymbol{\eta}_1,\boldsymbol{\eta}_2,\boldsymbol{\eta}_3$下的坐标为

$$\boldsymbol{B}\boldsymbol{P}^{-1}\begin{pmatrix}1\\2\\3\end{pmatrix}=\begin{pmatrix}7&-9&9\\-5&0&2\\-9&5&-3\end{pmatrix}\begin{pmatrix}-1&1&-1\\0&1&-1\\1&0&1\end{pmatrix}^{-1}\begin{pmatrix}1\\2\\3\end{pmatrix}=\begin{pmatrix}-11\\-1\\5\end{pmatrix}.$$

8.【答案】

(1) $\boldsymbol{\varepsilon}_1=\begin{pmatrix}1&0\\0&0\end{pmatrix},\boldsymbol{\varepsilon}_2=\begin{pmatrix}0&0\\0&1\end{pmatrix},\boldsymbol{\varepsilon}_3=\begin{pmatrix}0&1\\0&0\end{pmatrix}$是$V$的一个基.

(2) $\forall\boldsymbol{X}_1,\boldsymbol{X}_2\in V$, 有

$\sigma(\boldsymbol{X}_1+\boldsymbol{X}_2)=(\boldsymbol{X}_1+\boldsymbol{X}_2)\begin{pmatrix}0&1\\0&0\end{pmatrix}=\boldsymbol{X}_1\begin{pmatrix}0&1\\0&0\end{pmatrix}+\boldsymbol{X}_2\begin{pmatrix}0&1\\0&0\end{pmatrix}=\sigma\boldsymbol{X}_1+\sigma\boldsymbol{X}_2$, 即$\boldsymbol{X}_1+\boldsymbol{X}_2\in V$.对$\forall k\in\mathbf{R}$,$\sigma(k\boldsymbol{X})=k\boldsymbol{X}\begin{pmatrix}0&1\\0&0\end{pmatrix}=k\sigma\boldsymbol{X}$,即$\forall k\boldsymbol{X}\in V$.所以$\sigma$是线性变换.

(3)$\sigma V=L(\sigma\boldsymbol{\varepsilon}_1,\sigma\boldsymbol{\varepsilon}_2,\sigma\boldsymbol{\varepsilon}_3)=L(\boldsymbol{\varepsilon}_3,\mathbf{0},\mathbf{0})=\left\{\begin{pmatrix}0&a\\0&0\end{pmatrix}\mid a\in\mathbf{R}\right\}$. 设$\boldsymbol{A}=\begin{pmatrix}a&c\\0&b\end{pmatrix}$,$\boldsymbol{A}\in\ker\sigma$,则$\sigma(\boldsymbol{A})=\begin{pmatrix}a&c\\0&b\end{pmatrix}\begin{pmatrix}0&1\\0&0\end{pmatrix}=\begin{pmatrix}0&a\\0&0\end{pmatrix}$,从而$a=0$, $\boldsymbol{A}=\begin{pmatrix}0&c\\0&b\end{pmatrix}=b\boldsymbol{\varepsilon}_2+c\boldsymbol{\varepsilon}_3$.所以$\ker\sigma=\left\{\begin{pmatrix}0&c\\0&b\end{pmatrix}\mid b,c\in\mathbf{R}\right\}$.

提升习题

1.【证明】略.

2.【答案】设 $\boldsymbol{\alpha}$ 在 $\boldsymbol{\alpha}_1,\boldsymbol{\alpha}_2,\boldsymbol{\alpha}_3$ 下的坐标是 $\boldsymbol{x}=(x_1,x_2,x_3)^{\mathrm{T}}$, 在 $\boldsymbol{\beta}_1,\boldsymbol{\beta}_2,\boldsymbol{\beta}_3$ 下的坐标是 $\boldsymbol{x}'=(x_1',x_2',x_3')^{\mathrm{T}}$, 则有

$$\begin{pmatrix}x_1'\\x_2'\\x_3'\end{pmatrix}=\begin{pmatrix}13&19&43\\-9&-13&-30\\7&10&24\end{pmatrix}\begin{pmatrix}x_1\\x_2\\x_3\end{pmatrix}.$$

3.【答案】

(1) $\boldsymbol{P}=\begin{pmatrix}2&0&5&6\\1&3&3&6\\-1&1&2&1\\1&0&1&3\end{pmatrix}$; (2) $\begin{pmatrix}x_1'\\x_2'\\x_3'\\x_4'\end{pmatrix}=\dfrac{1}{27}\begin{pmatrix}12&9&-27&-33\\1&12&-9&-23\\9&0&0&-18\\-7&-3&9&26\end{pmatrix}\begin{pmatrix}x_1\\x_2\\x_3\\x_4\end{pmatrix}$;

(3) $\boldsymbol{k}=(1,1,1,-1)^{\mathrm{T}}$.

4.【答案】$\begin{pmatrix}1&0&0\\1&1&0\\1&2&1\end{pmatrix}$.